国家科学技术学术著作出版基金资助出版

洞庭湖退田还湖区生态修复研究

周金星　孙启祥　崔　明　汤玉喜　等著

U0364185

中国林业出版社
China Forestry Publishing House

图书在版编目（CIP）数据

洞庭湖退田还湖区生态修复研究 / 周金星等著 . —北京：中国林业出版社，2014. 2
ISBN 978-7-5038-7303-4

Ⅰ. ①洞…　Ⅱ. ①周…　Ⅲ. ①洞庭湖 – 湖区 – 生态恢复 – 研究　Ⅳ. ① X321.264.013

中国版本图书馆 CIP 数据核字（2013）第 300898 号

出版发行　中国林业出版社
地　　址　北京西城区刘海胡同 7 号
邮　　编　100009
E - mail　896049158@qq.com
电　　话　（010）83225108
经　　销　全国新华书店
制　　作　北京大汉方圆图文设计制作中心
印　　刷　北京北林印刷厂
版　　次　2014 年 2 月第 1 版
印　　次　2014 年 2 月第 1 次
开　　本　889mm×1194mm　1/16
字　　数　500 千字
印　　张　16.5
彩　　插　6 页
印　　数　1~1000 册
定　　价　99.00 元

《洞庭湖退田还湖区生态修复研究》

著者名单

周金星	孙启祥	汤玉喜	崔　明	郑景明
王月容	王昭艳	马　涛	漆良华	杨　祎
李永进	吴　敏	唐　洁	秦疏影	杨永峰
张健康	方健梅	朱晓荣	郭红艳	卢　楠
唐夫凯	李晓明	闫　帅	李桂静	周　薇

内 容 提 要

　　本书在对洞庭湖实施退田还湖工程前后自然资源概况及生态环境问题充分调研的基础上，阐明了洞庭湖区滩地的自然发育与植被演替过程，深入系统地分析了滩地生态系统的自然植被群落特征与土壤环境特征，以及洞庭湖滩地的典型土地利用方式：杨树人工林、芦苇地、苔草地、农田等不同时间尺度的土壤呼吸变化规律；并应用遥感、GIS 等先进技术手段分析退田还湖生态修复工程对整个洞庭湖区土地利用变化的影响，提出了退田还湖工程对单退垸、双退垸土地利用结构影响及景观适宜性评价的指标体系及判别方法；同时，针对滩地多效人工林生态系统构建，总结完善了抗逆性树种、新品种选育、生态系统优化结构配置及可持续经营技术，并探讨洞庭湖湿地生态恢复模式及其综合效益评价，为洞庭湖退田还湖区生态修复、滩地林业血防生态工程建设提供了理论支持以及新的思路和方法。本书所用材料来源于著者所主持的"十一五"科技支撑课题"洞庭湖退田还湖区生态修复与综合治理技术试验示范"（2006BAD03A1503）和国家自然科学基金项目"滩地林业血防生态工程抑螺防病机理研究"（41071334）的部分内容。

前　言

　　洞庭湖是我国第二大淡水湖泊，位于长江中游荆江段南岸，为"吞吐型"过水湖泊，接纳湘、资、沅、澧四水，具有巨大的调蓄功能，对于长江中下游地区的防汛调洪具有极其重要的作用。由于湖区山地坡面水土流失，导致湖泊泥沙淤积严重，水面减少，加上人为的围湖造田，其水面面积已由秦汉时期超过 6000km^2 骤减到目前天然湖泊面积仅 2684km^2。洞庭湖水体面积大幅减少，造成湖泊调蓄功能严重下降，洪涝灾害频繁，钉螺滋生，血吸虫蔓延，生物多样性丧失，生态功能逐渐退化。1998 年长江流域发生特大洪水后，政府适时提出了"封山植树、退耕还林、平垸行洪、退田还湖、以工代赈、移民建镇、加固干堤、疏浚河湖"的治理方针，洞庭湖区全面启动了"平垸行洪、退田还湖"生态修复工程。学术界对此高度重视，先后开展了多项研究。本书结合著者承担的科研项目，在大量第一手资料及科研数据的基础上，对洞庭湖退田还湖区各种生态修复措施进行了系统总结，旨在为洞庭湖生态修复及区域生态安全建设提供科学参考和有益借鉴。

　　全书包含 12 章，其内容及负责编写人员为：第一章，生态修复国内外研究进展由周金星、孙启祥、崔明、李晓明、卢楠、秦疏影、周薇、李桂静等编写；第二章，洞庭湖区概况由孙启祥、秦疏影、张健康、崔明等编写；第三章，洞庭湖滩地自然发育与植被演替由郑景明、王昭艳、孙启祥、郭红艳、唐夫凯等编写；第四章，退田还湖工程对滩地土壤质量影响由漆良华、周金星、王月容、杨永峰等编写；第五章，退田还湖工程对土壤呼吸规律的影响由周金星、马涛、张健康、王昭艳、崔明等编写；第六章，退田还湖工程对洞庭湖湿地景观格局的影响由崔明、朱晓荣、周金星、张健康等编写；第七章，退田还湖工程对洞庭湖区典型区域土地承载力及生态安全的影响由王月容、漆良华、崔明、郑景明、周金星等编写；第八章，洞庭湖区滩地造林立地类型划分与立地质量评价；第九章洞庭湖区滩地多效人工林生态系统构建树种选择、第十章洞庭湖区滩地多效人工林生态系统优化结构配置与可持续经营技术、第十一章洞庭湖区滩地多效人工林生态系统效益监测与评价研究等由汤玉喜、李永进、周金星、吴敏、孙启祥、唐洁、卢楠、杨永峰等编写；第十二章，洞庭湖湿地生态恢复模式与综合效益评价研究由崔明、杨祎、周金星、闫帅、张健康等编写。

　　本书是国家"十一五"科技支撑项目重大专题"洞庭湖退田还湖区生态修复试验与示范"（2006BAD03A1503）及国家自然科学基金项目（41071334）研究成果的部分总结，对科技部、国家自然科学基金委员会、国家科学技术学术著作出版基金委员会及国家林业局科技司给予的项目资助表示感谢。

　　由于著者水平有限，错误之处在所难免，谨祈读者和专家批评指正。

著　者

2013 年 8 月

目　录

第一章　生态修复国内外研究进展

1.1　生态修复与生态恢复

1.1.1　生态修复与生态恢复的联系

生态修复研究的历史可追溯到 19 世纪 30 年代，但将生态修复作为生态学的一个分支进行系统研究是从 19 世纪 80 年代才开始的。虽然经过了几十年的发展研究，但是目前对生态修复的概念尚未形成统一的定义。周启星等人认为，生态修复是在生态学原理指导下，以生物修复为基础，结合各种物理修复、化学修复以及工程技术措施，通过优化组合，使之达到最佳效果和最低耗费的一种综合的污染环境修复方法。焦居仁认为，为了加速被破坏生态系统的恢复，还可以辅助人工措施为生态系统健康运转服务，而加快恢复则被称为生态修复。杨爱民把生态修复定义为：在特定的区域、流域内，依靠生态系统本身的自组织和自调控能力的单独作用，或依靠生态系统本身的自组织和自调控能力与人工调控能力的复合作用，使部分或完全受损的生态系统恢复到相对健康的状态。

大多数学者认为生态修复是从生态恢复的概念中演化细分出来的。1935 年，美国的 Leppold 在一块废弃的土地上进行试验，得出了人类过度放牧等致损因素造成的废弃地在一定条件下可以恢复到原来的生境状况的结论。此后，生态恢复又在采矿、地下水开采等造成的生态破坏和环境污染等方面的修复上取得了良好的效果。此后在不断的研究、认识过程中，又陆续引出了"生态修复""生态重建"等概念。生态恢复和生态修复都是在退化生态学的基础上提出来的。但是在我国随着土地复垦、恢复生态学等学科的发展，生态修复中环保领域的污染环境修复和农林等方面的生态工程技术出现了交叉渗透，形成了中国特色生态工程技术。同时"生态修复"和"生态恢复"的概念产生了混淆。王治国指出，欧美国家的"生态恢复"与日本的"生态修复"概念类似，并认为生态修复的概念应包括生态恢复、改建和重建，其内涵大体上可以理解为：通过外界力量使受损（开挖、占压、污染、全球气候变化、自然灾害等）的生态系统得到恢复、改建或重建（不一定完全与原来的相同）。这与欧美国家的"生态恢复"和日本的"生态修复"概念类似，但不同于环境生态修复的概念。按照这一概念，生态修复涵盖了环境生态修复，即非污染的退化生态系统。生态修复可以理解为"生态的修复"，即应用生态系统自组织和自调节能力对环境或生态本身进行修复。

笔者认为，生态修复就是在遵守自然规律的前提下，最大限度地减少人为干扰，利用生态系统的自我修复能力，辅以人工措施，使遭到破坏的生态系统向良性循环方向发展的一门学科。其核心原理就是生态控制论，即采用近自然、生态友好型的技术措施，扭转生态系统恶化的趋势，使其生态系统的服务功能得到有效提高和持续发展。

1.1.2　生态修复与生态恢复的区别

美国自然资源委员会（The US Natural Resource Council，1995）把生态恢复定义为：使一个生态系统回复到较接近于受干扰前状态的过程。国际恢复生态学（Society for Ecological Restoration，1995）先后提出 3 个定义：生态恢复是修复被人类损害的原生生态系统的多样性及动态的过程（1994）；生态恢复是维持生态系统健康及更新的过程（1995）；生态恢复是帮助研究生态整合性的恢复和管理过程的科学，生态系统整合性包括生物多样性、生态过程和结构、区域及历史情况、可持续的社会时间等广泛的范围（1995）。

生态恢复较有代表性的定义是美国生态学会给予的定义：生态恢复就是人们有目的地把一个地方改建成明确的、固有的、历史上的生态系统的过程。这一过程的目的是竭力仿效那种特定生态系统的结构、功能、生物多样性及其变迁的过程。

恢复是一个自然的过程，是指恢复到原来的状态。在这个过程中，更强调的是自然的作用，在整个过程中不加人为的干扰仅靠自然的力量使被干扰、破坏的生态环境修复使其尽可能恢复到原来的状态。它是一个纯自然的过程。实际上，任何一个原始的生态系统遭到干扰或者破坏之后即使经过人工的措施和长时间的自然恢复使得生态系统的功能超过原有水平，也不可能使得系统的形式与结构与原来的系统完全相同。

修复是利用大自然的自我修复能力，辅助以必要的人工措施，恢复生态系统原有的功能。它不需要使生态系统恢复到原始的状态，而是指通过修复使生态系统的功能不断地得到完善。生态修复是以整个生态系统为出发点和立足点的，是生态系统结构与功能整体上的恢复与改善，是一种宏观的理念与思路，要求人与自然的和谐共处。

焦居仁认为，生态修复指停止人为干扰，解除生态系统所承受的超负荷压力，依靠生态系统自身规律演替，通过其休养生息的漫长过程，使生态系统向自然状态演化。在其界定的定义中，生态恢复仅依靠生态系统本身的自组织和自调控能力，完全可以依靠大自然本身的推进过程，恢复原有生态的功能和演变规律。

当生态系统遭受的损害没有超过负荷并且是可逆的情况下，移去干扰之后恢复可在自然状态下进行；但是当生态系统遭受的损害超过了负荷并且是不可逆的情况下就必须辅助以人工的措施，从而使得受损的状况得到控制和修复（崔爽，周启星，2008）。生态恢复是一个以纯自然过程为主的行为；生态修复中则采用了各种工程措施强调了人的主观能动性。

1.2 生态修复的原则

1.2.1 适宜性原则

据全国第二次遥感普查数据显示，我国有水土流失面积356万 km^2，占国土面积的37%；目前风蚀沙化面积仍以2460万 km^2/a 的速度在扩大；此外，每年因生产建设还将造成1万 km^2 新的水土流失面积。因此，我国水土保持工作任务繁重。由于我国幅员辽阔，自然条件、气候状况丰富多样，不可能找出一条放之四海而皆准的原则。但是有以下几个标准可供参考：①生态修复必须满足植被生长的条件，即有适宜的水、土资源条件和气候条件；②一般认为适宜生态修复的对象主要是人类活动干扰程度较低、人口密度相对较低的地区。

1.2.2 以自然恢复为主，人工措施为辅的原则

生态系统遭受的损害可以分为两种情况，一种情况是生态系统遭受的损害没有超过它本身所能够承受的负荷，除去干扰之后生态系统可以靠自然的演替过程实现自我恢复。另一种情况是生态系统受到严重的破坏，停止人为干扰后仍然不能够实现自我恢复。在这种情况下就必须辅助以人工措施，加快生态系统向良性演替的进程。

1.2.3 与发展经济改善民生紧密联系的原则

生态修复区域不可能都是无人居住的地区，而生态修复往往会采取禁牧、禁伐等措施，这必然会对当

地群众的生活造成影响。封禁之后如何解决群众的吃饭、花钱等经济发展的问题，就必须制定相应的政策保证群众的生活，促进经济的发展。例如建立牧民定居点，以电代柴，生态移民的配套措施。同时需要与退耕还林、退田还湖等国家政策相结合，发挥整体作用，提高综合效益。

1.3 生态修复的方法

退化的生态系统往往是遭受了人类的干扰和破坏，可以分为两类：一类是没有受到污染的生态系统，在这类生态系统的修复中强调通过工程措施恢复被破坏生态系统的功能，最终达到人与自然的和谐共处。这种情况下往往采用封禁等水土保持生态修复部分的原理与技术。第二类是环境遭受了污染，有污染物存在于土壤、水体之中，此种情况下使用污染生态修复的原理进行修复，主要的修复方法如下文所列。但是事实上，受损的生态系统往往都会遭受污染物的侵害。

物理化学方法都是传统的修复方法，在许多方面已经有了成熟的技术并且被广泛地应用。这两者都是利用温、水、光、土等环境要素，根据污染物的理化性质，通过机械分离、蒸发、电解、加热、氧化—还原、吸附—解吸等物理化学反应，使环境中的污染物被清除或者转化为无害物质。这两者与生物修复的结合是生态修复必不可少的要素，往往作为生物修复的前处理阶段。能否合理利用物理与化学修复直接关系到生态修复的效果与成败。

1.3.1 物理修复

物理修复主要包括以下几种方法：①物理分析修复技术。即借助物理手段将含有污染物的颗粒从环境介质中分离开来的方法，适用于生态修复的前处理技术。常见的有粒径分离法、水动力学分离法、密度分离法、磁分离法等。②蒸汽浸提修复技术。即在污染介质中引入清洁空气产生驱动力将污染物转化为气态形式排出，适用于高挥发性化学污染的修复。主要有原位蒸汽浸提技术、异位蒸汽浸提技术、多项浸提技术等。③固定/稳定化修复技术。即防治或降低污染介质释放有害物质的修复技术，常用于重金属和放射性物质污染的无害化处理。一般来说包括原位固定/稳定化修复技术、异位固定/稳定化修复技术。④玻璃化修复技术。即利用热能或高温条件，使污染的介质成为玻璃产品或者玻璃状物质，而使其中的污染物固化不再释放的过程。这一技术最早用于核废料和其他放射性物质的处理。有原位玻璃化技术和异位玻璃化技术两种。⑤热力学修复技术。即利用热传导或辐射实现对污染土壤、沉积物以及其他介质的修复，包括高温原位加热修复、低温原位加热修复和原位电磁波加热修复等。这里的高温加热修复与玻璃化相比仍然是相对较低的温度。⑥热解吸修复技术。指通过直接或间接的热交换，将污染介质及其所含有的有机污染物加热到足够的温度，使有机污染物从污染介质上得以挥发或分离的过程。热解吸技术分成两大类即加热温度为150~315℃的低温热解吸技术和315~540℃的高温热解吸技术。⑦冰冻修复技术。即将温度降低到足够低，使得环境介质中的有害污染物失去活性或得到固定的过程。这是新型的污染环境修复技术。⑧隔离包埋技术。即将污染介质中的污染物与其周围环境隔开，减少其对周围环境的污染。

1.3.2 化学修复

化学修复包括以下几个方面：①化学淋洗修复。借助能促进环境介质中污染物溶解或者迁徙作用的溶剂，通过水力压头推动淋洗液，将其注入被污染介质中，然后将包含有污染物的液体从介质中抽提出来，进行分离和污水处理。这种方法主要用于处理地下水位线以上、饱和区的吸附态污染物，既可以进行原位修复又可以进行异位修复。②溶剂浸提修复技术。利用溶剂将有害物质从污染介质中提取出来或去除的修复技术，又称之为化学浸提技术，包括原位和异位两种方式。③化学氧化修复技术。采用氧化还原剂对受污环境实施修复的过程。④化学还原技术。源于还原脱氯修复技术，利用化学还原剂将污染物还原为难溶态，从而使污染物在环境介质中的迁移性和可利用性降低；或者把其中有害的含氯分子中的氯原子去除，使之成为低毒性或者没有毒性的化合物。⑤电化学修复技术。利用低能级直流电流穿过污染的土壤，通过电化学和电动力学的复合作用去除环境介质中的污染物的过程。

1.3.3 生物修复

生物修复是对污染环境实施修复、治理的最重要的技术之一，是生态修复的基础，是 20 世纪 80 年代以来出现和发展的清除和治理环境污染的生物工程技术。其主要利用生物特有的分解有毒有害物质的能力，去除污染环境如土壤中的污染物，达到清除环境污染物的目的。

狭义的生物修复主要是指微生物催化降解有机污染物，从而修复被污染环境或消除环境中的污染物的一个受控或自发进行的过程。

广义的生物修复一般包括微生物修复、植物修复、动物修复，是利用一切以生物为主体的环境污染治理技术。

（1）微生物修复。微生物是生态系统中的分解者。利用微生物的代谢活动，可将受污染环境中的有机物降解转化，去除毒性或者使其固定下来。微生物修复包括两种形式：①原位修复。即在不人为移除污染物的情况下在污染现场直接处理污染物，主要的处理方式包括生物通风、生物搅拌、生物冲淋等。②易位修复。是指将污染物移出被污染区域至固定的场所之后再进行的生物修复，以工程生物修复为主。主要的方法有土地填埋法、生物堆腐法、生物泥浆反应器法等。

（2）植物修复。植物修复就是利用植物对污染物的吸收、恢复或降解等修复作用来治理污染了的环境。凡是利用植物对受污染的大气、土壤、水体进行修复的方式都属于植物修复。它包括植物净化修复、植物提取修复、植物挥发修复、植物稳定修复、植物降解修复、根际圈生物降解修复等形式。

生物修复主要应用于受污染土壤、水体、大气的生态修复中，在重金属污染的修复中也广泛使用。生物修复技术相对简单，费用较低，美化环境，不造成二次污染，对环境扰动少，提取或降解作用可以永久地消除污染，被修复的土壤、水体可以再次利用，符合可持续发展的观点。但也有生物受温度等环境因素的影响，特定的生物只针对特定的污染物有效等缺点。

1.4 河流生态修复

广义的河流生态系统包括了陆域河岸生态系统、水生生态系统、湿地及沼泽生态系统等一系列子系统组合而成的复合系统。河流是人类赖以生存的水环境，也是人类的社会的起源地。人们对河流的开发利用工程中，往往以防洪为目的，尤其是近 100 年来利用工程措施修建了大量的人工设施，改变了河流的特征，其结果是对河流生态系统造成了不同程度的破坏。

目前我国河流存在的问题主要有以下几个方面：

（1）形状直线化、平面化严重。人们往往出于防洪角度考虑，将弯曲的河道裁弯取直，并且对河道实施了硬化措施，改变了河流的天然形状，阻断河流生态系统与陆域河岸生态系统之间的交流，妨碍了地下水与河流水的交流互补。

（2）污染河流水质。由于工农业的发展以及城市的扩张，盲目追求经济效益导致未处理达标的生产废水和生活废水大量排入河流之中，使得河流遭受了污染，破坏了其自净能力。

（3）生态系统受损严重。由于河岸的硬化阻断了河流生态系统中各个部分的交流和交换，使得河流生态系统的部分功能丧失甚至瘫痪，各种动植物的数量也大幅度减少。

（4）缺乏河流景观。由于对河流的改造主要是以防洪为目的，没有考虑景观的需求，使得河流沿岸的景观单调，更由于水质的污染等原因使得河道景观严重不足。

在对以上问题的修复过程中，河流修复已经从单纯的结构性修复发展到生态系统整体结构、功能与动力学的修复。修复的范围也由单纯的河道扩展到河漫滩乃至流域。在治理过程中有以下的方法可以使用：

一是，河流的形态恢复。重塑河流的蜿蜒度，利用修复横断面等技术，对被截弯取直的河道恢复弯曲度，将规整后的河道恢复自然形式，恢复河流沿岸丰富的生境，提升河流的自净能力和景观。

二是，建立生态护坡。可以分为单纯的植物护坡和植物与工程措施结合的护坡技术。植物护坡主要通过植被根系的力学效应（深根锚固和浅根加筋）和水文效应（降低孔压、削弱溅蚀和控制径流）来固土保土、防止水土流失，在满足生态环境需要的同时，还可进行景观造景。植物与工程相结合的护坡技术主要是在河岸上利用工程措施，保证植物生长前期所需要的肥料等。另外由于植物生长初期根系弱小受到河流的冲刷会难以生长，以前多采用在空心六边形砖块中种植植物的方法，但是在植物生长稳定之后这种砖块又成为了限制因素，最新的技术是使用生态复合材料，在初期可以固定植物，而后不断地分解，既能在前期防治植物被冲刷而影响生长又不会在后期起到阻碍作用。

三是，对于水质的污染，可以调用上游或其他的清洁水源冲刷稀释受污染的河流，减轻受污染的程度。对河底受到污染的底泥采用底泥疏浚的措施，将污染物从河流中清除出去。也可以采用物理覆盖技术对底泥进行处理，防止内源污染物释放造成的二次污染。对外源污染物，首先要加大治理的力度，使得进入河流的污水符合排污的标准；另外恢复河流生态系统中的浅滩、弯流以及植物的合理分布同样可以起到净化水质的作用。人工向河流中增氧，可以提高水体的溶解氧水平，增加好氧微生物的活性，促进有机污染物的降解速度，达到净化水质的目的。也可以采用化学修复的方法修复重金属的污染，这个方法起效最快但是要防止二次污染。

四是，河流的生态修复除了生态效益之外，还应该有视觉和心理上的效应。在进行河流生态功能修复的同时，也应创造出与周围环境相协调的美丽的河流景观，表现出人与自然相和谐的人文色彩。

1.5　湖泊生态修复

湖泊是被陆地生态系统包围的水生生态系统，因此来自周围陆地生态系统的输入物对其有重要的影响。同时湖泊是河流的汇聚地，各个汇入其中的河流也对湖泊有着重要的影响。

湖泊生态系统所遇到问题与河流类似，同时又面临着湖泊面积和湿地面积减少、富营养化等问题。

对于内源污染物，同样采用底泥疏浚等技术。对于外源污染物可以使用前置库技术，在污染较为严重的入湖口建设前置库，即通过构建大规模浮床系统对水体悬浮物的拦截及营养物吸收，削减入湖污染物的总量和浓度，改善入湖水质、减轻污染；同时要对周边的污染源进行控制。退耕还湖等措施可以减缓湖泊面积减少的趋势，在河口退湖区建设河口表流湿地系统，在非河口临湖退湖区可以通过完善面源截污系统，重建湖滨生态带，对分布于湖堤以外、低于湖面运行水位的鱼塘，通过清淤垫田退湖还田。总之重建沿岸植被缓冲带，利用人工湿地污水净化技术及水生植物修复技术等技术方法，可以净化水质，恢复动植物种群数量，恢复湖泊生态功能。同时要建立湖泊水生态检测体系，以便尽早发现问题，及时治理。

1.6　生态修复的意义

水土流失、生态退化等生态问题，已严重地影响和制约了区域生态、经济的协调发展，已经成为我国首要的环境问题。这主要是因为人们对资源和环境的不合理的开发利用，对生态系统的干扰破坏超过了其承受能力，造成了水土流失加剧、生物多样性的损失等一系列环境问题。

生态修复的提出就是要遏制生态系统的进一步退化，防止水土流失的加剧，调整生态建设思路，摆正人与自然的关系，再造祖国的秀美河山。由于我国水土流失的面积巨大，改善生态任务艰巨，单单依靠人力难以有效地控制，并且财力、物力也很有限，不能够支撑大范围的区域治理，因此只能在小范围、重点区域控制水土流失。全国各地实施的封山育林、封山禁牧、围栏轮牧等生态修复措施，已经在恢复植被、改善环境、控制水土流失方面起到了极为显著的作用，不仅节省了人力物力而且加快了治理的速度。各个地区根据当地的实际情况，结合退耕还林等国家政策采取一系列配套措施和对策，实施生态家园富民工程，改善农村生产条件，改变生产方式，调整农村经济结构，发展乡村工业和旅游业。工程既改善了生态环境，又促进了当地经济的发展，加快了农村现代化建设，同时增强了农民的生态意识，使大多数农民接受了这一新的理念。

生态修复大大加快了秀美山川、生态文明的建设步伐，改善生态环境与发展经济相结合，是保护和建设好生态环境、实现可持续发展的必由之路。

第二章　洞庭湖区概况

洞庭湖是我国第二大淡水湖，位于湖南省北部、长江中游南岸，由东、南、西洞庭及被大小不等的288个堤垸相隔的纵横交错的复杂河网组成，现有天然湖泊面积2684km²（1995年，城陵矶水位32.00m）。整个洞庭湖区包括常德、益阳、岳阳等6个市的14个县和15个国营农场，土地面积34 960km²，占湖南省总面积的16.5%（窦鸿身等，2000；黄金国，2003）。湖区地势平坦，每年洪水季节都有湘江、资水、沅江和澧水"四水"和长江江水大量泥沙入湖淤积，湖底逐年淤高，水体日益变浅，河湖洲滩以平均每年40km²的速度扩大。湖洲的增长为湿地资源的形成和扩大创造了十分有利的条件。在其特殊的地理环境与碟形盆地圈带状景观结构控制下，形成了以敞水带、季节性淹没带、滞水低地为主的我国最大的湖泊地区湿地景观。现有天然湿地面积约8770km²，以及近10 000km²的稻田湿地。全区土地面积一半以上为湿地。区内在河流冲积物和湖泊沉积物基础上发育形成的水稻土和潮土，土壤肥沃，适种性广，初级生产力高，生产出占湖南省总产量30%的稻谷、75%的棉花、45%的油料。河湖水体复杂的环境结构、平缓的水流和丰富的营养物质，为鱼类及其他水生动物和莲藕、菱角等水生作物的养殖、栽培提供了良好的基础条件，生产出占湖南省总产量45%的水产品、35%的莲藕和几乎100%的珍珠。洞庭湖区河湖洲滩湿地上广泛分布着芦、荻、席草等工业原料植物。其中，芦、荻产量约占湖南省造纸原料的50%以上。可见，湿地的生产功能十分突出。广泛分布的湿地是洞庭湖区成为闻名全国的"鱼米之乡"的基础。

2.1 自然条件

2.1.1 水　文

洞庭湖区中，东洞庭湖1289km²，南洞庭湖907km²，西洞庭湖383km²，河道面积105km²（易波琳等，2000），最大容积174亿m³，平均水深6.7m，最大水深30.8m。湖泊多年平均径流量为3126亿m³，平均每18天湖水就更换1次。在分流长江下荆江洪峰流量、削减入湖洪峰流量和减轻长江下游洪水威胁方面具有巨大的作用。可分流长江下荆江洪峰30%的流量和削减入湖洪峰30%~40%的流量。年内水位变化明显，夏秋季涨水时湖水连成一片，冬春季枯水时为河道型湖泊。入湖水系十分复杂，来水依其所在方位的不同，分南水和北水两部分，出流仅岳阳城陵矶处一口北注长江。南水的主要入湖河流有湘江、资水、沅江和澧水，惯称四水水系。另外还有直接入湖的汨罗江、新墙河等小河流。北水是分泄长江江水入湖的松滋、太平、藕池和调弦（1958年冬堵闭）四口河道，惯称四口水系。洞庭湖水系源远流长，若除去长江四口分流的长江来水的流域面积，洞庭湖总计流域面积262 823km²，占长江流域面积的12%，其中属湖南境内水系面积204 843km²，占湖南省总面积的96.7%。

洞庭湖南纳四水，北承四口，形成"八水汇洞庭"的局面。由于八水在湖泊中纵横交错，相互顶托干扰，造成湖泊水流变幻不定，北涨南流，南涨北流，或同涨乱流，使部分地区水位涨高，加之大量泥沙的淤积，洪涝灾害日趋严重。

东洞庭湖是洞庭湖的主体湖盆，汛期最大湖水面积可达1328km²，约占整个洞庭湖的一半，是一个调蓄过水型湖泊，汇集湘、资、沅、澧四水，吞纳长江部分水量，对长江水量有巨大调剂作用。多年年均湖水量 3126 亿 m^3，其中"四水"过湖水量 1684 亿 m^3，长江过湖水量 1180 亿 m^3，区间过水量 262 亿 m^3。由于巨大的过境水的侧面补给,本区地下水资源极其丰富,在广大的冲积平原地下 5m 地层普遍富含地下水,平均单井涌水量可达 300~3000 吨 / 日。

洞庭湖处于亚热带季风气候区,日照充足,太阳辐射强烈,湖水热量资源丰富。由于属于大型浅水湖泊,湖水交换频繁,对流紊动作用大,因此湖水热量分布相对均匀。多年来东洞庭湖平均水温 17.76℃,除 7 月气温高于水温外,其余各月的水温均高于气温。湖区和四水水温高于长江水温。

洞庭湖的潮流流态基本上是从西洞庭湖经南洞庭湖再向东洞庭湖,直至从城陵矶出口入长江的单一流动,局部湖汊流向偏转,出现回流现象。西部流速较小,东部流速较大,流速在 0.2~0.6m/s。

东洞庭湖湖盆泥沙淤积量大。过境水每年平均输入泥沙 1.42 亿 m^3,其中 4 月输入 0.24 亿 m^3,占 16.9%;长江输入 1.18 亿 m^3,占 83.1%,而输出泥沙仅有城陵矶一口,年输出泥沙 0.36 亿 m^3,占输入量的 25.4%,年均淤积泥沙 1.06 亿 m^3,淤积率达 74.6%。

2.1.2 地貌特征

洞庭湖区地貌特征为一典型的以陆上复合三角洲占主体的冲积—淤积平原。组成物质主要是泥质沙、沙质泥和黏土质泥。地面高程一般在 35~40m 之间,松滋、太平、藕池、调弦(1958 年冬堵闭)四口与湘、资、沅、澧四水输入的泥沙,尤其是经由四口的大量来沙是这片广袤平原形成的物质基础。湖区北部是由荆江四口和澧水复合三角洲形成的冲积平原,地势由北而南倾斜。湖区东南部是由湘江和资水所形成的复合三角洲冲积平原,地势由南而北倾斜。

洞庭湖近代处在三角洲极为发育的旺盛时期。各入湖水系在三角洲上作扇形展布,以致在诸河道、港汊之间形成众多的浅碟形洼地。东洞庭湖、横岭湖、万子湖、东南湖和目平湖等是众多碟形洼地中的规模较大者。碟形洼地,地势浅平而低下,虽在枯水季节,仍可有水体存在,成为星罗棋布的地区性大小湖泊,连同交织的河道,纷繁的港汊,使洞庭湖水域被分割得支离破碎。洪水期间,各地区性大小湖荡复又汇聚,汪洋一片,浩渺磅礴。

2.1.3 气 候

洞庭湖区位于中亚热带向北亚热带过渡气候区,由于受东亚季风和长江、洞庭湖庞大水体的影响,具有湿润的大陆亚热带季风气候区的温和湿润、光热充足、多风多雨、四季分明的气候特征。根据近 40 年观测资料,年均气温 17.0℃,最高年份(2002 年)为 17.9℃,最低年份(1957)16.2℃,年际变化比较稳定。最冷 1 月的平均气温为 4.4℃,最热 7 月的平均气温为 29.2℃。极端最低日气温为 -11.8℃(1956/01/23)。极端最低气温大多数出现在 1 月,少数出现在 2 月或 12 月。发生日气温低于 -5℃的年几率大约为两年一遇。极端最高日气温为 39.3℃(1971/07/21)。极端最高气温大多出现在 7 月,少数出现在 8 月。昼夜气温日较差较小,全年平均为 6.8℃。以 10 月日较差最大,达 7.3℃;7 月较小,为 6.4℃。全年日均气温稳定超过 10℃的日数为 240 天,≥10℃的年积温为 5360℃,无霜期 266 天。年日照时数平均为 1600h,日照率 38%,太阳辐射年总量 418.68kJ/cm^2。

本区多年平均年降水量 1200~1450mm,年降水日数 135~160 天,年降雪 8~11 天,积雪 5~8 天。本区降雨的主要特点:一是降水量年际变化很大。最多的年份达 2336mm(1954 年),最少的年份仅 787mm;少于 1000mm 的降水年几率为 10 年一遇;大于 1400mm 的降水年几率为 10 年三遇。二是降水量年内分布不均,大致上 3~8 月共 6 个月为多雨期,降水量约占全年总量的 70%;9 月至次年 2 月共 6 个月,降水量较少,仅占 30%。3、4 月降水量年际变化很大,其中 6、7、8 月降水量的年际最大差异分别达 821mm、319mm、372mm。

本区年均蒸散量为 787mm,远远小于降水量;干燥度 0.70;相对湿度 80% 左右,且年际变化不明显。

风向多为北风或北东风，6、7月间出现较多的南东风，平均风速 1.5~3.2m/s，最大风速 28.0m/s，≥8级风日数 3~19 天。

按照中国季节划分的气候指标，本区四季划分应该是春季从 3 月 25 日至 5 月 27 日，持续 64 天；夏季从 5 月 28 日至 9 月 18 日，持续 114 天；秋季从 9 月 19 日至 11 月 20 日，持续时间 63 天；冬季从 11 月 21 日至次年 3 月 24 日，持续 124 天。考察各气象因子，本区四季气候的特点可以概括为春秋期短，冬夏期长，春温多变，夏季多雨，秋季干旱，冬季严寒短暂。

根据历年观测资料，本区还存在一些特殊气候（某些气象因子在某些年份的某些时段连续出现超长的极端值而形成的不合时宜的气象称为特殊气候），主要有春寒、洪涝、干旱、冰冻，并且表现出一定规律的发生几率。其中，春寒是指在 3 月下旬至 4 月上旬，日均气温连续 5 天以上低于 10℃ 的低温阴雨天气，发生几率大约 4 年 1 次；洪涝是指东洞庭湖水位超过 32m，高悬于圩垸区平原，使耕地和居住区溃水。这种情况多发生在 7 月，近 20 年来发生的年几率由 4 年 3 次发展到几乎每年一遇；干旱主要指夏秋之际一次连续 61 天以上或两次连续累计 76 天以上基本无雨而出现的干旱天气，发生几率大约 3 年 1 次；冰冻则是指冬季连续 7 天以上出现雨雪冰冻的严寒天气，发生几率为 6 年 1 次。

2.1.4 土　壤

洞庭湖区内的湖泊洲滩上主要为潮土、沼泽土和沼泽化草甸土，成土母岩母质为河湖冲积物。据土壤剖面观测，土层深厚，泥沙相间的层次明显，有的还夹有一层半腐解状的有机质。从表土向下 2~3 层泥沙后，土壤剖面出现铁锈斑纹和植物死根，土壤剖面大多有石灰性反应。据对本区 90 个样地土壤样品的化验结果，pH 值在 6.5~7.6 之间，有机质含量 1%~3%，全氮、全磷的含量分别为 0.10%~0.18% 与 0.10%~0.20%，速效氮、磷、钾的含量分别为 60~130μl/L；6~16μg/g；40~80μg/g。

2.1.5 动植物资源

本区自然植被主要由湿生植物组成，植被类群依水深分梯度变化呈圈带状成层分布格局。从陆地至水底依次出现的植被类型是：常绿阔叶林、落叶阔叶林、芦荻、柳蒿灌丛、苔草草甸、挺水植物、浮叶植物、沉水植物。同层植被组分比较一致，层间植物组分有较大差异。根据调查统计，区内有维管束植物 91 科 337 属 617 种。

该区充足的水热条件，以及以草类植被为主的湿地生态环境，有利于动物的栖息、繁衍，野生动物资源极为丰富。构成本区生物地理动物群的主体为水鸟和鱼类，而绝大多数为迁徙性鸟类和洄游性鱼类，形成了复杂的区系特征，同时集中了许多珍稀濒危物种，且珍稀濒危物种还具有相当的数量，对于保持湿地生物多样性具有重要意义。其中，东洞庭湖保护区内栖息鸟类 303 种，数量多达数十万只，是目前世界上最大的小白额雁越冬种群所在地，占全球越冬种群的 60% 以上；区内栖息的越冬候鸟中有国家重点保护的野生鸟类 44 种，其中属于 I 级的有：白鹤、白头鹤、东方白鹳、黑鹳、中华秋沙鸭、白尾海雕、大鸨等 7 种，II 级的有：白额雁、小天鹅、白琵鹭、鸳鸯等 37 种；保护区内被列入国际濒危物种红皮书的还有小白额雁、鸿雁、花脸鸭、青头潜鸭等珍稀濒危鸟类 8 种；属于中日、中澳双边协定保护的鸟类达到 120 种。区内有鱼类 114 种，是我国四大家鱼青鱼、草鱼、鲢鱼、鳙鱼的主要产地，同时也是中华鲟、白鲟和水生哺乳动物江豚的主要栖息地。

2.2 社会经济状况

洞庭湖区周边社区涉及湖南省岳阳、益阳、常德三市，包括岳阳市的岳阳楼区、君山区、岳阳县、华容县、湘阴县、汨罗市，益阳市的资阳区、沅江市，常德市的汉寿县等 9 个县（市、区）。占湖南省土地总面积 15% 以上的洞庭湖区有人口 1008 万人，粮田 67 万 hm²，粮食、油料和棉花等产量分别占全省的 35%、50% 和 86%，国民生产总产值约占全省的 30%。洞庭湖湿地经济价值总量巨大，是全国九大农产品商品生产基地之一。400 多万亩的杨树林，其年经济总量将达到 100 多亿元，就业人员 10 余万人，成为湖南省经济新的增长点，林纸业成为湖南省重要的支柱产业。

湖区对外交通均极为方便。岳阳市是长江航运中的重要一站，是湖南的北大门，水陆交通枢纽。市区北面的城陵矶港是湖南最大的港口，从这里出发，逆江而上可达重庆，顺江而下可到上海。东洞庭湖本身就是一个航道型湖泊，属 B 级航区，终年通航。东部湖漕为总汇湘、资、沅、澧四水航道并连通长江航道的湘江主航道，沿湖设有城陵矶长航港、湘航港、岳航港等大中型港口码头，可与长沙、益阳、常德、津市等湖南四水港口及重庆、武汉、九江、上海等长江航线港口终年客货互航。益阳现有航道里程 1347km，其中四级航道 73km、五级航道 79km，六级航道 1195km，全市吞吐量万吨以上的港口 40 个。到 2003 年，常德市共有通航里程 1764.1km，其中省直管航道 447.5km，市航道处维护管理 1316.56km，可直达洞庭湖并进入长江。现水运码头每天有客轮直达岳阳。

2.3 洞庭湖的演变历史

前人关于洞庭湖的成因和演变的研究很多（黄进良，1999；王秀英等，2003），看法不尽相同，有构造湖、古云梦泽的残留湖之说，也有的认为是人为引起的长江的伴生湖。根据洞庭湖区的地质地貌、环境变迁、人类活动等的研究分析，笔者认为洞庭湖不是单因素成因的湖泊，而是由构造运动奠定基本格局，又叠加了江河作用以及人类活动等多因素的混成湖。

湖泊的演变是在一定的地理环境下进行的，并与地理环境相互发生作用。如补给水量的丰歉、入湖泥沙的增减、动植物遗骸的堆积、新构造运动的强弱以及人类活动的能力大小等，都对湖泊的演变在不同的时期起着不同程度的作用。考虑到人类活动对洞庭湖演变的重要性，根据人类活动对洞庭湖演变的贡献，以全新世开始为界，把洞庭湖演变分为两个阶段：即自然演变阶段和人类活动与自然复合作用演变阶段（苏成等，2001）。

2.3.1 自然演变阶段

第四纪开始，洞庭盆地在受新构造运动影响，在外围山地间歇性上升的同时，湖盆下降。其中在早更新世时，坳陷幅度最大，此时湖盆周边断裂活动较强。中更新世时，沉积范围最大，但沉积中心不及早更新世明显，并且沉积中心向西南迁移。晚更新世时，坳陷活动几乎停止，到晚更新世末至全新世初期时，洞庭湖区为河网切割状的平原景观。

2.3.2 人类活动与自然复合作用演变阶段

洞庭湖区的人类活动可以追溯到新石器时代。在洞庭湖周缘及丘陵地区，发现了大溪文化及以前文化遗址 45 处。随后的屈家岭文化遗址主要分布在湖区的西北部及西部 5 县（市）。湖区东部和南部还未发现屈家岭文化遗址，说明在 5000 年前左右，湖区西部地区人类活动比东部要强烈得多，湖区腹地由于洪水泛滥，不利于人类活动。考古发现表明，龙山文化在湖区非常繁荣，文化遗址遍布湖区四周和腹地，可见当时洞庭湖大部分地区已经适合人类活动，洞庭湖面积萎缩很快。

商周至战国时期，文化遗址均分布在湖区边缘，尤其是澧水下游最为集中，湖区腹地没有发现商周文化层。推测当时洞庭湖水面浩大，新石器时代人类田园沉入湖底。

在新石器时代至商周战国时期，人类活动能力还很弱，基本上还处于认识自然、适应自然的阶段，湖进人退，湖退人进，改造自然的能力不强，对环境的影响还不是很大，加上湖区人口稀少，洞庭湖的演变还是以自然作用为主，人类活动叠加在自然力之中起作用。

汉晋南北朝时期，一切有了很大的改变。人类活动开始在洞庭湖的演变过程中扮演第一位的角色，表现为：破坏植被，造成水土流失加剧，泥沙淤积加重；围湖垦殖，改变了泥沙淤积的场所，使得大量的泥沙淤于洪道、河床之中，抬高洪水水位；沿河、湖筑堤，改变水流的自然走向，使得江湖关系恶化。随着战乱引起的中原人口的大量迁入，砍林开荒，围湖造田，山地植被明显被破坏，水土流失加剧，导致湖区泥沙淤积严重。东晋永和年间，江陵城东南建造荆江上的第一座堤——金堤，从此荆江筑堤日甚，束窄河床，使得洪水位相对上升，江湖关系趋于复杂。当时围垦已经有了很大规模的发展，迄止南朝时，今日湖区除南县外所有县均已设置，且置县顺序是由滨湖逐步推及腹地，充分反映了当时的围垦活动是步步深入和向湖区扩大的。在现在确定的洞庭湖区范围中，当时就有 3 个比较大的湖：洞庭湖、青草湖、赤沙湖，总面积约 6000km²，由此可以推断，当时洞庭湖区水面的面积已超过 6000km²。

唐宋时期，由于人类活动的加剧，造成洞庭湖流域植被明显破坏，泥沙淤积日甚，人类的围垦有了进一步的发展，使得洞庭湖面积大为缩小。当时湖泊总面积只有 3300km² 左右，比汉晋南北朝时期面积缩小几乎一半。根据竺可桢的研究，唐宋时期的气候比汉晋南北朝时期的气候要温暖、湿润得多，水量比汉晋南北朝时期丰富，但是湖泊面积比汉晋南北朝时期却小得多，由此可见人类活动是唐宋时期洞庭湖演变的最主要因素。

元明时期，由于荆江大堤经常溃口，进入洞庭湖的洪水量增大，湖泊面积有所扩大。元代统治者改以前宋代的堵筑为疏导，在江陵、石首、监利等县开六穴，其中杨林、宋穴、调弦三穴"挟江水而南，百里之内皆与洞庭接壤"。明代，洞庭湖区人民不堪苛税，纷纷破产流亡，堤垸无人修补，废田还湖现象严重，估计当时湖泊面积为 5600km² 左右。

清代初期，统治者对围湖造田积极鼓励、扶持。湖区人口快速增长，围垦出现高潮。到雍正、乾隆时期，湖区围垦到了"无土不辟"的地步。道光年间，围垦达到顶峰，湖面的急剧缩小，阻碍了湖水下泄的去路，减小了调蓄洪水的能力，增加了湖泊的淤积速度，抬高了洪水位；加上荆江大堤逐年加高培厚，已形成"土积如山、水激亦如山"的局面。江湖关系到了险象环生，非调整不可的地步。终于在咸丰、同治年间，藕池、松滋相继溃口，形成了"四口"南流的局面，新的江湖关系形成，分流入湖的水量、沙量大增。在 19 世纪的最后 30 年中，一方面由于水量的增加，使得洞庭湖水面扩大：另一方面，泥沙的增多使得湖盆淤浅，在短期内表现为在抬高水位的同时而使水域扩大。湖泊面积达到 5400km² 左右，这是洞庭湖的最后一次"回春"，从此走向加速萎缩的阶段。

进入 20 世纪以来，"四口"在将大量洪水宣泄于洞庭湖中而导致湖面扩大的同时，也将大量的泥沙倾泻入湖，导致湖底淤浅及北岸沙洲的增长。随着北岸堤垸不断伸长，南岸堤垸时有溃废，洞庭湖发生南迁。修堤围垸迅速发展，从 1918~1931 年，大约修筑垸田 2670km²，相当于今天洞庭湖的全部天然湖面积。北岸堤垸不断向南发展，逐渐与赤山接近，洞庭湖被分割为东、西两部分。北岸沙洲在向东南方向发展的过程中，受水流交汇的影响，转向正东方向后又折向东北，这样从东洞庭湖中分割、包围出一个大通湖。同时，原在沅江境内的万子湖和湘阴县境内的横岭湖因垸田的溃废而扩大、连通，而形成南洞庭湖。到 1949 年，洞庭湖的湖泊面积尚余 4350km²，由于泥沙淤积和围湖垦殖，洞庭湖湖泊面积萎缩很快。新中国成立以后湖区进行了 3 次大的围垦：20 世纪 50 年代后期、60 年代和 70 年代，其中 20 世纪 50 年代后期是围垦外湖最快时期，总面积达 600 多 km²，平均每年围湖 120km²。到 1995 年时，洞庭湖湖泊面积仅剩 2684km²。

2.3.3 人类活动对洞庭湖生态环境的影响

洞庭湖是我国最大的通江湖泊，其生态环境受长江水文条件的影响。要研究洞庭湖区的生态环境问题自然离不开其所在的大环境——长江流域。长江上游流域是生态系统稳定性较差的地区，由于特殊的自然地貌、地表和地质环境、气候条件，人类活动稍有不慎就会加剧不良的环境变化。长江地区的土壤、气候、雨量等自然条件均较有利于植物的生长，历史上长江上游的森林覆盖率为50%，进入长江中游的泥沙含量极小。但到东汉后，由于人类活动的长期破坏和自然灾害的影响，长江流域森林覆盖面积锐减，这种趋势一直到现代仍恶性发展。由于长江上游流域森林覆盖面积的减小，大量泥沙向下游输送，致使中游云梦泽淤死，而今洞庭湖在经历了产生、发展、壮大之后也已进入衰退阶段，究其根底还是长期以来人类活动导致大范围的环境破坏，大量泥沙向下游输移的结果。湿地和周边环境系统的相互联系及其相互作用对于湿地进行正常的功能活动是必不可少的。湿地的形成、发展和消亡过程与其邻近环境中的水、沙运动紧密联系，湿地的形成往往是水体中泥沙淤积所致。

洞庭湖承纳"四水"，集水面积26万km²及长江干流枝江段以上集水面积104万km²，总计来水面积达130万km²。多年平均入湖水量3126亿m³（其中长江来水占37.7%），而汛期入湖水量为2322亿m³（其中长江来水占46.9%），入湖长江洪水主要来自上游地区暴雨，雨量集中在5~8月，围湖垦殖的结果，使得调蓄湖面萎缩。新中国成立后的1949~1984年，为解决民生问题，共加修堤垸266个，其中670hm²以上94个，围湖造田及堵支并流导致湖泊面积减少1659km²，减少调蓄洪水能力119亿m³。湖泊水面净减38.1%，湖容净减40.6%。

由于长江上游流域的水土流失，宜昌站多年平均悬移质输沙量达5.14亿t。据1956~1998年实测资料统计，洞庭湖多年平均入湖沙量1.672亿t，其中长江来沙量1.290亿t，占79.3%，"四水"入湖泥沙量0.298亿t，占18.3%，而城陵矶多年平均出湖沙量为0.420亿t，仅占入湖泥沙总量的25.8%，淤积在湖内的泥沙每年为1.207亿t，占总入湖量的74.2%。1952~1995年全湖平均淤高1.06m，淤高速率为2.41cm/a，其中1952~1975年平均淤高0.56m，淤高速率为2.43cm/a；1975~1995年平均淤高0.5m，淤高速率为2.38cm/a。而且洞庭湖洲土在不同水位下变化也很大，枯水期洲土出露面积达1600~2200km²，占湖泊总面积的67%~85%；平水期洲土面积为1100~1500km²，占湖泊总面积的44%~57%；丰水期洲土出露面积不到500km²，占湖泊总面积的比例不足20%；当城陵矶水位在32m以上时，几乎所有洲土均被淹没；洞庭湖全湖洲土平均扩展速度为40km²/a。随着泥沙的大量淤积，湖洲迅速增长，湖区人工围垦逐渐增加。虽然建国后曾多次疏浚洪道、堵支并流、合并堤垸，但围垦势头有增无减，围垦面积不断扩大，其对自然环境的破坏作用也日渐突出（庄大昌等，2002；王克林，1998）。

江湖关系的恶化，意味着堤防建设增加的抗洪能力被调蓄能力锐减、洪水位抬升所抵消。大堤较1949年普遍提高了2.5~4.0m，但堤高水涨，洪水位也抬高了1.5~3.0m，湖底、河道普遍淤高了1~2m，湿地调蓄功能衰退，洪水威胁随之增大，常出现"平水年，洪水高"的情况，湖区西部尤为突出。

由于上游自然侵蚀、人为破坏等原因，泥沙输移成为一种长期而缓慢的作用过程；湖区几百年来无规则的围垦，使本来已经有衰退迹象的洞庭湖以成倍的速度消亡。同时，人类围垦对于洪水期行洪走沙，枯水期水流冲沙都产生了严重影响。湖区河网水流迂回，加速了泥沙淤积，改变了泥沙输移规律，使得本来可以向下游输移的泥沙淤积湖内。从泥沙这一点看，人类活动对湖区环境变化的影响速度是惊人的，影响也是深远的。

人类活动改变了上游水沙结构、湖区泥沙输移规律，同样也引起了下游水沙条件变化，从而反向加大了湖区环境压力，更加剧了灾害的严重性。下荆江分别于1967年、1969年在中洲子和上车湾两处实施人工裁湾，1972年沙滩子又发生自然裁湾，裁湾河段水位降低、比降加大，河床发生冲刷。上荆江分入洞庭湖的水量、沙量减少，通过城陵矶汇入长江的水、沙量也相应减少，这使得本来分流分沙量就有减小迹象的长江"三口"萎缩速度加快。裁湾从两个方面对湖区环境产生了重大影响。一方面，随着湖泊面积的迅速减小，湖区淤积更加严重。新中国成立以来，洞庭湖外湖水域由4350km²缩减为2691km²，相应地每年湖底的泥沙淤积平均厚度由2.2cm增加到3.5cm。"三口"分流分沙变小，入湖泥沙减少，出湖泥沙随下荆江流量增加也减小，沉积率基本不变，淤积厚度增加，淤积速度随之增加；另一方面，"三口"分流分沙比减小，虽然减少了进入洞庭湖的水量和沙量，表面上看对遏制洞庭湖的消亡大有好处，但下荆江流量、沙量加大，泥沙经长江干流向下游输移，本该淤积在洞庭湖的泥沙淤积在了螺山到汉口河段，城陵矶出流因下游河床升高压力加大，湖区产生了小水大灾的严重后果。1996 年长江城陵矶和螺山两水文站的洪峰流量都小于 1954 年，汉口水位也低于 1954 年，而城陵矶和螺山两水文站的水位比 1954 年分别提高 1.05m 和 1.00m。1998 年更为突出，在汉口水位比 1954 年低，螺山最大洪峰流量（64 900m³/s）比 1954 年（78 800m³/s）约小 13 900m³/s 的情况下，螺山最高洪水位达到 34.95m，比 1954 年最高水位 33.17m 高了近 1.80m。据测算：湖区每围垦 100km²，可导致城陵矶出口水位提高 0.03m。1998 年城陵矶最高水位为 35.94m，比 1954 年最高洪水位 34.55m 高出 1.39m，其中围垦导致水位抬高 0.5m（张晓阳等，1995；黄景等，2000）。

除此之外，湖区工业、农业、旅游业等第三产业不断发展，城镇人口增加，经济发展与湖泊面积缩小之间的矛盾日趋激化，湖区水质遭到严重污染，局部地区甚至超标严重。湖区水污染不但范围广，而且扩散速度快，有些污染物已经对水生生物的生长和水产养殖构成了严重的危害。

血吸虫病的流行，现已成为危害洞庭湖区人民群众身体健康的一大公害，是一种严重的地方病。血吸虫幼虫寄生于钉螺内，而洞庭湖区钉螺分布面积广，是全国有名的血吸虫疫区。据 1990 年调查资料，湖区血吸虫病流行区人数为 3.13 × 10⁶ 人，堤垸内查出有螺面积 39.7km²，堤垸外发现有螺面积 289.3km²。急性血吸虫病感染人数，堤垸外每年约 753 人，感染率占 79%；堤垸内每年 203 人，占 21%。感染季节主要是在夏秋季节，占全年感染人数的 94%。特别是 20 世纪 90 年代中后期湖区水灾频繁，堤垸溃决，钉螺向垸内大面积扩散，或通过引洪涵洞向垸内沟渠扩散，致使垸内钉螺灭而复现，疫区面积不断扩大，危害十分严重。

2.4　洞庭湖湿地主要生态环境问题

2.4.1　泥沙淤积、人工围垦导致洪水水位升高、天然湿地退化和调蓄功能下降

据 1956~1998 年实测资料统计，洞庭区多年平均入湖泥沙量为 1.672 亿 t，其中湘、资、沅、澧入湖泥沙量为 0.298 亿 t，占 18.3%。而通过城陵出口输出泥沙量为 0.420 亿 t，占入湖泥沙量的 25.8%，泥沙沉积率达 74.2%。从 1974 年以来，湖底平均抬高 7cm，湖底高程高出堤垸内耕地 1~2m，使西洞庭向南萎缩，东洞庭向东淤积，中心湖洲逐年扩大。大幅度削弱了蓄洪调洪能力，长江中游河段宜昌至九江洪道以内围垦洲滩民垸约 18 万亩，造成严重阻流。

1949 年洞庭湖的容积为 293 亿 m³，1988 年 1878.4 亿 m³。1978 年后湖面积和湖容积变化都较小。1949~1988 年的 39 年间，湖泊容积减少了 106 亿 m³，年减少 2.72 亿 m³。但容积减少的速度在时间段上的分布是不均匀的。1949~1954 年 5 年间，容积缩小率为 5 亿 m³/a；1954~1958 年 4 年间，容积缩小率为 14.5 亿 m³/a；1958~1974 年 16 年间，容积缩小率为 1.4 亿 m³/a；1977~1988 年 11 年间，容积缩小率为负 0.85 亿 m³/a。这一期间容积增加与退缩矮围恢复湖泊湿地有关。1988~2006 年间，有一些小垸已经退田还湖，增加一些湖的容积。

2.4.2　抗洪能力薄弱，洪涝灾害频繁

据 1949~1999 年 50 年观测资料分析，在相同的泄洪流量情况下，城陵矶高洪水位抬高了 1~2m。洞庭湖大洪涝次数由 1825~1896 年的约 12 年一遇增加到约 5 年一遇，1950~1983 年的 34 年中出现大水灾 8 次，4 年一遇。1990~1999 年，洪水频率更大，10 年出现 6 次大洪涝灾害，并出现 1996 年和 1998 年的两次特大洪水。洞庭湖区堤防标准过低，排渍设备老化，使堤垸易溃，抗洪能力薄弱，导致洪涝灾害频繁发生。

2.4.3 湿地天然植物群落向人工植物群落转化

1947 年湖南滨湖考察团考察湖洲滩地时,洲滩上生长的主要植物群落为"湖草"、芦苇和"岗柴"(南荻)(《沅江县志》,1984)。当时洲滩湿地上的植被为原生植被,十分繁茂。自 1958 年开始,洞庭湖各县相继成立芦苇生产基地,打破了湖洲植物群落遵循自然的演替规律,植物群落结构开始发生变化。1983~2004 年,人类从湿地南荻、芦苇中获取经济利益的欲望空前高潮,植物群落的结构进一步遭受破坏。

2.4.4 湿地调节小气候效应降低

据史料记载,洞庭湖湖滨柑橘栽培有 2000 多年的历史。柑橘作为亚热带植物,气温在 -7℃受冻害,-12℃冻死。洞庭湖湖区多数县绝对低温极值达 -13℃,但生长于沅江湖汊所挟岗地小半岛上的柑橘,却延续生长了 2000 多年,是湖泊温暖效应在发挥作用。湖面和湖容缩小以后,这种温暖效应也在减退。1958 年前,沅江冬季气温比岳阳高;10 年后,两地冬季气温相近;到 1983 年,最低气温沅江反比岳阳低(《沅江县志》,1984)。

2.4.5 生物多样性下降,珍稀物种濒危

多年来,在开发利用洞庭湖湿地资源的过程中,由于只重开发,轻保护,使生态环境日益恶化,物种多样化下降,濒危物种增多。

20 世纪 50~60 年代,珍稀濒危动物中华鲟、白鲟、江豚、白鳍豚还经常出没洞庭湖。据《沅江县志》记载,渔民们分别在 1948 年 8 月、1958 年 9 月、1959 年 11 月、1964 年 9 月、1968 年 9 月,捕获撞入渔网的中华鲟有 5 条,单个体重 120~235kg;江豚 4 只,单个体重 35~50kg。世界著名的白鳍豚由 Miller 发现于洞庭湖,并于 1818 年公布于世。现在白鳍豚已灭绝。江豚一般也只在湘江河段活动,种群数量由 2007 年的 200 头减至 2009 年的 108 头。近年来很少甚至没有发现的鱼类有中华鲟、白鲟、长颌鲚、鲴鱼、大银鱼、鳗鲡、中华倒刺鲃等 33 种。20 世纪 50 年代末,中国科学院动物研究所关贯勋调查鸟类种类时,记录到鸭科 31 种;1991~1992 年,洞庭湖环境保护监测站同样调查时,只记录到 25 种。

2.4.6 生物灾害加重和外来物种入侵

东方田鼠危害则是近期湿地退化后出现的一项新的生物灾害。20 世纪 50~60 年代其数量不大,一般只发生小片局部危害。从 70 年代起危害才明显加重。1978 年开始不时暴发成灾。其原因是湿地的退化和天敌的减少。1976~1981 年仅金盆商和五门闸收购站就分别收购蛇 12 650kg 和 7250kg。全湖区上百个国营收购站再加外地人高价竞购,几年内使东方田鼠、敌洲滩蛇类及鼬等都几乎绝迹。目前外来物种至少有 11 种,包括水葫芦、空心莲子草、豚草、克氏原螯虾白蚁、蔗扁蛾、湿地松粉蚧、美洲斑潜蝇、美国白蛾等,这些入侵种已经或正在造成生物灾害。

2.4.7 工业生产水平低,水体富营养化,环境污染问题日渐突出

洞庭湖的污染问题随着工业生产和城市的发展已显得较为突出和严重,在部分区域已形成了明显的岸边污染带,并且还有逐步扩大的趋势,已影响了湖区人民的生活,危及水生态安全,危害鱼类等生物资源。

影响洞庭湖水体污染和富营养化的主要因素是各种点源和面源向湖泊湿地或入境河道排放的各种污染物。洞庭湖水体中氮、磷浓度水平较高,已经具备了富营养化的潜力。但由于洞庭湖的换水周期短,为 8~29 天,污染物从城陵矶快速排出,洞庭湖富营养化状况在中至中—富营养级之间(李秦晋等,2009)。如果排水周期延长,则洞庭湖的富营养潜在因素就会变成实际因素。近年来入湖径流的减少,已引起洞庭湖地下水位下降。东洞庭湖自然保护区已连续 3 年出现蓝藻水华现象,叶绿素年局部浓度高达 33.8mg/m^3。

2.4.8 湿地景观破碎化破坏了生物多样性生存环境

景观斑块类型变化对湿地环境的影响很大，目前，洞庭湖湿地环境资源斑块只剩 333 块，面积减少了 24.22%~81.56%；而干扰斑块增到 363 块，面积增加了 63.71%（南荻、芦）；替代引进斑块增至 249 块，面积净增 3.98 万 hm²。斑块类型的改变，打破了湿地生物多样性所依赖的景观生态系统的稳定性。原有的天然群落、群落中的优势种群和关键种群发生变化，从而影响到生物多样性功能和生态过程的变化。如杨树斑块的大量引进和南荻、芦苇斑块的扩大，导致了珍稀鸭类栖息地和定居型鱼类产卵场地的缩小；引淤、排水沟的开挖，导致冬季浅水沼泽的干涸，破坏了天鹅等珍稀候鸟的栖息场所。同时，由于斑块类型的改变也使湿地景观生态系统中的食物链缩短或者被打断，给一些特有生物和濒危生物的生存带来威胁。

景观斑块面积变小对湿地环境的影响不容小觑。岛屿生物地理学理论认为：面积与生境多样性成正相关。岛屿面积越大，生境的多样性也就越大，资源的种类就越多，因此，支持的物种数量就越大。湿地景观中的每一个斑块可以看成是一个岛屿。景观破碎的最显著作用是将大的斑块变成小的斑块。从整个洞庭湖洲滩湿地来说，21 年间，538 块植被斑块受干扰后变成了 1037 个植被斑块，破碎后的斑块碎片散布于整个湿地景观之中。对于那些原局限于原始栖息类型的物种，被不适合于栖息的地块（如杨树）分割为隔离的小种群或小栖息地，影响它们的生存和生态过程。

景观斑块形状变化使斑块中连通性或隔离屏障作用受影响。21 年间，扁长状斑块在景观破碎后消失，鸟足状和岛屿状斑块占总斑块数分别减少了 6.78% 和 16.76%，而三角状、近似四边形状和圆状斑块分别增加了 19.74%、11.34% 和 2.13%。由大的形状复杂的斑块变成了小而形状简单的斑块。扁长形斑块消失，使斑块中连通性或隔离屏障作用受影响；半岛状和鸟足状比例减少，一方面影响物种在斑块中和斑块间的流动，另一方面也降低了"漏斗效应"，影响汛期鱼的路径密度，使渔业减产。堤岸外侧旱柳林带被杨树切割替代，自然削减了防浪林带（绿色廊道）对风浪的阻隔作用。

第三章　洞庭湖滩地自然发育与植被演替

洲滩是通过河相冲积和湖相冲积作用，不断地提高湖床和河床，逐步于枯水期显出水面的陆地。洲滩湿地的形成在洞庭湖主要受河相冲积的影响（李景保，1993）。泥沙的淤积使洞庭湖的湖盆海拔高程不断地发生变化，而泥沙淤积量又因上游工程的修建和河道景观的变化，不断地发生变化。因此，洞庭湖湖盆的抬高速度是非线性变化的，加上湖区人类围湖造垸等经济活动对洞庭水系的影响，洞庭湖洲滩面积也处于动态变化中（袁正科，2008）。

洲滩湿地是洞庭湖湖泊湿地中的一个重要类型，既是植物种群的聚生之地，在洪水期又是动物觅食、产卵场地和栖息地。因此，洲滩湿地占有举足轻重的地位。不合理的利用使滩地利用效益低下，不但对滩地原有的植被造成破坏，而且引发严重的环境问题和生态灾害。科学地恢复和重建滩地植被，有效地开发利用滩地资源成为当前迫切需要解决的问题，而滩地植被特征及其演替规律研究就显得尤为重要。

3.1　洞庭湖洲滩地的形成过程

洲滩是洞庭湖区重要的土地类型和湿地发育场所，涨水为湖，落水为陆是这类生境的典型特征。洲滩湿地的形成过程是伴随着水生生境向陆生生境的演变过程进行的。水生生境的水生生物残体和其他冲积、沉积物的填充，首先形成了陆生生态系统的基质。随着冲（沉）积层不断增加，水生生境逐渐发生变化，水体由深变浅，湖盆慢慢抬高而形成陆地并生长各类湿地植物，即形成了洲滩湿地（图3-1）。

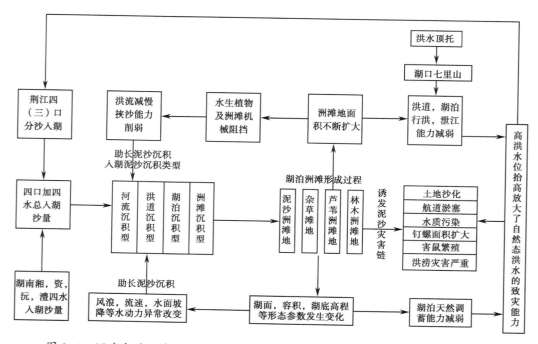

图 3-1　洞庭湖的泥沙淤积、洲滩形成及相关效应（引自尹树斌，2004，有修改）

与洲滩湿地形成有关的冲积和沉积过程包括 3 个类型（袁正科，2008；王灵艳等，2009）。

（1）河相冲积过程。由于地表径流的土壤侵蚀作用，山地、丘陵以及沿河两岸的泥沙沿着集水区进入湘、资、沅、澧 4 条河流和长江，再经过四口、四水输入洞庭湖。水中的泥沙通过水流的分选作用，不同径级的沙、泥分别沉积在流速不同的河床、湖床地段上。随着时间推移，沉积物逐渐抬高水底，并高出枯水位。同时，洪水的不断浸漫、沉积，使得这种水陆交替出现的陆地形成江河沿岸的河漫滩地、河心洲和河口三角洲。在洞庭湖地区，河相沉积为主的沉积过程主要出现在长江、松滋河、藕池河、虎渡河和华容河沿岸河漫滩和河心洲，以及这 4 条河河口和湘、资、沅、澧的尾闾区，汨罗江，新墙河河口三角洲，洞庭湖中的主要洪道两侧及河心洲，如广兴洲、净下洲等。

（2）湖相沉积过程。洞庭湖在湖泊的发育过程中，要不断地承受湖中数量巨大的水生生物有机残体的堆积，以及湖岸上冲刷下来的泥沙淤积。这种泥沙淤积的量在不同的湖区地段不同，在近岸处和淤积地段比较大，而不太淤积地段则较少。长期的淤积使得湖床逐渐抬高，而湖水逐渐变浅，湖泊水体向湖中缩小。当湖水逐渐退去，因淤积泥沙和死亡水生生物残体混合堆积而抬高的湖床慢慢由水陆交替出现的湿地变为高出水面的陆地，形成了湖相沉积的洲滩湿地。这个过程通常出现在湖和洲中的季节性沼泽内。

（3）河湖相沉积过程。洞庭湖是一个接纳湘、资、沅、澧四水和长江四口（调弦口、藕池口、太平口和松滋口，1958 年调弦口筑坝堵塞，成为三口）分流，并由城陵矶泻入长江的吞吐型湖泊。它既接受四水、四口的来沙，又向长江排出泥沙，同时也要承受滞留在湖内泥沙的淤积。由于河流水体运动的方向和速度的变化，泥沙也会按照相应的量和质沉积在湖盆内。因此，洞庭湖在湖相沉积的过程中还接受流域上游河流携带的泥沙淤积，变成河、湖两相的冲淤积过程和沉积过程。河湖相沉积过程主要发生在泥沙可以淤积的位置，如目平湖和万子湖形成的洲滩。

3.2　洞庭湖洲滩湿地的类型及人类的影响

洞庭湖洲滩湿地的形成主要受河相沉积的影响，泥沙的淤积使洞庭湖的湖盆不断地发生变化，而泥沙淤积量又因上游工程的修建和河道的景观变化而不断发生变化，因此影响洲滩形成速度的因素除了自然的，还有人为因素。近数十年来，在荆江、四口、四水兴建了大量水利工程，如调弦口筑坝、荆江的 3 次裁弯取直（1966，1968，1972）、葛洲坝、拓溪、风滩、五强溪、东江、欧阳海、双牌、水府庙等大型、特大型水库。这些水利工程改变了泥沙进入洞庭湖的数量。同时，近几十年来，上游森林植被也经历了保护—破坏—恢复—保护的过程，对于控制境内泥沙入水的数量也有重要的影响，从而间接地影响到洞庭湖区域洲滩的发育。

人类对洲滩的利用直接改变了洲滩的形态，也间接地改变了植被的性质，其中最为显著的活动就是围湖造田，并由此形成了一类新的湿地类型——开挖堆积湿地（袁正科，2008）。人类自新石器时代就开始了对洞庭湖的围垦（卞鸿翔，1985），当时人们在洲滩和滨湖平原修筑土城阻挡洪水，在土城内开荒种地。汉晋时期湖区开挖湿地已经初具规模。至唐宋时期，洞庭湖区垸田连片，人口密集。但围垦的发达，削弱了湖泊调蓄长江洪水的能力，从此荆江两岸水灾加剧，及至明清，有大量洪水溃垸的纪录。新中国成立以后的前十年间，湖区的堤垸进一步得到整修和扩建。直至 1998 年长江洪水发生后，政府提出了平垸行洪、退田还湖的方针，部分围垦的开挖堆积湿地又变成洲滩湿地。

袁正科等（1994）提出，目前国际国内湿地分类标准过于宽泛，洞庭湖湿地面积广大，水系众多而地形异质性高，针对这些复杂的情况，可采用形成原因控制湿地的一级分类单位，分布特点控制二级分类单位，水文状况控制三级分类单位，再根据湿地上着生的植物优势种控制四级分类单位，从而形成类型组—类—类型—型 4 级洞庭湖湿地分类系统（表 3-1），从而体现湿地植被与水环境的密切关联。

表 3-1　洞庭湖湿地分类及其特点

类型组	类	类型	特点及湿地型
河相冲积湿地	河流湿地	长期淹水河床	分布四水尾闾区、四口分流河道及湖间分洪河道，长期淹水，有的河床被冲刷，有的被淤积；湿地型有泥沙质河床和水生植物河床。
		季节性淹水河床	分布同上，有季节性淹水湿地型有泥砂质河岸。
		潜水河岸	分布同上，位置高于淹水类湿地，因岸边潜水作用，土壤季节性或长期湿润；湿地型有泥砂质河岸。
	河滩湿地	季节性淹水河滩	分布同上，位于河流两岸及河心滩地，土地季节性淹没，土壤砂质或砂壤质，有芦苇、荻和杂草生长；湿地型有禾草滩，杂草滩。
		季节性淹水渍水河滩	分布在大型河滩中部偏低处，土壤沙质或壤质，随洲滩水淹而淹，水退后其上渍水，有苔草、禾草、蔗草、灯心草等沼生植物生长；湿地型有杂草滩，沼泽。
	河口三角洲湿地	季节性淹水河口三角洲	分布在四水河口、四口及支流、潮间河道出口处，呈三角形，季节性淹水，土壤砂壤至中壤，其上多为沼泽化草甸；湿地型有禾草滩、杂草滩和苔草滩。
		季节性淹水渍水河口三角洲	分布在淹水河口三角洲湿地中部的洼地，洪水退去后其上渍水，土壤砂壤及壤土及轻黏性，生长有沼生植物群落；湿地型有沼泽和杂草滩。
河湖相冲积沉积湿地	湖床湿地	长期水淹	分布在东、南、西3个湖泊群的低湖盆，常年淹水，不显露；淹水深度变化很大，冬季为几十厘米到几米，生长有竹叶眼子菜、黑藻、苔草等；湿地型有泥质湖床、水生植物河床。
	湖洲湿地	季节性淹水湖洲	分布在湖床湿地上方，枯水期显露，季节性淹水几天到半年左右，土壤砂壤、壤土和轻黏土，其上分布有禾草草甸、苔草草甸和杂草草甸；湿地型有禾草滩、杂草滩、苔草滩、白泥滩、木本植物滩。
		季节性淹水渍水湖洲	分布在大型湖洲中部低洼处，洪水上涨时随湖洲湿地而淹水，洪水退后呈渍水状，其上分布有苔草、莎草类沼生植物；湿地型有沼泽、杂草滩。
湖相沉积湿地	湖沼湿地	长期渍水湖沼	分布在垸区的内湖，沟港浅水处，受垸区降水和灌水影响，水位略有升降，其内生长水生植物（莲、芡实、菱、黑藻、苔草等）；湿地型为沉水、挺水植物湖沼和沼泽。
		淹水湖岸湿地	分布在湖沼岸边，受降水和排灌的影响湖沼水面升降而季节性淹水，岸边生长香蒲、菖蒲、菰等；湿地型有泥质湖岸、挺水植物沼泽等。
开挖堆积湿地	农田类湿地	灌水类农田	分布在地势偏高地段，为高产稳产农田，水由排灌措施来控制；湿地型有水稻田、水生作物田。
		渍水类农田	分布在地势偏低地段，产量不稳，降水易遭渍水，土壤潜育化；湿地型有水稻田、水生作物田。
		潜水类耕地	分布在垸区高亢处，为旱作耕地，可排灌调剂地下水位，渍垸时遭渍水；湿地型有经济作物农田。
	渠岸湿地	季节性淹水渠旁地	分布在农田外围，呈网状结构，和路、渠、林结合；受排灌影响而水位升降，呈季节性变化；湿地型有泥质渠岸、杂草渠、林木渠岸。
		季节性淹水路宅旁地	沿居民点和公路线性分布和渠连成网状结构；受排灌水影响而水位升降，呈季节性变化；湿地型有泥质路、作物路、杂草路、林木路和宅旁地。
	堤岸湿地	季节性淹水堤岸	分布在垸区与河湖交界处，洪水期受季节性水淹，上着生矮生禾草；湿地型为杂草堤岸和水泥块石垒砌堤岸。
	鱼池湿地	长期淹水类鱼池	分布在垸区低处，方形，水深1至数米，长期淹水，冬季放水干池；湿地型为泥质鱼池。

3.3 洞庭湖湿地植被的主要群落类型

洲滩湿地是洞庭湖湿地中的一个重要湿地类型。由于季节性淹水条件的长期作用，使洲滩湿地上发育出了丰富的湿地植被资源。洲滩湿地按地势的高低分布着落叶木本植物群落和沼泽化草甸群落组成的洲滩湿地植被。这类植被不同于湖沼植被，也不同于湿地周围的丘岗地植被（彭德纯，1986；李星照，2005），它有着独特的结构与功能。本研究着重调查研究了洲滩植被中的沼泽化草甸群落。

2007 年 11 月~2009 年 4 月，研究组采用样方法结合样带法对洞庭湖区滩地植被类型进行了调查，调查地点涉及东洞庭湖、西洞庭湖、南洞庭湖和横岭湖 4 个保护区内湿地，选取了典型的 55 个标准地 20m×20m，总面积达 22 000m^2，用 GPS 定位，并且详细记录每个群落类型的地理坐标、群落名称、土壤类型、破坏程度，并用水准仪测定高程。记录样方内所有植物种名、株数、平均高度、盖度、生物量等数据。

沼泽化草甸以多度、频度、基部盖度和干重相对值来确定。而在实际调查过程中，受调查时间和实际情况所限制，在分析过程中采用相对密度、相对频度、相对盖度和重要值 4 个指标来确定优势种。洞庭湖区滩地植被野生维管束植物共 206 种（含变种），分属于 53 科 128 属。洲滩湿地沼泽化草甸可以分为 10 个群落：①芦苇群落（Form. *Phragm ites australis*）；②南荻群落（Form. *Triarrhena lutarioriparia*）；③川三蕊柳（鸡婆柳）群落（Form. *Salix triandroides*）；④水芹群落（Form. *Oenanthe javanica*）；⑤南苜蓿群落（Form.*Medicago polymorpha*）；⑥藜蒿（Form.*Artemisia selengensis*）；⑦辣蓼（Form.*Clematis terniflora* var. *mandshurica*）；⑧虉草群落（Form. *Phalaris arundinacea*）；⑨短尖苔草群落（Form. *Carex brevicuspis*）；⑩小灯芯草群落（Form. *Juncus bufonius*）。其中禾本科的虉草属（*Phalaris*）、南荻属 *Triarrhena*）、狗牙根属（*Cynodon*）、牛鞭草属（*Hemarthria*）；莎草科的苔草属（*Carex*）；蓼科的蓼属（*Polygonum*）；菊科的蒿属（*Artemisia*）；伞形科的水芹属（*Oenanthe*）的种类较多，优势度大，对群落的构建具有重要的作用。紫云英属（*Astragalus*），苜蓿属（*Medicago*）、婆婆纳属（*Veronica*）的某些种也可成为优势种或次优势种。此外，酸膜属（*Rumex*）、委陵菜属（*Potentilla*）等也有一些种类加入，组成群落的次要成分。

从植物种类组成的水分生态类型来看，以湿中生植物为主，如芦苇、南荻、虉草、苔草、藜蒿、水芹等。承受泥沙淤积是滩地植被的一个显著的特征，当泥沙不断缓慢的淤积而抬高时，过湿和积水的环境不断发生变化，逐渐地不利于沼泽植物而利于湿生植物生长，沼泽逐渐消亡，滩地植被逐渐形成。

为进一步说明洞庭湖滩地植被的特点，现将我们调查的沼泽化草甸群落几种主要类型进行描述（Zheng et al，2009）。

3.3.1 南荻草甸

南荻广泛分布在海拔 29m（东洞庭湖）至 32.5m（西洞庭湖）的洲滩上，是洞庭湖洲滩上面积最大、最典型的一类群落类型，土壤为潮土和沼泽化草甸土。洪水季节水淹 1~2 个月，水深 1~3m。群落外貌春季油绿色；秋季为黄绿色；冬季为枯黄色。群落分两层。第一层高 4.0m 左右，花序高 0.2~0.3m。有时也伴生着芦苇、紫芒等。第二层高 0.3~0.8m，主要由虉草、水芹、短尖苔草、弯囊苔草、红穗苔草、一年蓬、辣蓼、天蓝苜蓿、紫云英、酸膜叶蓼、水田碎米荠、牛膝、牛鞭草等组成。藤本植物有鸡矢藤、牵牛花、绞股蓝等。根据研究组对 6 块标准地的调查统计，有植物种类 51 种，多为湿中生类。南荻的基部相对盖度平均为 73.26%，相对多度为 15.23%，频度 100%。还可与虉草、水芹、短尖苔草、红穗苔草、藜蒿、辣蓼等组成不同的群丛。

3.3.2 短尖苔草草甸

短尖苔草分布比较广泛，所占面积仅小于南荻群落，是洲滩上一个重要的群落类型。一般分布在地势比较低，但仅有少量泥沙淤积的洲滩，海拔一般为26~28m，以东洞庭湖的君山、采桑湖、红旗湖，南洞庭湖的万子湖、横岭湖分布较多。土壤为沼泽化草甸土。每年洪水淹洲的时间为3个月以上，水深3m以上。群落外貌在春季油绿色，其上有时点缀着黄色的花朵；秋冬季为黄绿色。群落分两层，第一层高50cm，由短尖苔草、辣蓼、泥湖菜等组成。第二层高20~30cm，主要由一年蓬、水田碎米荠等组成，有的地方形成单种群落。根据研究组对6块标准地统计，有植物种类30种，其中短尖苔草的相对基部盖度90.21%，频度为100%，相对多度在90%。可与藨草、酸膜叶蓼、委陵菜等组成群丛。

3.3.3 紫芒草甸

紫芒分布范围大致同南荻。一般占据湖洲河滩的中等高地或高地，呈小块状镶嵌于南荻草甸的边缘或中部。其下土壤为河湖冲（沉）积形成的沼泽化草甸土或潮土。枯水季节排水一般，洪水期淹水15~50d，水深1~2m。群落外貌春季绿色；秋季黄绿色；冬季枯黄色。群落分两层，第一层由紫芒组成，有时有南荻、芦苇加入，高2.3m，花序高0.15m。第二层高0.3~1.0m。春季主要由一年蓬、水田碎米荠、碎米荠、水芹、绵毛酸膜叶蓼、弯囊苔草、牛鞭草组成。草质藤本植物有小旋花。据研究组对3个样地统计，紫芒群落有植物种类21种，基部盖度为50.0%~68.23%，相对多度为69%~80%，频度系数60%~100%。并可与牛鞭草、双穗雀稗等组成不同的群丛。

3.3.4 狗牙根草甸

狗牙根分布在洞庭湖洲滩的高位洲滩上。地下水位较牛鞭草为低。常呈数公顷的小面积带状分布。土壤为潮土，深厚肥沃。每年洪水淹没数天至30d或不淹水，水深0~3m。群落外貌深绿色，地下地上茎纵横交织，形成密致的地毯状。基部盖度6.7~11.6m²/hm²。多形成单优种群落，有少量的牛鞭草、藜蒿、一年蓬、水芹、莎草、马唐等种类侵入。据3个样地统计，有植物种类7种，其中狗牙根基部盖度为67.37~730m²/hm²，相对值为62.71%~100%，相对多度为96.02%~100%。

3.3.5 牛鞭草草甸

牛鞭草主要分布在洞庭湖区洲滩地势较高而排水较好的地方，有时也出现在河流下游两岸的低湿地上、洪堤堤脚外侧，海拔在29.5m（东洞庭湖）至33m（西洞庭湖），也是洞庭湖滩地植被一个重要的类型。土壤为沼泽化草甸土或潮土，深厚肥沃，潜育化程度较藨草、南荻群落土壤轻。每年水淹没20~40d，淹水深度1~3m。地下茎纵横交织，密集生长，形成薄薄的生草层，根茎萌发力强。群落外貌油绿色，群落只有一层，15~30cm。据我们对4个样地，1600m²面积调查，有植物种类7种，多为牛鞭草组成的单优种群落。有时也混生有藨草、飞蓬、蘑草、低矮的芦苇和南荻及短尖苔草等。牛鞭草的基部盖度为13~49m²/hm²，相对值为8.29%~100%，相对干重58.7%~100%，频度100%，多度为808~2421株/m²。

3.3.6 藨草草甸

藨草分布广泛，面积仅次于南荻群落，是洞庭湖滩地植被中一个重要的群落类型。主要分布在淤积的河滩和湖洲上，海拔高26~28m。在河（洪）道两岸的洲滩边缘和滩尾上，往往成带状分布，下方为白泥裸地，上方为南荻群落或杂草草甸。带宽50~300m。土壤为近年淤积的潮土，深厚肥沃。由于地势低下，每年水淹2~3m。群落外貌为草绿色，水淹后变黄色和黄绿色；冬季枯黄色。群落分两层，第一层高80~100cm，由藨草和芦苇组成。第二层主要由水田碎米荠、牛鞭草、水芹、弯囊苔草、短尖苔草、藨草、双穗雀稗等组成。根据对4个标准地的统计，有植物种类39种，其中藨草基部相对盖度56%~68%，频度100%，相对多度72%~75%，可与优势种水田碎米荠、紫云英、一年蓬等组成群丛。

3.3.7 单性苔草草甸

单性苔草呈块状分布于海拔 29m 左右的洲滩上。常镶嵌在短尖苔草群落的上方，南荻群落的下方部位。土壤特征同短尖苔草群落，每年水淹的时间较短尖苔草为短。群落外貌春季为油绿色，常点缀着黄绿色的花朵；秋冬季黄绿色。群落高 20~25cm，层次不明显，由单性苔草、酸膜叶蓼、一年蓬、紫云英、附地菜、委陵菜、苦菜等组成。样地内单性苔草相对多度 78%~92%，相对频度 30.66%，相对基部盖度 50.26%。

3.3.8 红穗苔草草甸

红穗苔草草甸主要分布在洞庭湖的湖洲、河滩地的潮湿处，但地势较弯囊苔草群落高，呈小块状分布，每年淹水的天数和深度基本同单性苔草。群落内为沼泽化草甸土，较深厚肥沃。群落外貌油绿色至浅绿色，至 5 月，红色花穗点缀于群落的上部，甚为美观。群落可分二层，第一层高 1~1.2m，由红穗苔草、弯囊苔草、单性苔草、芦苇等组成。第二层高 20~30cm，主要由通泉草、天胡荽、球果焊菜、碎米荠、少花荸荠等组成。红穗苔草基部盖度为 19.5m²/hm²，相对值 85.8%，相对干重 80.3%，相对多度为 79.04%，频度 100%。

3.3.9 双穗雀稗草甸

双穗雀稗主要分布在湘、资、沅、澧尾间及河滩口洪道两岸的高位洲滩、堤垸外侧堤脚及向外延伸的地方。土壤为潮土，群落外貌绿色，平均株高 85cm，形成致密的"地毯"状草甸。种类组成单纯，常与牛鞭草、萎陵菜、狗牙根、天胡荽、早熟禾、苔草、水田碎米荠混生。双穗雀稗为优势种。相对基部盖度 52.6%~85.9%，频度 100%，相对多度 81.16%。

3.3.10 辣蓼草甸

辣蓼主要分布于地势中等的洲滩上，在万石湖洲滩上常呈小块状镶嵌在草甸之中。在红旗湖和采桑湖洲滩上都有大片的分布，分布海拔 27~30m，土壤为沼泽化草甸土，深厚肥沃，疏松。基部总盖度 10~18m²/hm²。群落分两层，上层高 80~140cm，由辣蓼、蘸草、弯囊苔草、藕草、芦苇组成；第二层高 30cm，主要由短尖苔草、猪秧秧、水田碎米荠、水苦荬、荠菜、牛鞭草、一年蓬等组成。根据研究组对 5 块标准地的统计，有植物种类 19 种。其中辣蓼的相对基部盖度为 9.80%~99.9%，相对频度为 31.25%~99.59%，相对多度 27.60%~99.65%。辣蓼群落可与短尖苔草、水田碎米荠、藕草等组成群丛。

3.3.11 藜蒿草甸

藜蒿普遍分布在东洞庭湖、西洞庭湖以及南洞庭湖。土壤为沼泽化草甸土和潮土，深厚、肥沃、疏松，其肥力状况同辣蓼群落。藜蒿群落灰绿色，投影盖度 0.8~1.0，基都盖度 78.8m²/hm²。群落层次不明显，高 60~100cm，由藜蒿、水芹、飞蓬、辣蓼、藕草、羊蹄、芦苇等组成。样地内藜蒿基都盖度为 63.74m²/hm²，相对值为 64.13%~80.74%，相对多度 63.34%~66.65%，相对频度 21.43%~30.77%。

3.3.12 灯心草草甸

灯心草多分布于洞庭湖的湖边，土壤水分充足，有机质含量丰富，土壤底层潜育化明显，投影盖度 0.9~1.0，基部盖度 28.8m²/hm²。群落层次不明显，高 30~80cm，由藕草、短尖苔草等组成。盖度为 85% 左右，其中基部相对盖度 46%~69%，频度 100%，相对多度 62%~78%。

3.3.13 鸡婆柳群落

鸡婆柳群落分布在西洞庭湖、南洞庭湖等距离湖岸稍远的地方。土壤一般干燥，土壤肥力不及草甸土壤，投影盖度 0.7~0.9，基部盖度 $34.8m^2/hm^2$。群落层次明显，高 2~3m，由藜蒿、飞蓬、辣蓼、酸膜叶蓼、一年蓬、紫云英、附地菜等组成。相对多度 33.64%~46.69%，相对频度 16.45%~20.97%。

3.3.14 杨树群落

洞庭湖的杨树大都是人工林，分布在高程较高的地方，因为高程低的地方每年会淹水，不适合杨树生长。土壤肥力较好，群落层次明显，高 5~10m，杨树下面由藜蒿、飞蓬、辣蓼、薹草等组成。相对多度 23.88%~48.29%，相对频度 18.65%~27.25%。大多为是欧美杨人工林。

3.4 洞庭湖滩地植被的功能

生态系统功能的发挥离不开植被，首先植被是陆地生态系统第一性生产力的源。动物的多样性依赖于植被提供的食物、生境以及迁徙通道。因此，植被是洲滩地管理工作的核心，是土地利用转变、植被恢复的直接作用对象。

许多学者研究了滩地植被影响湖泊、河流水力特征和地貌特征的机理。滩地植被可以通过增加阻力和降低近岸流速来保持河道地形的稳定，并通过其根系增加湖岸稳定，加速滩地和岸边淤积，由此可见滩地植被的重要地位，现就洞庭湖滩地植被的功能特性作简要介绍。

3.4.1 生态功能

（1）防止滩地退化。洲滩表面侵蚀是一个复杂的现象，受自然因素、生物因素、人为干扰及洲滩植被带结构等多种因素的影响。自然因素中水是影响滩地表面退化的最大因素。水流漫顶和水流运移泥沙是滩地退化的主要原因，大气降水对裸露湖岸影响明显。人类干扰包括洲滩上人类耕作或其他机械作业、放牧、航运、挖沙及旅游等活动会间接引起洲滩表面退化。一般认为，洲滩植被带能够减少湖岸表面退化，起到保护湖岸的作用，洲滩植被能增加地表粗糙度，减小洲滩水流流速，从而降低水的侵蚀速度，另外丰水期还可以降低洪水流速，延长洪水推进时间。同时增强洲滩亚表层土壤的强度，提高洲滩的稳定性和防止漂浮物对洲滩的影响。植被对光照、温度缓冲调节和防风作用可全面降低自然力对滩地表面的破坏。

（2）减少污染。水体污染一直是环境保护的重要问题，滩地植被带是流域中土壤溶液流入湖泊的最后一道吸收防线，一定宽度的滩地植被带可以通过过滤、渗透、吸收、滞留、沉积等湖岸带的机械、化学和生物功能效应，使进入地表和地下水的污染物毒性减弱及污染程度降低，起到控制非点源污染、改善河流水文状况和水质的作用。

3.4.2 经济功能

洞庭湖滩地植被类型的多样性也决定了它们经济用途的多样性，包括了医药、蔬菜食用、饲料饵料、牧草、蜜源植物、绿肥、农药、园林绿化、食品原料、油料、芳香油、栲胶、染料、润滑油、纤维造纸、用材、小工业品原料等 15 个方面的用途。

3.4.3 社会功能

滩地植被带功能不仅局限于以上几个方面，目前，对滩地植被带其他方面的价值和功能如观鸟、徒步、休闲的场所，许多动植物的栖息地和物种库，强大的自净化能力等认识不足。今后的工作重点应放在如何最大限度地利用河岸植被带这个宝贵的自然资源，预防滩地植被带破坏造成的损失，维护人类与湖泊生态系统的和谐性，提高生物生境多样性并可以有效地保护湿地景观等方面的研究上。

3.5 洞庭湖湿地植被演替规律

3.5.1 洞庭湖湿地的演替规律及驱动力

洞庭湖湿地由于其独特的地理位置和演化过程，成为我国泥沙淤积和洪涝灾害的高风险区，而对于其未来演变趋势的认识，将关系到整个长江中下游防洪规划和洞庭湖区的经济发展。洞庭湖目前面临的两大问题是泥沙淤积和洪涝。洞庭湖区水量充沛，年径流变幅大，年内径流分配不均，汛期长而洪涝频繁。城陵矶多年平均径流量 3126 亿 m³，最大年径流量（1945 年）5268 亿 m³，最小年径流量（1978 年）1990 亿 m³。多年最大水位变幅，岳阳达 17.76 米，素有"洪水一大片，枯水几条线"，"霜落洞庭干"之说。1954 年长江中游出现特大洪水，洞庭湖尚能削减洪峰，显示湖泊调蓄功能。然而众水汇聚湖中，仅有城陵矶一口流出，洪水停蓄时间长，泥沙大量沉积，多年平均入湖泥沙 1.672 亿 t，年均淤积量较鄱阳湖大十几倍（见表 3-2）。

表 3-2　近数 10 年洞庭湖泥沙淤积动态变化

统计时段	入湖泥沙量 /×10⁷t			出湖泥沙量 /×10⁷t	5~10 月泥沙淤积量 /×10⁷t	年均泥沙淤积量 /×10⁷t	淤积 /%
	长江四口	湖南四水	合计				
1951~1958	22	4	26	6	19	19	73.58
1959~1966	19	2	21	5	17	16	73.57
1967~1972	14	4	18	5	14	13	71.66
1973~1980	11	3	15	3	11	11	75.01
1981~1990	10	2	13	3	10	10	75.86
1991~1998	7	2	9	2	7	7	72.77
1951~1998	13	3	17	4	13	12	74.14

引自：尹树斌，2004。

20 世纪 70 年代以来，三口淤高，入湖水量减少，但沅、澧洪道自然洲土增长殊巨，目平、七里湖淤高各达 2~4m，南洞庭湖北部淤高 2m，东洞庭湖注滋河口东伸，飘尾延伸至君山。因此，西洞庭湖蓄洪能力基本消失，南洞庭湖南移，东洞庭湖东蚀，调蓄功能趋向衰减。大面积洲滩和水生植物相继显露，洞庭湖日益萎缩，泥沙淤积更使湖区水位不断上涨，加重了抗洪救灾的难度。

洞庭湖的演变主要受构造沉降，泥沙淤积和人类活动影响三大因素的制约。地质历史时期主要以内外地质作用为主，构造沉降起决定作用，泥沙淤积次之；历史时期人类活动影响加剧，泥沙淤积日益严重，三大因素共同起作用（来红州，2004）；截至 1980 年，洞庭湖湿地演变主要是由于围垦导致自然湿地景观逐步演变成农田聚落景观，使洞庭湖面积和蓄洪库容骤减；80 年代后实行大规模的退田还湖政策，加之长江及湖南"四水"水土保持建设和水坝建设，使输入洞庭湖泥沙的减少，增加了调蓄洪面积，有效减轻了长江流域的防洪压力，使洞庭湖湿地景观发生了很大变化。洞庭湖区实施退田还湖后，造成洞庭湖湖滩湿地发育的主要原因是泥沙沉积，而泥沙的不均匀淤积也必然引起湖洲湿地发育与演替的差异，这也是造成湿地生态系统演替和湖垸演替的根本原因（崔保山等，2006）。

3.5.2 洞庭湖湿地植物群落的自然演替模式

洞庭湖湿地植物群落的自然演替轨迹与洲滩湿地的成因有密切的关系（袁正科，2006）。洞庭湖洲滩湿地有 3 种成因，即河相沉积、湖相沉积与河湖相沉积。3 种不同的沉积方式主要影响湖床抬高的速度。沉积缓慢的湖相沉积，适应于多种水生植物生长繁育，包括以根状茎、根萌发和种子萌发为主的水生植物和以断茎断根无性繁殖为主的水生植物。沉积速度过快的河相沉积，当沉积厚度影响根状茎、根和种子萌发的穿透力时，植物难以伸出地面（包括裸露泥滩），则只适应于无性繁殖力强的植物生长。河湖相沉积的速度介于两者之间，植物的生长处于动态变化之中。当（泥沙）沉积速度加快时，其影响力会向河相沉积转变，当沉积速度变缓时，则会向湖相沉积转变。由于洞庭湖洲滩湿地这种特殊的形成方式，其植物群落的演替会出现不同的演替轨迹，其演替模式如图 3-2。

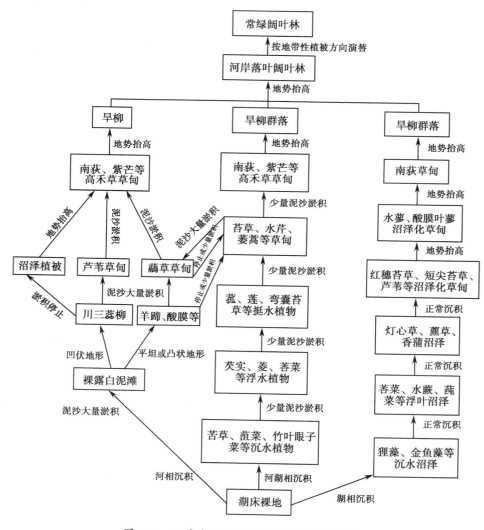

图 3-2　洞庭湖湿地植物群落自然演替模式

3.5.3 洞庭湖湿地植物群落的演替轨迹

植物的发生和演替是伴随着湖床的抬高进行的（黄进良，1999）。洞庭湖湖床的抬高受力于三种外动力作用，一是与其相联系的河流水系向湖泊输送泥沙在湖床的淤积（沉积），二是湖泊水体中的水生生物残体的沉积，三是洞庭湖断陷盆地的不均匀性沉降（有的地段表现为沉降，有的地段表现为抬升）。

在三种外动力的作用下，湖床的地势发生变化，特别是泥沙沉积速度大于地表沉降速度或处于地势抬升地段的湖床，则湖床就会由深水湖床演变为浅水湖床，由不宜生长植物的湖床演变为适宜植物生长的湖床。在洞庭湖，一般当湖床抬高至水深 3m 左右时，如果泥沙淤积的厚度不影响水生植物芽的萌发，则可发生植物群落的演替。这种演替只发生于湖相沉积为主的湖床和河湖相沉积为主的湖床。因为前者年沉积速度很小，一般小于 1cm。后者沉积速度也不大，一般小于 3cm，不会影响植物芽的萌发。而河相沉积的泥沙使湖床增高的速度加大，一般在 10cm 左右，特别是在入湖的湘－资－沅－澧四水和藕滋、藕池、太平口三水及湖中洪道在下游的出口处附近，可使湖床地势年抬高 20cm 以上。沉积速度快的湖床难以发生植物群落的演替，处在一种迅速抬高地势的裸地阶段。在湖相沉积湖床裸地和河湖相沉积湖床的裸地上，植物演替系列上的群落演替轨迹相近似，但物种组成有所区别，湖相演替过程较长于河湖演替过程。因此，前者表现沼生植物演替为起点的演替轨迹，后者表现为水生植物为起点的演替轨迹。从图 3-2 中看出，洞庭湖湿地植物群落的演替表现为三种演替轨迹。

（1）河湖相沉积湖床裸地上的水生植被为起点的演替轨迹。从水深 3m 左右的裸地上，首先生长着苦草群落，随着苦草（Vallisneria natans）和水中其他动植物残体对湖底的填充、抬高，至水深 1.5~2.5m 时，苦草群落多为菹草（Potamogeton crispus）、金鱼藻（Ceratophyllum demersum）等群落取代，再填高至 1~2m 时，为黑藻（Hydrilla verticillata）、竹叶眼子菜等群落组成，并出现浮叶水生植物菱、芡实。由于这些植物叶的荫蔽作用，沉水植物消失，形成了浮水植物群落。当填高至水深 1m 以内时，浮水群落中出现了菰（Zizania caduciflora）、莲（Nymphaea terragona）、弯囊苔草（Carex dispalata）等挺水植物群落。这些高出浮叶水生植物群落冠层的挺水植物，当郁闭度达到一定值时，将荫蔽浮叶水生植物，并取而代之，形成挺水植物群落。在少量泥沙淤积的情况下，湖床慢慢抬高，湖床在枯水期露出水面，形成洲滩。出现苔草属、水芹属、蒿属（Artemisia）等湿生植物。这种湖洲，在洪水时又被淹没，继续慢慢抬高，被南荻、紫芒（Miscanthus purpurascens）等高禾草草甸植物占领，继续抬高地势，则出现耐水的木本植物——旱柳（Salix matsudana），再抬高，则出现河岸落叶阔叶林植被亚型。从此，植被朝亚热带地带性植被常绿阔叶林植被方向演替。

（2）湖相沉积湖床裸地的沼泽植物为起点的演替轨迹。当水深 3m 左右时，因为湖相沉积湖床很少有泥沙渗入，其水体有较高的透明度，适宜于静水环境生长的植被在此生长。首先出现狸藻（Bladderwort）、金鱼藻（Ceratophyllum demersum）等沉水沼泽，在动植物残体的正常沉积下，湖床缓慢抬高，沉水植物逐渐减少，再后退去，取而代之的是需静水环境的荇菜（Nymphoides peltatum）、水蕨（Ceratopteris thalictroides）和莼菜（Brasenia schreberi）等浮叶水生植物。湖床再缓慢抬高，则出现香蒲、灯心草、藨草沼泽。再抬高，出现红穗苔草（Cyperaceae）、短尖苔草、芦苇等为优势种的沼泽化草甸。地势再抬高，则出现水蓼（Polygonum hydropiper）、酸膜叶蓼（Polygonum lapathifolium）为优势种的沼泽化草甸。之后演替成南荻草甸，以后循河湖相演替方向发展。

（3）河相沉积湖床裸地的洲滩植物为起点的演替轨迹。因为河相沉积湖床泥沙淤积速度过快，年淤积厚度妨碍了植物萌芽的生长，难以出现水生植物或沼生植物演替过程。当湖床在泥沙大量的淤积作用下，湖床快速抬高，当湖床在枯水期露出水面时（洪水淹沉，继续接受泥沙的快速淤积），出现白泥滩（洲滩裸地），植物群落的演替开始。此演替系列比较复杂，不但随着洲滩的抬高发生着群落的取代，而且随着泥沙淤积的速度变化而出现群落的更替。在裸地的平坦地段和凸形地段上（白泥滩），首先出现一些一年生的植物种类齿果酸膜（Rumex dentatus）、焊菜（Rorippa indica）、繁缕等（Stellaria media）。若白泥滩每年泥沙淤积的厚度较大，则出现个别蓫草草丛，并逐渐发展为以蓫草为建群种的群落类型，这个过程只需几年。在白泥滩的凹形地段上，为川三蕊柳占据，并形成灌丛。若洲滩裸地每年泥沙淤积的厚度较小，则逐渐出现根茎苔草草丛，并逐渐为苔草所占领，成为苔草群落。在藜草群落地带，易为芦苇入侵。芦苇高大，当形成一定的盖度后，藜草因得不到阳光而死亡，并逐渐形成芦苇群落，但盖度较小。随着洲滩的淤积抬高，南荻以密集的地下茎占据土壤上层取代芦苇并形成了南荻群落。川三蕊柳（当地称鸡婆柳）群落随着地势抬高，首先出现南荻的个别植株，后以其密集的地下茎与大量繁殖体和川三蕊柳争夺空间面积，川三蕊柳逐渐衰退，最后为南荻取代。川三蕊柳的形成到演替成南荻群落的时间不长，大约十年左右。在苔草群落地带，随着植物残体的堆积和泥沙的缓慢淤积，地势抬高，并为南荻群落所取代。不过这个演替过程较由藜草向南荻演替的时间要长，常需十几年或数十年。再随着南荻群落生境的改变，海拔的抬高，一些旱柳等木本植物侵入荻内，这些苗期需荫蔽的木本植物苗木在南荻的庇荫下得以生存，并慢慢的高出荻群落，成为上层植物，这时不耐荫的荻群落又被旱柳群落取代。随着植物残体的不断堆积和泥沙的不断淤积，群落内地势继续抬高，为一些中生的木本植物的生长创造了条件，使群落出现多层结构，并形成了当前洞庭湖区出现的枫杨（*Pterocarya stenoptera*）+ 重阳木（*Bischofia tyifliata*）+ 朴树（*Celtis sinesis*）群落等多种优势种构成的落叶阔叶林群落。以后沿亚热带地带性植物群落—常绿阔叶林的演替轨迹进行演替。进入南荻以后，三种演替系列的演替轨迹相似。

第四章 退田还湖工程对滩地土壤质量影响

由于自然环境的变迁、长期的泥沙淤积和人类活动干扰日益加剧，洞庭湖区域的湿地受到了严重的破坏，湿地面积急剧下降，调蓄能力不断降低，严重影响当地生态安全，制约区域经济的可持续发展（李景保等，2005；1993）。为此，在1998年，我国实施退田还湖工程。退田还湖工程是针对处于地势低洼地带、堤质较差、基础薄弱或者位于江心洲和凸岸处阻碍行洪的堤垸，恢复其天然湖泊状态、平退为蓄洪垸的一部分，或者把其建设为新的蓄洪垸。有2种退田还湖方式：单退和双退。单退是退人不退田，低水时正常种养，高水时蓄洪；双退是退人退田，彻底刨毁堤垸，使其成为自然行洪区域（彭佩钦等，2004；李景保等，2001；陈建，2004）。"平垸行洪、退田还湖"工程的目标是力争到2010年洞庭湖湖面增加到4350km^{2}以上，湖区库容达到新中国成立初期水平（黄璟等，2000），恢复和改善洞庭湖原有生态功能，对滩地土壤质量和呼吸规律也具有重要的影响。按照湖南省1998~2002年移民规划目标，计划搬迁约22万户81.6万人，平退总面积15.78万hm^2，其中耕地面积7.58万hm^2（表4-1）（熊鹰等，2003）。截至2002年7月，已有253处堤垸全面完成了搬迁任务，安置移民10.16万户36.39万人。高水时可还湖面积778.7km^2，增加有效调蓄容量34.8亿m^3（张光贵，2003）。截至2003年平退堤垸314处，平退面积达1578.7km^2（国家林业局野生动植物保护司，2004）。

退田还湖对湖垸不同土地利用方式下土壤的物理水分特性、化学养分状况、微量元素含量及有效性、微生物种类与数量、土壤酶活性、土壤重金属空间分布与污染累积等存在影响，仅是影响程度有所差异，上述土壤理化性质的变化也是土壤物理质量、化学质量和生物质量对退田还湖的不同程度的响应。为全面反映洞庭湖退田还湖工程对不同土地利用方式下土壤质量的综合影响，选择适宜的评价指标，构建评价指标体系，运用合适的数学评价模型和方法，对指标权重和影响评价结果进行科学判定，具有十分重要的意义。对土壤质量的综合评价是一项非常复杂的工作，尚没有统一的评价标准，以往的研究多侧重于土壤肥力质量，偶尔兼顾土壤物理和生物学性质，而洞庭湖的单退垸，在非蓄洪年份土地仍处集约经营状态，化肥、农药的施用以及本底淤泥质的存在，土壤重金属污染累积威胁较大。因此，本章从土壤物理、化学、生物学性质以及土壤重金属污染累积4个方面，选择土壤各种属性的分析性指标，对不同土地利用方式土壤质量进行综合评价与定量研究，以期为生态修复模式筛选、土地利用格局优化和土地承载力研究提供基础数据。

4.1 洞庭湖区退田还湖工程概况

洞庭湖区平退堤垸314处，包括双退与单退两种类型（详见彩图4-1）。总共涉及31个县（市、农场）176个乡（镇）814个村，平退总面积15.78万hm^2，其中耕地面积7.59万hm^2，计划搬迁220 549户815 965人，工程量十分巨大（表4-1），目前退田还湖工程还在持续进行中。

其中，单退堤垸包括7个蓄洪垸和97处阻洪不严重、具有利用价值和移民生产安置有较大难度的堤垸。

表 4-1　湖南省洞庭湖区退田还湖工程基本情况

项目	平退堤垸 / 个	涉及县市 / 个	涉及乡镇 / 个	涉及村 / 个	搬迁户数 / 户	搬迁人口 / 人	总面积 / 万 hm²	耕地面积 / 万 hm²	蓄洪量 / 亿 m³
双退在册垸	14	8	12	38	11 427	39 560	0.62	0.43	1.25
双退巴垸、外洲	196	24	102	236	36 654	135 372	1.65	0.90	3.30
双退小计	210	24	111	269	48 081	174 932	2.27	1.33	4.55
单退蓄洪垸	7	8	30	358	116 894	433 922	8.57	4.45	49.45
单退在册垸	32	7	20	108	33 587	127 089	1.37	0.83	8.77
单退巴垸、外洲	65	15	49	74	21 987	80 022	3.57	0.97	23.24
单退小计	104	19	92	545	172 468	641 033	13.51	6.26	81.46
合计	314	31	176	814	220 549	815 965	15.78	7.59	86.01

引自：张光贵，2002。

　　一般来说，双退垸垸内地面高程普遍比外湖洪水季节水位低 5~8m，是洪涝灾害的高风险地区，垸内农业生产总值相对较低。1998 年洪涝灾害之后，洞庭湖区已经过 4 期退田还湖工程。根据湖南省水利厅 2004 年统计资料，工程已完成的双退垸 202 个，总面积达 206.14km²，耕地面积 114.11km²。其中，95% 的堤垸分布在湘江、资江、沅江、澧水、长江、藕池河等河道两旁，属于洪水灾害高风险区（表 4-2）。

表 4-2　2004 年洞庭湖区工程已完成的双退垸分布状况

分布区域	退垸工程数	面积 /km²	分布区域	退垸工程数	面积 /km²
藕池河	78	44.26	澧水	9	16.44
长江	7	27.92	其他河流	28	13.12
湘江	13	6.82	湖泊	11	14.03
资江	32	22.59	总计	202	206.14
沅江	24	60.96			

引自：谢春花等，2005。

　　退田还湖后，绝大部分堤垸弃耕、毁堤，传统农作物已不能在这些堤垸耕种。据谢春花等（2005）对湖区 5 个县 80 个双退垸的利用和管理现状的抽样调查表明，70% 的堤垸已被不同程度的利用，30% 的堤垸抛荒。70% 已利用堤垸以粗放经营为主，与传统的精细农业相比，其农业产值大幅下降。主要利用方式有种植杨树、芦苇，养鱼（大水面养鱼、网箱养鱼），建筑用地，饲养草食动物（牛、羊）。

　　对这些堤垸实行双退，既使人民生命财产安全得到保障，又为国家节省了防洪、救灾经费。然而如此多的江湖堤垸在实行双退以后景观格局发生了什么样的变化，如何调整区域的土地利用布局等方面尚很少研究。本文以典型的双退垸——华容集成垸和汉寿青山垸为对象，对其双退前后的景观格局变化和湿地植被的恢复进程进行研究，并对双退后集成垸土地利用进行设计，为类似地区乃至整个洞庭湖区的生态环境治理提供有益参考。

4.2　洞庭湖湿地土壤的理化性质

4.2.1　洞庭湖湿地土壤物理性质

　　（1）土壤质地。洞庭湖湿地土壤质地有五类（表 4-3）：松砂土、紧砂土、砂壤土、轻壤土、中壤土。从土壤层次来看，0~20cm 的土壤质地主要是轻壤土，20~40cm 的土壤质地主要是砂壤土，40~60cm 的土壤质地主要为中壤土,并且在土层中间会有砂层,这是因为洞庭湖的洪水和不均匀淤积造成的;从湿地的不同地域来看,小西湖的壤土较多,集成垸的砂土较多,团洲和六门闸质地差不多。小西湖土壤靠湖比较近,还原环境强,形成了一层腐殖质层,而集成垸泥砂淤积比较严重;从不同植被类型来看,杨树林地砂土多,其他植被壤土多,可能是由于其他植被下有更多的生物量,水分多,土壤发育比较好之故。

表 4-3　采样点基本情况描述

剖面深度 / cm	采样地点	植被类型	质地	分层类型	pH 值	土壤密度 / g/cm³	土粒密度 / g/cm³	土壤水分 / %
0~20	小西湖	小灯芯草	轻壤土	草根层	7.63	0.71	4.75	46.30
20~40	小西湖	小灯芯草	砂壤土	泥炭层	7.84	1.24	2.23	26.66
0~20	小西湖	短尖苔草	轻壤土	草根层	8.01	1.19	3.42	37.30
20~40	小西湖	短尖苔草	中壤土	泥炭层	8.07	1.25	2.01	49.20
0~20	小西湖	短尖苔草	轻壤土	草根层	7.75	1.27	4.41	47.90
20~40	小西湖	短尖苔草	中壤土	泥炭层	7.70	1.39	2.50	42.20
40~60	小西湖	短尖苔草	中壤土	过度层	7.91	1.25	1.98	38.50
0~20	团洲	芦苇	中壤土	草根层	7.33	0.58	6.31	54.40
20~40	团洲	芦苇	中壤土	泥炭层	7.94	1.34	1.90	39.90
40~50	团洲	芦苇	中壤土	过度层	7.89	1.37	2.20	42.40
50~60	团洲	芦苇	中壤土	潜育层	7.79	1.33	2.57	52.60
20~40	团洲	南荻	砂壤土	草根层	7.60	0.82	3.13	43.80
40~60	团洲	南荻	松砂土	过度层	8.22	1.74	0.58	25.50
60~70	团洲	南荻	砂壤土	潜育层	7.69	1.26	1.69	39.30
0~20	集成垸	杨树	轻壤土	草根层	7.85	1.37	3.09	39.40
20~40	集成垸	杨树	轻壤土	泥炭层	8.20	1.37	1.75	31.80
40~50	集成垸	杨树	砂壤土	过度层	8.20	1.63	1.77	24.10
50~60	集成垸	杨树	中壤土	潜育层	8.08	1.31	1.91	35.90
60~70	集成垸	杨树	中壤土	潜育层	8.09	1.81	1.94	25.90
0~20	集成垸	泥沙滩地	松砂土	草根层	8.29	1.80	0.33	28.90
20~40	集成垸	泥沙滩地	紧砂土	泥炭层	7.80	1.15	1.80	33.40
40~50	集成垸	泥沙滩地	紧砂土	过度层	8.06	1.46	1.54	24.60
50~60	集成垸	泥沙滩地	紧砂土	潜育层	8.01	1.66	1.68	38.80
0~20	集成垸	泥沙滩地	砂壤土	潜育层	7.98	1.57	1.94	26.70
20~40	集成垸	泥沙滩地	轻壤土	潜育层	7.85	1.36	2.31	37.10
40~60	集成垸	泥沙滩地	砂壤土	潜育层	7.89	1.50	2.80	45.00
0~20	集成垸	南荻	轻壤土	草根层	7.64	0.75	5.00	47.70
20~40	集成垸	南荻	轻壤土	泥炭层	8.09	0.95	2.73	35.90
40~60	集成垸	南荻	中壤土	过度层	8.09	1.57	1.95	35.40
0~20	集成垸	杨树	轻壤土	草根层	6.79	0.64	7.69	23.00

（续）

剖面深度 /cm	采样地点	植被类型	质地	分层类型	pH 值	土壤密度 /g/cm³	土粒密度 /g/cm³	土壤水分 /%
20~40	集成垸	杨树	松壤土	泥炭层	7.95	1.90	0.35	22.00
40~50	集成垸	杨树	中壤土	过度层	7.10	1.42	5.23	32.90
50~60	集成垸	杨树	中壤土	潜育层	7.83	1.68	2.17	23.80
0~20	六门闸	芦苇	中壤土	草根层	8.17	1.31	4.37	34.80
20~40	六门闸	芦苇	中壤土	泥炭层	8.16	1.20	1.91	30.80
40~60	六门闸	芦苇	轻壤土	过度层	8.23	1.41	1.93	28.90
0~20	六门闸	辣蓼	砂壤土	草根层	5.23	0.46	2.07	61.20
20~40	六门闸	辣蓼	中壤土	过度层	6.56	1.20	3.27	49.50
40~60	六门闸	辣蓼	中壤土	泥炭层	6.82	1.35	3.61	54.40
0~20	六门闸	辣蓼	轻壤土	泥炭层	6.80	1.36	4.30	37.60
20~40	六门闸	辣蓼	砂壤土	过度层	6.79	1.39	1.56	28.10
40~60	六门闸	辣蓼	砂壤土	潜育层	7.00	1.67	1.41	33.44

（2）土壤容重。土壤容重与土壤质地是反映土壤物理性状的重要指标，与土壤的水、热状况密切相关。对于湿地土壤而言，土壤的物理性状不仅能反映出土壤的结构状况，而且也是湿地植被以及土壤持水、蓄水性能的重要指标之一。

洞庭湖湿地土壤容重在 0.42~1.90g/cm³ 之间，变异程度较大，变异系数为 25.39%，平均值是 1.32g/cm³（表 4-4），密度比较小，说明湿地持水、蓄水能力较强。对于不同区域而言（表 4-5），团洲的变异程度最大，变异系数为 29.41%，小西湖的变异程度最小，变异系数为 18.30%。横向对比来看，土壤容重为：集成垸 > 六门闸 > 团洲 > 小西湖，表明小西湖的持水、蓄水能力较其他区域最强。对于不同植被类型而言（表 4-6），南荻群落的变异程度最大，变异系数达到了 34.52%，标准差达到了 0.49，短尖苔草土壤容重变异程度最小，变异系数为 18.29%，容重大小为：杨树 > 辣蓼 > 芦苇 > 短尖苔草 > 南荻。可见，南荻植被下土壤的蓄水能力最强。对于不同土壤深度而言（表 4-7），土壤容重明显随着土壤深度的增加而增加。40~60cm 的土壤容重变异系数最小，为 14.28%，土壤表层的变异程度最大，变异系数达到了 34.92%。

表 4-4　洞庭湖湿地土壤容重和土粒密度统计特征值表

	最大值 /g/cm³	最小值 /g/cm³	极差 /g/cm³	平均值 /g/cm³	标准差	变异系数 /%
土壤密度	1.90	0.42	1.44	1.32	0.33	25.39
土粒密度	12.07	0.33	11.74	3.11	3.33	87.10

表 4-5　洞庭湖湿地不同区域土壤容重统计特征值表

	最大值 /g/cm³	最小值 /g/cm³	极差 /g/cm³	平均值 /g/cm³	标准差	变异系数 /%
小西湖	1.40	0.71	0.68	1.19	0.22	18.30
团　洲	1.74	0.58	1.16	1.23	0.36	29.41
集成垸	1.90	0.64	1.26	1.43	0.34	23.71
六门闸	1.67	0.46	1.21	1.26	0.33	26.20

表 4-6　洞庭湖湿地不同植被类型土壤容重统计特征值表

植被类型	最大值 /g/cm³	最小值 /g/cm³	极差 /g/cm³	平均值 /g/cm³	标准差	变异系数 /%
短尖苔草	1.40	0.71	0.68	1.19	0.28	18.29
芦　苇	1.41	0.58	0.84	1.22	0.29	23.84
南　荻	1.74	0.75	0.96	1.18	0.49	34.52
杨　树	1.90	0.64	1.26	1.45	0.37	25.53
辣　蓼	1.67	0.46	1.21	1.24	0.41	33.14

表 4-7　洞庭湖湿地不同深度土壤容重统计特征值表

土壤深度 /cm	最大值 /g/cm³	最小值 /g/cm³	极差 /g/cm³	平均值 /g/cm³	标准差	变异系数 /%
0~20	1.67	0.58	1.08	1.14	0.40	34.92
20~40	1.89	0.45	0.44	1.24	0.38	30.89
40~60	1.80	1.19	0.61	1.46	0.21	14.28

（3）土粒密度。由表 4-4 可知，洞庭湖的土粒密度变异性很大，在 0.33~7.69 之间，变异系数是 87.10%，变异程度较大，平均值是 3.11g/cm³。对于不同区域而言（表 4-8），集成垸的变异程度最大，变异系数为 69.56%；六门闸的变异程度最小，变异系数为 23.26%。横向来看，土粒密度为：小西湖 > 团洲 > 集成垸 > 六门闸；对于不同植被类型而言（表 4-9），杨树群落的变异程度最大，变异系数达到了 77.68%，标准差达到了 2.24；短尖苔草土粒密度变异程度最小，变异系数为 36.35%，土粒密度大小的顺序为：芦苇 > 杨树 > 短尖苔草 > 南荻 > 辣蓼；对于不同土壤深度而言（表 4-10），土粒密度呈"V"型，即随土壤深度的增加，土粒密度先减小后增加。0~20cm 的土粒密度最大，为 3.92g/cm³，变异系数最大的是 40~60cm，为 55.41%，土壤 0~20cm 的变异程度最小，为 36.44%。

表 4-8　洞庭湖湿地不同区域土粒密度统计特征值表

地域	最大值 /g/cm³	最小值 /g/cm³	极差 /g/cm³	平均值 /g/cm³	标准差	变异系数 /%
小西湖	4.75	1.98	2.76	3.04	1.16	38.08
团　洲	6.31	0.58	5.73	2.63	1.81	68.81
集成垸	7.69	0.33	7.36	2.47	1.72	69.56
六门闸	2.07	1.41	0.66	1.94	4.53	23.26

表 4-9　洞庭湖湿地不同植被类型土粒密度统计特征值表

植被类型	最大值 /g/cm³	最小值 /g/cm³	极差 /g/cm³	平均值 /g/cm³	标准差	变异系数 /%
短尖苔草	4.41	1.98	2.42	2.86	1.04	36.35
芦　苇	6.31	1.90	4.41	3.03	1.69	55.89
南　荻	5.00	0.57	4.42	2.51	1.51	59.95
杨　树	7.69	0.35	7.34	2.88	2.24	77.68
辣　蓼	2.07	1.41	0.67	1.85	1.93	37.51

表 4-10　洞庭湖湿地不同深度土粒密度统计特征值表

土壤深度 /cm	最大值 /g/cm³	最小值 /g/cm³	极差 /g/cm³	平均值 /g/cm³	标准差	变异系数 /%
0~20	7.69	1.68	6.01	3.92	1.94	49.56
20~40	3.27	0.35	2.92	2.10	3.04	36.44
40~60	5.23	0.58	4.65	2.34	1.29	55.41

（4）典型土壤剖面特征。除泥砂滩地，其余湿地表层的土壤颜色为黑褐色，20~40cm 土壤为棕黄色，为过渡层，40~60cm 的土壤主要是青蓝色，为潜育层。潜育层是由于土壤长期处于强的还原性环境中，是湿地土壤的典型特征。一般 0~20cm 土壤比较疏松，越往下越紧实，偶尔出现中间层也比较疏松的情况，主要是因为洪水冲积，泥砂淤积不均匀所致。0~20cm 土壤的根量比较多，一般能达到 60%~90% 左右，所以此层也被称为草根层，生物量较大，经过发育演变，为形成腐殖质层奠定基础。洞庭湖区土壤过渡层一般都不明显，淤泥较多。40~60cm 的土壤中可见到锈纹、锈斑等，也有小螺等侵入体，这是强还原性环境之故。0~20cm 土壤的根量最多的是杨树林地，达到 90% 左右。湖草滩地、芦苇滩地和杨树林地都有锈纹、锈斑等，可见其含水量比较大，处于还原状态（表 4-11）。

表 4-11　洞庭湖湿地典型土壤剖面特征

湿地类型	深度 /cm	土壤剖面特征
泥沙滩地	0~20	黄色，砂土，疏松，无根量，土壤层次过渡不明显
	20~40	青黑色，砂壤土，较疏松，根量 15%，土壤过渡不明显
	40~60	暗棕色，砂土，较紧实，根量 5%，有锈斑，土壤层次过渡明显
湖草滩地	0~20	黑褐色，砂壤土，根量 80%，有侵入体：小螺，层次过渡明显
	20~40	棕黄色，壤土，紧实，无根量，有锈斑、锈纹，层次过渡不明显
	40~60	青蓝色，有浅育化
芦苇滩地	0~20	黑棕色，壤土，团粒结构，根量 60%，层次过渡明显
	20~40	棕黄色，壤土，块状结构，根量 15%，有少量锈斑
	40~60	棕红色，砂壤土，块状结构，无根量，有较多锈纹、锈斑，往下有浅育化
杨树林地	0~20	黑褐色，壤土，团粒结构，根量 90%，层次过渡明显
	20~40	黄棕色，砂壤土，少量铁锈，根量 20%，层次过渡不明显
	40~60	灰褐色，块状结构，根量 5%，少量锈斑，有侵入体：尼纶绳

4.2.2 洞庭湖湿地土壤化学性质

4.2.2.1 不同演替滩地类型土壤有机质的空间分布规律

（1）水平分布规律。土壤有机物的含量取决于有机物的输入量和输出量的相对大小。湿地土壤有机物主要来源于土壤原有机物的矿化和动植物残体的分解，输入量主要依赖于有机残体回归量及有机残体的腐殖化系数；有机物的输出量则主要包括分解和侵蚀损失，受各种生物和非生物条件（氧化还原电位、土壤含水量）的控制。洞庭湖湿地 0~20cm 土壤有机质分布规律是：湖草滩地＞芦苇滩地＞杨树林地＞泥沙滩地（图 4-2），主要是由于湖草地下生物量较大，地下草根层密集，人为干预少，每年净同化积累的生物量几乎全部投入该生态系统，有机碳的输入量较大。而且湖草滩地处于淹水的还原状态下时间较长，土

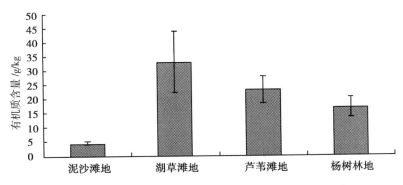

图 4-2　洞庭湖不同湿地表层土壤有机质的水平分异

壤微生物活动微弱，生物残体分解缓慢，故土壤有机质含量最高，为 33.04 ± 10.86g/kg；芦苇滩地虽然地上生物量明显高于湖草滩地，但是芦苇掠夺式的人工收割将绝大部分地上生物量移走，植物残体的投入量明显低于湖草滩地，故有机质含量小于湖草滩地，为 23.23 ± 4.78g/kg；杨树林地表层土壤有机质含量较湖草滩地和芦苇滩地都少，为 16.92 ± 3.44g/kg，这是由于杨树林地是人工林地，人为破坏了原有湿地土壤环境，含水量很小，通气性增强，土壤有机质分解很快的结果；泥沙滩地土壤有机质含量最少，仅为 4.6 ± 0.59g/kg，其原因是泥沙滩地表层几乎没有植被，故有机物的输入量极少。除了泥沙滩地，其他 3 类植被类型的土壤人为干扰程度为：杨树林地 > 芦苇滩地 > 湖草滩地，而有机质含量为湖草滩地 > 芦苇滩地 > 杨树林地。可见人类生产活动的干扰有可能造成洞庭湖湿地有机质的大量流失，增加湿地碳向大气的排放。因此减少人为干扰，恢复和保护湿地对维护湿地生态功能具有十分重要的意义。

（2）垂直分布规律。在四类湿地类型中，泥沙滩地在 20~40cm 处的土壤有机质含量达到最大值，为 8.14 ± 2.33g/kg（图 4-3），这主要是由于泥沙滩地在 20~40cm 土层曾经裸露在地表，而且有植被生长，有一些根量，故形成了一定程度的腐殖质层，因此有机质含量较大。随着水位上涨，泥沙的不均匀淤积，上面又形成了一层沙层，水位降低后，由于泥沙颗粒大，通气性好，故表层有机质含量少；湖草滩地、芦苇滩地和杨树林地的土壤有机质含量垂直分异显著，且从上到下依次递减，但是递减的程度不同，湖草滩地的 0~20cm 土壤有机质含量是 20~40cm 土层的 3 倍多，芦苇滩地 0~20cm 土壤有机质含量是 20~40cm 土层 2 倍。湖草滩地和芦苇滩地在 20~40cm 和 40~60cm 的土壤有机质含量几乎相差不大，且稳定在较低水平。

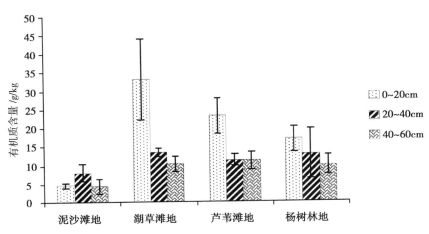

图 4-3　洞庭湖湿地不同湿地土壤各层次有机质含量垂直空间分异

植物根系的分布直接影响土壤有机质的垂直分布。芦苇为多年生植物，植株高 2~3m，根系可达地下 10m，地下深处也有较多生物量，而湖草虽然表层地下生物量很大，但是只有 6~7cm 的草根层，再往下生物量很少，故有机质下降幅度明显高于芦苇滩地。杨树林地土壤有机质从上到下基本是均匀递减，在 20~40cm 杨树林地和湖草滩地的土壤有机质含量差异较小。湿地土壤有机质在垂直方向上的分异，主要是受生物残体（地表枯落物、植物残根等）腐解归还的影响。表层土壤是植物根系的集中分布区，由于较大量生物残体的腐解归还为该层土壤提供较丰富的 C 源，从而使土壤有机质含量表层最高。

4.2.2.2 不同演替植被类型下土壤全氮的比较分析

对 2008 年的采样进行分析，按照正向演替的灯心草群落、短尖苔草群落、辣蓼群落、芦苇群落和鸡婆柳群落（图 4-4）这五类不同植被类型下土壤的有机碳和全氮做了比较研究。

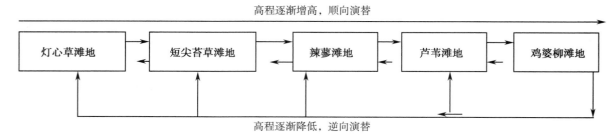

图 4-4　洞庭湖湿地植被群落演替图

土壤全氮含量在垂直方向上，短尖苔草群落、辣蓼群落、芦苇群落和鸡婆柳群落都是 0~20cm 土层 > 20~40cm 土层 >40~60cm 土层（图 4-5），即随土壤深度的增加而减少；灯心草群落是随土壤深度的增加先减小后增大，呈"V"型结构。对表层的相对富集系数计算表明，灯芯草群落和短尖苔草群落全氮的相对富集系数最大，其值分别是：2.24 和 4.10，说明全氮在灯芯草群落和短尖苔草群落土壤表层富集。土壤表层（0~20cm）全氮水平分异非常明显，分布规律是：灯心草群落 > 短尖苔草群落 > 辣蓼群落 > 芦苇群落 > 鸡婆柳群落，与土壤有机碳的消长趋势一致，图 4-6 表明二者呈极显著的正相关关系。对五类植被群落表层土壤全氮和高程进行线性拟合，拟合方程为：Y（全氮含量）=10.485−0.280X（高程）（R=0.972）（图 4-6），表明洞庭湖湿地五类植被群落下的土壤全氮含量随高程增高有减少的趋势。

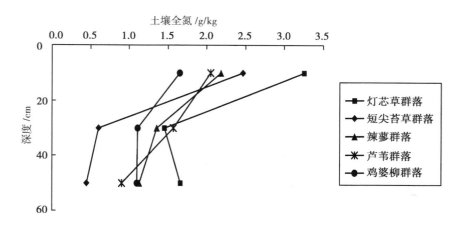

图 4-5　洞庭湖湿地不同植被群落土壤全氮分布图

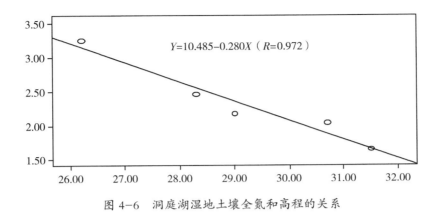

图 4-6　洞庭湖湿地土壤全氮和高程的关系

自然土壤中的氮素主要来源于动植物残体和生物固氮，也有不少来源于大气降水。土壤氮的输出主要是土壤中有机质的分解，分解后大部分被植物吸收利用，部分有机氮经过矿化、硝化、反硝化作用以及氨挥发等生物过程而重返大气中（张金屯，1998）。植被的盖度、植物残体输入量以及植被类型都影响着氮素的动态。植被对全氮的持留作用与地表径流和地下潜流有关。对地表径流来说，植株密度的高低是影响其持留量的关键因子，高密度植被可减少水流速度，降低水的输送能力，而对于地下潜流，植被可通过改变土壤结构、组成和渗透力来影响其持留。对垂直方向上来说，由于 NO_3^- 离子不被带负电的土壤粒子所固定而易溶于溶液，所以全氮在湿地主要通过地下潜流以硝态氮的形式输移流失，这是 40~60cm 土层出现积累峰的主要原因（翟金良，2003）。从水平方向来分析，由于灯心草群落的盖度最大，种群密度很大，使得其对氮素的持留作用最大，生长在湖边，土壤湿度大，地下枯落物丰富也是造成全氮含量最高的原因，另外灯心草群落土壤表层黏粒含量很高，能吸附有机氮化物，与阳离子、有机化合物反应，增强其稳定性；短尖苔草密度也很高，当洪水冲积过后，其植株上可以留下死亡的浮游生物和沉积颗粒物，对养分有很高的持留；辣蓼群落距离湖边较远，种群密度不如前两类群落大，故土壤全氮含量一般；芦苇植株很高，在2m 以上，已有研究表明（Stefan E，1994），大型植被更有利于对养分的持留。但其密度不如前三类群落，其植物残体输入量也不及前三类群落，所以全氮含量次于辣蓼群落；鸡婆柳群落的土壤全氮含量最小，距离湖最远，高程最高，由于其植株密度最小，不利于对氮的持留，水淹时间极短，土壤干燥，沉水的大多是粗砂，有利于有机氮的矿化。洞庭湖湿地的不均匀的泥砂淤积，带来大量氮素等养分，这也是土壤全氮分异的又一重要原因。除此之外，湖区干湿交替、人为干扰、刈割、血吸虫防治、湿地的过滤作用等都对土壤全氮的分异造成影响。

4.2.2.3　洞庭湖湿地土壤 P、K 等养分元素空间分布规律

洞庭湖湿地有很多植被类型，本研究主要分析短尖苔草、辣蓼、芦苇、南荻和杨树植被下土壤养分元素空间分布规律，为洞庭湖湿地土壤养分元素的研究提供理论基础。

（1）土壤 P、K、S 元素空间分布规律。P 是核酸、核蛋白、磷脂等活细胞内多种功能性物质的重要成分，参与多种代谢过程，在生命活动最旺盛的分生组织中含量较高，因此，磷肥对植株的分蘖、分枝以及根系生长都有良好的作用（武维华，2002）。

由图 4-7 可以看出，在土壤垂直方向上，短尖苔草、辣蓼植被的土壤 P 元素分布规律基本趋于一致，是 0~20cm 土层 >20~40cm 土层 >40~60cm 土层，即随土壤深度的增加而减少；而芦苇、南荻和杨树植被下土壤 P 元素都呈现"V"型分布，即从地面往下，先减小后增大。在地面 0~20cm 土层水平方向上，分布规律也很明显：辣蓼 > 芦苇 > 南荻 > 杨树 > 短尖苔草。这说明辣蓼的分蘖、分枝以及根系生长良好，而短尖苔草则分蘖少一些。

K 是调节植物细胞渗透势的最重要部分，缺 K 会造成植株茎干柔弱、易倒伏、抗旱、抗冻性降低，也

会出现叶缘焦枯等（武维华，2002）。

图4-8表明，在垂直方向上，短尖苔草土壤K元素分布规律是0~20cm土层>20~40cm土层>40~60cm土层，即随土壤深度的增加而减少；而辣蓼、南荻和杨树植被下土壤K元素都呈现"V"型分布，即从地面往下，先减小后增大；芦苇植被土壤K元素则呈现先增大后减小的趋势。在地面0~20cm土层水平方向上的分布规律是：短尖苔草>芦苇>南荻>杨树>辣蓼，可见在土壤表层短尖苔草的土壤K元素含量最高，而辣蓼却最少，与土壤P元素含量正好相反。

S元素主要以SO_4^{2-}的形式被植物吸收。S元素在植物体内不易移动，缺S时一般在幼叶首先表现缺绿症状，且新叶均衡失绿，呈黄白色并易脱落（武维华，2002）。

由本实验可知（图4-9），在土壤剖面的垂直方向上，短尖苔草和芦苇植被土壤S元素都是0~20cm土层>20~40cm土层>40~60cm土层，即随土壤深度的增加而减少；杨树植被下土壤S元素呈现"∧"型分布，即从地面往下，先增大后减小；辣蓼、南荻植被土壤S元素的分布规律呈现"V"型，即从地表往下先减小后增大。在地面0~20cm土层水平方向上的分布规律是：短尖苔草>芦苇>杨树>辣蓼>南荻。可见，短尖苔草S元素比较充足，辣蓼、南荻则少。

（2）土壤Mg、Fe、Ca元素空间分布规律。Mg是叶绿素分子的构成成分，Mg供应不足时导致叶绿素合成受阻，最终使叶片缺乏叶绿素，其特点是首先从叶片边缘开始枯黄，而叶脉较多的叶中央可仍保持一定绿色，这是与缺N症状的主要区别（武维华，2002）。

在垂直方向上，短尖苔草植被土壤Mg元素分布规律是随土壤深度的增加而减少；而辣蓼植被下土壤Mg元素都呈现"∧"型分布，即从地面往下，先增大后减小；芦苇、南荻和杨树植被土壤Mg元素的分布规律是0~20cm土层<20~40cm土层<40~60cm土层，这与土壤有机碳、N、P、K、Ca的垂直分布都不同，甚至相反。在地面0~20cm土层水平方向上的分布规律是：短尖苔草>芦苇>南荻>杨树>辣蓼，与土壤K元素分布规律完全一致（图4-10）。也与在采样点见到的情况一致，辣蓼土壤中由于缺Mg，其叶子发黄。

Fe是合成叶绿素所必需的，Fe是不易被重复利用的元素，因而缺Fe最明显的特征是幼芽、幼叶缺绿发黄，而下部叶片仍为绿色（武维华，2002）。

由图4-11可以看出，在垂直方向上，短尖苔草和芦苇植被土壤Fe元素都呈现"∧"型分布，即从地面往下，先增大后减小，峰值出现在20~40cm，主要是由于土壤的淋溶作用；辣蓼、南荻和杨树植被土壤Fe元素的分布规律呈现"V"型，即中空状，从地表往下先减小后增大。在地面0~20cm土层水平方向上的分布规律是：短尖苔草>芦苇>杨树>南荻>辣蓼，与土壤K、Mg元素分布规律基本一致。

Ca是植物细胞壁间层中果胶酸钙的重要成分，因此，缺Ca时细胞分裂不能进行或不能完成，而形成多核细胞。Ca对植物抵御病原菌的浸染有一定作用，Ca不足时，许多植物容易产生病害（武维华，2002）。

本研究表明（图4-12），从地表往下，短尖苔草、芦苇、南荻和杨树植被群落下土壤Ca元素分布规律是呈现"∧"型，即从地表往下先增大后减小；而只有辣蓼植被下土壤Ca元素分布规律是0~20cm土层>20~40cm土层>40~60cm土层，即随土壤深度的增加而减少；在地面0~20cm土层水平方向上的分布规律是：短尖苔草>杨树>南荻>芦苇>辣蓼，可见在土壤表层短尖苔草的土壤Ca元素含量也是最高，而辣蓼最少，和土壤K元素含量水平分布规律基本一致。说明短尖苔草抗病原菌浸染的能力强一些，辣蓼则弱一些。

4.2.2.4 洞庭湖湿地土壤重金属元素的含量特征

以湖南土壤自然背景值（表4-12）（潘佑民，1988）作比较，对洞庭湖湿地土壤重金属元素的含量特征进行分析。

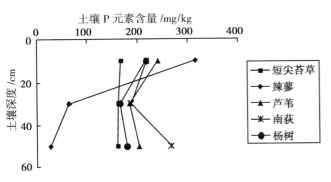

图 4-7　不同植被类型土壤 P 元素空间分布图

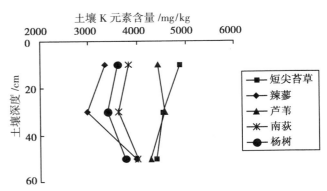

图 4-8　不同植被类型土壤 K 元素空间分布图

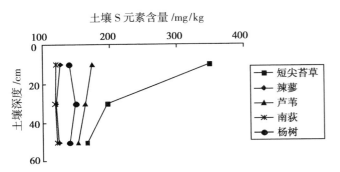

图 4-9　不同植被类型土壤 S 元素空间分布图

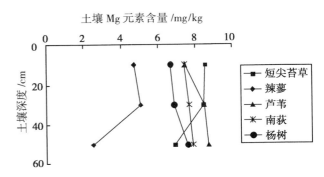

图 4-10　不同植被类型土壤 Mg 元素空间分布图

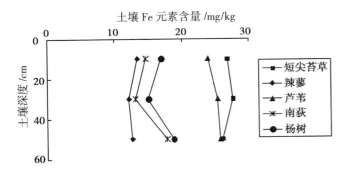

图 4-11　不同植被类型土壤 Fe 元素空间分布图

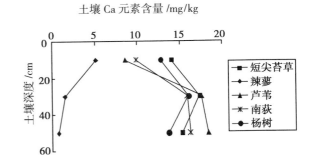

图 4-12　不同植被类型土壤 Ca 元素空间分布图

表 4-12　湖南省土壤重金属元素自然背景值 /mg/kg

项目	Cd	Hg	As	Cu	Pb	Cr	Zn	Ni
含量	0.1	0.1	14.0	26.0	27.0	68.0	94.0	32.0

（1）不同区域土壤 Cd、Hg、As、Cu 元素含量特征。由表 4-13 可知，四个区域 Cd 的含量都非常高，所有样点测定值都超过了背景值。不同区域的 Cd 含量顺序是：团洲 > 集成垸 > 小西湖 > 六门闸。可见，团洲 Cd 污染最为严重。一方面，团洲周围的工厂多，另一方面，团洲的湿地植被下土壤更多的吸附了 Cd 元素。变异程度最大的是团洲，变异系数是 5.30%，表明其含量分布极为不均匀，测定值间变化较大，土

壤受到人为扰动较大。变异程度最小的是集成垸，变异系数是 2.71%，测定值间变化较小，数据集中，表明集成垸受人为扰动影响最轻。统计分析表明，团洲、集成垸、小西湖和六门闸区域湿地土壤中 Cd 元素与背景值差异达到显著水平，因此，Cd 元素在这四个区域湿地土壤中具有显著积累现象。

表 4-13　洞庭湖湿地不同区域土壤 Cd 元素含量统计特征值表

地域	最大值 /mg/kg	最小值 /mg/kg	平均值 /mg/kg	标准差	变异系数 /%	超出背景值百分比 /%
小西湖	1.05	0.89	0.987	0.05	5.16	100
团　洲	1.06	0.91	0.992	0.05	5.30	100
集成垸	1.05	0.93	0.991	0.03	2.71	100
六门闸	1.07	0.92	0.984	0.04	4.29	100

Hg 元素是危险的环境污染元素。土壤环境中汞的存在也就意味着可能产生不利于生物生长、发育、繁殖和进化的效应，促使生态系统产生结构和功能上的变化，对植物、动物、微生物和人体有很重要的毒害作用。

研究表明（表 4-14），四个区域 Hg 的含量都非常高，所有样点测定值都超过了背景值。不同区域的 Hg 含量顺序是：六门闸 > 团洲 > 集成垸 > 小西湖。六门闸的 Hg 含量较其他三个区域最高，Hg 污染最严重。一般认为，在淹水条件下，土壤和植物中的 Hg 随有机质的分解而释放，同时，有机质的存在促进了细菌和浮游生物的活动，提高了 Hg 的甲基化速率和通过浮游生物的流通量。湿地土壤和沉积物中汞的富集已形成共识。Schwesig（1998）对德国同一个流域的高地和湿地的汞和甲基汞进行研究，发现湿地中甲基汞含量较高。变异程度最大的是集成垸，变异系数是 52.76%，表明其含量分布极为不均匀，测定值间变化较大，土壤中 Hg 含量受到人为扰动较大。变异程度最小的是小西湖，变异系数是 14.89%，测定值间变化较小，数据集中，表明集成垸土壤中 Hg 含量受人为扰动影响最轻。统计分析表明，团洲、集成垸、小西湖和六门闸区域湿地土壤中 Hg 与背景值差异达到显著水平。因此，Hg 元素在这四个区域湿地土壤中具有显著积累现象。为什么 Hg 的含量这么高，除了工厂较多外，包括含汞农药、化肥以及垃圾、矿渣堆放场等排放的汞。汞的大气干湿沉降虽然强度不高，但具有持续和累积的特点，大气输入也是湿地汞的来源。

表 4-14　洞庭湖湿地不同区域土壤 Hg 元素含量统计特征值表

地域	最大值 /mg/kg	最小值 /mg/kg	平均值 /mg/kg	标准差	变异系数 /%	超出背景值百分比 /%
小西湖	0.26	0.17	0.21	0.31	14.89	100
团　洲	0.45	0.16	0.32	1.24	39.42	100
集成垸	0.53	0.17	0.29	1.55	52.76	100
六门闸	0.43	0.16	0.33	1.21	36.71	100

As 元素虽是非金属，但它的性质和金属相似，所以在土壤中重金属研究中也将砷元素包括在内。砷污染的原因主要是燃煤废气与农药的使用。摄入过量砷时，植物就会受害。砷可取代 DNA 中磷酸基团中的磷，妨碍水分特别是养分的吸收。Ferguson（2001）研究结果表明，砷能抑制水分由根部向地上部输送，从而造成叶片凋萎以至枯死，在砷污染土壤上，作物的水分输送受到阻碍。

经分析可知，四个区域 As 的含量也非常高，所有样点测定值都超过了背景值。不同区域的 As 含量顺序是：集成垸 > 小西湖 > 六门闸 > 团洲（表 4-15）。可见，集成垸 As 污染最为严重。由于集成垸是次生湿地，垸内的棉花地、人工杨树林，受到农药、化肥的使用等诸多因素的影响。除草剂、杀虫剂等含砷农药，如砷酸钙、亚砷酸钠等，以及磷肥的使用也会影响土壤砷含量。变异程度最大的是集成垸，变异系数是 86.95%，表明其含量分布极为不均匀，测定值间变化较大，土壤中 As 含量受到人为扰动较大。变异程度最小的是团洲，变异系数是 19.15%，测定值间变化较小，数据集中，表明团洲土壤中 As 的含量受人为扰动影响最轻。统计分析表明，团洲、集成垸、小西湖和六门闸区域湿地土壤中 As 元素与背景值差异达到显著水平，因此，As 元素在这四个区域湿地土壤中也具有显著积累现象。As 元素含量高的更可靠的原因尚需进一步研究。

表 4-15　洞庭湖湿地不同区域土壤 As 元素含量统计特征值表

地域	最大值 /mg/kg	最小值 /mg/kg	平均值 /mg/kg	标准差	变异系数 /%	超出背景值百分比 /%
小西湖	97.61	17.23	48.47	25.64	52.89	100
团 洲	48.67	14.03	25.29	7.07	19.15	100
集成垸	134.29	24.86	80.62	74.31	86.95	100
六门闸	53.92	25.99	39.88	8.98	22.51	100

Cu 元素是植物的微量营养元素，是植物体内酶的组分，能提高叶绿素的稳定性（关连珠，2001），又是环境污染元素，Cu 在土壤中有许多化学行为：极化作用强，也极易被极化，易于水解，在一定的土壤条件下，能产生硫化物、氧化物、碳酸盐沉淀。被土壤中氧化铁、铝、锰等吸附后难以迁移（王孝堂等，1991）。

由表 4-16 可知，四个区域 Cu 的含量比较高，超出背景值的百分比最高的是小西湖，为 62.52%，超出背景值最少的是六门闸，为 33.33%。不同区域的 Cu 含量顺序是：小西湖 > 团洲 > 集成垸 > 六门闸。可见，小西湖 Cu 污染最为严重。变异程度最大的是六门闸，变异系数是 28.93%，表明其含量分布极为不均匀，测定值间变化较大，其土壤中 Cu 含量受到人为扰动较大。变异程度最小的是小西湖，变异系数是 13.33%，测定值间变化较小，数据集中，表明小西湖土壤中 Cu 的含量受人为扰动影响最轻。统计分析表明，团洲、集成垸、小西湖和六门闸区域湿地土壤中 Cu 元素与背景值差异达到显著水平，因此，Cu 元素在这四个区域湿地土壤中也具有显著积累现象。Cu 污染可能是长期施用大量粪肥引起的。

表 4-16　洞庭湖湿地不同区域土壤 Cu 元素含量统计特征值表

地域	最大值 /mg/kg	最小值 /mg/kg	平均值 /mg/kg	标准差	变异系数 /%	超出背景值百分比 /%
小西湖	29.83	19.52	27.11	3.61	13.33	62.52
团 洲	34.92	14.03	25.29	7.00	27.69	57.14
集成垸	35.45	10.80	24.32	6.55	26.92	40.00
六门闸	30.23	10.63	22.18	6.41	28.93	33.33

（2）不同区域土壤 Pb、Cr、Zn、Ni 元素含量特征。Pb 元素如果过多对植物的影响主要是抑制或不正常地促进某些酶的活性，从而影响到光合作用和呼吸作用等生理过程，不利于植物对养分的吸收。植物对铅的吸收除了取决于本身遗传特性外，还与土壤中铅含量及其有效性有关（王辉等，2003）。

研究结果表明（表 4-17），四个区域 Pb 的含量超出背景值的有团洲和集成垸。而且这两个区域 Pb 含量顺序是：团洲 > 集成垸。可见，团洲和集成垸有一定的 Pb 污染。变异程度最大的是团洲，变异系数是 66.08%，表明其含量分布极为不均匀，测定值间变化较大，土壤中 Pb 含量受到人为扰动较大。变异程度最小的是小西湖，变异系数是 41.62%，测定值间变化较小，表明小西湖土壤中 Pb 的含量受人为扰动影响最轻。统计分析表明，团洲和集成垸区域湿地土壤中 Pb 元素与背景值差异达到显著水平，所以，Pb 在这两个区域湿地土壤中具有显著积累现象。

表 4-17　洞庭湖湿地不同区域土壤 Pb 元素含量统计特征值表

地域	最大值 /mg/kg	最小值 /mg/kg	平均值 /mg/kg	标准差	变异系数 /%	超出背景值百分比 /%
小西湖	17.75	4.06	12.09	5.03	41.62	0
团洲	32.57	3.25	14.61	9.65	66.08	14.28
集成垸	30.38	4.73	16.15	7.57	46.85	10.00
六门闸	20.40	3.48	11.83	5.43	44.96	0

Cr 元素在土壤中含量主要来源于成土母岩，成土母质不同，含量差异很大。

从表 4-18 可以明显看出，四个区域 Cr 的含量超出背景值的有小西湖、团洲和集成垸。而且这三个区域 Cr 含量顺序是：小西湖 > 团洲 > 集成垸。可见，小西湖、团洲和集成垸有一定的 Cr 污染。变异程度最大的是团洲，变异系数是 28.27%，表明其含量分布极为不均匀，测定值间变化较大，其土壤中 Cr 含量受到人为扰动较大。变异程度最小的是集成垸，变异系数是 18.62%，测定值间变化较小，表明集成垸土壤中 Cr 的含量受人为扰动影响最轻。统计分析表明，小西湖、团洲和集成垸区域湿地土壤中 Cr 元素与背景值差异达到显著水平，因此，Cr 元素在这三个区域湿地土壤中具有显著积累现象。主要原因是由于造纸厂等工厂的污染。

表 4-18　洞庭湖湿地不同区域土壤 Cr 元素含量统计特征值表

地域	最大值 /mg/kg	最小值 /mg/kg	平均值 /mg/kg	标准差	变异系数 /%	超出背景值百分比 /%
小西湖	71.96	35.01	61.92	13.52	21.84	42.85
团　洲	70.71	27.51	50.68	14.33	28.27	14.28
集成垸	73.12	29.66	54.47	10.14	18.62	5.00
六门闸	62.22	28.97	45.12	11.94	26.46	0

Zn 元素是营养元素，也是污染元素。Zn 参与生长素的合成，能促进吲哚和丝氨酸合成色氨酸；Zn 能促进光合作用（关连珠，2001）。

研究显示（表 4-19），四个区域 Zn 的含量超出背景值的有小西湖、团洲和集成垸。而且这三个区域 Zn 含量顺序是：小西湖 > 集成垸 > 团洲。可见，小西湖、团洲和集成垸有一定的 Zn 污染。变异程度最大的是团洲，变异系数是 35.37%，表明其含量分布极为不均匀，测定值间变化较大，其土壤中 Zn 含量受到人为扰动较大。变异程度最小的是小西湖，变异系数是 13.45%，测定值间变化较小，表明小西湖土壤中 Zn 的含量受人为扰动影响最轻。统计分析表明，小西湖、团洲和集成垸区域湿地土壤中 Zn 元素与背景值差异达到显著水平，所以，Zn 元素在这三个区域湿地土壤中具有显著积累现象。

表 4-19　洞庭湖湿地不同区域土壤 Zn 元素含量统计特征值表

地域	最大值 /mg/kg	最小值 /mg/kg	平均值 /mg/kg	标准差	变异系数 /%	超出背景值百分比 /%
小西湖	108.23	68.47	92.87	12.49	13.45	57.14
团　洲	114.37	36.75	70.66	24.99	35.37	14.28
集成垸	113.63	41.45	82.38	20.12	24.24	20.00
六门闸	89.71	31.43	70.58	19.33	27.39	0

Ni 元素可以以多种化学形态存在，可存在于交换位、吸附位上，可吸附在铁锰氧化物上，也可包藏

于次生黏土矿物晶格里，有时也可与有机质相结合。

由表4-20表明，四个区域中小西湖区域土壤Ni的含量都超出了背景值，团洲、集成垸和六门闸也有部分超出了背景值。而且这四个区域Ni含量顺序是：小西湖>集成垸>团洲>六门闸。可见，小西湖、团洲、集成垸和六门闸有一定的Ni污染。变异程度最大的是团洲，变异系数是27.19%，表明其含量分布极为不均匀，测定值间变化较大，其土壤中Ni含量受到人为扰动较大。变异程度最小的是小西湖，变异系数是12.51%，测定值间变化较小，表明小西湖土壤中Ni的含量受人为扰动影响最轻。统计分析表明，这四个区域湿地土壤中Ni元素与背景值差异达到显著水平，因此，Ni元素在四个区域湿地土壤中具有显著积累现象。

表4-20　洞庭湖湿地不同区域域土壤Ni元素含量统计特征值表

地域	最大值/mg/kg	最小值/mg/kg	平均值/mg/kg	标准差	变异系数/%	超出背景值百分比/%
小西湖	53.42	35.71	48.45	6.06	12.51	100
团　洲	50.21	23.14	38.17	10.83	27.19	71.42
集成垸	48.62	24.23	38.29	6.43	16.78	80.00
六门闸	50.75	20.66	37.67	9.90	26.27	55.56

通过以上研究，结果表明洞庭湖湿地土壤质地主要是砂土和砂壤土，不同区域、不同植被下、不同土壤深度的土壤密度差异较大，土壤密度在0.42~1.90g/cm³之间，土粒密度在0.33~7.69g/cm³之间。土壤层次分为草根层、泥炭层、过渡层和潜育层；土壤有机质的空间分布规律明显，湿地表层土壤有机质的水平分异为：湖草滩地>芦苇滩地>杨树林地>泥沙滩地。土壤有机质的垂直分异为：泥沙滩地在20~40cm达到最大值，湖草滩地、芦苇滩地和杨树林地的土壤有机质含量都是从地表往下依次递减；按照植被的演替规律，土壤有机质、全氮水平分布规律是，随着距离湖心越远，高程越高，含量越低，表现为：灯芯草群落>短尖苔草群落>辣蓼群落>芦苇群落>鸡婆柳群落。土壤有机质、全氮含量随高程增高，有减少的趋势；土壤养分元素含量水平分布规律在不同植被下一般表现为：短尖苔草>芦苇>南荻>杨树>辣蓼。洞庭湖湿地土壤重金属元素的含量顺序是：Zn>Cr>Ni>As>Cu>Pb>Cd>Hg。在8种重金属中，Cd、Hg、As的所有样点都超出了背景值，污染较严重，其余重金属元素也有不同程度的超出背景值，这主要是由于洞庭湖区周围的造纸业发达，工厂多，造成了严重的重金属污染，最严重的是Hg、As和Cd的污染，也说明洞庭湖湿地可以吸纳重金属元素，对环境有保护作用。

4.3　土壤质量研究进展

4.3.1　土壤质量的概念与内涵

土壤质量的概念是随着人口对土地压力的增大，人类对土地资源的过度开发利用导致土壤资源退化，可持续发展造成严重威胁，尤其是近年来人们就现有土地管理实践对土壤物理、化学和生物学性质产生影响认识不断提高的背景下而形成与发展（Miller and Wali，1994；Islam and Weil，2000）。强调土壤质量主要是便于描述其内在可计量的物理、化学和生物学特征（Acton and Gregorich，1995；赵其国，2001）。关于土壤质量的各种不同定义统计于表4-21。

表 4-21　土壤质量概念的形成与发展

年份	提出者	定义
1987	美国土壤学会	由土壤特点或间接观测（如紧实性、侵蚀性和肥力）推论的土壤的内在特性（Kay and Angers，1999）。
1989	Power 和 Myers	土壤供养维持作物生长的能力，包括耕性、团聚作用、有机质含量、土壤深度、持水能力、渗透速率、pH 变化、养分能力等（赵其国等，1997）。
1991	Larson 和 Pierce	土壤在以下方面的物理、化学和生物特征：①为植物生长提供基质；②调节和分配环境中水的运动；③作为环境中有害化合物形成、减少和退化的缓冲剂（Warkentin，1995）。
1992	White	①反映出土壤作为一个生物系统；②说明土壤在景观中的基本功能；③比较特定土壤对其在气候、景观和植被格局中独特潜能的条件；④设法能够提出有意义的趋势评价（Sojka and Upchurch，1999）。
1992	Parr 等	土壤长期持续生产安全营养的作物，提高人类和动物质量，并不破坏自然资源或环境的能力（Parr *et al.*，1992）。
1994	Doran 和 Parkin	土壤在生态系统边界内行使维持生物生产力、改善环境质量和促进植物和动物质量机能的能力（Doran and Parkin，1994）。
1995	Pankhurst 等	采纳 Doran 和 Parkin 的定义，并指出土壤质量的定义应包括持续的生物生产力、植物和动物质量水平的提高、环境质量的维持 3 个部分（Pankhurst *et al.*，1995）。
2001	曹志洪等	土壤提供植物养分和生产生物物质的土壤肥力质量，容纳、吸收、净化污染物的土壤环境质量，以及维护保障人类和动植物质量的土壤质量的综合量度（曹志洪，2001）。

　　上述各种定义的共同之处在于均包含了土壤在目前和未来其功能正常运行的能力，混淆之处在于无法确认土壤功能的主要内容。这一问题于 1992 年在美国召开的土壤质量会议上得到澄清。土壤的内在质量是天然的和相对稳定的，是成土母质、气候（水和温度）、生物（动植物和微生物）、地形、时间五大自然成土因素长期相互作用的产物，带有明显的响应主导成土因素的物理、化学和生物学特性。人类活动则是影响土壤质量状况的第六个因素。因此，土壤质量一方面会因一些自然过程，如风化淋溶作用的进行而缓慢改变，另一方面更会因人类活动，如土地利用和农作实践活动而加速变好或变坏。

4.3.2　土壤质量表征指标

　　土壤质量指标是表示从土壤生产潜力和环境管理的角度监测和评价土壤的一般性质及状况的那些性状、功能或条件（张玉兰等，2005）。土壤质量指标应该具有时间性，即在较短时间内反映出土壤质量的变化，同时，土壤质量指标在季节内和季节间的变异不能过大，否则结果无法解释（Karlen and Diane，1994）。土壤质量评价的指标体系需要确定问题发生的区域、评价食物的现实生产力，监测农业管理措施引起的持续性和环境质量的变化，帮助政府制定和评价农业持续发展和土壤持续利用的政策。因此，在评价土壤质量时，单一的土壤属性指标所起的作用是有限的，必须建立在对于不同土壤属性的阈值与最适值，并将这些土壤属性集合起来，成为一个评价作用更大的指标体系（张华和张甘霖，2001）。

　　（1）描述性指标。土壤质量研究中将描述性数据和分析性数据结合起来有利于发展土壤质量评价方法，为土壤资源的经济和环境可持续发展提供指导。Harris 等提供了以解释框图和访谈指南为基础，包括通用调查表、特定地点调查表、相关报告卡组成的一套较为完整的土壤质量评价信息收集工具（Doran and Parkin，1994）。Romig 等基于农民的土地评价方法中给出的 Wisconsin 土壤质量评分卡中，包括了 24 项土壤指标、14 项植物指标、3 项动物指标及 2 项水环境指标，根据农民对这些指标的评分可以得到土壤的质量状况（Doran and Jones，1996）。USDA-NRCS 设计的 Maryland 土壤质量评价手册将土壤动物、有机质颜色、根系和残留物、表土紧实性、土壤耕性、侵蚀状况、持水性、渗透性、作物长势、pH 状况和保肥性分为差、中、好 3 个等级，对每个项目各个等级的特征有详细描述，在对这些项目等级评定的基础上得到土壤质量的定性状况（Roming et al.，1995；USDA-NRCS，1999）。

（2）分析性指标。

物理指标：具有生产功能的土壤生态系统有如下属性特征：①促进植物根系的生长；②接受、固定和提供水分；③固定、提供和循环矿质养分；④促进合理的气体交换；⑤促进生物活动；⑥接受、固定和释放 C（Burger and Kelting，1999）。反映这些属性的物理指标一部分在时间上是静态的，其他一些随时间而发生动态变化。评价和监测土壤质量的静态物理指标有：土层深度、表土深度、土壤质地、饱和水传导性、有效持水力、土壤硬度、土壤容重、孔隙度、水土流失量、团聚体稳定性、粒级；动态的物理指标包括：地下水位高低、侵蚀度、淋溶性、机耕性等（易志军等，2002）。

化学指标：也分为静态和动态两类，表现养分供应的状况（孙波等，1997）。表示土壤有机碳状态的化学指标有有机 C、有机质等；表示土壤有效养分的化学指标有土壤 N、P、K、总 N、有机 N、矿质态 N、NH_4-N、NO_3-N、矿化 N、净 N 矿化、总 P、矿质态 P、有效 P、吸附态 P、交换性 S、交换性 K、Ca、Mg、土壤阳离子交换量（CEC）等；表示土壤酸度的化学指标有 pH 值和 Al 饱和度等；表示土壤盐度的化学指标：盐度和 CEC 等。其中，土壤有机质影响许多基本的土壤生物学和化学过程，可作为土壤生产力的重要成分。土壤的一些基本化学性质如 CEC、pH 和电导率则影响着这些养分和污染物在土壤中的转化、存在状态和有效性，CEC 是限制土壤化学物质存在状态的阈值，pH 是限制土壤生物和化学活性的阈值，电导率则是限制植物和微生物活性的阈值（卢铁光等，2003；苏永中、赵哈林，2003）。

生物指标：土壤生物学性质能敏感地反映出土壤质量的变化，是土壤质量评价不可缺少的指标，并已得到广泛应用（漆良华等，2009）。生物学指标包括土壤上生长的植物、土壤动物、土壤微生物和土壤酶活性等，基本的土壤质量生物指标应当包括微生物量 C 和 N，潜在矿化 N，土壤呼吸，生物量 C / 总有机 C 比等（Howard，1972；Veratraete and Voets，1977），微生物量（MB）、土壤呼吸及其衍生指数、土壤功能微生物、微生物群体结构及功能多样性、土壤酶、微动物区系的功能多样性和植物生长等均是目前具有潜力的生物学指标，其中土壤微生物指标应用最多（孙波等，1997）。

4.3.3　土壤质量评价

4.3.3.1　土壤质量评价原则、尺度与标准

迄今为止，尚没有评价土壤质量的统一标准（郑昭佩、刘作新，2003；Meyer and Tuner，1991）。Sims 等建议一个无污染的土壤质量判断标准，称之为土壤的清洁状态（Sims et al.，1995）。但是除了几种单独的非生物物质外，纯净土壤是无法定义的。因为土壤具有多种不同的潜在利用方式，一种土壤对于一种功能或生产具有优良的品质，对另一种功能或生产可能具有很差的品质。Doran 等和 Karlen 等建议土壤质量的评价应该以土壤功能为基础，着重于一个确定的系统内一种特定的土壤功能的完善程度（Doran and Parkin，1994）。有些人建议评价土壤质量只与作物产量有关，另有人强调土壤质量对饲料和食物品质的影响或者对土壤中生物群栖息环境的影响，这表明单就农业生产来评价土壤质量就有许多不同的观点。如果从土壤本质上是一个具有生命和活力的有机整体出发，联系土壤作为森林、草原生态系统的立地条件的功能，作为城市和工业生产中含各种污染物的副产品的净化器功能，以及被采矿、熔炼、精炼工业影响的土壤的生态保持、发展或恢复的能力等方面来评价，则会有更多的不同观点（赵其国等，1997）。

由于土壤之间具有地带性和非地带性差异，不同土壤的质量评价就不能采用同一种标准。应用土壤质量指标对土壤质量进行评价时，单一的土壤性状的影响也不能简单地确定对土壤质量的影响方向。因此，土壤质量评价应针对特定的土地功能进行。同时，不同的地区，不同类型的土壤，也应使用不同的评价指

标体系，利用土壤的某一种理化性质数量化指标对土壤质量影响的评价，应该采用相对的而不是绝对的数值（Belotti，1998）。

时间尺度：土壤的各种性质都不是固定不变的，各种外部因子的变化都可能导致土壤性质发生变化，土壤内部各种因子的相互作用也增强了土壤性质的变化。根据土壤性质随时间变化的速率和频度可以区分为"短期的""动态的"和"长期的""静态的"。Carter 等认为可以用土壤质量描述土壤短时期内的"动态"状况，用土壤质量描述长时间尺度上"内在的"和"静态的"用于某种特定目的的能力（Carter and Gregorich，1997）。Papendick 等认为土壤质量评价应该是土壤"动态"和"静态"属性的混合（Papendick and Parr，1994）。

空间尺度：土壤质量评价必须确定评价的空间范围。评价范围可以是土体、土壤单元、田块、景观以至整个流域。政策制定者还需要国家、国际范围内的土壤质量评价。Karlan 等建议了一个不同目的的土壤质量评价尺度的框架（Karlen *et al.*，1997）。Pennock 等根据分散的采样数据在景观和地区尺度上评价了 3 个草甸农业系统的土壤质量（Pennock and Anderson，1994），Smith 等利用 Kriging 方法得到了景观尺度上的土壤质量图（Smith and Halvorson，1993）。

土壤质量评价对未来确定土地管理体系的持续性十分重要，而土壤管理可持续性的前提是保持或改善资源质量，尤其是空气、土壤、水分和食物资源。因此，评价土壤质量的体系必须考虑到土壤的功能和控制生物地球化学过程的物理、化学、生物因素及这些因素在时空、强度和组分动态等方面的变化（刘晓冰和邢宝山，2002）。土壤质量评价的指标应满足以下 5 个标准：①包括生态系统过程并与过程模拟相关；②综合土壤物理、化学和生物特征及其过程；③易于为多数用户理解并可应用到农田；④对管理和气候的变化敏感；⑤最好是现有土壤基础数据的组成部分。

4.3.3.2 土壤质量评价方法

（1）定性评价方法。生产者很早就懂得区分"好的土壤"和"坏的土壤"，用各种词汇评价土壤在作物生产中的表现。在中国古代，人们对土壤质量已经有相当深入的认识。《尚书·禹贡》中已经将天下九州的土壤分为 3 等 9 级，根据土壤质量等级制定赋税，这无疑是世界上最早的关于土壤质量评价的记载。此后的历代典籍中，土壤质量评价方面的记载不胜枚举（张华、张甘霖，2001）。联合国粮食及农业组织（FAO）根据 Liebig 的最小因子定律提出的一整套土地评价大纲，其基本原理同样可应用于定性的土壤质量评价（FAO，1976）。近年来，已建立一个可靠且系统的土壤质量定性评估方法评估土壤质量状况（Coleman *et al*，1998）。

（2）定量评价方法。土壤质量评价首先要确定有效、可靠、敏感、可重复及可接受的指标，建立全面评价的框架体系。随着信息技术在土壤研究中的应用，土壤质量评价越来越依赖于定量的数字评价方法（傅伯杰，1991；Kinako，1996；孙波、赵其国，1999；李月芬等，2004）。目前还不存在标准的量化评价方法，但是在研究中已经存在一些评价体系（赵其国等，1997）。经常使用的数学评价方法包括评分法、分等定级法、模糊评判法、聚类分析法以及地统计学方法（杜栋等，2008）。国际上较常用的方法有以下几种（Sanborn，2001；卢铁光等，2003；苏永中、赵哈林，2003；巩杰等，2004）：

① 多变量指标克立格法（MVIK）。美国农业部和华盛顿州立大学的研究者提出，是通过一套土壤质量与质量评价的多变量指标克立格法（MVIK，multiple variable indicator kringing），可以将无数量限制的单个土壤质量指标综合成一个总体的土壤质量指数。这一过程称为多变量指标转换（MVIT，multiple variable indicator transform），是根据特定的标准将测定值转换为土壤质量指数。各个指标的标准代表土壤质量最优的范围或阈值，是在地区基础上建立和评价的。运用非参数型地统计学方法，指标克立格法（IK，indicator kringing），通过 MVIT 的转换数据估计未采样地区的数值，然后测定不同地区土壤质量达到优良的概率，最后利用 GIS 技术绘出建立在景观基础上的土壤质量达标概率图。该法优于土壤质量评分法，可以把管理措施、经济和环境限制因子引入分析过程，其评价范围可以从农场到地区水平。通过单项指标的评价，该

法还能确定影响土壤质量的最关键因子。

②　土壤质量动力学方法。由于土壤系统的动态性，所以对可持续管理的测量应该采用动态评价方法，利用系统动态学特征测量其可持续性。这种方法是全过程测定土壤质量的指标，确定一个管理系统的实际行为，并据此评估其可持续性。可持续管理系统的土壤质量动力学过程，有两个方面的工作：一是对土壤质量动力学特征的定量，二是设计和控制管理系统中影响土壤质量，从而影响其持续性的过程。

③　土壤质量综合评分法。Doran 和 Parkin 将土壤质量评价细化为食物与纤维的生产量、侵蚀量、地下水质量、地表水质量、大气质量和食物质量 6 个特定的土壤质量元素的评价。通过建立各个元素的评价标准，利用简单乘法运算计算出土壤质量的大小，每个元素的权重由地理、社会和经济因素所决定。进行土壤质量评价时，通常需要利用标准评分方程对各土壤指标进行标准化，将其转变为 0~1 的无量纲值。对于每个指标，需要选择合适的评分方程，确定其阈值，包括评分方程的上限、下限、基准值、斜率及最优值等参数。土壤指标标准化常用的评分函数有 4 类，如图 4-13。

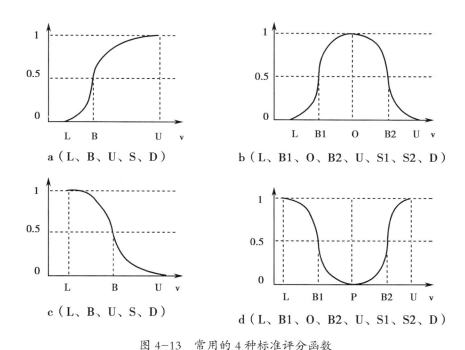

图 4-13　常用的 4 种标准评分函数

注：a、c 及 b、d 分别表示"越多越好"、"越少越好"及"最合适的范围"、"最不合适的范围"，L、B、U 和 S 分别表示阈值下限、基准线、阈值上限和斜率。

④　土壤相对质量评价法。通过引入相对土壤质量指数来评价土壤质量的变化，这种方法首先是假设研究区有一种理想土壤，其各项评价指标均能完全满足植物生长需要，以这种土壤的质量指数为标准，其他土壤的质量指数与之相比，得出土壤的相对质量指数（RSQI），从而定量地表示所评价土壤的质量与理想土壤质量之间的差距，这样，从一种土壤的 RSQI 值就可以明显而直观地看出这种土壤的质量状况，RSQI 的变化量可以表示土壤质量的升降程度，从而可以定量地评价土壤质量的变化。

⑤　大尺度地理评价法（Broad scale geographical assessment of soil quality）。该方法一般有 5 个基本步骤：一是利用土地资源信息（包括大尺度的土壤、景观和气候信息），针对 1、2 个特定的土壤功能估计土壤的自然（或内在的）质量（Inherent soil quality, ISQ）；二是利用地形和其他土地资源信息确定土地遭受退化的危险性的物理条件，并通过土壤质量易感性（Soil Quality Susceptibility, SQS）指标，识辨出处于土壤质

量下降的农业区；三是利用土地利用和管理信息与趋势估计那些具有使土壤下降危险性加大的人为条件；四是把从 1~3 步的信息综合起来估测土地资源质量发生变化的可能性及趋向；五是利用土地—资源评估结果，对特定利用下的未来土壤的质量进行再评价。

以上土壤质量评价方法各有优点，可以认为土壤相对质量评价法更为方便和实用、合理，评价土壤的相对质量，而且可以根据不同地区的不同土壤建立理想土壤，选择代表性的土壤质量评价指标做出量化的评价结果。

4.3.3.3 土壤质量评价应用

随着土壤质量研究工作的深入，土壤在陆地生态系统中的地位和作用以及土壤质量与大气和水环境质量之间的关系也逐渐被人们认识，土壤不仅为动植物的生长提供养分和物理支持，也是大气、地表水和地下水的过滤器，同时还是废物循环再利用的场所（Doran and Parkin，1994）。土壤是陆地生态系统中最大的碳库，可以促进大气分室中的碳向土壤分室转移，并减少土壤氮氧化物的释放，因此，土壤质量变化研究对于深入认识全球环境变化十分重要（Rosenzweig and Hillel，2000）。鉴于土壤质量在土地资源开发利用和农业发展及环境保护中的特殊作用，有关土壤质量管理的试点已在世界主要类型的农业生态带开展（Adejuwon and Ekanade，1988；Gewin *et al.*，1999；张桃林等，1999；Islam and Weil，2000）。

美国 1985 年实施了土壤保护项目（CRP），把 $1.75 \times 10^{7} hm^{2}$ 容易产生水土流失的土地从种植业中专门划出来种植牧草，其最初目的是通过建立永久植被来减少水土流失和限制非农建设用地征用面积。实施这一项目的几种间接好处包括减少了水生环境中泥沙的沉积，降低农业化学物质的流失，提高持水量，提供优质的野生栖息环境。长期实施保持计划对土壤化学和生物学性状的影响正在被评价，其中主要是评价土壤质量的变化（Baer *et al.*，2000）。

瑞典环境保护署（EPA）从 1993 年起开始"综合土壤分析"（ISA）研究，最终目的在于为田间条件下人类活动对土壤生物过程及土壤生物的影响评价提供方法。在此之前，瑞典环境保护署还开展过一项有关"环境危险评价中的土壤生物学变量（MATS）"的研究项目，旨在提供一个用于评价土壤中化学品产生的负效应的手册，该手册包括许多室内测试方法，用于瑞典气候及不同土壤条件下的负效应测定（Rundgren *et al.*，1995）。

20 世纪 90 年代以来，在中国有关土壤质量的研究得到高度重视。国家重点基础发展规划项目"土壤质量演变规律与持续利用"于 2000 年启动，着重在水稻土、红壤、潮土、黑土 4 种土壤的质量演变和持续利用方面加以研究，随着研究的进行将会产生更多的具有实践意义的成果（郑昭佩、刘作新，2003）。

4.4 土壤质量变化研究方法

4.4.1 土壤样品采集

2008 年 11 月 10~14 日对钱粮湖垸的林地（Ⅰ）、园地（Ⅱ）、旱地（Ⅲ）、水田（Ⅳ）、荒地（Ⅴ，对照 CK）等 5 种土地利用类型采集土样。其中，林地包括 4 种不同年龄阶段的杨树人工林（I_1：9 年，株行距 2m×3m，平均胸径 13.2cm，平均树高 16.8m；I_2：6 年，株行距 2m×3m，平均胸径 11.6cm，平均树高 12.8m，林下间作棉花；I_3：4 年，株行距 3m×5m，平均胸径 12.0cm，平均树高 12.5m，间作南瓜；I_4：2 年，株行距 4m×4m，平均胸径 10.0cm，平均树高 8.2m，间作棉花），旱地根据栽培作物的不同分为 3 种（III_1：棉花；III_2：甘蔗；III_3：玉米）。每种土地利用类型上环刀分层（0~25cm、25~50cm）采集原状土，以测定土壤相关物理性质。同时，按 S 形取 5 个点的混合样采集土壤样品 1kg 左右，重复 3 次；每份土样分成 2 份，1 份风干、去杂、过筛后测定土壤土壤养分含量及土壤酶活性；另 1 份鲜样去杂、过筛后置于 4℃低温保存供分析土壤微生物特性。

4.4.2 土壤样品分析

（1）土壤水分物理性质测定。用酒精燃烧法测定土壤自然含水量,筛分法分级（<0.25、0.25~0.5、0.5~1.0、1~2、2~5、5~7、>7mm）测定土壤团聚体组成,环刀法测定土壤密度,毛管持水量、总孔隙度、毛管孔隙度、非毛管孔隙度的计算方法为（中国科学院南京土壤研究所,1978）：

毛管持水量 = 环刀内水分重量 / 环刀内干土质量 ×100（%）；

总孔隙度 =（1– 土壤密度 / 土壤比重）×100（%）；

毛管孔隙度 = 毛管持水量 × 土壤密度（%）；

非毛管孔隙度 = 总孔隙度 – 毛管孔隙度（%）。

（2）土壤化学性质测定。

土壤主要化学养分：重铬酸钾法测定有机质,扩散吸收法测定全氮,钼锑抗比色法测定全磷,碱解扩散法测定水解氮,双酸浸提剂法测定速效磷,火焰光度计法测定全钾、速效钾（《中华人民共和国林业行业标准》,1999）。

土壤有效微量元素：原子吸收分光光度法测定有效铜（Cu）、有效锌（Zn）、有效铁（Fe）、有效锰（Mn）,硫氰酸钾比色法测定有效钼（Mo）。

土壤重金属元素全量：铜（Cu）、锌（Zn）、锰（Mn）、铅（Pb）、镉（Cd）全量采用原子吸收分光光度法测定,砷（As）全量用二乙基二硫代氨基酸银分光光度法测定,汞（Hg）全量用冷原子吸收法测定（鲍士旦,2005）。

（3）土壤生物学性质测定。

土壤微生物数量测定：采用平板涂抹法计数测定土壤中细菌、真菌、放线菌数量,细菌用牛肉膏蛋白胨培养基,真菌用马丁氏培养基,放线菌用改良高氏1号培养基。

土壤酶活性测定：磷酸酶用磷酸苯二钠比色法,脲酶用苯酚钠比色法,蛋白酶用茚三酮比色法,脱氢酶用三苯基四氮唑氯化物（TTC）比色法分别测定。磷酸酶活性以 mg（酚）/g（土）,脲酶活性以 mg（氨态氮）/g（土）,蛋白酶活性以 mg（氨基氮）/g（土）,脱氢酶活性以 μl（H^+）/g（土）分别表示（关松荫,1986）。

4.4.3 评价指标体系

退田还湖对土壤属性、土壤质量的影响具有多层次性,各层次要素之间既有相互作用,又有相互输入和输出。某些层次或某些因素的改变都可能会影响不同土地利用方式综合评价结果。因此,土壤质量评价体系应是由一系列相互联系、相互补充、具有层次性和结构性的评价指标组成的一个具有科学性、相关性、目的性和动态性的有机整体。在设置和构建不同土地利用方式土壤质量综合评价体系时,为在众多指标中筛选出反应灵敏、易于量化、内涵丰富的主导性指标,必须遵循以下原则：

（1）科学性原则。评价指标体系应建立在科学的基础上,指标概念明确,内涵科学而清晰,具体指标能够度量和反映土壤质量某一方面的特点、功能和未来趋势,并且各指标应有明确的界定,测算方法标准,统计计算方法规范,以保证评估方法的科学性、评估结果的真实性和客观性。

（2）完备性原则。评价指标体系所涵盖的指标作为一个有机整体,应尽可能全面地反映和测度退田还湖对土壤质量影响的各个方面,既要有反映土壤物理、化学、生物学、重金属污染累积等各子系统的指标,又要有反映各子系统相互联系的指标。既要考虑系统结构性指标,又要涵盖反映系统功能的功能性指标。

（3）可操作性原则。所选择的指标应具有可测性和可比性,易于调查、数据容易获得和量化处理。

（4）独立性原则。评价指标体系应尽量避免指标间信息量的重复,指标应具有相对独立性,从而增加评价的准确性与科学性。同时,指标之间还应具有一定的层次性。

（5）规范性原则。评价指标体系所选取的指标应尽可能采取国际上通用的名称、概念与计算方法，做到与其他国家或国际组织制定的类似指标具有可比性，同时也要考虑到与研究区域历史资料的可比性问题，即指标体系应同时符合纵向可比和横向可比的原则。

在筛选指标和建立评价指标体系时，必须坚持科学性、完备性、可操作性、独立性和规范性的统一。其中科学性和完备性对综合评价的理论控制具有重要意义，而可操作性、独立性和规范性有利于指标体系在实际评价中的推广与应用。

在对不同土地利用方式土壤质量变化研究的基础上，根据指标体系构建原则，从土壤物理性质、化学性质、生物学性质及土壤重金属污染累积4个方面选择适宜的易获取的28个指标，建立钱粮湖单退垸土壤质量评价指标体系，如图4-14所示。

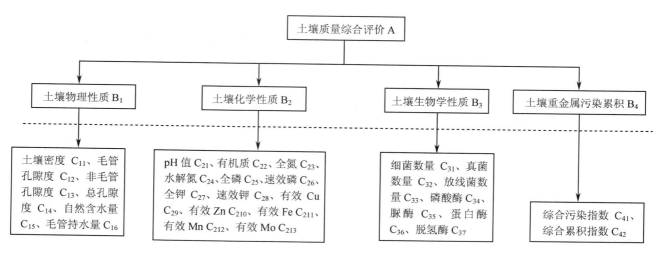

图 4-14　土壤质量评价指标体系

（1）土壤物理性质。主要包括土壤密度（x_1）、毛管孔隙度（x_2）、非毛管孔隙度（x_3）、总孔隙度（x_4）、自然含水量（x_5）和毛管持水量（x_6）。

（2）土壤化学性质。主要包括 pH 值（x_7）、有机质（x_8）、全氮（x_9）、水解氮（x_{10}）、全磷（x_{11}）、速效磷（x_{12}）、全钾（x_{13}）、速效钾（x_{14}）、有效 Cu（x_{15}）、有效 Zn（x_{16}）、有效 Fe（x_{17}）、有效 Mn（x_{18}）和有效 Mo（x_{19}）。

（3）土壤生物学性质。主要包括细菌数量（x_{20}）、真菌数量（x_{21}）、放线菌数量（x_{22}）以及磷酸酶（x_{23}）、脲酶（x_{24}）、蛋白酶（x_{25}）、脱氢酶（x_{26}）等土壤酶活性指标。

（4）土壤重金属污染累积。选择土壤重金属综合污染指数（x_{27}）、综合累积指数（x_{28}）2个指标作为钱粮湖垸不同土地利用方式土壤重金属的表征指标。

4.4.4 基于 AHP 的土壤质量综合评价

层次分析法（analytic hierarchy process，AHP）是将决策总是有关的元素分解成目标、准则、方案等层次，在此基础之上进行定性和定量分析的决策方法。该方法是美国运筹学家匹茨堡大学教授 T.L.Satty 等于20世纪70年代在为美国国防部研究"根据各个工业部门对国家福利的贡献大小而进行电力分配"课题时，应用网络系统理论和多目标综合评价方法，提出的一种层次权重决策分析方法。这种方法的特点是在对复杂的决策问题的本质、影响因素及其内在关系等进行深入分析的基础上，利用较少的定量信息使决策的思维过程数学化，从而为多目标、多准则或无结构特性的复杂决策问题提供简便的决策方法。它将决策问题的有关元素分解成目标、准则和方案等层次，用一定标度对人的主观判断进行客观量化，从而把人的思维过程层次化、数量化，并用数学为分析、决策、预报或控制提供定量的依据，尤其适合于对决策结果难于直接准确计量的场合（杜栋等，2008）。

（1）建立递阶层次结构模型。构建钱粮湖垸不同土地利用方式土壤质量综合评价的递阶层次结构模型。

（2）构建判断矩阵，进行层次单排序和层次总排序。根据1~9标度法对各因素层权重打分，构建判断矩阵，用方根法计算判断矩阵的特征向量和最大特征根（λ_{max}），并求出每一指标的判断矩阵一致性指标（CI）和同阶平均随机一致性指标（RI），通过其比值，即随机一致性比率（CR）进行判断矩阵的一致性检验，经计算，所得各权重均满足一致性检验。

判断矩阵 A 及层次单排序计算结果为：

$$A = \begin{bmatrix} 1 & 1/3 & 1 & 3 \\ 3 & 1 & 3 & 5 \\ 1 & 1/3 & 1 & 3 \\ 1/3 & 1/5 & 1/3 & 1 \end{bmatrix}, \quad W_A = \begin{bmatrix} 0.2010 \\ 0.5205 \\ 0.2010 \\ 0.0776 \end{bmatrix}$$

$\lambda_{max}=4.0434$，$CI=0.0145$，$RI=0.9$，$CR=0.0161<0.10$

判断矩阵 B_1 及层次单排序计算结果为：

$$B_1 = \begin{bmatrix} 1 & 1 & 1 & 1 & 1 & 1 \\ 1 & 1 & 3 & 1/3 & 1 & 1 \\ 1 & 1/3 & 1 & 1/5 & 1 & 1 \\ 1 & 3 & 5 & 1 & 1 & 1 \\ 1 & 1 & 1 & 1 & 1 & 1 \\ 1 & 1 & 1 & 1 & 1 & 1 \end{bmatrix}, \quad W_{B_1} = \begin{bmatrix} 0.1611 \\ 0.1611 \\ 0.1026 \\ 0.2530 \\ 0.1611 \\ 0.1611 \end{bmatrix}$$

$\lambda_{max}=6.4386$，$CI=0.0877$，$RI=1.24$，$CR=0.0707<0.10$

判断矩阵 B_2 及层次单排序计算结果为：

$$B_2 = \begin{bmatrix} 1 & 1/7 & 1/3 & 1/5 & 1/3 & 1/5 & 1/3 & 1/5 & 1/2 & 1/2 & 1/2 & 1/2 & 1/2 \\ 7 & 1 & 5 & 3 & 5 & 3 & 5 & 3 & 7 & 7 & 7 & 7 & 7 \\ 3 & 1/5 & 1 & 1/2 & 2 & 1 & 2 & 2 & 2 & 2 & 2 & 2 & 2 \\ 5 & 1/3 & 2 & 1 & 2 & 2 & 2 & 2 & 5 & 5 & 5 & 5 & 5 \\ 3 & 1/5 & 1/2 & 1/2 & 1 & 1/2 & 1 & 1 & 3 & 3 & 3 & 3 & 3 \\ 5 & 1/3 & 1 & 1/2 & 2 & 1 & 1 & 1 & 3 & 3 & 3 & 3 & 3 \\ 3 & 1/5 & 1/2 & 1/2 & 1 & 1 & 1 & 1/2 & 3 & 3 & 3 & 3 & 3 \\ 5 & 1/3 & 1/2 & 1/2 & 1 & 1 & 2 & 1 & 3 & 3 & 3 & 3 & 3 \\ 2 & 1/7 & 1/2 & 1/5 & 1/3 & 1/3 & 1/3 & 1/3 & 1 & 1 & 1 & 1 & 1 \\ 2 & 1/7 & 1/2 & 1/5 & 1/3 & 1/3 & 1/3 & 1/3 & 1 & 1 & 1 & 1 & 1 \\ 2 & 1/7 & 1/2 & 1/5 & 1/3 & 1/3 & 1/3 & 1/3 & 1 & 1 & 1 & 1 & 1 \\ 2 & 1/7 & 1/2 & 1/5 & 1/3 & 1/3 & 1/3 & 1/3 & 1 & 1 & 1 & 1 & 1 \\ 2 & 1/7 & 1/2 & 1/5 & 1/3 & 1/3 & 1/3 & 1/3 & 1 & 1 & 1 & 1 & 1 \end{bmatrix}$$

$$W_{B_2} = \begin{bmatrix} 0.0206 \\ 0.2672 \\ 0.0814 \\ 0.1469 \\ 0.0729 \\ 0.0925 \\ 0.0729 \\ 0.0877 \\ 0.0316 \\ 0.0316 \\ 0.0316 \\ 0.0316 \\ 0.0316 \end{bmatrix}, \lambda_{\max}=13.3790, CI=0.0316, RI=1.56, CR=0.0202<0.10$$

判断矩阵 B_3 及层次单排序计算结果为：

$$B_3 = \begin{bmatrix} 1 & 5 & 3 & 1 & 1 & 1 & 1 \\ 1/5 & 1 & 3 & 1 & 1 & 1 & 1 \\ 1/3 & 1/3 & 1 & 1 & 1 & 1 & 1 \\ 1 & 1 & 1 & 1 & 1 & 1 & 1 \\ 1 & 1 & 1 & 1 & 1 & 1 & 1 \\ 1 & 1 & 1 & 1 & 1 & 1 & 1 \\ 1 & 1 & 1 & 1 & 1 & 1 & 1 \end{bmatrix}, W_{B_3} = \begin{bmatrix} 0.2064 \\ 0.1303 \\ 0.1024 \\ 0.1402 \\ 0.1402 \\ 0.1402 \\ 0.1402 \end{bmatrix}$$

$\lambda_{\max}=7.4975$，$CI=0.0819$，$RI=1.32$，$CR=0.0621<0.10$

判断矩阵 B_4 及层次单排序计算结果为：

$$B_4 = \begin{bmatrix} 1 & 3 \\ 1/3 & 1 \end{bmatrix}, W_{B_4} = \begin{bmatrix} 0.75 \\ 0.75 \end{bmatrix}$$

$\lambda_{\max}=2$，$CI=0$，$RI=1.0 \times 10^{-6}$，$CR=0<0.10$

（3）层次总排序。依次由递阶层次结构由上而下逐层计算，即可得出最低层因素相对于最高层的相对重要性或相对优劣的排序值，即层次总排序 W。算式为：

$$W = \sum_{i=1}^{4}\sum_{j=1}^{13} B_i C_{ij}$$

由此得出层次总排序为：

$W_1 = \begin{bmatrix} 0.0324 & 0.0324 & 0.0206 & 0.0509 & 0.0324 & 0.0324 \end{bmatrix}$

$W_2 = \begin{bmatrix} 0.0107 & 0.1391 & 0.0424 & 0.0765 & 0.0379 & 0.0481 & 0.0379 & 0.0456 & 0.0164 & 0.0164 & 0.0164 \\ 0.0164 & 0.0164 \end{bmatrix}$

$W_3 = \begin{bmatrix} 0.0415 & 0.0262 & 0.0206 & 0.0282 & 0.0282 & 0.0282 & 0.0282 \end{bmatrix}$

$W_4 = \begin{bmatrix} 0.0582 & 0.0194 \end{bmatrix}$

（4）土壤质量综合评价。不同土地利用方式土壤质量综合评价模型为：

$$R = W \times X$$

式中：$R = [P_1, P_2, ..., P_n]$ 为 n 种土地利用方式土壤质量综合评价结果向量；

$\quad\quad W = [W_1, W_2, ..., W_m]$ 为 m 个评价指标的权向量；

$\quad\quad X = (x_{ij})_{m \times n}$ 为 n 种土地利用方式各项指标的无量纲化数据矩阵。

4.5 退田还湖对不同土地利用方式土壤水分物理性质的影响

表征土壤结构特征及健康状态的指标较多，其中，土壤容重与孔隙状况等土壤物理指标决定土壤的通气性、透水性和植物根系的穿透性，是土体构造的重要指标；毛管持水量则与土壤保水能力密切相关；土壤团聚体的数量和组成决定土壤物理结构的稳定性（周金星等，2006）。钱粮湖垸不同土地利用方式对土壤物理结构性能的影响主要是通过改变土壤团聚体的含量而产生的，土壤团粒结构的多少及其稳定性在很大程度上影响土壤结构健康的状态或趋势。开展退田还湖区不同土地利用方式对土壤水文物理性质的影响研究，有助于土壤质量调控、土地利用结构优化以及土地承载力的可持续性。

4.5.1 土壤容重

土壤容重是土壤的基本物理性质，对土壤的透气性、入渗性能、持水能力、溶质迁移特征以及土壤的抗侵蚀能力都有非常大的影响。自然条件下土壤容重由于受成土母质、成土过程、气候、生物作用及耕作的影响，是一个高度变异的土壤物理指标。土壤容重的大小可反映土壤质地、结构和有机质含量等综合物理状况。

钱粮湖垸不同土地利用方式下不同土层深度土壤容重的变化如图 4-15 所示。0~50cm 土层土壤容重为 1.02~1.65g/cm³，最大值为最小值的 1.62 倍，变异系数为 11.54%。0~25cm 土层土壤容重以模式 V（荒草）最高，IV（水田）最低，排序为 V（1.65g/cm³）> III（1.37g/cm³）> I（1.31g/cm³）> II（1.08g/cm³）> IV（1.02g/cm³）；25~50cm 土层土壤容重以 I_4（2 年生杨树人工林）最高，II（园地）最低，排序为 V（1.52g/cm³）> III（1.43g/cm³）> I（1.40g/cm³）> IV（1.39g/cm³）> II（1.19g/cm³）。不同土层下林地、园地、旱地、水田的土壤容重均明显低于荒地，可见，土地利用有利于降低土壤容重。

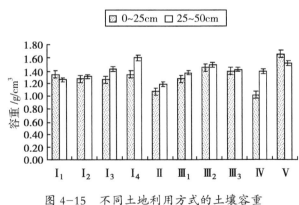

图 4-15　不同土地利用方式的土壤容重

4.5.2 土壤孔隙状况

土壤孔隙及其组成直接影响土壤通气、水分保持和运动、植物根系穿插难易等，是表征土壤结构的重要指标之一。土壤孔隙状况的分类和评价常用总孔隙度、毛管孔隙度、非毛管孔隙度作为指标。土壤毛管孔隙度的大小反映了植物吸持水分用于维持自身生长发育的能力；非毛管孔隙度的大小反映了植物滞留水分发挥涵养水源的能力；而总孔隙度则反映潜在的蓄水和调节降雨的能力。钱粮湖垸不同土地利用方式下不同土层深度土壤毛管孔隙、非毛管孔隙及总孔隙度的变化如图 4-16、图 4-17 及图 4-18 所示。

0~50cm 土层土壤毛管孔隙度为 33.04%~61.70%，最大值为最小值的 1.87 倍，变异系数为 14.67%。

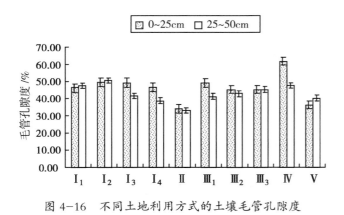

图 4-16　不同土地利用方式的土壤毛管孔隙度

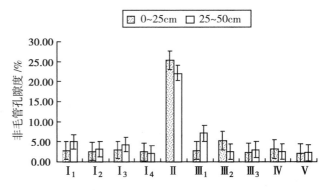

图 4-17　不同土地利用方式的土壤非毛管孔隙度

0~25cm 土层毛管孔隙度以模式Ⅳ（水田）最高，Ⅱ（园地）最低，排序为Ⅳ（61.70%）>Ⅰ（47.91%）>Ⅲ（46.52%）>Ⅴ（36.13%）>Ⅱ（34.02%）；25~50cm 土层毛管孔隙度以模式 I_2（6 年生杨树人工林）最高，Ⅱ（园地）最低，排序为Ⅳ（47.65%）>Ⅰ（44.67%）>Ⅲ（43.13%）>Ⅴ（40.29%）>Ⅱ（33.04%）。不同土地利用方式下 0~25cm 土层毛管孔隙度总体上高于 25~50cm 土层，而园地、荒地土壤毛管孔隙度均低于水田、林地及旱地。

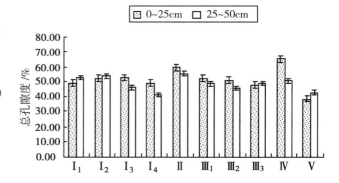

图 4-18　不同土地利用方式的土壤总孔隙度

　　0~50cm 土层土壤非毛管孔隙度为 2.15%~25.35%，最大值为最小值的 11.79 倍，变异系数为 83.51%。0~25cm、25~50cm 土层土壤非毛管孔隙度均表现为模式Ⅱ（园地）明显高于其他土地利用类型，不同土层土壤非毛管孔隙度排序分别为Ⅱ（25.35%）>Ⅲ（3.57%）>Ⅳ（3.27%）>Ⅰ（2.78%）>Ⅴ（2.27%）、Ⅱ（22.12%）>Ⅲ（4.28%）>Ⅰ（3.71%）>Ⅳ（2.58%）>Ⅴ（2.29%）。不同土层荒地的土壤非毛管孔隙度总体上均低于园地、林地、水田及旱地，表明土地利用方式对土壤非毛管孔隙度存在重要影响。

　　0~50cm 土层土壤总孔隙度为 38.40%~64.96%，最大值为最小值的 1.69 倍，变异系数为 12.11%。0~25cm 土层总孔隙度以模式Ⅳ（水田）最高，Ⅴ（荒地）最低，排序为Ⅳ（64.96%）>Ⅱ（59.37%）>Ⅰ（50.69%）>Ⅲ（50.09%）>Ⅴ（38.40%）；25~50cm 土层总孔隙度以模式Ⅱ（园地）最高，I_4（2 年生杨树人工林）最低，排序为Ⅱ（55.16%）>Ⅳ（50.23%）>Ⅰ（48.38%）>Ⅲ（47.41%）>Ⅴ（42.58%）。可见，不同土地利用方式下不同土层荒地的土壤总孔隙度总体上表现最低。

4.5.3　土壤水分状况

　　植物正常生长发育过程中的水分供应主要来源于土壤水分，土壤水分状况的好坏，对不同土地利用方式下的农林业生产影响极大。钱粮湖垸不同土地利用方式下不同土层深度土壤自然含水量、毛管持水量的变化如图 4-19、图 4-20 所示。

　　0~50cm 土层土壤自然含水量为 17.07%~38.33%，最大值为最小值的 2.25 倍，变异系数为 23.16%。0~25cm、25~50cm 土层土壤自然含水量都表现为以模式Ⅱ（园地）最高，Ⅴ（荒地）最低，不同土地利用方式下不同土层土壤自然含水量高低顺序一致，为Ⅱ（38.33%、33.77%）>Ⅳ（35.05%、27.02%）>Ⅰ（23.74%、24.03%）>Ⅲ（22.63%、21.76%）>Ⅴ（17.07%、18.01%）。

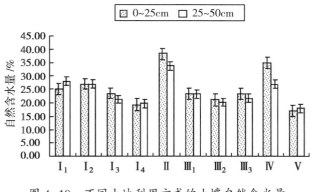

图 4-19　不同土地利用方式的土壤自然含水量

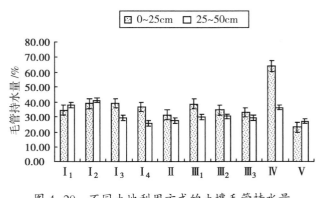

图 4-20　不同土地利用方式的土壤毛管持水量

0~50cm 土层土壤毛管持水量为 23.22%~64.00%，最大值为最小值的 2.76 倍，变异系数为 24.81%。0~25cm 土层毛管持水量以模式Ⅳ（水田）最高，Ⅴ（荒地）最低，25~50cm 土层毛管持水量以模式 I_2（6年生杨树人工林）最高，I_4（2 年生杨树人工林）最低。不同土地利用方式下不同土层土壤毛管持水量高低顺序规律一致，均表现为Ⅳ（64.00%、36.20%）>Ⅰ（37.31%、33.48%）>Ⅲ（35.66%、30.09%）>Ⅱ（31.60%、27.80%）>Ⅴ（23.22%、27.18%）。可见，不同土地利用方式下荒地的土壤毛管持水量低于林地、园地、旱地及水田。

4.5.4　土壤团聚体

土壤团聚体是土粒经各种作用形成的直径为 10~0.25mm 的结构单位，它是土壤中各种物理，化学和生物作用的结果。土壤团聚体是土壤结构构成的基础，影响土壤的各种理化性质，团聚体的稳定性直接影响土壤表层的水、土界面行为，特别是与降雨入渗和土壤侵蚀关系十分密切。一般认为，土壤团聚体结构具有自相似性，运用分形模型理论，计算分形维数（*D*）与平均重量直径（*MWD*）来表征土壤结构的团聚体指标（杨培岭等，1993），计算方法如下：

$$\left(\frac{\bar{d_i}}{\bar{d}_{\max}}\right)^{3-FD} = \frac{W\left(\delta < \bar{d_i}\right)}{W_0}$$

其中：d_i 为两筛分粒级 d_i 与 d_{i+1} 间粒径的平均值；$d_{\max}$ 为最大粒级土粒的平均直径；$W\left(\delta < \bar{d_i}\right)$ 为小于 d_i 的累积土粒重量；W_0 为土壤各粒级重量的总和；*FD* 为土壤团聚体分形维数。分别以 $\lg\left(\frac{W_i}{W_0}\right)$、$\lg\left(\frac{\bar{d_i}}{\bar{d}_{\max}}\right)$ 为纵、横坐标，用回归分析计算 *FD* 值。

$$MWD = \sum\left(\frac{d_i+d_{i-1}}{2}\right) \times (p_i-p_{i-1})$$

上式中，p_i 与 p_{i-1} 分别为粒级 d_i、d_{i-1} 时的团粒百分率。

不同土地利用方式导致土壤结构发生变化，即土壤团聚体粒径分布发生变化，由上式计算得到钱粮湖垸不同土地利用方式下土壤团聚体的分形维数与平均重量直径，结果见表 4-22。

表 4-22 不同土地利用方式不同土层的土壤团聚体组成与分形特征

土地利用方式	土层 /cm	土壤团聚体组成 /%							分形维数（FD）	平均重量直径（MWD）/mm
		>7mm	7~5mm	5~2mm	2~1mm	1~0.5mm	0.5~0.25mm	<0.25mm		
I₁	0~25	5.61	19.99	22.38	7.36	23.03	12.85	8.77	2.4422	1.76
	25~50	0.73	9.33	31.73	9.86	18.04	21.70	8.61	2.4551	3.05
I₂	0~25	0.00	19.64	23.17	12.17	20.37	17.08	7.57	2.4180	2.34
	25~50	3.06	9.77	45.96	14.14	14.43	7.40	5.25	2.2728	3.93
I₃	0~25	5.54	24.41	30.58	9.25	12.85	10.17	7.21	2.3778	2.81
	25~50	2.02	27.05	26.15	8.64	15.74	13.93	6.47	2.3764	2.95
I₄	0~25	0.00	6.81	28.68	17.70	26.34	13.75	6.72	2.3720	2.53
	25~50	2.05	8.87	35.93	12.01	17.55	13.55	10.04	2.4537	3.18
II	0~25	4.31	35.22	19.44	6.35	10.53	9.33	14.82	2.5439	4.14
	25~50	0.55	6.15	32.49	12.82	12.40	11.79	23.80	2.6388	2.83
III₁	0~25	0.00	5.12	33.39	12.03	21.98	15.62	11.86	2.4967	3.10
	25~50	3.53	29.71	18.46	8.10	17.75	14.70	7.75	2.4255	3.47
III₂	0~25	1.56	22.40	33.75	10.80	12.35	8.75	10.39	2.4402	3.33
	25~50	4.28	39.42	22.71	6.01	11.05	11.07	5.45	2.3358	4.68
III₃	0~25	0.77	13.81	31.98	10.38	13.26	9.68	20.11	2.5961	3.09
	25~50	3.94	36.04	28.33	8.01	8.16	4.78	10.74	2.4341	3.97
IV	0~25	9.31	43.78	15.78	5.09	9.46	10.92	5.66	2.3581	5.09
	25~50	1.97	18.93	31.12	8.81	15.56	14.05	9.58	2.4522	3.10
V	0~25	2.56	26.92	33.24	8.50	12.60	10.04	6.14	2.3386	3.42
	25~50	3.96	18.58	32.66	9.12	15.06	12.08	8.54	2.4201	3.05

平均重量直径（MWD）是常用的土壤结构评价指标，MWD越大，表示土壤结构性能越好。由表 4-22 可以看出，0~50cm 土层土壤团聚体 MWD 值为 1.76~5.09mm，最大值为最小值的 2.89 倍，变异系数为 23.57%。0~25cm 土层 MWD 值以模式 IV（水田）最高，I₁（9 年生杨树人工林）最低，不同土地利用方式排序为 IV（5.09mm）>II（4.14mm）>V（3.42mm）>III（3.17mm）>I（2.36mm）；25~50cm 土层 MWD 值以模式 III₂（甘蔗）最高，II（园地）最低，排序为 III（4.04mm）>I（3.28mm）>IV（3.10mm）>V（3.05mm）>II（2.83mm）。

土壤作为一种多孔介质，具有明显的分形特征。土壤团聚体粒径分布的分形维数（FD）反映了土壤水稳性团聚体含量对土壤结构与稳定性的影响趋势，是反映土壤结构几何形状的重要参数，FD 值愈小，土壤结构与稳定性愈好。由表 4-22 可以看出，0~50cm 土层土壤团聚体 FD 值为 2.2728~2.6388，最大值为最小值的 1.16 倍，FD 值在不同土壤层次及不同土地利用方式下变动较小，变异系数为 3.61%。0~25cm 土层 FD 值以模式 III₃（玉米）最高，V（荒地）最低，不同土地利用方式排序为 II（2.5439）>III（2.5110）>I（2.4025）>IV（2.3581）>V（2.3386）；25~50cm 土层 MWD 值以模式 II（园地）最高，I₂（6 年生杨树人工林）最低，排序为 II（2.6388）>IV（2.4522）>V（2.4201）>III（2.3985）>I（2.3895）。不同土层土壤团聚体 FD 值均以园林最高，亦即表明土壤团聚体分形维数对其土壤结构与稳定性的贡献也最高。

4.5.5 土壤物理性质灰色关联分析

选择土壤容重（X_1，因土壤容重是土壤结构优劣的逆向指标，其值取其倒数）、毛管孔隙度（X_2）、非毛管孔隙度（X_3）、总孔隙度（X_4）、土壤自然含水量（X_5）、毛管持水量（X_6）、土壤团聚体分形维数（X_7）及平均重量直径（X_8）等表征土壤水文物理性质的 8 个指标，运用灰色关联分析，对林地、园地、旱地、水田、荒地等 5 类不同土地利用类型 0~50cm 土层土壤物理性质特征进行定量评价（杜栋等，2008）。

数据标准化采用极差正规化法：$x_{ij} = \dfrac{x_{ij} - \min x_{ij}}{\max x_{ij} - \min x_{ij}}$

关联系数：$\xi_{ij}(t_k) = \dfrac{\Delta_{\min} + \Delta_{\max} K}{\Delta_{ij}(t_k) + \Delta_{\max} K}$　　（K 为常系数）

式中：$\Delta_{\min} = \min\limits_{j} \min\limits_{k} |x_i(t_k) - x_j(t_k)|$

$\Delta_{\max} = \max\limits_{j} \max\limits_{k} |x_i(t_k) - x_j(t_k)|$

关联度：$r_{ij} = \dfrac{1}{N} \sum\limits_{t=1}^{N} \xi_{ij}(t_k)$（$k = 1, 2, \cdots, N$）

各土壤物理性质均值、标准化值以及各对应点的关联系数及关联度（取 $K=0.5$）分别见表 4-23、表 4-24 和表 4-25。

表 4-23　0~50cm 土层土壤物理性质均值

土地利用方式	容重 X_1/g/cm³	毛管孔隙度 X_2/%	非毛管孔隙度 X_3/%	总孔隙度 X_4/%	自然含水量 X_5/%	毛管持水量 X_6/%	团聚体分形维数 X_7	团聚体平均重量直径 X_8/mm
I₁	1.31	46.91	3.96	50.87	26.56	36.10	2.4487	2.41
I₂	1.29	50.02	2.97	52.99	27.11	40.05	2.3454	3.14
I₃	1.35	45.58	3.70	49.27	22.37	34.20	2.3771	2.88
I₄	1.48	42.66	2.34	45.00	19.51	31.21	2.4129	2.86
II	1.14	33.53	23.74	57.27	36.05	29.70	2.5914	3.49
III₁	1.32	45.10	5.06	50.15	23.34	34.42	2.4611	3.29
III₂	1.47	44.06	3.97	48.03	20.71	32.73	2.3880	4.01
III₃	1.41	45.32	2.75	48.07	22.54	31.48	2.5151	3.53
IV	1.21	54.68	2.93	57.60	31.04	50.10	2.4052	4.10
V	1.59	38.21	2.28	40.49	17.54	35.20	2.3794	3.24

表 4-24　土壤物理性质标准化值

土地利用方式	X_1	X_2	X_3	X_4	X_5	X_6	X_7	X_8
I₁	0.5415	0.6326	0.0783	0.6067	0.4873	0.3137	0.4199	0.0000
I₂	0.5891	0.7797	0.0322	0.7306	0.5170	0.5074	0.0000	0.4320
I₃	0.4504	0.5697	0.0662	0.5132	0.2609	0.2206	0.1289	0.2811
I₄	0.1883	0.4317	0.0028	0.2636	0.1064	0.0740	0.2744	0.2663
II	1.0000	0.0000	1.0000	0.9807	1.0000	0.0000	1.0000	0.6391

（续）

土地利用方式	X_1	X_2	X_3	X_4	X_5	X_6	X_7	X_8
Ⅲ₁	0.5182	0.5470	0.1295	0.5646	0.3133	0.2314	0.4703	0.5207
Ⅲ₂	0.2068	0.4979	0.0788	0.4407	0.1713	0.1485	0.1732	0.9467
Ⅲ₃	0.3234	0.5574	0.0219	0.4430	0.2701	0.0873	0.6898	0.6657
Ⅳ	0.7956	1.0000	0.0303	1.0000	0.7293	1.0000	0.2431	1.0000
Ⅴ	0.0000	0.2213	0.0000	0.0000	0.0000	0.2696	0.1382	0.4911

表 4-25　土壤物理性质关联系数及关联度

土地利用方式	关联系数								关联度
	X_1	X_2	X_3	X_4	X_5	X_6	X_7	X_8	
Ⅰ₁	0.8458	1.0000	0.4742	0.9506	0.7748	0.6106	0.7016	0.4415	0.7249
Ⅰ₂	0.7240	1.0000	0.4008	0.9106	0.6556	0.6474	0.3907	0.5898	0.6649
Ⅰ₃	0.8073	1.0000	0.4982	0.8983	0.6182	0.5888	0.5314	0.6340	0.6970
Ⅰ₄	0.6726	1.0000	0.5383	0.7484	0.6059	0.5830	0.7607	0.7514	0.7075
Ⅱ	1.0000	0.3333	1.0000	0.9629	1.0000	0.3333	1.0000	0.5808	0.7763
Ⅲ₁	0.9151	0.9661	0.5347	1.0000	0.6656	0.6001	0.8414	0.9193	0.8053
Ⅲ₂	0.4032	0.5269	0.3655	0.4970	0.3920	0.3851	0.3926	1.0000	0.4953
Ⅲ₃	0.5771	0.7907	0.4281	0.6695	0.5436	0.4535	1.0000	0.9539	0.6770
Ⅳ	0.7098	1.0000	0.3402	1.0000	0.6488	1.0000	0.3978	1.0000	0.7621
Ⅴ	0.5045	0.6495	0.5045	0.5045	0.5045	0.6930	0.5862	1.0000	0.6183

关联度越大，子数列与母数列的发展趋势就越近，或者说子数列对母数列的影响就越大，亦即表明土壤物理性质总体状况越好。根据表 4-25 不同土地利用方式下的土壤物理性质灰色关联度值可知，关联度值变化范围为 0.4953~0.8053，Ⅲ₁（棉花）关联度值最高，Ⅲ₂（甘蔗）关联度值最低，不同土地利用方式土壤物理性质关联度值排序为Ⅱ（0.7763）>Ⅳ（0.7621）>Ⅰ（0.6986）>Ⅲ（0.6592）>Ⅴ（0.6183）。土壤物理性质灰色关联排序结果表明，钱粮湖垸不同土地利用方式下土壤物理性质以荒地类型最差，园地最好，水田次之，林地及旱地比较接近。

综上所述，表征土壤物理性质的指标较多。其中，土壤密度、孔隙及水分状况等土壤物理指标决定土壤的通气性、透水性和植物根系的穿透性。退田还湖后，钱粮湖垸林地、园地、旱地、水田、荒地等 5 类不同土地利用方式 0~50cm 土层土壤密度为 1.02~1.65g/cm³，毛管孔隙度为 33.04%~61.70%，非毛管孔隙度为 2.15%~25.35%，总孔隙度为 38.40%~64.96%，自然含水量为 17.07%~38.33%，毛管持水量为 23.22%~64.00%。研究表明（曹鹤等，2009），土壤中大小孔隙同时存在，土壤总孔隙度为 50% 左右，毛管孔隙度为 30%~40%，非毛管孔隙度为 10%~20% 时，非活性毛管孔隙很少，土壤孔隙状况则比较理想；若总孔隙度大于 60%~70%，则土壤过于疏松，难于立苗，不能保水；若非毛管孔隙小于 10%，不能保证土壤中空气充足，通气性渗水性差。可见，某些特定土地利用方式下，存在土壤孔隙状况不良现象，总孔隙度过高（如水田）或过低（如园地），非毛管孔隙除园地外，林地、旱地、水田及荒地均普遍低于 10%，在今后的土地利用过程中，应注意改善土壤的通气保水渗水性能，以提高土地生产力。

土壤团聚体的数量和组成决定土壤物理结构的稳定性，土地利用对土壤物理结构性能的影响主要是通过增加土壤团聚体的含量而产生的，土壤团粒结构的多少及其稳定性在很大程度上影响土壤结构健康的状态或趋势。钱粮湖垸不同土地利用方式 0~50cm 土层土壤团聚体 MWD、FD 分别为 1.76~5.09mm、2.2728~2.6388。各土壤物理指标中，土壤团聚体 FD 变异系数最小（3.61%），而以非毛管孔隙度变异系数最大（83.51%）。

灰色关联分析主要是对态势发展变化的分析，也就是对系统动态发展过程的量化分析，它是根据事物因素之间发展趋势的相似或相异程度，来衡量因素间接近或关联程度的方法。由于它是按发展趋势作分析，对样本量的多少及分布规律没有特殊要求，计算量小，关联度的量化结果一般与定性分析相吻合，因而在事物的比较排序及综合评价等方面应用广泛。钱粮湖垸不同土地利用方式土壤物理特性的关联度排序为Ⅱ（0.7763）>Ⅳ（0.7621）>Ⅰ（0.6986）>Ⅲ（0.6592）>Ⅴ（0.6183），土壤物理性质以荒地类型最差，这与周金星等对荒地土壤物理特性的评价结果类似，表明洞庭湖退田还湖区适度的土地利用从总体上有利于降低土壤密度，增加土壤孔隙状况，容蓄水能力增加，有利于土壤团粒结构的形成，增加土壤团聚体含量，改善土壤物理结构，维持土壤优良的物理特性。

4.6　退田还湖对不同土地利用方式土壤养分库的影响

土地利用方式对土壤养分库的富集、空间分布和再分配作用具有重要影响，土壤养分变异特征可以反映土地利用过程中各种人为干扰对其影响的时空效应（Latty et al.，2004）。自退田还湖工程实施后，洞庭湖区土地利用结构与方式发生了一系列的变化与响应，退田还湖后尤其是单退垸在非蓄洪年份，各种土地资源依然采用集约化经营，存在不同的土地利用方式。因此，对钱粮湖单退垸不同土地利用方式下土壤养分库特征进行定量研究与综合评价，有利于为退田还湖过程中的土壤养分维持、土地利用方式优化和调控提供科学依据。

4.6.1　土壤有机质

土壤有机质是评价土壤质量与土地生产力的重要指标，它不仅能增强土壤的保肥和供肥能力，提高土壤养分的有效性，而且可促进团粒结构的形成，改善土壤的透水性、蓄水力及通气性，增强土壤的缓冲性等。

由表 4-26、表 4-27 可知，钱粮湖垸不同土地利用方式下 0~50cm 土层土壤有机质含量为 3.40~32.32g/kg，最大值为最小值的 9.51 倍，变异系数为 37.46%，且表聚效应明显，即 0~25cm 土层均高于 25~50cm 土层。0~25cm 土层土壤有机质含量差异达极显著（$P=0.0025<0.01$），25~50cm 土层差异则不显著（$P=0.2466>0.01$）。

表 4-26　0~25cm 土层土壤养分含量均值、方差分析及多重比较

土地利用方式	有机质 /g/kg	全氮 /g/kg	水解氮 /mg/kg	全磷 /g/kg	速效磷 /mg/kg	全钾 /g/kg	速效钾 /mg/kg
Ⅰ$_1$	22.11d	9.71a	46.90a	48.37cd	8.79a	27.69a	115.72c
Ⅰ$_2$	23.25cd	7.52bc	43.75a	61.09ab	42.34a	26.02ab	185.14ab
Ⅰ$_3$	23.53c	8.29ab	38.50a	60.56b	11.30a	23.71bc	130.56bc
Ⅰ$_4$	8.73e	7.49bc	33.25a	46.28d	25.83a	22.25cd	160.29b
Ⅱ	25.52bc	6.64cd	39.55a	69.35a	22.02a	19.26d	78.09d
Ⅲ$_1$	26.99ab	7.00bc	52.85a	67.71a	75.68a	22.50cd	217.50a
Ⅲ$_2$	26.93a	9.50a	44.10a	51.26cd	15.84a	23.88b	145.03b

（续）

土地利用方式	有机质 /g/kg	全氮 /g/kg	水解氮 /mg/kg	全磷 /g/kg	速效磷 /mg/kg	全钾 /g/kg	速效钾 /mg/kg
III$_3$	25.52bc	5.35d	112.00a	54.53bcd	73.63a	22.10cd	105.55cd
IV	32.32a	7.74bc	63.70a	55.45bc	72.33a	30.69a	80.61d
V	22.23d	4.03d	23.10a	33.70d	18.54a	18.33e	55.80e
F	6.1120	2.6440	2.1740	4.5510	1.1890	2.5220	3.2950
P	0.0025***	0.0786*	0.1441	0.0016**	0.5072	0.0911*	0.0386**

注：*，$P<0.1$；**，$P<0.05$；***，$P<0.01$。

0~25cm、25~50cm 土层土壤有机质含量均以模式IV（水田）最高，I$_4$（2 年生杨树人工林）最低的规律，最高分别是最低的 3.70 倍和 7.76 倍。不同土地利用方式有机质含量高低顺序一致，且林地最低，排序为 IV（32.32、26.37g/kg）>III（26.48、22.68g/kg）>II（25.52、21.38g/kg）>V（22.23、16.44g/kg）>I（19.41、9.78g/kg）。这是由于钱粮湖垸以农业为主，水稻、棉花、玉米、甘蔗等主要农作物及柑橘经济作物集约化经营程高，有机肥料使用较为普遍，故水田、旱地及园地土壤有机质含量较高，荒地因为枯落物长期分解、累积，补充到土壤的养分也较多。而杨树人工林经营较为粗放，且多分布于滩地及洪水泛滥、地下水位较高区域，径流等水文过程会造成有机质的丧失，同时林分郁闭前的林下间作（如棉花、南瓜等）也会导致土壤有机质减少，故林地土壤有机质含量较低。

表 4-27 25~50cm 土层土壤养分含量均值、方差分析及多重比较

土地利用方式	有机质 /g/kg	全氮 /g/kg	水解氮 /mg/kg	全磷 /g/kg	速效磷 /mg/kg	全钾 /g/kg	速效钾 /mg/kg
I$_1$	9.64a	7.53a	45.50a	35.39d	4.15a	25.10a	110.00bc
I$_2$	6.80a	7.40a	23.45a	42.21cd	18.25a	22.32b	130.40ab
I$_3$	19.28a	5.08bc	21.00a	49.29bc	6.95a	20.50cd	60.22d
I$_4$	3.40a	4.62cd	30.10a	36.18d	20.28a	19.19cd	90.58c
II	21.38a	5.29bc	25.90a	37.49d	15.74a	17.60d	37.70e
III$_1$	24.38a	3.52d	32.38a	52.51ab	69.21a	22.55b	150.24a
III$_2$	23.81a	6.59ab	38.50a	50.47b	12.89a	22.41b	55.40de
III$_3$	19.85a	4.32cd	49.00a	54.14a	50.07a	21.82bc	50.88de
IV	26.37a	6.03ab	36.75a	53.75ab	51.81a	27.69a	70.11d
V	16.44a	2.23e	12.95a	29.50e	13.37a	16.03d	45.49e
F	1.6960	5.3600	0.9850	15.4290	1.5270	3.8890	3.1050
P	0.2466	0.0254**	0.6374	0.0001***	0.4647	0.0477**	0.0420**

注：*，$P<0.1$；**，$P<0.05$；***，$P<0.01$。

4.6.2 土壤氮磷钾含量

（1）土壤氮素。植被类型、水热状况、地形要素、土地利用方式、经营措施等都会影响土壤氮素含量。全氮是土壤肥力的重要表征参数，水解氮则反映土壤可供给氮的水平，两者变化范围分别为 2.23~9.71g/kg、12.95~112.00mg/kg（表 4-26、表 4-27），最大值分别为最小值的 4.35 倍和 8.65 倍，变异系数分别为 31.33% 和 50.97%，且均表现出 0~25cm 土层高于 25~50cm 土层，表聚效应明显。

不同土地利用方式条件下土壤全氮含量差异在0~25cm、25~50cm土层分别达到显著（$P=0.0786<0.1$）和较显著水平（$P=0.0254<0.05$），均以模式V（荒地）最低，模式I₁（9年生杨树人工林）为最高。0~25cm、25~50cm土层中，不同土地利用类型土壤全氮含量排序分别为I（8.25g/kg）>IV（7.74g/kg）>III（7.28g/kg）>II（6.64g/kg）>V（4.03g/kg），I（6.16g/kg）>IV（6.03g/kg）>II（5.29g/kg）>III（4.81g/kg）>V（2.23g/kg）。

水解氮含量在不同土地利用类型不同土层之间的差异均不显著（$P=0.1441$；$P=0.6374$），但模式V（荒地）均最低，模式III₃（玉米）最高。0~25cm、25~50cm土层中，土壤水解氮含量排序一致，表现为III（69.95、39.96mg/kg）>IV（63.70、36.75mg/kg）>I（40.60、30.01mg/kg）>II（39.55、25.90mg/kg）>V（23.10、12.95mg/kg）。可见，与荒地相比较，农业耕作、林业经营等措施有利于显著增加土壤全氮、水解氮含量。

（2）土壤磷素。磷素是一种沉积性的矿物，在主要植物营养元素中，磷素在风化壳中的物质迁移是最小的。磷素的风化、淋溶、富集迁移是多种因素共同作用的结果，其含量大小、分布格局与成土母质、植被类型、土地利用方式等密切相关。由表4-26、表4-27可知，全磷、速效磷变化范围分别为29.50~69.35g/kg、4.15~75.68mg/kg，变异系数为22.39%、78.99%，最大值分别是最小值的2.35倍、18.24倍，磷元素的分布也具有表聚性。

全磷含量在0~25cm（$P=0.0016<0.01$）、25~50cm（$P=0.0001<0.01$）土层范围内差异均极显著，以模式V（荒地）最低，而模式II（园地）、III₃（玉米）较高。0~25cm、25~50cm土层中，全磷含量排序分别为II（69.35g/kg）>III（57.83g/kg）>IV（55.45g/kg）>I（54.08g/kg）>V（33.70g/kg），IV（53.75g/kg）>III（52.37g/kg）>I（40.77g/kg）>II（37.49g/kg）>V（29.50g/kg）。

速效磷含量差异在不同土层均不显著（$P=0.5072$；$P=0.4647$），但模式I₁（9年林地）最低，III₁（棉花）最高。0~25cm、25~50cm土层中，水田、旱地速效磷含量明显高于其他土地利用方式，排序分别为IV（72.33mg/kg）>III（55.05mg/kg）>I（22.07mg/kg）>II（22.02mg/kg）>V（18.54mg/kg），IV（51.81mg/kg）>III（44.06mg/kg）>II（15.74mg/kg）>I（12.41mg/kg）>V（13.37mg/kg），这可能与磷肥常作为基肥而在农业种植广泛施用有关。

（3）土壤钾素。自然条件下，土壤钾素可以分为水溶性钾、交换性钾和矿物钾，其中90%以上是矿物钾。土壤速效钾主要包括水溶性钾和交换性钾，并以交换性钾为主体，且主要来源于矿物钾的风化；土壤全钾的含量则主要与母质类型有关。由表4-26、表4-27可知，土壤钾素的分布同样具有表聚性，全钾、速效钾含量变化范围分别为16.03~30.69g/kg、37.70~217.50mg/kg，变异系数为16.15%、48.35%，最大值分别是最小值的1.92倍、5.77倍。

全钾含量在0~25cm（$P=0.0911<0.1$）、25~50cm（$P=0.0477<0.05$）土层范围内差异显著，模式V（荒地）最低，而IV（水田）最高。0~25cm、25~50cm土层中，全钾含量排序分别为IV（30.69g/kg）>I（24.92g/kg）>III（22.83g/kg）>II（19.26g/kg）>V（18.33g/kg），IV（27.69g/kg）>III（22.26g/kg）>I（21.78g/kg）>II（17.60g/kg）>V（16.03g/kg）。

速效钾含量在0~25cm（$P=0.0386<0.05$）、25~50cm（$P=0.0420<0.05$）也存在显著差异，模式V（荒地）、II（园地）含量较低，而III₃（棉花）最高。0~25cm、25~50cm土层中，速效钾含量排序分别为III（156.03mg/kg）>I（147.93mg/kg）>IV（80.61mg/kg）>II（78.09mg/kg）>V（55.80mg/kg），I（97.80mg/kg）>III（85.51mg/kg）>IV（70.11mg/kg）>V（45.49mg/kg）>II（37.70mg/kg），表明荒地、园地土壤可供植物吸收利用的钾素水平较低。

4.6.3 土壤养分库综合指数

采用综合指数法（杜栋等，2008），利用综合指数的计算形式对钱粮湖垸不同土地利用方式下土壤养分库进行定量评价。选择有机质、全氮、水解氮、全磷、速效磷、全钾、速效钾7个养分指标建立评价指标体系。个体指数（y）是某指标观测值和标准值的比值。计算公式：

$$y=\frac{X}{M}\text{（高优指标或正指标）}$$

$$y=\frac{M}{X}\text{（低优指标或负指标）}$$

式中，X 为指标观测值；M 为指标的标准值、参考值、平均值、期望值等，此处 M 为土壤养分含量的临界值，取全国土壤养分分级标准中等级别的下限值（全国土壤普查办公室，1998）。

土壤养分库综合指数（I）按同类指数相乘，异类相加的方法进行指数综合：

$$I=\sum_{i=1}^{m}\prod_{j=1}^{n}y_{ij}$$

土壤养分库综合指数越高，表明不同土地利用方式条件下土壤肥力水平越高，可供作物生长发育的养分越丰富。钱粮湖垸林地、园地、旱地、水田、荒地等不同土地利用方式下 0~50cm 土层土壤养分平均值（X）与土壤养分含量临界值统计结果见表 4-28，并由此计算出各养分指标的个体指数（y）（表 4-29）。

表 4-28　土壤养分含量均值（0~50cm 土层）与临界值

土地利用方式		有机质 /g/kg	全氮 /g/kg	水解氮 /mg/kg	全磷 /g/kg	速效磷 /mg/kg	全钾 /g/kg	速效钾 /mg/kg
I	I₁	15.88	8.62	46.20	41.88	6.47	26.40	112.86
	I₂	15.03	7.46	33.60	51.65	30.30	24.17	157.77
	I₃	21.41	6.69	29.75	54.93	9.13	22.11	95.39
	I₄	6.07	6.06	31.68	41.23	23.06	20.72	125.44
II		23.45	5.97	32.73	53.42	18.88	18.43	57.90
III	III₁	25.69	5.26	42.62	60.11	72.45	22.53	183.87
	III₂	25.37	8.05	41.30	50.87	14.37	23.15	100.22
	III₃	22.69	4.84	80.50	54.34	61.85	21.96	78.22
IV		29.35	6.89	50.23	54.60	62.07	29.19	75.36
V		19.34	3.13	18.03	31.60	15.96	17.18	50.65
临界值（M）		20.0	1.0	100.	1.5	10.0	20.0	100.0

表 4-29　土壤养分指标个体指数

土地利用方式		有机质	全氮	水解氮	全磷	速效磷	全钾	速效钾
I	I₁	0.7940	8.6200	0.4620	27.9200	0.6470	1.3200	1.1286
	I₂	0.7515	7.4600	0.3360	34.4333	3.0300	1.2085	1.5777
	I₃	1.0705	6.6900	0.2975	36.6200	0.9130	1.1055	0.9539
	I₄	0.3035	6.0600	0.3168	27.4867	2.3060	1.0360	1.2544
II		1.1725	5.9700	0.3273	35.6133	1.8880	0.9215	0.5790
III	III₁	1.2845	5.2600	0.4262	40.0733	7.2450	1.1265	1.8387
	III₂	1.2685	8.0500	0.4130	33.9133	1.4370	1.1575	1.0022
	III₃	1.1345	4.8400	0.8050	36.2267	6.1850	1.0980	0.7822
IV		1.4675	6.8900	0.5023	36.4000	6.2070	1.4595	0.7536
V		0.9670	3.1300	0.1803	21.0667	1.5960	0.8590	0.5065

单项指数大于 1，表明土壤养分含量丰富；单项指数小于 1，表明土壤养分含量缺乏。由表 4-28 可知，不同土地利用方式下土壤全氮、全磷含量均较丰富，全钾含量除园地（0.9215）、荒地（0.8590）处缺乏状态外，其他利用方式下土壤全钾含量均高于临界值。林地、荒地土壤有机质普遍较缺乏，部分杨树人工林土壤速效磷不足，各土地利用方式下水解氮含量均较缺乏，园地、水田、荒地速效钾含量低于临界值。

根据综合指数法的计算方法，得到土壤养分库综合指数（I）（图 4-29）。土壤养分库综合指数以 III_1（棉花）最高，I_1（9 年生杨树人工林）最低，变化范围为 24.33~295.93。不同土地利用方式养分库综合指数以荒地最低，水田最高，排序为 I_{IV}（231.96）> I_{III}（193.46）> I_{II}（70.90）> I_I（59.57）> I_V（35.59），这可能是由于水田集约经营程度最高，外源养分输入较多。

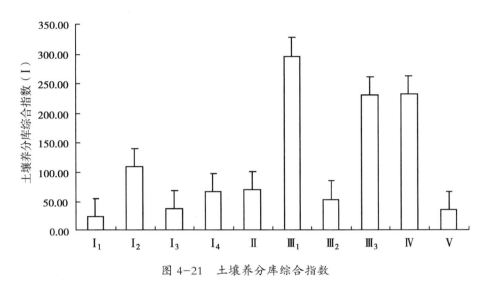

图 4-21 土壤养分库综合指数

4.6.4 土壤养分相关性分析

对钱粮湖垸不同土地利用方式下土壤有机质、全氮、水解氮、全磷、速效磷、全钾及速效钾 7 种养分要素进行相关性分析，Pearson 相关系数矩阵见表 4-30。

表 4-30 土壤养分指标的 Pearson 相关系数

指标	有机质	全氮	水解氮	全磷	速效磷	全钾	速效钾
有机质	1.000						
全 氮	−0.0551 （0.8722）	1.000					
水解氮	0.3167 （0.3426）	0.0957 （0.7796）	1.000				
全 磷	0.5760* （0.0637）	0.2531 （0.4527）	0.4596 （0.1550）	1.000			
速效磷	0.4528 （0.1619）	−0.3110 （0.3519）	0.5961* （0.0529）	0.5701* （0.0671）	1.000		
全 钾	0.2531 （0.4527）	0.6864** （0.0197）	0.4241 （0.1936）	0.3629 （0.2727）	0.3038 （0.3637）	1.000	
速效钾	−0.2491 （0.4601）	0.3048 （0.3621）	−0.0005 （0.9988）	0.3560 （0.2826）	0.2987 （0.3723）	0.2839 （0.3976）	1.000

注：括号内数字为相关系数显著性检验 P 值；*，$P<0.1$；**，$P<0.05$。

相关性结果表明，土壤有机质与全磷正相关关系显著，相关系数为 0.5760（*P*=0.0637<0.1），而与其他养分要素的相关性不明显，表明有机质的积累和分解速率对全磷的分布具有重要影响。全氮与水解氮、全磷与速效磷、全钾与速效钾均呈正相关，这反映了土壤中可供作物吸收利用的氮、磷、钾含量在一定程度上受土壤总氮、磷、钾制约的基本规律，尤以磷元素更明显，全磷与速效磷的正相关关系达显著水平，相关系数为 0.5961（*P*=0.0529<0.1）。此外，全氮与全钾、水解氮与速效磷均呈显著正相关关系，相关系数分别为 0.6864（*P*=0.0197<0.05）和 0.5701（*P*=0.0671<0.1）。

综上所述，尽管自然条件下矿物质的风化是土壤养分库的主要来源，但不同土地利用方式下人为干扰的程度与过程也对土壤养分库具有重要影响。洞庭湖区钱粮湖单退垸林地、园地、旱地、水田和荒地 5 种不同土地利用方式下的土壤有机质、全氮、水解氮、全磷、速效磷、全钾、速效钾含量表聚效应明显，0~50cm 土层 7 种土壤养分指标的变化范围分别为 3.40~32.32g/kg、2.23~9.71g/kg、12.95~112.00mg/kg、29.50~69.35g/kg、4.15~75.68mg/kg、16.03~30.69g/kg、37.70~217.50mg/kg，这与漆良华等关于退化侵蚀地不同植被恢复模式下土壤养分空间分布的表聚性研究结果一致（漆良华等，2008）。林地全氮含量最高，有机质含量最低；水田有机质、全钾及速效磷含量均最高，旱地水解氮含量最高；而作为未利用地的荒地土壤全氮、全磷、全钾、水解氮及水解磷均最低于其他土地利用方式；这表明不同的土地利用方式对养分的积累作用也不同。

不同土地利用方式下土壤全氮、全磷含量均较丰富，全钾含量除园地、荒地）处缺乏状态外，其他利用方式下土壤全钾含量均高于临界值；林地、荒地土壤有机质普遍较缺乏，部分杨树人工林土壤速效磷不足，各土地利用方式下水解氮含量均较缺乏，园地、水田、荒地速效钾含量低于临界值。土壤养分库综合指数变化范围为 24.33~295.93，排序为 I_{IV}（231.96）>I_{III}（193.46）>I_{II}（70.90）>I_{I}（59.57）>I_V（35.59）。可见，水田、旱地作为钱粮湖垸最主要的土地利用方式，农业生产肥料投入足，能有效地弥补土壤养分库的消耗，维持其稳定在较高水平。林地地处滩地，长期淤泥的堆积和水生动植物的残体成为林地土壤养分库的重要来源（王月容，2007），园地所处立地条件一般较好，土壤肥沃加之经营中存在养分投入，故两者养分库指数也较高。荒地作为未利用地，土壤物理结构差，保水保肥能力差，外源性养分输入少（闫恩荣等，2007），从而导致土壤养分总体较差，综合指数最低。此外，不同年龄阶段林地养分库综合指数没有呈现出与林分年龄明显相关的规律性，这可能与林分密度、立地条件、间作种类与间作方式等有关，其原因有待于进一步研究。

土壤养分要素的相关性分析结果表明，有机质与全磷、全磷与速效磷、全氮与全钾、水解氮与速效磷均呈显著正相关关系，相关系数分别为 0.5760、0.5961、0.6864 和 0.5701，反映了土壤养分之间内在的平衡与耦合机制。因此，在洞庭湖退田还湖后的土地利用过程中，对土壤养分库及肥力水平进行评价时要考虑多种养分因素的相互影响，充分提高养分的利用水平，减少过量施肥带来的负面污染效应，以实现土地利用结构的优化，提高土地承载力，促进湖区经济环境可持续发展。

4.7 退田还湖对不同土地利用方式土壤微量元素有效性的影响

土壤微量元素是酶、维生素、生长激素等的重要组成成分，对植物生长发育过程、群落动态演替与生态功能发挥具有关键作用（陶澍等，2001）。成土母质是土壤中微量元素的主要来源，是决定土壤微量元素含量与分布格局的最主要因素。在某一区域范围内，相同母质上发育的土壤，其微量元素含量及其有效性与土壤理化性质密切相关，同时还受土地利用方式等人类活动的驱动而发生变化（陆继龙等，2002）。研究洞庭湖退田还湖过程中土地利用变化对土壤微量元素有效态含量、有效性及影响因子对于土壤质量调控和土地利用格局优化具有重要意义。

4.7.1 土壤微量元素有效态含量

表 4-31　土壤微量元素有效态含量、方差分析及多重比较

土地利用方式	0~25cm /mg/kg					25~50cm /mg/kg				
	Cu	Zn	Fe	Mn	Mo	Cu	Zn	Fe	Mn	Mo
I₁	3.86b	7.48bc	10.44b	11.80a	6.24a	3.66a	8.73bc	10.33	11.99a	2.25a
I₂	4.23b	8.57bc	36.82a	11.69a	6.53a	4.76a	6.48c	19.54	9.55a	5.43a
I₃	3.12bc	11.91b	13.41b	12.07a	1.39c	3.08a	13.66a	11.59	6.75bc	1.25a
I₄	2.75bc	5.06c	10.24b	10.27a	2.47bc	1.72a	7.10bc	7.22	4.80c	1.79a
II	3.42bc	10.24b	12.65b	10.60a	3.06b	3.09a	9.84b	11.68	2.00c	1.98a
III₁	3.40bc	19.83a	14.42b	9.44a	1.54c	2.40a	5.01b	9.12	9.48ab	1.18a
III₂	2.90bc	5.73c	12.59b	5.99a	1.12c	3.73a	3.19c	11.09	7.18bc	0.53a
III₃	2.50bc	6.82bc	13.92b	7.98a	1.48c	2.66a	4.28c	13.37	9.14ab	0.51a
IV	8.48a	6.94bc	34.83a	6.03a	2.87bc	6.38a	2.39c	17.49	3.51c	1.79a
V	1.66c	3.21c	10.07b	9.04a	1.74bc	0.80a	3.34c	6.23	7.44bc	1.60a
F	1.5460	1.0160	3.5320	0.9530	1.1860	0.8410	2.5510	1.1530	1.5660	0.5730
P	0.0497**	0.0925*	0.0009***	0.3719	0.0733*	0.6508	0.0109**	0.0845*	0.0461**	0.9293

注：不同小写字母表示差异达 0.05 显著水平。*，$P<0.1$；**，$P<0.05$；***，$P<0.01$。

钱粮湖垸林地、园地、旱地、水田及荒地等不同土地利用类型不同土壤层次土壤微量元素有效态含量、方差分析及多重比较结果见表 4-31。0~50cm 土壤微量元素 Cu、Zn、Fe、Mn、Mo 的含量变化范围分别为 0.80~8.48mg/kg、2.39~19.83mg/kg、6.23~36.82mg/kg、2.00~12.07mg/kg 和 0.51~6.53mg/kg，最高含量分别是最低含量的 10.60 倍、8.30 倍、5.91 倍、6.04 倍和 12.80 倍。不同土地利用方式 0~25cm 土层土壤 Cu、Zn、Fe、Mo 有效态含量差异分别达较显著（$P=0.0497<0.05$）、显著差异（$P=0.0925<0.1$）、极显著（$P=0.0071<0.01$）和显著水平（$P=0.0733<0.1$），25~50cm 土层土壤 Zn、Fe、Mn 有效态含量也分别达到较显著（$P=0.0109<0.05$）、显著差异（$P=0.0845<0.1$）和较显著（$P=0.0461<0.05$），而 0~25cm 土层土壤 Mn、25~50cm 土层土壤 Cu 和 Mo 有效态含量差异均不显著（$P>0.1$）。

0~25cm、25~50cm 土层土壤微量元素 Cu 有效态含量均以水田（IV）最高，分别为 8.48mg/kg 和 6.38mg/kg；土壤微量元素 Fe、Mo 有效态含量均以 6 年生杨树人工林地（I₂）最高，分别为 36.82mg/kg、19.54mg/kg 和 6.53mg/kg、5.43mg/kg；Mn 有效态含量以不同年龄杨树人工林地最高，分别为 12.07mg/kg（I₃）、11.99mg/kg（I₁）；不同土层 Zn 有效态含量分别以棉花（III₁）和 4 年生杨树人工林地（I₃）最高，分别为 19.83mg/kg 和 13.66mg/kg。

0~25cm、25~50cm 土层土壤微量元素 Mn 分别以甘蔗（III₂）、园地（II）最低，分别为 5.99mg/kg、2.00mg/kg；旱地土壤 Mo 有效态含量最低，尤以甘蔗（III₂）、玉米（III₃）最低，分别为 1.12mg/kg、0.51mg/kg；Zn 以荒地（V）、水田（IV）最低，分别为 3.21mg/kg、2.39mg/kg；不同土层土壤微量元素 Cu、Fe 有效态含量均以荒地最低，分别为 1.66mg/kg、0.80mg/kg 和 10.07mg/kg、6.23mg/kg。这一方面是因为荒地模式缺乏人为经营措施，外源性养分输入补给少，另一方面也由于荒地灌丛植被稀疏，枯枝落叶少，分解释放归还土壤的有效养分也少。

4.7.2 土壤微量元素有效性评价

表 4-32　土壤微量元素有效态含量均值与临界值

土地利用方式	Cu/ mg/kg	Zn/ mg/kg	Fe/ mg/kg	Mn/ mg/kg	Mo/ mg/kg
I_1	3.76	8.11	10.39	11.90	4.25
I_2	4.50	7.53	28.18	10.62	5.98
I_3	3.10	12.79	12.50	9.41	1.32
I_4	2.24	6.08	8.73	7.54	2.13
II	3.26	10.04	12.17	6.30	2.52
III_1	2.90	12.42	11.77	9.46	1.36
III_2	3.32	4.46	11.84	6.59	0.83
III_3	2.58	5.55	13.65	8.56	1.00
IV	7.43	4.67	26.16	4.77	2.33
V	1.23	3.28	8.15	8.24	1.67
S_i	2.00	1.50	4.50	7.00	0.15

表 4-33　土壤微量元素有效性指数

土地利用方式	单项指数					E_t
	E_{Cu}	E_{Zn}	E_{Fe}	E_{Mn}	E_{Mo}	
I_1	1.8800	5.4067	2.3089	1.7000	28.3333	12.9905
I_2	2.2500	5.0200	6.2622	1.5171	39.8667	18.2271
I_3	1.5500	8.5267	2.7778	1.3443	8.8000	5.6933
I_4	1.1200	4.0533	1.9400	1.0771	14.2000	6.6970
II	1.6300	6.6933	2.7044	0.9000	16.8000	8.2198
III_1	1.4500	8.2800	2.6156	1.3514	9.0667	5.6839
III_2	1.6600	2.9733	2.6311	0.9414	5.5333	3.1630
III_3	1.2900	3.7000	3.0333	1.2229	6.6667	3.7549
IV	3.7150	3.1133	5.8133	0.6814	15.5333	7.7335
V	0.6150	2.1867	1.8111	1.1771	11.1333	5.1726

　　不同微量元素之间有效性差异明显,有效性指数平均值大小排队顺序为 E_{Mo}（15.5933）> E_{Zn}（4.7767）> E_{Fe}（3.1898）> E_{Cu}（1.7160）> E_{Mn}（1.1913）。Mo 的有效性指数最高,为 5.5333~39.8667,这主要是由于钱粮湖垸土壤中均呈碱性,而 Mo 在碱性土壤条件下不易产生沉淀,从而大大增加了土壤有效 Mo 的供给。Zn 有效性指数次之,为 2.1867~8.5267,这是由于土壤中所有的有机物及生物残体均含有 Zn,且有机物分解过程中会产生酸性物质,使锌化合物溶解度增加。Fe 有效性指数也较高,为 1.8111~6.2622,表明尽管不同土地利用方式土壤均为碱性土壤,但土壤中存在的可溶态 Fe 仍然能够满足植物生长发育的需求。钱

粮湖垸海拔总体较低，加之中亚热带地区降雨量大，地表及地下径流多，受雨水冲刷、淋失及有机络合等因素的影响，有效态 Cu 含量较低，有效性指数为 0.6150~3.7150，尤其荒地模式因不存在施肥措施而非常缺乏。Mn 是土壤中全量最高的微量元素，但其有效性指数却最低，为 0.6814~1.7000，表明不同土地利用方式下可供作物吸收利用的水溶态、交换态的二价锰和易还原的三价锰等活性锰含量相对不足，园地（Ⅱ）、甘蔗（Ⅲ$_2$）和水田（Ⅳ）均缺乏 Mn 元素，其有效性指数均低于 1，分别为 0.9000、0.9414 和 0.6814。土壤微量元素有效性综合指数以 6 年生杨树人工林（Ⅰ$_2$）土壤最高，为 18.2271，最低为甘蔗（Ⅲ$_2$），为 3.1630。不同土地利用方式有效性综合指数高低排序为 $E_Ⅰ$（10.9020）>$E_Ⅱ$（8.2198）>$E_Ⅳ$（7.7335）>$E_Ⅴ$（5.1726）> $E_Ⅲ$（4.2006）。这为钱粮湖垸土壤质量调控与可持续经营管理提供了依据。

4.7.3 土壤有效微量元素与土壤理化性质的相关性

表 4-34 土壤有效微量元素的 Pearson 相关系数

相关系数	Cu	Zn	Fe	Mn	Mo
Cu	1.0000				
Zn	−0.0585	1.0000			
Fe	0.8108***	−0.0970	1.0000		
Mn	−0.3175	0.3875	−0.1179	1.0000	
Mo	0.3464	0.0386	0.5593*	0.4888	1.0000

注：*，$P<0.1$；***，$P<0.01$。

4.7.4 土壤微量元素有效性的主导因子方程

以土壤密度（x_1）、毛管孔隙度（x_2）、非毛管孔隙度（x_3）、总孔隙度（x_4）、自然含水量（x_5）、毛管持水量（x_6）、pH 值（x_7）、有机质（x_8）、全氮（x_9）、水解氮（x_{10}）、全磷（x_{11}）、速效磷（x_{12}）、全钾（x_{13}）、速效钾（x_{14}）等 14 个土壤理化性质指标作为自变量，以土壤微量元素有效态含量 Cu（y_1）、Zn（y_2）、Fe（y_3）、Mn（y_4）、Mo（y_5）为因变量，进行双重筛选逐步回归分析，得到 4 组土壤微量元素主导因子方程：

$y_1=-2.5240 + 0.2541x_1-0.0986x_2 + 0.3020x_6 - 0.1086x_7 + 0.0166x_8$；
$+ 0.0992x_9-0.0047x_{14}$
$y_2=158.7783 - 28.9589x_1 + 0.2658x_2 - 0.6702x_6 - 12.6398x_7 + 0.0831x_8$；
$-0.1538x_9 + 0.0233x_{14}$
$y_3=-5.6031 + 1.5872x_6 - 1.5422x_{13}$；
$y_4=5.6752 + 0.0257x_{14}$；
$y_5=-0.5011 + 0.4510x_9$。

由计算结果可知，土壤有效 Cu、有效 Zn 含量受相同自变量影响，主要影响因素为土壤密度（x_1）、毛管孔隙度（x_2）、毛管持水量（x_6）、pH 值（x_7）、有机质（x_8）、全氮（x_9）和速效钾（x_{14}）；有效态 Fe 含量主要受毛管持水量（x_6）和全钾（x_{13}）的影响；有效态 Mn 含量主要受速效钾（x_{14}）的影响；有效态 Mo 含量则与全氮（x_9）关系最为密切。

综上所述，钱粮湖垸林地、园地、旱地、水田及荒地等不同土地利用类型 0~50cm 土壤微量元素 Cu、Zn、Fe、Mn、Mo 的含量变化范围分别为 0.80~8.48mg/kg、2.39~19.83mg/kg、6.23~36.82mg/kg、2.00~12.07mg/kg 和 0.51~6.53mg/kg，最高含量分别是最低含量的 10.60 倍、8.30 倍、5.91 倍、6.04 倍和 12.80 倍。0~25cm、25~50cm 土层土壤微量元素 Cu 有效态含量均以水田（Ⅳ）最高，Fe、Mo 有效态含量均以 6 年生杨树人工林地（I_2）最高，Mn 有效态含量以不同年龄杨树人工林地最高，不同土层 Zn 有效态含量分别以棉花（III_1）和 4 年生杨树人工林地（I_3）最高。0~25cm、25~50cm 土层土壤微量元素 Mn 分别以甘蔗（III_2）、园地（II）最低，旱地土壤 Mo 有效态含量最低，Zn 以荒地（V）、水田（IV）最低，不同土层土壤微量元素 Cu、Fe 有效态含量均以荒地最低。这一方面是因为荒地模式缺乏人为经营措施，外源性养分输入补给少，另一方面也由于荒地灌丛植被稀疏，枯枝落叶少，分解释放归还土壤的有效养分也少。

不同微量元素之间有效性差异明显。Mo 的有效性指数最高，Zn 有效性指数次之，Fe 有效性指数也较高，Cu 含量较低，有效性指数也较低，园地（II）、甘蔗（III_2）和水田（IV）均缺乏 Mn 元素，其有效性指数均低于 1。不同土地利用方式土壤微量元素有效性综合指数高低排序为 E_I（10.9020）>E_{II}（8.2198）> E_{IV}（7.7335）>E_V（5.1726）>E_{III}（4.2006）。这为钱粮湖垸土壤质量调控与可持续经营管理提供了依据。

Cu 与 Fe、Fe 与 Mo 的来源可能相同，而其他相关性不显著的微量元素则不具有同源性。土壤有效 Cu、有效 Zn 含量受相同自变量影响，主要影响因素为土壤密度（x_1）、毛管孔隙度（x_2）、毛管持水量（x_6）、pH 值（x_7）、有机质（x_8）、全氮（x_9）和速效钾（x_{14}）；有效态 Fe 含量主要受毛管持水量（x_6）和全钾（x_{13}）的影响；有效态 Mn 含量主要受速效钾（x_{14}）的影响；有效态 Mo 含量则与全氮（x_9）关系最为密切。

4.8 退田还湖对不同土地利用方式土壤生物学性质的影响

土壤微生物是土壤生态系统中养分来源的巨大原动力，通过分解动植物残体而参与土壤 – 植被系统的能量流动和物质循环。土壤微生物能分解动植物残体，促进有机质的分解、转化和土壤腐殖质的形成，并且其代谢产物以及真菌的菌丝等可以黏结土体，促进土壤团粒结构的形成，从而改善土壤质量状况（漆良华等，2009）。土壤酶主要来源于植物根系和微生物的活动，它参与土壤各种生物化学过程和物质循环，其活性的高低不仅可以反映土壤生物化学过程的强度和方向，而且还能客观地反映土壤碳、氮、磷等的动态变化，对土壤质量变化十分敏感（徐华勤等，2009）。

4.8.1 土壤微生物数量

细菌是土壤微生物的主要类群，个体小，数量多，繁殖快，在将植物不能利用的复杂含氮化合物转化为可给态的含氮无机化合物的氨化作用等物质循环过程中具有关键作用，同时还可产生多糖、脂类、蛋白质等胞外代谢物，可发挥稳定团聚体的胶结作用。

由表 4–35 可知，细菌数量在 0~25cm、25~50cm 土层均存在极显著差异（$P<0.01$），表明洞庭湖退田还湖区不同土地利用方式对土壤细菌类群的数量、分布存在重要影响。不同土层细菌数量均以旱地甘蔗模式（III_2）最高，分别为 103.28×10^4cfu/g、67.38×10^4cfu/g，0~25cm 土层细菌数量以 9 年生杨树人工林地（I_1）最低，为 11.83×10^4cfu/g，25~50cm 土层细菌数量以水田（IV）最低，为 8.44×10^4cfu/g。林地、园地、旱地、水田及荒地 5 种土地利用方式下 0~25cm、25~50cm 土层细菌数量排序分别为 III>II>I>IV>V，III>I>II>V>IV。旱地利用方式下不同土层细菌数量均最高，分别为 73.82×10^4cfu/g、36.78×10^4 cfu/g。这一方面可能与旱地种植棉花、甘蔗、玉米后收获剩余物的存在、分解，为细菌的生长提供了丰富的碳源和氮源，另一方面由于旱地的精细耕作管理改善了土壤的通气透水性能，有利于激发细菌的繁育。荒地模式土壤细菌数量总体较低，这与荒地凋落物少，土壤有机质含量低，细菌生长所需能源匮乏有关。

表 4-35　土壤微生物数量的方差分析及多重比较

土地利用方式		0~25cm			25~50cm		
		细菌 / 10^4cfu/g	真菌 / 10^4cfu/g	放线菌 / 10^4cfu/g	细菌 / 10^4cfu/g	真菌 / 10^4cfu/g	放线菌 / 10^4cfu/g
I	I_1	11.83e	6.19ab	1.86c	20.54bc	1.48cd	1.56a
	I_2	28.99d	4.54b	1.43c	11.42d	4.08b	0.94a
	I_3	44.36c	3.75b	2.27c	18.40c	1.71c	1.41a
	I_4	62.06bc	9.95a	11.05a	39.19b	2.11c	1.84a
II		53.84bc	3.28b	1.37c	16.69c	0.96d	0.77a
III	III_1	87.32b	7.74ab	6.21b	27.02bc	3.29bc	4.04a
	III_2	103.28a	9.52a	4.23bc	67.38a	3.89bc	1.24a
	III_3	30.86cd	6.64ab	10.52a	15.94c	4.28b	1.14a
IV		26.58de	4.63b	1.56c	8.44e	1.14cd	1.44a
V		12.10e	8.46a	6.68b	9.36d	8.33a	1.79a
F		23.1590	1.5970	0.6570	6.9210	4.7130	0.3480
P		0.0007***	0.0969*	0.0872*	0.0029***	0.0614*	0.9241

注：不同小写字母表示差异达 0.05 显著水平。*，$P<0.1$；**，$P<0.05$；***，$P<0.01$。

真菌在土壤碳素和能量流动过程中作用巨大。不同土地利用方式下 0~25cm、25~50cm 土层土壤真菌数量均存在显著差异（$P<0.1$）。不同土层真菌数量均以园地（II）最低，分别为 3.28×10^4cfu/g、0.96×10^4cfu/g，0~25cm、25~50cm 土层真菌数量分别以 2 年生杨树人工林地（I_4，9.95×10^4cfu/g）、荒地（V，8.33×10^4cfu/g）最高。不同土地利用方式下 0~25cm、25~50cm 土层真菌数量排序均表现为 V>III>I>IV>II，V>III>I>IV>II。荒地模式土壤真菌数量在不同土层均高于旱地、林地、水田及园地，这可能与荒地的土壤结构、养分状况及真菌分布的微生境有关。

放线菌对土壤中有机化合物的分解及土壤腐殖质的合成具有重要作用。不同土地利用方式间 0~25cm 土层土壤放线菌数量存在显著差异（$P=0.0872<0.1$），25~50cm 土层间则差异不显著（$P>0.1$）。0~25cm、25~50cm 土层土壤放线菌数量分别以 2 年生杨树人工林地（I_4，11.05×10^4cfu/g）、棉花（III_1，4.04×10^4cfu/g）最高，不同土层土壤放线菌数量均以园地（II）最低，分别为 1.37×10^4cfu/g、0.77×10^4cfu/g。不同土地利用方式下 0~25cm、25~50cm 土层放线菌数量排序基本一致，分别为 III>V>I>IV>II，III>V>IV>I>II，放线菌数量均以旱地最高，园地最低。

表 4-36　土壤微生物的数量组成比例

土地利用方式		0~25cm			25~50cm		
		细菌 /%	真菌 /%	放线菌 /%	细菌 /%	真菌 /%	放线菌 /%
I	I_1	59.51	31.14	9.36	87.11	6.28	6.62
	I_2	82.92	12.99	4.09	69.46	24.82	5.72
	I_3	88.05	7.44	4.51	85.50	7.95	6.55
	I_4	74.72	11.98	13.30	90.84	4.89	4.27

（续）

土地利用方式		0~25cm			25~50cm		
		细菌 /%	真菌 /%	放线菌 /%	细菌 /%	真菌 /%	放线菌 /%
Ⅱ		92.05	5.61	2.34	90.61	5.21	4.18
Ⅲ	Ⅲ₁	86.22	7.64	6.13	78.66	9.58	11.76
	Ⅲ₂	88.25	8.13	3.61	92.93	5.36	1.71
	Ⅲ₃	64.26	13.83	21.91	74.63	20.04	5.34
Ⅳ		81.11	14.13	4.76	76.59	10.34	13.07
Ⅴ		44.42	31.06	24.52	48.05	42.76	9.19

土壤微生物在枯枝落叶分解、腐殖质合成、土壤养分循环、物质和能量的代谢过程中，都起着十分重要的作用，土壤微生物的数量分布，不仅是土壤中有机养分、无机养分以及土壤通气透水性能的反应，而且亦是土壤中生物活性的具体体现。从不同土地利用方式土壤微生物的组成来看（表 4-36），细菌是土壤微生物的主要类群，数量最多，为 8.44×10^4~103.28×10^4cfu/g，占全部微生物比例为 44.42%~92.93%；其次为真菌数量，为 0.96×10^4~9.95×10^4cfu/g，所占比例仅为 4.89%~42.76%；放线菌数量最少，为 0.77×10^4~11.05×10^4cfu/g，所占比例为 1.71%~24.52%。这表明在洞庭湖退田还湖区不同土地利用方式条件下，细菌的繁殖力、竞争力以及土壤养分有效化能力强于其他类群；放线菌与真菌数量上虽不及细菌，但其绝对数量也较多，反映其对于不同土地利用方式下的物质循环、能量流动具有重要的调控作用。

不同土地利用方式下细菌、真菌及放线菌数量均表现出 0~25cm 土层高于 25~50cm 土层，具有表聚性。这是因为表土层土壤有机质较为丰富，结构疏松，为微生物的活动提供了良好的营养和通气条件，且表层土壤与空气热交换，土壤热值状况比下层好，利于微生物的生长繁殖。

4.8.2 土壤酶活性

土壤酶参与土壤中一切复杂的生物化学过程，包括枯落物的分解、腐殖质及各种有机化合物的分解与合成、土壤养分的固定与释放等，对土壤质量变化十分敏感。因此，本研究选取与土壤碳水化合物、氮素、磷素和物质转换最相关的磷酸酶（Phosphataese）、脲酶（Urease）、蛋白酶（Proteinase）、脱氢酶（Dehydrogenase）作为土壤酶活性指标，洞庭湖退田还湖区钱粮湖垸不同土地利用方式 0~25cm、25~50cm 土层的土壤酶活性测定值、方差分析及多重比较结果见表 4-37。

表 4-37　土壤酶活性的方差分析及多重比较

土地利用方式		0~25cm				25~50cm			
		磷酸酶 /mg/g	脲酶 /mg/g	蛋白酶 /mg/kg	脱氢酶 /mg/g	磷酸酶 /mg/g	脲酶 /mg/g	蛋白酶 /mg/kg	脱氢酶 /mg/g
Ⅰ	Ⅰ₁	0.04a	0.04a	4.08a	0.31a	0.05a	0.05a	2.04bc	0.02a
	Ⅰ₂	0.07a	0.02a	6.10a	0.38a	0.06a	0.01a	7.11a	0.15a
	Ⅰ₃	0.02a	0.03a	3.05ab	0.03a	0.01a	0.01a	2.03bc	0.01a
	Ⅰ₄	0.05a	0.04a	3.06ab	0.22a	0.01a	0.03a	6.11ab	0.04a
Ⅱ		0.01a	0.04a	2.03ab	0.11a	0.02a	0.03a	0.92c	0.10a
Ⅲ	Ⅲ₁	0.03a	0.04a	1.01b	0.18a	0.01a	0.03a	4.06b	0.28a
	Ⅲ₂	0.06a	0.03a	1.00b	0.11a	0.05a	0.02a	5.13ab	0.21a

（续）

土地利用方式	0~25cm				25~50cm			
	磷酸酶 / mg/g	脲酶 /mg/g	蛋白酶 / mg/kg	脱氢酶 / mg/g	磷酸酶 / mg/g	脲酶 /mg/g	蛋白酶 / mg/kg	脱氢酶 / mg/g
III$_3$	0.04a	0.03a	1.02b	0.17a	0.04a	0.03a	1.02c	0.15a
IV	0.02a	0.04a	2.02ab	0.10a	0.04a	0.04a	7.08a	0.05a
V	0.04a	0.03a	3.05ab	0.12a	0.04a	0.01a	6.12ab	0.12a
F	0.9520	1.8780	2.5578	1.7720	1.5920	0.6710	3.7680	2.0760
P	0.3840	0.5354	0.0729*	0.4775	0.2216	0.6753	0.0591*	0.1221

磷酸酶是一种能促进磷酸酯水解，释放出正磷酸的酶，为作物生长提供所需的速效磷。由表 4-37 可知，不同土地利用方式下 0~25cm、25~50cm 土层土壤磷酸酶活性差异均不显著（$P>0.1$）；0~50cm 土层磷酸酶活性变化范围为 0.01~0.07mg/g；0~25cm 土层磷酸酶活性以 6 年生杨树人工林地（I$_2$，0.07mg/g）最高，园地（II，0.01mg/g）最低，高低顺序为 I>III>V>IV>II；25~50cm 土层磷酸酶活性以 6 年生杨树人工林地（I$_2$，0.06mg/g）最高，2 年生、4 年生杨树人工林地及棉花地（I$_3$、I$_4$、III$_3$，0.01mg/g）最低，高低顺序为 IV、V>III>I>II。可见，园地不同土层土壤磷酸酶活性都低于其他土地利用方式，亦即表明园地磷酸酶活性促进无效磷向有效磷转化的自然态能力偏低，在园地利用过程中应适时补充土壤有效磷含量。

脲酶能促进尿素水解，水解产生的氨是作物氮素营养的直接来源。由表 4-37 可知，不同土层脲酶活性在不同土地利用方式之间不存在显著差异（$P>0.1$）；0~50cm 土层脲酶活性变化范围为 0.01~0.05mg/g；0~25cm 土层土壤脲酶活性高低顺序为 IV、II>III>I>V；25~50cm 土层脲酶活性高低顺序为 IV>I>II>III>V。可见，不同土层土壤脲酶活性均以荒地模式为最低，由于土壤脲酶活性的降低，直接影响到荒地土壤中氮素的循环，是造成土壤速效氮供应不足的重要原因之一。

蛋白酶可促进蛋白质水解成氨基酸，加速土壤氮素循环。由表 4-37 可知，不同土地利用方式下 0~25cm、25~50cm 土层蛋白酶活性存在显著差异（$P<0.1$），显著性概率 P 值分别为 0.0729、0.0591；0~25cm、25~50cm 土层蛋白酶活性变化范围分别为 1.00~6.10mg/kg、0.92~7.11mg/kg；0~25cm 土层土壤蛋白酶活性以 6 年生杨树人工林地（I$_2$，0.07mg/kg）最高，甘蔗地（III$_2$，1.00mg/kg）最低，高低顺序为 I>V>II>IV>III；25~50cm 土层蛋白酶活性以 6 年生杨树人工林地（I$_2$，7.11mg/kg）最高，园地（II，0.92mg/kg）最低，高低顺序为 IV>V>I>III>II。

脱氢酶可酶促土壤中的有机物脱氢，起着氢的中间传递体的作用。在土壤中，碳水化合物和有机酸的脱氢酶比较活跃，它们可以作为氢的供体，脱氢酶能自基质中析出氢而进行氧化作用。由表 4-37 可知，不同土地利用方式不同土层土壤脱氢酶活性差异均不显著（$P>0.1$）；0~25cm、25~50cm 土层脱氢酶活性变化范围分别为 0.03~0.38mg/g、0.01~0.28mg/g；0~25cm 土层土壤脱氢酶活性以 6 年生杨树人工林地（I$_2$，0.38mg/g）最高，4 年生杨树人工林地（I$_3$，0.03mg/g）最低，高低顺序为 I>III>V>II>IV；25~50cm 土层脱氢酶活性以棉花地（III$_1$，0.28mg/g）最高，4 年生杨树人工林地（I$_3$，0.01mg/g）最低，高低顺序为 III>V>II>I>IV。可见，不同土层土壤脱氢酶活性均以水田利用方式为最低，这可能与水田季节性水淹有关。

4.8.3　土壤微生物数量及酶活性的典范相关分析

典范相关分析（canonical correlation analysis）是一种研究两组变量之间相关关系的一种多元分析方法。分别建立土壤微生物数量及酶活性的 p 个、q 个线性组合函数：

$$U=a_1X_1 + a_2X_2 + \cdots + a_pX_p$$

$$V=b_1Y_1 + b_2Y_2 + \cdots + b_qY_q$$

其中，a_1、a_2、$\cdots$、a_p，b_1、b_2、$\cdots$、b_q，使得 U、V 之间具有最大相关系数，这个相关系数就是"典范相关系数"（canonical correlation coefficient），用来度量两个线性函数之间的联系强度。

选择细菌数量（X_1）、真菌数量（X_2）、放线菌数量（X_3）、磷酸酶活性（Y_1）、脲酶活性（Y_2）、蛋白酶活性（Y_3）、脱氢酶活性（Y_4），建立土壤微生物指标和酶活性指标的数据集 $X_{(3 \times 20)}$ 和 $Y_{(4 \times 20)}$，通过典范相关分析，构建土壤微生物典范变量（U）和土壤酶活性典范变量（V），以对土壤微生物和酶活性相互之间的关系进行描述和判定。

表 4-38　典范相关系数显著性检验

典范向量序号	相关系数	Wilk's	χ^2	P
1	0.7819	0.0476	74.6720	0.0675*
2	0.5428	0.5742	35.9717	0.6974
3	0.3346	0.9482	11.6329	0.9930

由典范相关系数显著性检验结果（表 4-38），得到 1 对典范变量，其典范相关系数为 0.7819，经 Wilk's Lambda 及 χ^2 检验达极显著水平（$P=0.0675<0.1$）。该对典范变量为：

$$U_1=0.0029X_1 - 0.2154X_2 + 0.1743X_3 + 0.3821;$$

$$V_1=-17.2749Y_1+10.5566Y_2-0.0406Y_3+1.6157Y_4+0.2037$$

土壤微生物类群中，尽管放线菌数量最少，所占比例不及细菌、真菌数量，但由 U_1 系数可知，土壤微生物综合因子正效应作用最大的是放线菌数量（X_3，$a_3=0.1743$），其次为细菌数量（X_1，$a_1=0.0029$），真菌数量表现为负效应（X_2，$a_2=-0.2154$）；由 V_1 系数可知，土壤酶活性综合因子正效应作用最大的是脲酶活性（Y_2，$b_2=10.5566$），其次为脱氢酶活性（Y_4，$b_4=1.6157$），磷酸酶与蛋白酶活性则表现为负效应。这表明土壤放线菌分解土壤中有机化合物与脲酶促进尿素水解，增加氮素营养是两个相互促进的生物化学过程。

表 4-39 典范冗余分析结果表明，典范变量 U_1 可以解释 11.05% 的土壤微生物数量变异，并能解释土壤酶活性 25.13% 的变异；典范变量 V_1 可以解释 6.35% 的土壤微生物数量变异，并能解释土壤酶活性 43.76% 的变异。

表 4-39　典范冗余分析

变量组	典范变量	观察值的变异被典范变量所能解释的比例（%）				
微生物数量	组 1	X_1	X_2	X_3	总体	
	U_1	4.02	20.75	8.39	11.05	
	V_1	2.31	11.91	4.81	6.35	
酶活性	组 2	Y_1	Y_2	Y_3	Y_4	总体
	V_1	73.20	39.66	55.98	6.22	43.76
	U_1	42.03	22.77	32.14	3.57	25.13

将不同土地利用方式下土壤微生物数量与酶活性的实测数据代入 U_1、V_1 方程式，应用最小距离法进行逐步聚类分析，得到不同土地利用方式在这对典范变量上的排序聚类坐标图，如图 4-22 所示。图 4-22

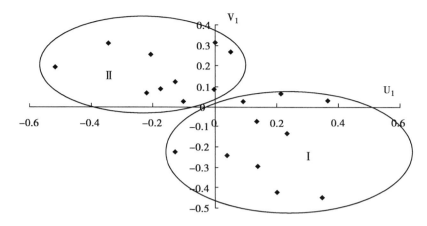

图 4-22　土壤微生物与酶活性第 1 对典范变量排序聚类

中土壤微生物数量与酶活性综合特征在排序图中集结为Ⅰ、Ⅱ两类，各类所包含的土地利用方式及土壤层次为：

Ⅰ类：以各土地利用方式 0~25cm 土层最为集中。包括林地 I_1、I_2、I_4，以及棉花地（$Ⅲ_1$）的 0~25cm 土层，甘蔗（$Ⅲ_2$）、玉米（$Ⅲ_3$）和荒地（Ⅴ）的 0~50cm 土层。

Ⅱ类：以各土地利用方式 25~50cm 土层最为集中。包括林地 I_1、I_2、I_4，以及棉花地（$Ⅲ_1$）的 25~50cm 土层，林地（I_3）、园地（Ⅱ）和水田（Ⅳ）的 0~50cm 土层。

综上所述，土壤微生物数量、分布与组成在有机质分解，腐殖质合成、土壤团聚体形成以及土壤养分转化等方面具有关键作用（Harris，2003；李延茂等，2004）。钱粮湖垸林地、园地、旱地、水田及荒地 5 种土地利用方式下不同土层细菌、放线菌数量均以旱地最高，分别为 $73.82×10^4$cfu/g、$36.78×10^4$cfu/g 和 $6.99×10^4$cfu/g、$2.14×10^4$cfu/g。这一方面可能与旱地种植棉花、甘蔗、玉米后收获剩余物的存在、分解，为其生长提供了丰富的碳源和氮源，另一方面由于旱地的精细耕作管理改善了土壤的通气透水性能，有利于改善其繁育条件。不同土层土壤真菌数量均以荒地模式最高，分别为 $8.46×10^4$cfu/g、$8.33×10^4$cfu/g，这可能与荒地的土壤结构、养分状况及真菌分布的微生境有关。细菌是土壤微生物的主要类群，为 $8.44×10^4$~$103.28×10^4$cfu/g，占全部微生物比例为 44.42%~92.93%；其次为真菌数量，为 $0.96×10^4$~$9.95×10^4$cfu/g，所占比例仅为 4.89%~42.76%；放线菌数量最少，为 $0.77×10^4$~$11.05×10^4$cfu/g，所占比例为 1.71%~24.52%。这表明在洞庭湖退田还湖区不同土地利用方式条件下，细菌的繁殖力、竞争力以及土壤养分有效化能力强于其他类群；放线菌与真菌数量上虽不及细菌，但其绝对数量也较多，反映其对于不同土地利用方式下的物质循环、能量流动具有重要的调控作用。细菌、真菌及放线菌的数量分布具有明显的表聚效应，与众多关于土壤微生物数量变化规律研究结果较为相似（刘子雄等，2006；徐惠风等，2004）。这是由于表土层土壤有机质较为丰富，结构疏松，为微生物的活动提供了良好的营养和通气条件，且表层土壤与空气热交换，土壤热值状况比下层好，利于微生物的生长繁殖。

不同土地利用方式下 0~50cm 土层磷酸酶、脲酶、蛋白酶、脱氢酶活性变化范围为 0.01~0.07mg/g、0.01~0.05mg/g、0.92~7.11mg/kg 和 0.01~0.38μl/g。0~25cm、25~50cm 土层土壤磷酸酶活性均以园地最低，表明园地磷酸酶活性促进无效磷向有效磷转化的自然态能力偏低，在园地利用过程中应适时补充土壤有效磷含量；土壤脲酶活性均以荒地最低，由于土壤脲酶活性的降低，直接影响到荒地土壤中氮素的循环，是造成土壤速效氮供应不足的重要原因之一；土壤蛋白酶活性以旱地总体较低，也可能与土壤氮素损耗、循环有关；土壤脱氢酶活性均以水田利用方式为最低，这可能与水田季节性水淹有关。

微生物数量与土壤酶活性的典范相关分析结果表明，土壤微生物综合因子正效应作用最大的是放线菌数量,其次为细菌数量,真菌数量表现为负效应;土壤酶活性综合因子正效应作用最大的是脲酶活性,其次为脱氢酶活性,磷酸酶与蛋白酶活性则表现为负效应。这表明土壤放线菌分解土壤中有机化合物与脲酶促进尿素水解,增加氮素营养是两个相互促进的生物化学过程。此外,不同土地利用方式不同土壤层次的微生物数量及酶活性在典范变量上的排序聚类结果表明,综合性质相似的土壤有聚集趋势,以此为据,可为退田还湖过程中的土壤健康诊断与立地类型划分提供一定依据和参考。

4.9 退田还湖对不同土地利用方式土壤重金属空间分布与污染累积的影响

土壤重金属污染主要来源于工业"三废"的排放,农业生产中农药、化肥及污泥的使用以及污染的灌溉(周启星等,2006)。通过各种途径进入土壤的重金属污染物自然净化过程十分漫长,具有隐蔽性,不可逆性,难以被微生物降解,迁移性小而发生污染累积,并经水、植物等介质进入人体,最终影响到人类健康与可持续发展,因而土壤重金属污染及其修复日益受到关注(Lombardi and Sebatian,2005;陈守莉、孙波,2008;金文芬等,2009)。

4.9.1 土壤重金属含量及相关性

钱粮湖垸林地、园地、旱地、水田及荒地等不同土地利用类型不同土壤层次重金属含量、方差分析及多重比较结果见表4-40。

表4-40 土壤重金属含量、方差分析及多重比较

土地利用方式	0~25cm /mg/kg							25~50cm /mg/kg						
	Cu	Zn	Mn	Pb	Cd	As	Hg	Cu	Zn	Mn	Pb	Cd	As	Hg
I₁	51.81a	113.77a	442.48a	67.91a	0.66a	13.88a	0.32a	50.95a	99.80a	464.56a	40.90bc	0.47b	8.10a	0.31a
I₂	39.49bc	96.46b	431.73a	43.30bc	0.61ab	9.34a	0.29a	34.90c	96.19ab	448.99a	55.52a	0.66a	9.30a	0.16b
I₃	44.17b	91.84b	445.31a	46.78b	0.49b	7.88a	0.17ab	45.80b	88.78b	445.97a	53.44a	0.74a	7.92a	0.10b
I₄	39.53bc	84.04c	449.38a	45.20b	0.19c	7.43a	0.13b	35.40c	84.20bcd	422.84a	43.91bc	0.61ab	8.42a	0.12b
II	29.84c	77.64cd	389.69a	47.91b	0.58ab	6.87a	0.12b	27.54d	68.68d	386.18a	40.32bc	0.61ab	5.33a	0.14b
III₁	43.56bc	92.99b	428.72a	48.49b	0.48b	7.84a	0.13b	43.09bc	87.48b	444.63a	52.74ab	0.48b	8.46a	0.21ab
III₂	41.07bc	90.13bc	440.15a	44.91bc	0.61ab	7.49a	0.15b	44.94b	90.44b	441.88a	57.87a	0.68a	7.68a	0.07b
III₃	32.33c	76.80d	417.92a	30.63c	0.45b	6.10a	0.18ab	41.20bc	83.40bcd	412.24a	44.36b	0.62ab	5.95a	0.08b
IV	44.80b	98.80b	431.92a	52.16b	0.74a	8.98a	0.13b	45.86b	100.01a	434.25a	38.36c	0.57ab	9.86a	0.24ab
V	30.62c	78.16cd	401.80a	47.17b	0.51b	6.84a	0.23ab	27.77d	78.60cd	425.79a	51.60ab	0.52b	7.27a	0.06b
F	6.174	2.748	0.551	4.517	2.1533	0.4471	1.0140	8.330	1.832	0.493	2.2860	1.9760	0.6673	1.5259
P	0.0496**	0.0728*	0.7766	0.0680*	0.0779*	0.9052	0.1983	0.0082***	0.0924*	0.8692	0.0709*	0.0921*	0.7410	0.0989*

注:不同小写字母表示差异达0.05显著水平。*,$P<0.1$;**,$P<0.05$;***,$P<0.01$。

0~50cm土壤重金属元素Cu、Zn、Mn、Pb、Cd、As、Hg的含量变化范围分别为27.54~51.81mg/kg、68.68~113.77mg/kg、386.18~464.56mg/kg、30.63~67.91mg/kg、0.19~0.74mg/kg、5.33~13.88mg/kg 和0.06~0.32mg/kg,最高含量分别是最低含量的1.88倍、1.66倍、1.20倍、2.22倍、3.89倍、2.60倍和5.33倍。

不同土地利用方式 0~25cm、25~50cm 土层土壤 Cu 含量差异分别达到较显著（$P=0.0496<0.05$）、极显著差异（$P=0.0082<0.01$），Zn（$P=0.0728$、$0.0924<0.1$）、Pb（$P=0.0680$、$0.0709<0.1$）、Cd（$P=0.0779$、$0.0921<0.1$）均达显著水平；0~25cm 土层 Hg 含量差异不显著（$P>0.1$），25~50cm 土层差异达显著水平（$P=0.0989<0.1$）；Mn、As 含量在各土层差异均不显著（$P>0.1$）。

0~25cm 土层中，Cu、Zn、Pb、As 和 Hg 含量均以 9 年生杨树人工林（I_1）最高，分别为 51.81mg/kg、113.77mg/kg、67.91mg/kg、13.88mg/kg 和 0.32mg/kg；Mn、Cd 含量则分别以 2 年生杨树人工林（I_4）、水田（Ⅳ）最高，为 449.38mg/kg、0.74mg/kg；Cu、Mn、Hg 含量均以园地（Ⅱ）最低，分别为 29.84mg/kg、389.69mg/kg 和 0.12mg/kg；Zn、Pb、As 含量以玉米（III_3）最低，分别为 76.80mg/kg、30.63mg/kg 和 6.10mg/kg；Cd 含量以 2 年生杨树人工林（I_4）最低，为 0.19mg/kg。25~50cm 土层中，Cu、Mn、Hg 含量以 9 年生杨树人工林（I_1）最高，分别为 50.95mg/kg、464.56mg/kg 和 0.31mg/kg；Zn、As 含量以水田（Ⅳ）最高，分别为 100.01mg/kg、9.86mg/kg；Pb、Cd 含量则分别以甘蔗（III_2）、4 年生杨树人工林（I_3）最高，为 57.87mg/kg、0.74mg/kg；Cu、Zn、Mn、As 含量以园地（Ⅱ）最低，分别为 27.54mg/kg、68.68mg/kg、386.18mg/kg 和 5.33mg/kg；Pb 含量以水田（Ⅳ）最低，为 38.36mg/kg；Cd 含量以 9 年生杨树人工林（I_1）最低，为 0.47mg/kg；Hg 含量以荒地（Ⅴ）最低，为 0.06mg/kg。

表 4-41　土壤重金属含量的 Pearson 相关系数

相关系数	Cu	Zn	Mn	Pb	Cd	As	Hg
Cu	1.000						
Zn	0.8765***	1.000					
Mn	0.8509***	0.8443***	1.000				
Pb	0.4893	0.5865*	0.6185*	1.000			
Cd	0.2193	0.3431	0.0705	0.1917	1.000		
As	0.7489**	0.9512***	0.7743***	0.6426**	0.1993	1.000	
Hg	0.5359	0.7838***	0.4924	0.5095	0.1569	0.8665***	1.000

由表 4-41 土壤重金属相关性研究结果可知，Cu 与 Zn、Mn，Zn 与 Mn、As、Hg，As 与 Mn、Hg 达极显著相关（$P<0.01$），Pearson 相关系数分别为 0.8765（$P=0.0009$）、0.8509（$P=0.0018$），0.8443（$P=0.0021$）、0.9512（$P=0.00002$）、0.7838（$P=0.0073$），以及 0.7743（$P=0.0086$）、0.8665（$P=0.0012$）；As 与 Cu、Pb 达较显著相关（$P<0.05$），相关系数分别为 0.7489（$P=0.0127$）和 0.6426（$P=0.0451$）；Pb 与 Zn、Mn 达显著相关（$P<0.1$），相关系数分别为 0.5865（$P=0.0747$）和 0.6185（$P=0.0566$）。重金属元素之间的显著相关性，表明这些元素的来源可能相同。

4.9.2　土壤重金属污染累积评价

以《土壤环境质量标准》（GB15618-1995）为依据，采用适合于农田土壤环境的二级指标为评价标准，进行重金属单项污染指数及综合污染指数评价（GB15618，1995）。以湖南省土壤环境背景值为依据，进行重金属单项累积指数和综合累积指数评价。分别以综合污染指数和综合累积指数为依据，对钱粮湖垸土壤环境质量进行分级。以综合污染指数为依据，将钱粮湖垸不同土地利用类型土壤污染划分为安全级、警戒级、轻污染、中污染、重污染 5 个等级（表 4-42）；以综合累积指数为依据，将土壤重金属累积现状划分为无明显累积、轻度累积、中度累积、高度累积、严重累积 5 个等级（表 4-42）（夏增禄，1980；中国环境监测总站，1990）。

表 4-42 土壤环境重金属污染分级标准

等级	污染分级标准			累积分级标准	
	综合污染指数 P_l	污染等级	污染水平	综合污染指数 P_l	累积等级
1	$P \le 0.7$	安全级	清洁	1	$P \le 0.7$	无明显累积
2	$0.7 < P \le 1.0$	警戒级	尚清洁	2	$0.7 < P \le 1.0$	轻度累积
3	$1.0 < P \le 2.0$	轻污染	污染物超过背景值，视轻污染，作物开始污染	3	$1.0 < P \le 2.0$	中度累积
4	$2.0 < P \le 3.0$	中污染	土壤、作物均受中度污染	4	$2.0 < P \le 3.0$	高度累积
5	$P > 3.0$	重污染	土壤、作物受污染已相当严重	5	$P > 3.0$	严重累积

单项污染指数法即以土壤中污染物积累的相关数量计算污染指数：

$$P_i = C_i / S_i$$

式中：P_i 为土壤污染物 i 的污染指数；C_i 为土壤污染物 i 的实测浓度；S_i 为污染物 i 的国家标准值。当 $P_i \le 1$ 时，表示土壤未受污染；当 $P_i > 1$ 时，表示土壤受到污染，且 P_i 值越大，则污染越严重。

Nemerow 综合污染指数法：

$$P_l = \left(\frac{P_{max}^2 + P_{ave}^2}{2} \right)^{\frac{1}{2}}$$

式中：P_l 为某种土地利用类型所有重金属元素的 Nemerow 综合污染指数；P_{max} 为土壤重金属最大单项污染指数；P_{ave} 为所有重金属单项污染指数平均值。

单项累积指数法：

$$P_j = C_j / L_j$$

式中：P_j 为土壤污染物 j 的累积指数；C_j 为土壤污染物 j 的实测浓度；L_j 为污染物 j 的区域背景值。

综合累积指数法：

$$P_s = \left(\frac{P_{max}^2 + P_{ave}^2}{2} \right)^{\frac{1}{2}}$$

式中：P_s 为某种土地利用类型所有重金属元素的综合累积指数；P_{max} 为土壤重金属最大单项累积指数；P_{ave} 为所有重金属单项累积指数平均值。

表 4-43 土壤重金属含量平均值与背景值

土地利用方式	Cu	Zn	Mn	Pb	Cd	As	Hg
I_1	51.38	106.79	453.52	54.41	0.57	10.99	0.32
I_2	37.20	96.33	440.36	49.41	0.64	9.32	0.23
I_3	44.99	90.31	445.64	50.11	0.62	7.90	0.14
I_4	37.47	84.12	436.11	44.56	0.40	7.93	0.13
II	28.69	73.16	387.94	44.12	0.60	6.10	0.13
III_1	43.33	90.24	436.68	50.62	0.48	8.15	0.17
III_2	43.01	90.29	441.02	51.39	0.65	7.59	0.11
III_3	36.77	80.10	415.08	37.50	0.54	6.03	0.13
IV	45.33	99.41	433.09	45.26	0.66	9.42	0.19

（续）

土地利用方式	Cu	Zn	Mn	Pb	Cd	As	Hg
V	29.20	78.38	413.80	49.39	0.52	7.06	0.15
国家二级标准值 S_i	100	250	—	300	0.60	20	1.0
湖南省土壤背景值 L_j	25	90	380	26.3	0.081	14	0.10

由表4-44不同土地利用方式下土壤重金属的污染指数及污染评价结果可知,单项污染指数以Cd较高,其中6年生杨树人工林（I_2）、4年生杨树人工林（I_3）、甘蔗（III_2）、水田（IV）的污染指数均大于1,分别为1.0583、1.0250、1.0750和1.0917,表明这类利用方式下土壤已受到Cd污染。其他土地利用方式各重金属元素的单项污染指数均小于1,表明土壤并无受污染迹象。单项污染指数平均值以Cd最高,Pb最低,大小排序为Cd（0.9400）>As（0.4024）>Cu（0.3974）>Zn（0.3556）>Hg（0.1665）>Pb（0.1589）。

表4-44　不同土地利用方式土壤重金属污染指数及污染评价

土地利用方式	单项污染指数 P_i						综合污染指数 P_I	污染等级
	Cu	Zn	Pb	Cd	As	Hg		
I_1	0.5138	0.4271	0.1814	0.9417	0.5495	0.3150	0.7500	警戒级
I_2	0.3720	0.3853	0.1647	1.0583	0.4660	0.2250	0.8119	警戒级
I_3	0.4499	0.3612	0.1670	1.0250	0.3950	0.1350	0.7839	警戒级
I_4	0.3747	0.3365	0.1485	0.6667	0.3963	0.1250	0.5296	安全级
II	0.2869	0.2926	0.1471	0.9917	0.3050	0.1300	0.7457	警戒级
III_1	0.4333	0.3609	0.1687	0.8000	0.4075	0.1650	0.6291	安全级
III_2	0.4301	0.3611	0.1713	1.0750	0.3793	0.1100	0.8164	警戒级
III_3	0.3677	0.3204	0.1250	0.8917	0.3013	0.1300	0.6789	安全级
IV	0.4533	0.3976	0.1509	1.0917	0.4710	0.1850	0.8372	警戒级
V	0.2920	0.3135	0.1646	0.8583	0.3528	0.1450	0.6566	安全级

综合污染指数以水田（IV）最高,2年生杨树人工林（I_4）最低,分别为0.8372和0.5296。10种土地利用模式下,土壤污染状况均处清洁或尚清洁状态,但仅I_4、III_1、III_3、V的污染等级为安全级,其余均已达警戒级。杨树人工林与旱地综合污染指数平均值分别为0.7189、0.7081,不同土地利用方式高低排序为$IV>I>III>II>V$,荒地的综合污染指数最低,水田最高。

由表4-45不同土地利用方式下土壤重金属的累积指数及累积评价结果可知,As的单项累积指数最低且均小于1,变化范围为0.4304~0.7850,表明各土地利用方式下土壤未发生As累积;此外,2年生杨树人工林（I_4）、园地（II）、玉米（III_3）和荒地（V）土壤Zn也未累积,单项累积指数均小于1,分别为0.9347、0.8129、0.8900和0.8709。其他土地利用方式下各元素均存在不同程度的累积现象。单项累积指数平均值以Cd最高,As最低,大小排序为Cd（6.9630）>Pb（1.8127）>Hg（1.6650）>Cu（1.5893）>Mn（1.1324）>Zn（0.9879）>As（0.5748）。

表 4-45　不同土地利用方式土壤重金属累积指数及累积评价

| 土地利用方式 | 单项累积指数 P_j | | | | | | | 综合累积指数 P_s | 累积等级 |
	Cu	Zn	Mn	Pb	Cd	As	Hg		
I₁	2.0552	1.1865	1.1935	2.0686	6.9753	0.7850	3.1500	5.2366	严重累积
I₂	1.4878	1.0703	1.1588	1.8787	7.8395	0.6657	2.2500	5.7842	严重累积
I₃	1.7994	1.0034	1.1727	1.9053	7.5926	0.5643	1.3500	5.5893	严重累积
I₄	1.4986	0.9347	1.1477	1.6941	4.9383	0.5661	1.2500	3.6973	严重累积
II	1.1476	0.8129	1.0209	1.6774	7.3457	0.4357	1.3000	5.3764	严重累积
III₁	1.7330	1.0026	1.1491	1.9245	5.9259	0.5821	1.6500	4.4214	严重累积
III₂	1.7202	1.0032	1.1606	1.9540	7.9630	0.5418	1.1000	5.8428	严重累积
III₃	1.4706	0.8900	1.0923	1.4257	6.6049	0.4304	1.3000	4.8574	严重累积
IV	1.8132	1.1045	1.1397	1.7209	8.0864	0.6729	1.8500	5.9528	严重累积
V	1.1678	0.8709	1.0889	1.8778	6.3580	0.5039	1.4500	4.6928	严重累积

　　土壤重金属综合累积指数以水田（IV）最高，2 年生杨树人工林（I₄）最低，分别为 5.9528 和 3.6973，10 种土地利用模式土壤重金属均达到严重累积等级。杨树人工林与旱地综合污染指数平均值分别为 5.0769、5.0405，不同土地利用方式高低排序为 IV>II>I>III>V。

4.9.3　土壤重金属影响因子主成分分析

　　对影响土壤重金属含量、分布的 14 个主要土壤理化性质指标进行主成分分析。包括土壤密度（x_1）、毛管孔隙度（x_2）、非毛管孔隙度（x_3）、总孔隙度（x_4）、自然含水量（x_5）、毛管持水量（x_6）、pH 值（x_7）、有机质（x_8）、全氮（x_9）、水解氮（x_{10}）、全磷（x_{11}）、速效磷（x_{12}）、全钾（x_{13}）、速效钾（x_{14}）。

　　经主成分分析求得各主成分特征向量、特征根、方差贡献率及方差累积贡献率。4 个主成分的特征根分别为 5.5605、3.7099、1.9690 和 1.1514，贡献率分别为 39.72%、26.50%、14.06% 和 8.25%，其累积贡献率为 88.53%，因此，可以用这 4 个成分来代替 14 个原始因子，其提取结果比较理想。

　　第 1 主成分中，土壤密度、毛管孔隙度、总孔隙度、自然含水量、毛管持水量、全氮、全磷及全钾的系数较大，是对第 1 主成分影响较大的特征向量，可以综合为土壤结构 – 水分 – 全量养分因子；第 2 主成分中，土壤密度、毛管孔隙度、非毛管孔隙度、自然含水量、pH 值的系数较大，综合为土壤结构 – 水分 –pH 值因子；第 3 主成分中，有机质、全氮、全磷、速效磷的所占比重较大，可命名为养分因子；第 4 主成分中，速效钾是主要决定因子，可以命名为速效钾因子。主成分分析结果表明，钱粮湖垸不同土地利用方式土壤重金属与土壤物理结构、水分性质以及化学养分密切相关，仅水解氮的影响较小。

4.9.4　土壤重金属主导因子方程

　　在主成分分析剔除水解氮（x_{10}）因子的基础上，以其余 13 个因子作为自变量，以土壤重金属元素含量 Cu（y_1）、Zn（y_2）、Mn（y_3）、Pb（y_4）、Cd（y_5）、As（y_6）、Hg（y_7）为因变量，进行双重筛选逐步回归分析，得到 5 组土壤重金属主导因子方程：

　　第①组回归方程：

　　$y_1 = -3.2173 - 1.0806x_6 + 3.5535x_{13}$；

第②组回归方程：

$y_2 = 24.4880 - 0.53776x_2 - 4.4529x_9 - 0.3232x_{12} + 5.0337x_{13} + 0.1246x_{14}$；

第③组回归方程：

$y_3 = 389.9597 - 1.8821x_3 + 6.2584x_9 + 0.1066x_{14}$；

第④组回归方程：

$y_4 = 40.8287 + 0.0274x_3 + 0.2187x_6 + 0.7372x_8 - 0.4390x_9 - 0.4187x_{11}$；

$-0.2031x_{12} + 0.1344x_{14}$

$y_5 = 0.1728 - 0.0009x_3 + 0.0065x_6 + 0.0069x_8 - 0.0004x_9 + 0.0028x_{11}$；

$-0.0025x_{12} - 0.0003x_{14}$

$y_6 = 4.5410 + 0.0069x_3 + 0.1564x_6 + 0.0575x_8 + 0.2551x_9 - 0.1327x_{11}$；

$-0.0106x_{12} + 0.0211x_{14}$

第⑤组回归方程：

$y_7 = 2.8950 - 1.1457x_1 - 0.0267x_4 - 0.0044x_{11} + 0.0169x_{13}$。

由计算结果可知，土壤 Cu 含量及分布主要受毛管持水量及全钾的影响；Zn 主要受毛管孔隙度、全氮、速效磷、全钾和速效钾的影响；Mn 主要受非毛管孔隙度、全氮和速效钾的影响；Pb、Cd 及 As 受相同自变量影响，主要影响因素为非毛管孔隙度、毛管持水量、有机质、全氮、全磷、速效磷和速效钾；Hg 主要受土壤密度、总孔隙度、全磷和全钾的影响。

综上所述，土壤中重金属元素含量既与母岩及成土母质有密切关系，又受到局部环境状况、地形地貌、生物地球化学循环以及人类活动的深刻影响（Sharma，1999；周启星等，2006）。0~50cm 土壤重金属元素 Cu、Zn、Mn、Pb、Cd、As、Hg 的含量变化范围分别为 27.54~51.81mg/kg、68.68~113.77mg/kg、386.18~464.56mg/kg、30.63~67.91mg/kg、0.19~0.74mg/kg、5.33~13.88mg/kg 和 0.06~0.32mg/kg。0~25cm 土层中，Cu、Zn、Pb、As 和 Hg 含量均以 9 年生杨树人工林（I_1）最高，分别为 51.81mg/kg、113.77mg/kg、67.91mg/kg、13.88mg/kg 和 0.32mg/kg；Mn、Cd 含量则分别以 2 年生杨树人工林（I_4）、水田（Ⅳ）最高，为 449.38mg/kg、0.74mg/kg；Cu、Mn、Hg 含量均以园地（Ⅱ）最低，分别为 29.84mg/kg、389.69mg/kg 和 0.12mg/kg；Zn、Pb、As 含量以玉米（$Ⅲ_3$）最低，分别为 76.80mg/kg、30.63mg/kg 和 6.10mg/kg；Cd 含量以 2 年生杨树人工林（I_4）最低，为 0.19mg/kg。25~50cm 土层中，Cu、Mn、Hg 含量以 9 年生杨树人工林（I_1）最高，分别为 50.95mg/kg、464.56mg/kg 和 0.31mg/kg；Zn、As 含量以水田（Ⅳ）最高，分别为 100.01mg/kg、9.86mg/kg；Pb、Cd 含量则分别以甘蔗（$Ⅲ_2$）、4 年生杨树人工林（I_3）最高，为 57.87mg/kg、0.74mg/kg；Cu、Zn、Mn、As 含量以园地（Ⅱ）最低，分别为 27.54mg/kg、68.68mg/kg、386.18mg/kg 和 5.33mg/kg；Pb 含量以水田（Ⅳ）最低，为 38.36mg/kg；Cd 含量以 9 年生杨树人工林（I_1）最低，为 0.47mg/kg；Hg 含量以荒地（Ⅴ）最低，为 0.06mg/kg。可见，0~50cm 土层范围内杨树人工林土壤重金属含量较高，这主要是由于杨树人工林主要分布于垸外湖滩及垸内地势低洼、地下水位较高的地方，污泥淤积较为深厚，重金属经地表或壤中径流易于聚集成"汇"；园地重金属含量较低，表明其遭受重金属污染程度较轻。

研究土壤中重金属的相关性可以推测其来源是否相同，若重金属含量有显著的相关性，说明其同源的可能性较大，否则来源不止一个（陈怀满，1996）。这与金文芬等对土壤重金属相关性研究结果类似。Cu 与 Zn、Mn，Zn 与 Mn、As、Hg，As 与 Mn、Hg 达极显著相关，Pearson 相关系数分别为 0.8765、0.8509、0.8443、0.9512、0.7838，以及 0.7743、0.8665；As 与 Cu、Pb 达较显著相关，相关系数分别为 0.7489 和 0.6426；Pb

与 Zn、Mn 达显著相关，相关系数分别为 0.5865 和 0.6185。重金属元素之间的显著相关性，表明这些元素的来源可能相同。

土壤重金属单项污染指数以 Cd 较高，且 6 年生杨树人工林（I_2）、4 年生杨树人工林（I_3）、甘蔗（III_2）、水田（IV）的污染指数均大于 1，土壤已受到 Cd 污染。As 的单项累积指数最低且均小于 1，表明各土地利用方式下土壤未发生 As 累积；此外，2 年生杨树人工林（I_4）、园地（II）、玉米（III_3）和荒地（V）土壤 Zn 也未发生累积，其他土地利用方式下各元素均存在不同程度的累积现象。不同土地利用方式综合污染指数、综合累积指数均以水田（IV）最高（0.8372、5.9528），荒地最低（0.6566、4.6928），表明土地利用方式是造成土壤重金属污染的重要驱动力，而水田最高，已成为威胁作物污染和人类健康的来源。

土壤重金属含量、分布与土壤理化性质等多种因素有关，从中筛选出主导影响因子，对于掌握土壤重金属分布累积规律、调控土壤质量和指导土地利用方式具有重要意义（陈守莉，孙波，2008）。主成分分析结果表明，钱粮湖垸不同土地利用方式土壤重金属与土壤物理结构、水分性质以及化学养分密切相关，仅水解氮的影响较小。双重筛选逐步回归分析表明，土壤 Cu 主要受毛管持水量、全钾的影响；Zn 主要受毛管孔隙度、全氮、速效磷、全钾和速效钾的影响；Mn 主要受非毛管孔隙度、全氮和速效钾的影响；Pb、Cd 及 As 受相同自变量影响，主要影响因素为非毛管孔隙度、毛管持水量、有机质、全氮、全磷、速效磷和速效钾；Hg 主要受土壤密度、总孔隙度、全磷和全钾的影响。

4.10 钱粮湖垸不同土地利用方式土壤质量综合评价结果

4.10.1 不同土地利用方式土壤质量综合评价结果

钱粮湖垸林地、园地、旱地、水田及荒地 5 类 10 种土地利用方式土壤质量综合评价结果如图 4-23 所示。

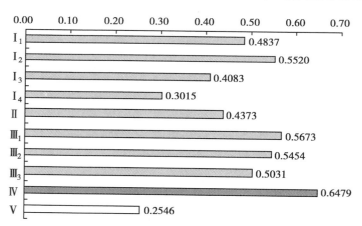

图 4-23　不同土地利用方式土壤质量综合评价得分

土壤综合质量排序为 $IV>III>II>I>V$，不同土地利用方式以水田最高，荒地最低，得分分别为 0.6479 和 0.2546，林地平均得分为 0.4364，接近于园地（0.4373），而低于旱地（0.5386）。

4.10.2 土壤质量评价指标排序聚类

根据土壤质量各评价指标的权值大小，采用最小距离法将 28 个评价指标聚为 4 类，每一聚类等级所包含的指标及其排序如下：

第Ⅰ类（2个）：$x_8 > x_{10}$；

第Ⅱ类（6个）：$x_{27} > x_4 > x_{12} > x_{14} > x_9 > x_{20}$

第Ⅲ类（11个）：x_{11}、$x_{13} > x_1$、x_2、x_5、$x_6 > x_{23}$、x_{24}、x_{25}、$x_{26} > x_{21}$

第Ⅳ类（9个）：x_3、$x_{22} > x_{28} > x_{15}$、x_{16}、x_{17}、x_{18}、$x_{19} > x_7$。

指标排序及聚类分析结果表明：

（1）钱粮湖垸不同土地利用方式下土壤有机质（x_8）和水解氮（x_{10}）含量与土壤质量关系最大，其权值最高，分别为0.1391、0.0765。

（2）土壤重金属综合污染指数（x_{27}）、总孔隙度（x_4）、速效磷（x_{12}）、速效钾（x_{14}）、全氮（x_9）和细菌数量（x_{20}）等6个指标对土壤质量也具有重要影响，其权值变化范围为0.0415~0.0582。

（3）全磷（x_{11}）、全钾（x_{13}）、土壤密度（x_1）、毛管孔隙度（x_2）、自然含水量（x_5）、毛管持水量（x_6）、磷酸酶（x_{23}）、脲酶（x_{24}）、蛋白酶（x_{25}）、脱氢酶（x_{26}）和真菌数量（x_{21}）等11个指标的权值变化范围为0.0262~0.0379，对土壤质量的影响较弱。

（4）土壤非毛管孔隙度（x_3）、放线菌数量（x_{22}）、土壤重金属综合累积指数（x_{28}）、有效微量元素Cu（x_{15}）、有效Zn（x_{16}）、有效Fe（x_{17}）、有效Mn（x_{18}）、有效Mo（x_{19}）和pH值（x_7）等9个指标对土壤质量的贡献最低，权值变化范围为0.0107~0.0206。

（5）土壤物理、化学、生物和重金属等各类指标权重平均值大小（图4-24）表现为土壤物理性质（0.0670）>土壤化学性质（0.0400）>重金属污染累积（0.0388）>土壤生物性质（0.0287），这表明土壤物理指标对土壤质量的综合作用最明显，在土地利用过程中，除了施肥补充土壤养分，减少重金属输入性污染，调控土壤生物性能外，更加注重土壤物理性质的管理，以改善土壤水分物理结构状况。

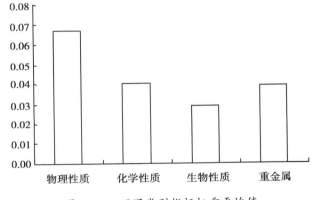

图4-24　不同类型指标权重平均值

综合而言，在钱粮湖垸退田还湖过程中，土壤总孔隙度、有机质、细菌数量和重金属综合污染指数分别是土壤物理、土壤化学、土壤生物学以及土壤重金属污染累积4类指标中对土壤质量贡献最大的4个指标。而土壤孔隙状况等土壤物理指标，有机质、水解氮、速效磷、速效钾、全氮等土壤养分指标，细菌数量等生物学指标以及土壤重金属综合污染指数与土壤质量关系密切，是进行综合评价时构建最小数据集必须加以考虑的因素。

根据指标体系构建原则，从土壤物理性质、化学性质、生物学性质及土壤重金属污染累积4个方面选择了28个指标，建立土壤质量评价指标体系。运用层次分析法，研究了退田还湖对钱粮湖单退垸林地、园地、旱地、水田及荒地5类10种土地利用方式土壤质量的研究，对各评价指标进行了聚类排序。

土壤综合质量排序为Ⅳ>Ⅲ>Ⅱ>Ⅰ>Ⅴ，不同土地利用方式以水田最高，荒地最低，这可能是由于水田处集约经营状态，土壤本身的理化性质较为优良，并存在外源性养分的输入，而荒地土壤缺乏耕作措施，土壤通气透水性能较差，植被稀疏，归还到土壤的养分也较少。林地土壤质量接近于园地，而低于旱地，并且表现为高年龄林分（Ⅰ₁、Ⅰ₂）土壤质量优于低年龄林分（Ⅰ₃、Ⅰ₄），这一方面可能与林地所处立地条件有关，另一方面也是由于前者根系发达、光合作用强、枯枝落叶分解归还养分多，养分自肥功能更强。

各类指标对土壤质量贡献大小排序为土壤物理性质（0.0670）>土壤化学性质（0.0400）>重金属污染累积（0.0388）>土壤生物性质（0.0287）。土壤总孔隙度、有机质、细菌数量和重金属综合污染指数分别是土壤物理、土壤化学、土壤生物学以及土壤重金属污染累积4类指标中对土壤质量贡献最大的4个指标。

而土壤孔隙状况等土壤物理指标，有机质、水解氮、速效磷、速效钾、全氮等土壤养分指标，细菌数量等生物学指标以及土壤重金属综合污染指数与土壤质量关系密切，是进行综合评价时构建最小数据集必须加以考虑的因素。

第五章 退田还湖工程对滩地土壤
呼吸规律的影响

土壤呼吸是生态系统碳素循环的一个重要过程，是土壤碳素同化异化平衡作用的结果。土壤呼吸是土壤中生命活动的表征。对土壤 CO_2 释放量测量的准确与否是评价生态系统中生物学过程的关键（叶笃正，1992）；而且，对土壤呼吸及其与之相关联的参数的监测能够准确估测出根系和土壤中的微生物对气候变化的反应（Siegenthaler, U. 等，1993；Thierron, V., 1996）。此外，土壤呼吸也在一定程度上反映了土壤养分转化和供应的能力（Liebig, M. A. 等，1996），是土壤质量和肥力的重要生物学指标（崔骁勇等，2001；Knoepp, J.D. 等, 2000）和土壤健康状况的指示因子（Anderson, T. H., 1994；Rice, P. B. 等, 1994；Sparling, G. P., 1997；Van Straalen, N. M., 1997）。因此，精确测量土壤呼吸是目前全球变化研究中最重要和最迫切需要研究的课题。

本研究所处长江中下游是我国滩地分布最为集中的区域，同时是我国主要经济发达地区。其滩地资源所处独特的社会环境以及存在的生态问题的特殊性（血吸虫）以及滩地生态系统在陆地生态系统碳循环中的重要地位决定了在此进行土壤呼吸研究，了解 CO_2 温室气体的排放动态及规律，揭示长江中下游滩地资源碳收支机理有着重要的理论价值和现实意义。我们于 2005~2006 年在湖南岳阳长江滩地选择杨树林、芦苇、苔草及农田用地进行为期一年的土壤呼吸特征研究。

本章主要是通过采用动态气室 CO_2 红外分析法对土壤呼吸进行精准、连续的测定，从而准确掌握长江中下游滩地不同土地利用方式土壤呼吸的动态变化规律。阐明本地区土壤呼吸的日变化及季节变化特征。并同步测定土壤温度、土壤及土壤肥力、植被状况等因子的季节变化，从而揭示土壤呼吸与上述各影响因子之间的相关关系，探索土壤呼吸的驱动机制，为间接评估滩地生态系统土壤碳通量提供理论依据。

5.1 土壤呼吸试验点概况

试验在湖南省岳阳市君山区长江外滩及洞庭湖湖滩地上进行。

君山区位于湖南省北部，岳阳市的西南方，是洞庭湖中的一个小岛，地处北纬 29°31′40″，东经 112°51′34″。本区位于中亚热带向北亚热带过渡气候区，具有典型的亚热带湿润季风气候特征。春季多雨，秋季多旱，冬季严寒。年平均降水量 1200.7~1414.6mm，年均相对湿度 80%。年平均气温 16.5~17.0℃，大于 10℃ 的活动积温 5254.1~5529.2℃，极端低温 -13.7℃，极端高温 39.3℃。无霜期 263.7~276.6d，年日照 1644.3~1813.8h。土壤为江湖滩地特有的潮土类型，土层深度达 2m 以上，矿质养分丰富，有机质含量较高。滩地每年汛期平均淹水时间为 20~50d，最长可达 130d，其淹水退水受制于长江水位，若长江水位高，湖水的水位也高，相互顶托。于长江外滩及洞庭湖外滩分别选择杨树林、芦苇、苔草及农田四种土地利用方式，分析土壤呼吸规律及其与影响因子的相关关系，以期说明长江中下游滩地土壤呼吸特征，为提出增强碳汇功能的措施提供理论依据。将各土地利用方式的基本情况列于表 5-1。

表 5-1　研究地点概况

土地利用方式	杨树林	芦苇	苔草	农田
地理位置	广兴洲镇长江外滩北矮围	广兴洲镇长江外滩南矮围	柳林洲镇南堤洞庭湖外滩	西城办事处洞庭湖外滩芦西湾
地理坐标	N29°31′22.2″ E112°55′22.3″	N29°31′17.0″ E112°55′40.5″	N29°22′49.8″ E113°00′20.6″	N29°25′8.7″ E113°03′34.3″
高程 /m	40	38	24	8
植被状况	2000 年营造，株行距 4m×5m，密度 495 株 /hm²，平均胸径 14cm，平均树高 16m。林下草本植物盖度 70%~80%。主要有：狗牙根（Cynodon dactylon）、牛鞭草（Hemarthria）、水芹（Oenanthe javanica）等	丛状生长，盖度 90%~95%。夹杂堇菜（Viola）、水芹（Oenanthe javanica）、辣蓼（Clematis）等	丛状生长，盖度 90%~95%	人工生态系统。11~4 月种植油菜，5~10 月种芝麻

5.2　实验数据的测定与分析

5.2.1　土壤呼吸测定方法

　　土壤呼吸采用红外气体分析仪（IRGA）测定，仪器型号为 LI-8100（LI-COR，Lincoln，NE，USA）。该仪器的测量原理、测量过程及主要特点详见文献 [98]。试验选用长期测量室（Long-Term Chamber）和短期测量室（10cm Survey Chamber）进行测定。因为在杨树林地有防护栏保护，故将长期测量室固定在林地内进行长期监测，以便能用连续一年的数据分析、说明滩地土壤呼吸年季变化特征。另外，从 2005 年底到 2006 年年底，每月上旬和下旬各选择一天，用长、短期测量室同步对四种土地利用方式进行土壤呼吸速率日变化测定，测定结果说明滩地土壤呼吸速率日变化特征及不同土地利用方式之间土壤呼吸变化动态的不同。并通过逐月测得的数据分析各土地利用方式土壤呼吸季节变化动态。试验样点的布设如图 5-1 所示。长期测量室的配套基座尺寸为直径 230mm，高 114.3mm。短期测量室的基座直径 100mm，高 44mm，基座为聚氯乙烯圆柱体。在四种土地利用方式样地上，选择地势平坦，植被分布均匀的地段进行野外测定。测定前，将基座（Soil collar）嵌入土壤 25~35mm，同时将基座内的草本植物齐地剪除，并将枯枝落叶清除，但尽量做到不破坏土壤。砸实基座外土壤，以防漏气。为避免由于安置叶室对土壤扰动造成的短期内呼吸速率的波动，在经过 24h 平衡后进行测定。土壤呼吸速率进行 24h 连续测定，9:00 开始，白天每隔 2h 测定 1 次，夜间 3h 测定 1 次，共计 10 次。

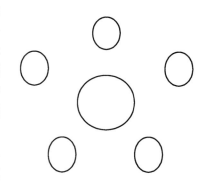

图 5-1　土壤呼吸速率样点分布

　　土壤 CO_2 排放通量的计算公式为：

$$F_c = \frac{10VP_0\left(1 - \dfrac{W_0}{1000}\right)}{RS(T_0 + 273.15)}\frac{\partial C'}{\partial t'}$$

　　式中，F_c 为土壤 CO_2 排放通量 [μmol/（m²·s）]，V 为测量室体积（cm³），P_0 为测量室初始压力（kPa），W_0 为测量室初始水分含量（mmol/mol），R 为气体常数，S 为基座内土壤表面积（cm²），P_0 为测量室初始空气温度（℃），$\frac{\partial C'}{\partial t'}$ 为 CO_2 浓度随水分含量变化的变化速率（µmol/s）。

5.2.2 土壤样品的采集及测定

分季度进行土壤样品取样，每季度取样一次，共四次。取样时选择地势平坦，植被分布均匀的地段挖 $1m \times 1m \times 1m$ 的剖面，分 0~5cm、5~10cm、10~20cm、20~40cm、40~60cm、60~80cm、80~100cm 七层进行取样。测量指标及各指标的测定方法见表 5-2。

表 5-2　土壤养分测定方法

测定内容	测定方法	测定内容	测定方法
土壤有机质	重铬酸钾容量法（外加热法）	土壤速效磷	双酸浸提（0.05/L HCl – 0.025mol/L 1/2H$_2$SO$_4$）
土壤全氮	硒粉 – 硫酸酸铜消化 – 扩散吸收法	土壤速效钾	乙酸铵浸提—火焰光度计法
土壤水解氮	碱解扩散吸收法	土壤 pH 值	酸度计法

5.2.3 土壤微生物的取样及测定

分季度取土壤微生物样品，每季度取样一次，共四次。取样选择地势平坦，植被分布均匀地段，按 0~5cm、5~10cm、10~20cm 三层进行，测定方法为稀释平板法。

5.2.4 环境因子的测定

在进行土壤 CO_2 释放速率测定的同时，用连接在 LI–8100 仪器辅助传感器热电偶上的温度传感器和水分传感器同步进行地表温度、土壤温度（5cm）及土壤含水量（5cm）的测定。

5.2.5 植被生物量的取样及测定

与土壤样品一致，植被生物量也分四个季度取样。在取样时，选择地势平坦，植被分布均匀地段，按 $1m^2$ 面积分别采集植株地上及地下部分鲜样，使用通风高温烘箱 105℃下杀青，并置 70℃下烘干至恒重。记录植株的湿重及干重。

5.2.6 试验数据分析

采用 SPSS11.5 软件及 Microsoft Excel（2003）进行数据处理分析；图表的制作采用 Microsoft Excel（2003）。

5.3 不同土地利用方式土壤呼吸变化

5.3.1 土壤呼吸速率日变化

图 5-2 表示长江中下游滩地各土地利用方式 2006 年春、夏、秋、冬四季的土壤呼吸速率日变化动态。如图所示，土壤呼吸速率日变化动态表现为昼高夜低，且各季度呈大致相同的变化规律。土壤呼吸速率日变化为单峰型曲线。一般从早上 9：00 开始，随着土壤温度的升高，土壤呼吸速率逐渐增大，在 11：00~13：00 时左右达到最大值，随后土壤温度逐渐下降，土壤呼吸速率也相应减小，次日 5：00 时左右达到最小值。7：00 时又表现出缓慢的上升趋势。

从图中可知，土壤呼吸速率日变化幅度以春、冬两季较大，夏、秋两季较小。在春季芦苇地中，土壤呼吸速率日变化最大值为 16.16µmol/（$m^2 \cdot s$），最小值为 4.74µmol/（$m^2 \cdot s$）。最大值是最小值的 3.41 倍；

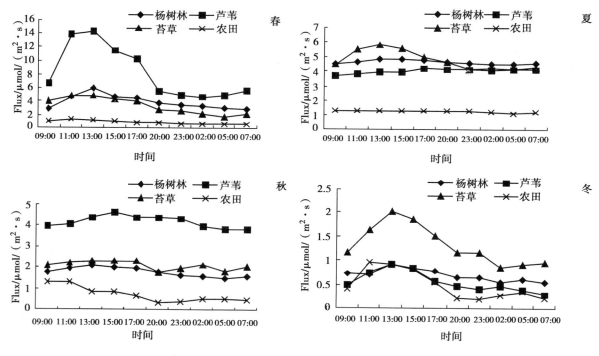

图 5-2 不同土地利用方式土壤呼吸速率日变化

在冬季的苔草地中，土壤呼吸速率日变化最大值为 $2.03\mu mol/(m^2 \cdot s)$，最小值为 $0.875\mu mol/(m^2 \cdot s)$。最大值是最小值的 2.32 倍。差异达显著水平。可见长江滩地土壤呼吸速率日动态存在昼夜变化幅度较大的情况。

春、秋两季土壤呼吸速率均表现为芦苇地最大，苔草地和杨树林土壤呼吸速率相当，而农田土壤呼吸速率最小。夏季杨树林、芦苇及苔草地土壤呼吸速率差不多，农田最小。冬季苔草地土壤呼吸速率最大，而芦苇地的土壤呼吸速率不及苔草地，原因是由芦苇收割引起的。此时地表裸露，又因为长江外滩风速较大，空气流通速度较快，以至于土壤微生物及根系活动不稳定，不能很好地行使其功能；另外，芦苇收割的结果使得小生境发生变化，水热因子的稳定性也遭到破坏。故其土壤呼吸速率较低。春季不同土地利用方式日均土壤呼吸速率分别为：杨树林 $3.9275\mu mol/(m^2 \cdot s)$、芦苇 $8.2091\mu mol/(m^2 \cdot s)$、苔草 $3.3609\mu mol/(m^2 \cdot s)$、农田 $0.9327\mu mol/(m^2 \cdot s)$；夏季：杨树林 $4.669\mu mol/(m^2 \cdot s)$、芦苇 $4.0345\mu mol/(m^2 \cdot s)$、苔草 $4.786\mu mol/(m^2 \cdot s)$、农田 $1.2665\mu mol/(m^2 \cdot s)$；秋季：杨树林 $1.7988\mu mol/(m^2 \cdot s)$、芦苇 $4.1759\mu mol/(m^2 \cdot s)$、苔草 $2.1142\mu mol/(m^2 \cdot s)$、农田 $0.7408\mu mol/(m^2 \cdot s)$；冬季：杨树林 $0.7022\mu mol/(m^2 \cdot s)$、芦苇 $0.5619\mu mol/(m^2 \cdot s)$、苔草 $1.3306\mu mol/(m^2 \cdot s)$、农田 $0.4932\mu mol/(m^2 \cdot s)$。四种土地利用方式日均土壤呼吸速率大小表现为：芦苇 $[4.245\mu mol/(m^2 \cdot s)]$ > 苔草 $[2.898\mu mol/(m^2 \cdot s)]$ > 杨树林 $[2.774\mu mol/(m^2 \cdot s)]$ > 农田 $[0.858\mu mol/(m^2 \cdot s)]$。采用平均值矩估计的方法，求得长江滩地日均土壤呼吸速率为 $2.6939 \pm 0.5335\mu mol/(m^2 \cdot s)$（$P<0.05$，$n=32$）。

植物群落不同，土壤呼吸速率动态亦存在异质性（Zhang Yan 等，2003）。通过植被调查，我们得知杨树林草本植物物种丰富度最大，多样性最高。因此，为了说明土壤呼吸的这种性质，选择杨树林夏末秋初土壤呼吸速率日变化特征进行说明。从图 5-3 中可以看出，植物群落不同，土壤呼吸速率日动态存在很大差异。其原因在文献综述中已阐明。按土壤呼吸速率的大小排列：狗牙根 + 牛鞭草（*Cynodon dactylon+ Hemarthria*）> 益母草（*Leonurus artemisia*）> 水芹（*Oenanthe javanica*）> 狗牙根 + 野胡萝卜（*Cynodon dactylon+Daucus carota*）> 牛鞭草（*Hemarthria*）。其日均土壤呼吸速率分别为：$5.220\mu mol/(m^2 \cdot s)$、

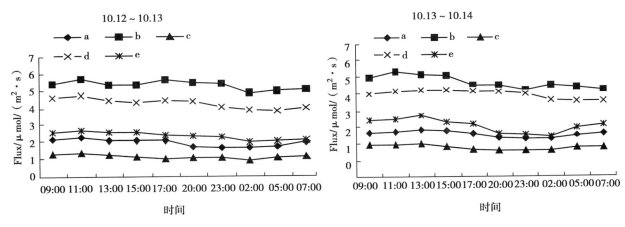

图 5-3　杨树林不同植物群落土壤呼吸速率日变化

a：狗牙根＋野胡萝卜（*Cynodon dactylon+Daucus carota*）；b：狗牙根＋牛鞭草（*Cynodon dactylon+ Hemarthria*）；c：牛鞭草（*Hemarthria*）；d：益母草（*Leonurus artemisia*）；e：水芹（*Oenanthe javanica*）。

4.326μmol/（m²·s）、2.429μmol/（m²·s）、1.981μmol/（m²·s）、1.211μmol/（m²·s）。在狗牙根＋牛鞭草群落，日呼吸速率最大值5.74μmol/（m²·s），最小值4.79μmol/（m²·s），差值0.95μmol/（m²·s）。益母草群落，日呼吸速率最大值4.79μmol/（m²·s），最小值3.84μmol/（m²·s），差值0.95μmol/（m²·s）。水芹群落，日呼吸速率最大值3.1μmol/（m²·s），最小值1.875μmol/（m²·s），差值1.225μmol/（m²·s）。狗牙根＋野胡萝卜群落，日呼吸速率最大值2.275μmol/（m²·s），最小值1.71μmol/（m²·s），差值0.565μmol/（m²·s）。牛鞭草群落，日呼吸速率最大值1.36μmol/（m²·s），最小值0.88μmol/（m²·s），差值0.48μmol/（m²·s）。土壤呼吸速率日变幅为0.48~1.875μmol/（m²·s）。日均土壤呼吸速率变异系数54.4%。

5.3.2 土壤呼吸速率季节变化

土壤作为一个巨大的碳库在陆地碳收支中存在着很大的不确定性，仅以环境因素来解释土壤呼吸年内及年间变化特征时缺乏全面性。比方说，植物生长季的长短在很大程度上影响了生态系统碳通量的多少（Goulden, M. L. 等，1996），因此植物物候期对土壤呼吸年收支的影响显得格外重要。研究表明，土壤呼吸速率在大多数生态系统中都存在比较明显的季节变化规律（郑兴波，2006）。使用LI-8100土壤呼吸仪对滩地四种土地利用方式土壤呼吸速率进行测量，说明土壤呼吸速率的季节变化，即植被物候期的变化对土壤呼吸速率的影响。将测量结果绘于图5-4。

从趋势线的变化规律可以看出，土壤呼吸速率在各季节间存在明显差异。杨树林、苔草及农田三种土地利用方式夏季的土壤呼吸速率最大，秋、冬季节较小。其原因是在一个生长季节内，环境因子的变化，比如温度的变化必将引起土壤含水量、植物第一性生产力、土壤碳储量等因子的同步变化，而这些因子引起的土壤呼吸速率变化则是随着季节的变化而变化的，也就是随着植物物候期的变化而变化的。比如，在夏季，土壤温度高，从而使土壤含水量很可能成为土壤呼吸的限制因子；或者在冬季，大气温度达到一年中最低值，土壤温度有可能成为土壤呼吸的限制因子。本文研究的滩地生态系统，夏季日辐射能量高，日照时数长，日照百分率大。同时，植物在夏季较其他季节来说，生产力最强，处于生长顶峰时期，使得通过光合作用同化生产干物质的量最多，并远远大于植物因呼吸作用放出的C量，因此在植物根系及土壤中聚集了大量的C，又因为夏季土壤水热条件优越，土壤微生物活动剧烈，植物根系分解速度快，促使土壤以较快的速度排放CO_2。秋、冬季节土壤呼吸速率最小的原因是：植物在此时处于生长末期或休眠期，基本停止生长；同时环境状况也不及夏季优越，制约了土壤生物的活动，从而使土壤呼吸速率在秋、冬两季较小。春季，温度回升，植物发芽并开始生长，土壤生物也开始活动，因此，春季的呼吸速率相对于植物

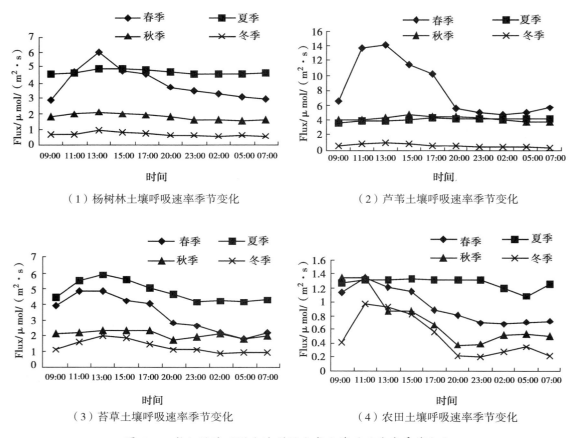

图 5-4 长江滩地不同土地利用方式土壤呼吸速率季节变化

生长末期及休眠期要高些。反映在图中即春季的土壤呼吸速率大于秋、冬季的土壤呼吸速率。

从芦苇的土壤呼吸速率季节变化规律看，春季的土壤呼吸速率最大。原因是芦苇在春季刚刚出土，高度不到50cm。此时受到的光照及土壤水热条件均较好，并且日光可以直接到达土体，使土表的各种生理生化反应速率较大；另外，在芦苇刚刚出土生长初期，地下根系也相应地处于发育生长初期阶段，此阶段根系没有达到非常致密的状态。因此，土壤具有较好的物理结构，土壤孔隙较多，有利于 CO_2 气体的排放。随着芦苇的生长，到夏季时高度约有3m左右。地上及地下根系的茂密生长阻碍了光线的射入，空气流通较差，同时根系压实土体及填充土壤孔隙的作用制约了 CO_2 的排放，使得夏季的土壤呼吸速率反而比春季小。

5.3.3 土壤呼吸速率年变化

土壤呼吸速率在大多数生态系统中都存在比较明显的年变化规律，在长江滩地生态系统亦如此。因杨树林地设有保护栏，土壤呼吸速率及水热因子都有连续一年的数据。因此，为说明滩地生态系统土壤呼吸年变化规律，我们选杨树林作代表，将其土壤呼吸速率年变化动态绘于图5-5，并将温度和土壤含水量（5cm）的年变化动态绘于图5-6。为了说明滩地生态系统土壤呼吸速率年变化规律及其与影响因子的相关关系。

从杨树林土壤呼吸速率和温度、含水量（5cm）的年变化曲线图中可以看出：土壤呼吸速率、温度和土壤含水量（5cm）均呈现出明显的年动态变化规律。并且土壤呼吸速率与温度、土壤含水量（5cm）的相关性较显著。早春，随着气温的回升和土壤含水量的增大，土壤呼吸速率逐渐增强，5月进入雨季，由于土壤含水量的波动增长，并保持在20%左右较理想的状态。同时由于温度的持续回升，促使土壤生物活动旺盛、植物地上及地下部分生理活动增强，其共同效应使得有机质分解、根系呼吸、土壤微生物等活

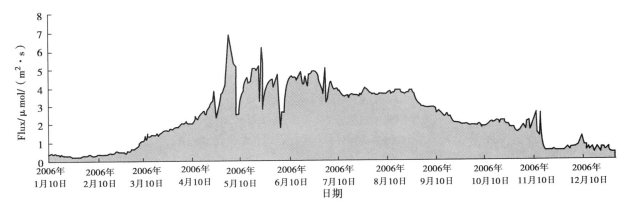

图5-5　杨树林土壤呼吸速率年变化

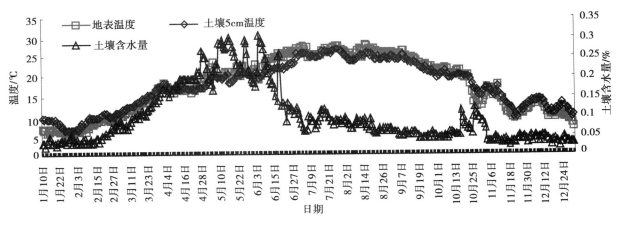

图5-6　杨树林温度、土壤含水量（5cm）年变化

动速率加快，因此，此时土壤呼吸速率也有较大幅度的增长并随着水分含量的波动而波动，并在5月3日出现土壤呼吸速率的最大值6.7394μmol/（m²·s）。随后，一直到7月底8月初，土壤呼吸速率均保持在较高的水平。8月后，随着温度的降低及土壤含水量的减少，土壤微生物活性降低;同时植物已过了生长旺季，其根系的生理活动减弱，因此土壤呼吸速率也逐渐减小。在冬季1月上旬出现全年土壤呼吸速率的最低值［0.2232μmol/（m²·s）］。从年初到2月末，以及年尾的半个月左右，土壤呼吸速率均处在较低的水平。变化范围在0.2232~0.4374μmol/（m²·s）左右，平均值为0.3692μmol/（m²·s）。

从图5-6中可知，地表温度和土壤温度（5cm）的年变化动态基本一致，但由于地表温度受外界环境因子的影响较大，故变化幅度大于土壤温度（5cm）。表现为4月~10月地表温度曲线位于土壤温度（5cm）曲线的上方，而从10月开始到次年3月底地表温度曲线在土壤温度（5cm）曲线的下方。不难看出，土壤温度（5cm）的年变化动态更能清楚的说明土壤呼吸速率的年变化规律。从温度年动态曲线上看出，不管是地表温度还是土壤温度（5cm），最高值均出现在8月中旬的一段时间内，而土壤呼吸速率在此时并不是一年中的最大值。因为微生物生活的适宜温度是25~35℃之间，而此时的土温均保持在25℃左右。因此可以判定8月土温不成为制约土壤呼吸的限制因子。从图中看出，土壤含水量（5cm）从7月开始均保持在较低的水平，大致范围在5%~10%之间。较低的土壤含水量致使土壤生物及根系的一切生理活动不能理想的进行，因此土壤释放CO_2的进程也受到了制约。可见，土壤呼吸速率表现出的年动态变化与温度的变化节律有所不同。从图5-6中可以知，温度的变化相对于土壤呼吸速率来说，存在相对滞后性。土壤呼吸速率的最高值出现在温度适中而降雨量最大的月份。

5.3.4 温度对土壤呼吸速率的影响

一般而言，温度是影响土壤呼吸作用的最主要因素，二者之间具有较明显的相关性。许多野外测定及室内实验均表明，土壤呼吸速率与土壤温度之间有明显的指数函数相关关系，土壤呼吸速率随土壤温度的上升呈指数函数上升。为定量测定土壤呼吸速率与土壤温度的关系，将温度梯度分为地表温度和土壤温度（5cm）。从各土地利用方式土壤呼吸速率与地表温度和土壤温度（5cm）相关图看出，芦苇、苔草、农田土壤呼吸速率与地表温度的相关性均比与土壤温度（5cm）相关性高。杨树林的土壤呼吸速率与地表温度的相关性（$R^2 = 0.6225$）和与土壤温度（5cm）的相关性（$R^2 = 0.644$）相当。

从图5-7至图5-10可知，芦苇土壤呼吸速率与地表温度的相关方程为 $y = 0.4003e^{0.1079x}$，$R^2 = 0.6082$，与土壤温度（5cm）的相关方程为 $y = 0.3111e^{0.1309x}$，$R^2 = 0.472$；苔草土壤呼吸速率与地表温度的相关方程为 $y = 1.0332e^{0.0456x}$，$R^2 = 0.8184$，与土壤温度（5cm）的相关方程为 $y = 0.7412e^{0.0713x}$，$R^2 = 0.31$；农田土壤呼吸速率与地表温度的相关方程为 $y = 0.2471e^{0.0521x}$，$R^2 = 0.7774$，与土壤温度（5cm）的相关方程为 $y = 0.2739e^{0.0512x}$，$R^2 = 0.4728$。从相关方程判定系数的大小可以看出地表温度与土壤呼吸速率之间的相关性较好。究其原因，土壤中有机物质在微生物作用下分解最终会产生 CO_2，且微生物的活性和一系列生化反应的速率都与温度呈明显的正相关，从而使温度成为影响 CO_2 排放的关键因子。同时土壤温度（5cm）受外部环境影响较小，温度变化较为和缓，CO_2 排放通量对其响应不甚明显。故 CO_2 排放动态与地表温度的相关性较与土壤温度（5cm）的相关性好，判定系数高。

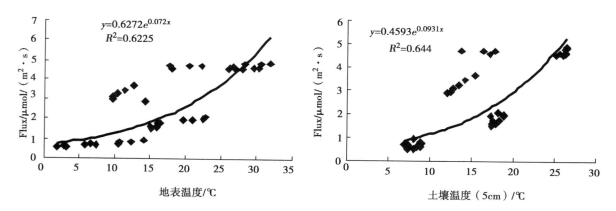

图5-7　杨树林土壤呼吸速率与地表温度和土壤温度（5cm）的关系

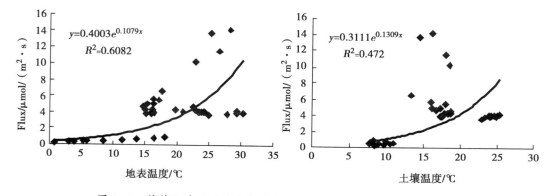

图5-8　芦苇土壤呼吸速率与地表温度和土壤温度（5cm）的关系

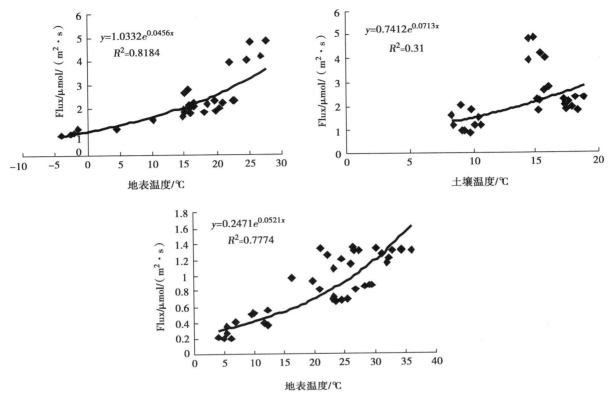

图 5-9　苔草土壤呼吸速率与地表温度和土壤温度（5cm）的关系

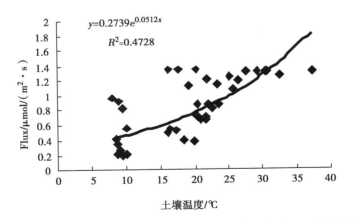

图 5-10　农田土壤呼吸速率与地表温度和土壤温度（5cm）的关系

李凌浩等（2000）在研究羊草群落的土壤呼吸速率时发现，温度 <15℃时，气温与土壤呼吸之间的相关性非常高。本研究中温度与土壤呼吸之间也有着类似的情况，即温度较低时土壤呼吸速率的散点聚集在拟合曲线附近，而温度较高时却发散开来，表明温度较低的情况下土壤呼吸受温度变化的影响较显著。

衡量土壤呼吸速率与温度之间关系的另一个重要参数是 Q_{10}，它是指温度每升高 10℃土壤呼吸速率增加的倍数。将长江滩地各土地利用方式土壤呼吸 Q_{10} 值列于表 5-3。

表 5-3　不同土地利用方式土壤呼吸 Q_{10} 值

土地利用方式		杨树林	芦苇	苔草	农田
Q_{10} 值	地表温度 /℃	2.054	2.942	1.578	1.684
	土壤温度 /5cm	2.537	3.703	2.04	1.668

由于地表温度和土壤温度（5cm）的变化范围不等。其中地表温度的变化范围相对较大。所以，以不同层次温度为依据得到的 Q_{10} 值不相同，温度变化范围大的对应的 Q_{10} 值小，温度变化小的对应的 Q_{10} 值大。从表中数据可知，不同土地利用方式土壤呼吸 Q_{10} 值存在差异，这可能与温度以外的水分、土壤养分、植物与微生物等因素的空间变异有关。因为土壤呼吸是个复杂的生物地球化学过程，上述这些因素不仅可以直接或间接地对土壤中 CO_2 生产和排放过程产生影响，而且随着温度的变化，这些因素的地位和作用也会发生相应的改变。在一定条件下，甚至会对温度的效应产生修饰、校正甚至掩盖作用。计算长江滩地土壤呼吸平均 Q_{10} 值为 2.275 ± 0.576（$P<0.05$，$n=8$）。

5.3.5　土壤含水量对土壤呼吸速率的影响

水分是重要的环境因子之一，在全球变化的背景下，研究其对土壤呼吸的影响，能为探索陆地生态系统碳循环方面的源 / 汇之谜提供有利的证据。Kucera&Kirkham（1971）曾指出，在土壤含水量降低到永久萎蔫点以下或超过田间持水量时，土壤表面 CO_2 排放量会降低。土壤水分对土壤呼吸的影响主要是通过对植物和微生物的生理活动、微生物的能量供应和体内再分配、土壤的通透性和气体的扩散等调节和控制实现的。不考虑温度的影响，土壤含水量在一定范围内可以促进土壤呼吸速率的增加，若含水量过高则会抑制。当土壤含水量不超过 20% 时，会促进土壤呼吸速率升高，当大于 20% 时，则会降低土壤呼吸速率。

有不少学者曾尝试将土壤含水量与土壤呼吸速率之间的关系进行量化，但相对于温度而言，水分对土壤呼吸的影响仍然不够清晰（Gardenas, A. I., 2000）。虽然室内研究已经证明水分作为土壤呼吸影响因子的重要性，但在野外研究中，不同研究者得到的结论却大相径庭（陈全胜，2002）。本章采用线性方程模拟，得出滩地不同土地利用方式土壤呼吸速率与土壤含水量（5cm）的相关关系图（图 5-11）。从图中不难看出，杨树林、芦苇和苔草土壤呼吸速率与土壤含水量（5cm）之间的相关性较显著，判定系数 R^2 分别为 0.8062、0.8612 和 0.8202。农田土壤呼吸速率与土壤含水量（5cm）之间相关性较差。原因可能是相对于其他三个生态系统而言，农田生态系统受到的人类活动影响较大，应作为人工生态系统来研究。其水分的自然动态变化亦受人类活动影响的制约，其与自然的水分动态变化之间存在很大的变异性，故相关性差。

5.3.6　温度和土壤含水量对土壤呼吸速率的综合影响

以上研究的是土壤呼吸与温度和土壤含水量单个因子之间的相关关系，但土壤湿度总是和土壤温度一起对土壤呼吸产生影响。有研究表明：土壤呼吸变异中至少有 60% 来自于土壤温度和水分的共同作用。土壤温度和土壤水分的相互作用使得研究土壤呼吸与两者之间的关系变得复杂化，特别在野外条件下的土壤呼吸测定，所测得的土壤呼吸实际上是许多因子联合效应的结果，每个因子都以独特的方式影响土壤呼吸。

通过以上分析得知，土壤呼吸与地表温度相关性最好，故选择地表温度和土壤含水量（5cm）作为变量，采用多元线性回归中的 stepwise 方法，对土壤呼吸速率做多元线性回归分析。变量的显著水平设为0.05。从多元回归分析的结果中，我们可以得到不同土地利用方式土壤呼吸速率和温度与水分的模型（表 5-4）。

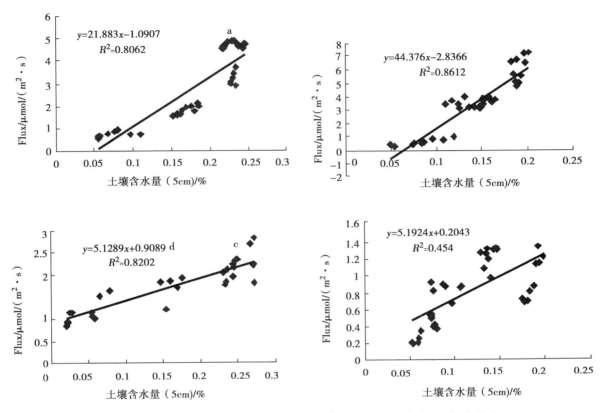

图 5-11 不同土地利用方式土壤呼吸速率与土壤含水量（5cm）的关系
a. 杨树；b. 芦苇；c. 苔草；d. 农田

表 5-4 不同土地利用方式土壤温度和含水量（5cm）相互作用对土壤呼吸速率的影响模拟

土地利用方式	回归方程	R^2
杨树林	$y=-1.213+16.711V+0.06T$	$R^2=0.855$
芦苇	$y=-2.565+38.749V+0.073T$	$R^2=0.587$
苔草	$y=0.727+2.617V+0.07T$	$R^2=0.655$
农田	$y=0.178-1.213V+0.039T$	$R^2=0.749$

注：式中 y 为土壤呼吸速率［$\mu mol/(m^2 \cdot s)$］，V 为土壤含水量（5cm）（%），T 为地表温度（℃）。

结果表明，拟合模型能够较好的解释土壤呼吸的变化情况。以地表温度和土壤含水量（5cm）两个指标可以说明杨树林 85.5%、芦苇 58.7%、苔草 65.5% 以及农田 74.9% 的土壤呼吸变化情况。双因素模型可以较好的对土壤呼吸变异进行解释，其原因是双因素模型既考虑了温度和湿度综合作用通过影响作物生长和微生物活性而影响土壤 CO_2 的产生，又考虑到了其综合作用对 CO_2 在土壤中向大气扩散的影响。

应用表 5-4 中的双因素模型计算长江滩地不同土地利用方式土壤呼吸年排放通量。据课题组设置的涡度监测塔提供的数据，分别取年均地表温度 19.28℃，年均土壤含水量（5cm）15.03%。求得土壤呼吸年排放通量：杨树林 3.407t/（$hm^2 \cdot a$）、芦苇 6.475t/（$hm^2 \cdot a$）、苔草 3.427t/（$hm^2 \cdot a$）、农田 1.037t/（$hm^2 \cdot a$）。可见芦苇土壤呼吸年排放量最大，分别是杨树林、苔草、农田的 1.90、1.89、6.24 倍。其值较大的原因可能是芦苇的凋落物及土壤有机碳含量高于其他各地类，进而导致芦苇土壤中生物的活性大。由此可见，土地利用方式不同，土壤 CO_2 排放通量之间存在较大差异。取平均值为 3.586t/（$hm^2 \cdot a$）。

5.3.7 土壤养分对土壤呼吸速率的影响

土壤呼吸是土壤有机碳输出的主要形式，土壤中有机质及各种营养元素，特别是 N、P、K 的存在，起到了改善土壤理化性状的作用，同时土壤有机质也是土壤中异养微生物的能量来源。在土壤呼吸的两种主要形式（土壤微生物呼吸和植物根系呼吸）中，土壤有机质是土壤呼吸的碳源，因此土壤有机质是土壤呼吸的基础。现将各土地利用方式四个季度的土壤养分数据列于表 5-5。

表 5-5　不同土地利用方式各季度土壤养分含量汇总

	季节	pH 值	有机质	全氮	全磷	全钾	速效氮	速效磷	速效钾
			（g/kg）				（mg/kg）		
杨树林	春季	7.73	11.29	0.64	1.74	25.36	43.30	0.66	72.26
	夏季	7.79	16.56	0.65	1.67	24.09	41.16	0.92	73.42
	秋季	7.67	15.07	0.71	1.68	23.25	28.8	1.09	101.5
	冬季	7.88	14.67	0.65	1.59	26.41	36.42	0.91	100.88
芦苇	春季	7.69	13.74	0.60	1.66	23.17	49.09	0.95	94.13
	夏季	7.71	19.93	0.66	1.66	22.70	47.25	0.91	172.50
	秋季	7.84	17.03	0.73	1.67	22.69	32.9	1.41	150.08
	冬季	7.80	17.02	0.71	1.65	25.35	47.77	0.93	127.34
苔草	春季	7.16	13.46	0.79	1.36	27.77	57.06	11.67	62.53
	夏季	7.20	18.13	0.82	1.42	26.55	53.33	15.31	84.35
	秋季	7.12	16.76	1.13	1.57	26.34	51.07	15.18	76.71
	冬季	7.30	12.16	0.87	1.16	26.98	48.85	10.87	60.62
农田	春季	7.51	8.64	0.58	1.40	28.23	43.47	0.71	84.19
	夏季	7.79	16.93	0.69	1.48	25.91	39.92	0.94	64.62
	秋季	7.66	11.94	0.61	1.15	23.91	21.51	0.90	101.22
	冬季	7.90	9.07	0.65	1.23	24.13	37.69	0.87	126.77

从表 5-5 中可知，在滩地各生态系统中，土壤养分含量均较高，尤其在速效钾指标上体现得尤为突出。不论是杨树林、芦苇、苔草还是农田，四个季度的土壤 pH 值差异均不大，且各土地利用方式间也没有较大的差异，其变化范围在 7.195~7.767 之间。

土壤有机质是土壤呼吸的碳源，因此土壤有机质含量的多少可以较准确地反映土壤呼吸的旺盛程度。从表中可知，四种土地利用方式中，芦苇地的有机质含量最大，为 16.93g/kg，以下依次为苔草（15.13g/kg）、杨树林（14.39g/kg），而农田的土壤有机质含量最小，仅为 11.65g/kg。因此，以土壤有机质含量的多少来判定长江滩地不同土地利用方式土壤呼吸速率的大小顺序为：芦苇 > 苔草 > 杨树林 > 农田。这与我们用 Li-8100 土壤呼吸仪测得的结果表现出的规律一致。

从土壤有机质的季节变化上看，不同土地利用方式均表现为夏季最大，秋、冬季次之，春季最小。表现在土壤呼吸速率上，即为夏季的土壤呼吸速率最大，与上文的研究结果一致。而上文的研究结果中春季土壤呼吸速率大于秋、冬季与这里有机质含量的季节变化动态不同的原因是：虽然在春季有机质含量较秋、冬季节低，但在春季土壤水热状况及各环境因子均比秋、冬季节好，因此，土壤呼吸速率在春季大于秋、冬两季。

土壤全氮含量不能说明土壤的供氮强度，但是可以反映出土壤供氮的总水平，即土壤基本氮肥水平。土壤中存在大量的有机氮化物，它们通过氨化作用和硝化作用被土壤微生物矿化成无机化合物，一部分被植物吸收，一部分被淋失。由于土壤中微生物进行的氨化、硝化和反硝化作用，使得土壤中的碱解氮，即速效氮含量，以及全氮含量与土壤呼吸关系密切。土壤有效氮，顾名思义表示土壤中的生命物质可以直接利用的无机氮及有机氮部分。其含量的多少与土壤有机质、全氮及土壤本身的水热因子有关，反映了土壤氮素的供应强度、供应容量与释放速率。因此，土壤氮含量的多少在一定程度上影响着土壤呼吸速率的大小。从表中可知，不论是全氮还是速效氮，在苔草地中的含量均最大，其值分别为 0.903g/kg、52.57mg/kg，以下依次是芦苇（0.68g/kg、44.25mg/kg），杨树林（0.66g/kg、37.42mg/kg），农田（0.63g/kg、35.64mg/kg）。因为土壤含氮量的多少主要与作物的生长和产量之间存在一定的相关性，因此其值的大小并不是影响土壤呼吸速率的决定性因子，因此各土地利用方式氮含量的排列顺序（苔草 > 芦苇 > 杨树林 > 农田）与土壤呼吸速率的排列顺序（芦苇 > 苔草 > 杨树林 > 农田）之间存在差别，但从总体上看，用土壤氮含量解释土壤呼吸速率的变化动态是具有一定说服力的。

而土壤磷、钾含量在长江滩地四种土地利用方式中及各季度之间的变化动态都没有呈现出较好的变化规律。又因为土壤中磷、钾含量也是主要影响作物生长方面的因子，而且到目前为止，还没有土壤磷、钾含量对土壤呼吸影响关系相关的报道，其机理还在进一步研究的过程当中。

5.3.8 土壤微生物数量对土壤呼吸速率的影响

土壤呼吸包括土壤微生物呼吸、土壤无脊椎动物呼吸和植物根系呼吸三个生物学过程和土壤中含碳物质化学氧化的非生物学过程，其中土壤无脊椎动物呼吸量和化学氧化量非常微小，往往忽略不计。对所有植物而言平均植物根系呼吸量占土壤呼吸总量的 24%，由此可推算出平均土壤微生物呼吸量要占土壤呼吸总量的 76%，土壤微生物在土壤呼吸中起着毋庸置疑的重要作用。

土壤微生物主要包括细菌、真菌和放线菌三大类。其中细菌的数量最大，其次是放线菌，真菌数量最小。它们对土壤中有机质的分解，氮、硫营养元素及其化合物的转化具有重要作用，所具有的各种生物化学活性积极参与土壤中各种物质转化过程，是土壤中各种生物化学和生理学过程动态平衡的主要调节者。

将各土地利用方式土壤微生物数量的季节变化特征绘于图 5-12。从图中可知，在不同的土地利用方式中，土壤微生物数量随时间的变化不断地发生演替。并且各种土壤微生物数量的季节变化动态呈现出较为一致的规律。不论是细菌、真菌还是放线菌，其数量在夏季均比春、秋、冬三季高。春、秋两季微生物数量相当，而在冬季，各种菌类均呈现出下降的趋势。这种变化动态与当地的水热状况有着较为密切的关系。从春季开始，随着气温及土温的逐渐升高，植物地上及地下部分生长愈加旺盛，土壤中生理生化反应强烈。因为土壤微生物活动的最适温度在 25~27℃，温度的升高使得达到活化能的微生物数量加大。同时植物根系对土壤结构的改善，有利于土壤微生物的活动，而水分因子在滩地生态系统不成为土壤呼吸的限制因子，因此表现在土壤呼吸上，在夏季土壤呼吸速率最大。同理，随着秋、冬季节的到来，植物进入生长末季或休眠期。土壤水热因子状况不及夏季好。土壤微生物活动受到限制，数量降低，以致土壤排放 CO_2 的强度减弱。到第二年开春时，温度回升，水热因子状况转好，植物也进入生长期，从而使土壤微生物活化数量增大，土壤呼吸速率增强。

从微生物的数量特征上看，苔草的细菌数量最大（128.8×10⁴ 个 /g），农田的真菌数量最大（3.87×10³ 个 /g）。而放线菌数量，杨树、芦苇、农田的均较高。苔草细菌数量大的原因是苔草地有放牧，并经常有野鸭出没，由于湿生植被的特征，苔草根系发达，孳生了细菌数量的增长；农田受人类活动的影响，虽微生物数量大，但土壤结构及肥力均没有其他各地类好，因此其土壤呼吸速率较低。计算各土地利用方式微生物总数：杨树（66.73×10⁴ 个 /g）、芦苇（102.45×10⁴ 个 /g）、苔草（130.95×10⁴ 个 /g）、农田（74.65×10⁴ 个 /g）。可知，芦苇的微生物数量没有苔草地的多，但土壤呼吸速率却比苔草大，原因是相比苔草而言，

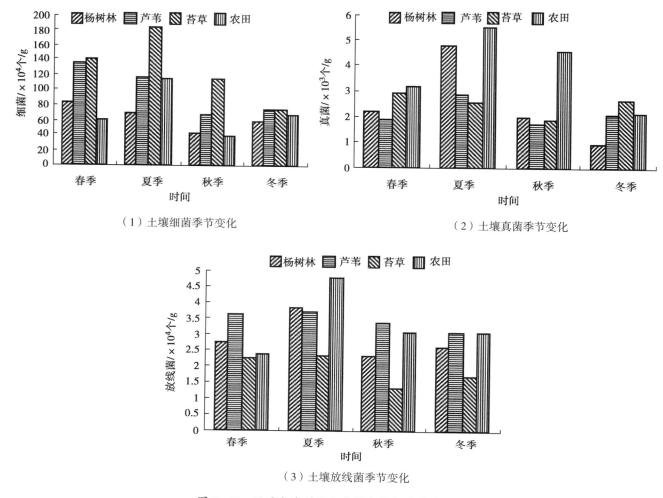

（1）土壤细菌季节变化

（2）土壤真菌季节变化

（3）土壤放线菌季节变化

图 5-12　不同土地利用方式微生物数量季节变化

芦苇根系的复杂程度较小，没有苔草根系那样盘根错节，另外芦苇的微环境气候及土壤状况均优于苔草地。因此，芦苇的土壤呼吸速率比苔草大。

5.3.9 植被生物量对土壤呼吸速率的影响

人类活动已经极大地改变了地球表面的植被覆盖状况。而且，随着人类活动对地球表面的影响加剧，这一趋势还会愈演愈烈，特别是在全球气候变化之后，全球植被覆盖格局也会随之出现巨大的变化，所有这些变化势必对全球碳循环造成剧烈的影响。土壤呼吸是碳循环的一个十分重要的组成部分，了解不同植被类型下土壤呼吸的时空动态，研究植被对土壤呼吸变化动态的控制和影响程度，对于阐明全球碳循环的规律、预测碳循环及未来气候变化的趋势具有重大的意义。

多数研究者都注意到水热条件与土壤呼吸季节变化之间的相关性，而很少将土壤呼吸同植被因子联系起来。其实，植被也是制约土壤呼吸的重要因子，其对土壤呼吸的影响途径包括对小气候和土壤性质的调节、向土壤输入凋落物残体、向地下输送光合产物等。而且，与土壤呼吸的季节变化相对应，植被在不同的季节也表现出不同的季相，植被不同的季相往往对应着不同的生物量、碳素分配和同化能力、根系的数量和活性等。同时植物吸收矿质养分的能力和数量也随发育进程而变化，导致根系的生长呼吸和维持呼吸速率产生差异，所有这一切都会加剧土壤呼吸的时间变异性。

本文的目的在于了解长江滩地不同土地利用方式土壤呼吸速率与植被生物量之间的关系，并对土壤呼吸受植被状况与水热因子藕合的影响进行初步探讨。将长江滩地不同土地利用方式各季度植被生物量数据列于表5-6。

表5-6　不同土地利用方式植被生物量季节变化　　　　　　　　　　　　单位：g

		杨树林	芦苇	苔草	农田
春季	地上部分	24.08	46.33	40.13	30.96
	地下部分	22.9	138.43	136.22	33.60
	总　和	46.98	184.76	176.35	64.56
夏季	地上部分	43.49	127.37	50.88	40.83
	地下部分	48.57	148.44	173.58	35.21
	总　和	92.06	275.81	224.46	76.04
秋季	地上部分	29.23	243.68	60.10	40.5
	地下部分	10.56	51.60	204.15	2.24
	总　和	39.79	295.28	264.25	42.74
冬季	地上部分	22.98	16.26	21.73	15.55
	地下部分	9.98	23.29	80.03	3.6
	总　和	32.96	39.55	101.76	19.15

注：生物量以干重计，称重面积为1m²。

从表5-6中可知，长江滩地不同土地利用方式植被生物量干重均在夏、秋两季较大，而在春、冬两季较小。其中杨树林的生物量干重最大值出现在夏季（92.06g），最小值出现在冬季（32.96g）；芦苇地的生物量干重最大值在秋季（295.28g），最小值在冬季（39.55g）。芦苇冬季生物量干重较小的原因是芦苇已收割。在苔草地，生物量干重最大值在秋季（264.25g），最小值出现在冬季（101.76g）。农田生态系统生物量干重最大值在夏季（76.04g），最小值在冬季（19.15g）。相比之下，农田生物量干重的季节变化规律性较差，原因是农田为人工生态系统，受外界影响较大。

在前面的研究中，我们得知土壤呼吸速率的季节变化表现为夏季的土壤呼吸速率最强烈，呼吸量最大。春季次之，秋冬季较小。这与生物量的季节变化规律有所矛盾，其原因是在秋季，虽然生物量较大，但此时水热因子及环境因子均没有春季理想，从而制约了土壤中CO_2的排放。因此在秋季，虽然生物量最大，但土壤呼吸的排放速率却不是最大。

将生物量分为地上和地下两部分看，杨树林、农田的地上生物量和地下生物量在春、夏两季相差不多，而在秋、冬两季差值较明显。原因为：在春、夏两季，植物处于生长季，植物地上及地下根系均处于生长过程中，且地上、地下两部分长势均衡，因此生物量差值不大。而在秋、冬季节，植物进入生长末期或休眠期，植物根系大部分死亡，或处在休眠状态，不进行生理活动。而在地上部分由于凋落物的存在，使得地上生物量远远大于地下生物量。在芦苇、苔草地，由于湿生植物的特性，其地下根系的复杂程度使得地下生物量远远大于地上生物量。

比较四种土地利用方式，生物量的大小顺序为芦苇＞苔草＞杨树林＞农田。这与上文中土壤呼吸速率大小关系的研究结果一致。解释其原因可以从根系对土壤呼吸的贡献率角度入手。研究结果表明，根系呼吸占土壤呼吸总量的30%~70%之间。根系呼吸占土壤总呼吸的比例在不同的区域差别很大，并且随着植被类型和季节的不同而变化，平均大约为48%。所占土壤呼吸的比例与植被类型、测定季节和方法有关。因此可以得出以下结论：土壤呼吸速率的大小与生物量，尤其是地下生物量呈正相关。当然，也不能说根系生物量越大对土壤呼吸的贡献越大，因为，土壤中植物根系密集度过大，分布较复杂时，对土壤有板结、填充土壤孔隙的作用，使土壤中的 O_2 含量减少，影响了微生物的活动，从而影响 CO_2 气体的排放。

5.3.10 土壤剖面不同层次土壤呼吸速率特征

因土壤呼吸与水热及植被状况等因子存在较为紧密的相关性，由于土壤不同层次水热因子、根系分布及土壤理化性质的不同，势必导致土壤呼吸速率的差异。基于此，本文对土壤剖面不同层次土壤呼吸特征进行研究，旨在探究土壤呼吸在土壤内的垂直分布规律。选择夏末秋初，在杨树林地挖一土壤剖面，分 0~5cm、5~10cm、10~20cm、20~40cm、40~60cm、60~80cm 及 80~100cm 共 7 层，进行连续 5 天的土壤呼吸测定。每层做 3 个重复，计算均值代表一层的土壤呼吸速率值。每天下午 2 点进行测定。测定完土壤呼吸速率后进行根系的分层取样。由于表土层根系精确的取样存在较大的困难，因此本研究中根系取样不按土壤呼吸速率测定的分层标准。我们将根系取样梯度分为 0~20cm、20~40cm、40~60cm、60~80cm、80~100cm 5 层进行。称量其湿重，并进行干重的测定。土壤温度和含水量用连接在 LI-8100 仪器辅助热电偶上的传感器与土壤呼吸速率同步测定。测定前将基座埋入土中,稳定一天后进行测定。试验结果如图 5-13 所示。

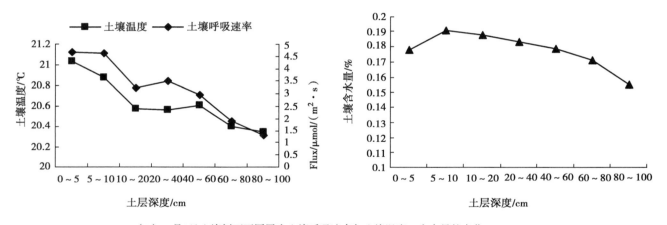

（1）10月3日土壤剖面不同层次土壤呼吸速率与土壤温度、含水量的变化

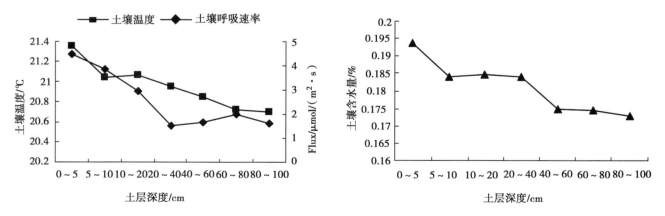

（2）10月3日土壤剖面不同层次土壤呼吸速率与土壤温度、含水量的变化

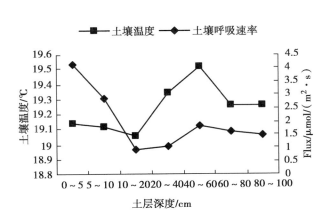
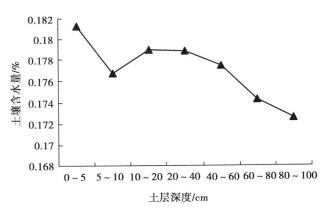

（3）10月5日土壤剖面不同层次土壤呼吸速率与土壤温度、含水量的变化

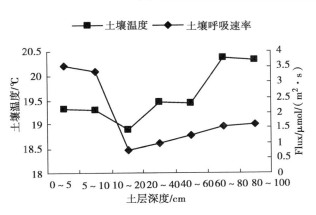
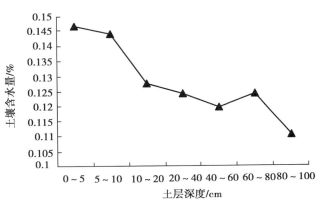

（4）10月6日土壤剖面不同层次土壤呼吸速率与土壤温度、含水量的变化

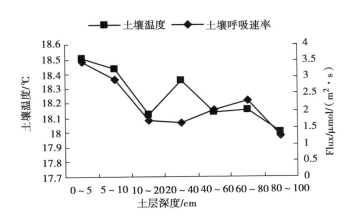
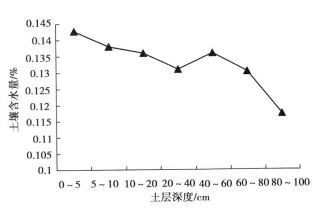

（5）10月7日土壤剖面不同层次土壤呼吸速率与土壤温度、含水量的变化

图 5-13　土壤剖面不同层次土壤呼吸速率与土壤温度、含水量的变化

可以看出，土壤呼吸速率在土壤剖面不同层次存在较为明显的分布规律。随着土层的加深，土壤呼吸速率呈先下降后有一缓慢上升的趋势。各天的回升点所处的土层深度不同。但总体趋势一致。从图5-13中可知，土壤呼吸速率与土壤含水量（5cm）的相关关系较为密切，而与土壤温度仅在10月3、4、7日三天表现出较强的相关关系，在10月5、6日两天相关性不明显。一方面因为影响土壤呼吸速率的水热等因子在各时刻及不同地点存在着变异性；另一方面，由于杨树林内有牲畜牛、羊等的出入，它们的践踏等破坏活动影响了土壤呼吸速率理论上的规律性。在图中可以看出，我们在进行土壤剖面不同层次土壤呼吸规律研究的5天中，土壤温度（5cm）均保持在15~22℃的范围内，而土壤含水量（5cm）也均在11%~15%之间，土壤水热因子状况良好，使得土壤呼吸速率能较真实地体现出在土壤剖面上的分布规律。

植物根系亦是土壤呼吸速率较为关键的影响因子之一，尤其是地下根系分布状况的复杂性更使其对土壤呼吸速率的大小起着决定性的作用。将杨树林根系沿土壤剖面的分布情况列于表5-7。同时将土壤剖面各层养分含量列于表5-8。

表5-7　杨树林地下生物量分布

土壤深度 /cm	湿重 /g	干重 /g	土壤深度 /cm	湿重 /g	干重 /g
0~20	10 119.02	3273.51	60~80	721.02	221.73
20~40	7641.01	2530.33	80~100	310.04	98.09
40~60	6229.03	1795.66	合计	25 020.12	7919.32

表5-8　杨树林地土壤剖面不同层次土壤养分含量

土壤层次 /cm	pH 值	有机质	全氮	全磷	全钾	速效氮	速效磷	速效钾
		（g/kg）				（mg/kg）		
0~5	7.70	18.36	0.77	0.88	24.66	28	25.82	158.55
5~10	7.70	17.94	0.85	1.18	23.51	37.1	10.45	107.15
10~20	7.70	17.51	0.88	1.18	25.12	31.5	7.38	107.15
20~40	7.60	15.51	0.80	1.18	24.20	28	4.64	99.24
40~60	7.60	14.14	0.75	0.29	23.28	28	6.06	91.34
60~80	7.60	12.24	0.56	0.47	21.44	27.3	6.39	83.43
80~100	7.60	9.81	0.38	1.00	20.52	21.7	9.57	63.66

从表5-7可知，根系随土壤深度的加深，其生物量逐渐下降，在80~100cm层生物量干重最小，为98.09g，仅是0~20cm层生物量干重（3273.51g）的1/33。根系生物量沿土壤剖面下降的幅度之大，表现出较明显的规律。从这一点可以看出，地下生物量沿土壤剖面的下降规律较能说明土壤呼吸速率的变化情况。从土壤养分含量沿土壤剖面层次的变化规律（表5-8）看，各养分含量指标均随土壤深度的增大呈总体下降趋势。从土壤有机质、全磷及土壤钾含量的变化规律可以清楚地看出。当然，全氮、全磷及速效氮含量随土壤剖面的变化规律是先呈微小上升趋势，随后逐渐下降，最大值出现在表层5~10cm处或10~20cm处。综合养分含量的分布及根系分布规律，可以较准确的解释土壤呼吸速率大部分的变化情况。而在图5-13中土壤呼吸速率表现出的沿土壤剖面深度加大呈现缓慢上升的趋势，其原因可能是由于各层土壤水热因子情况的不同以及各层土壤结构状况的不同所引起的。

综上所述，土壤呼吸速率在土壤剖面各层次中存在较为明显的变化趋势，其相关的影响因子也表现出一定的规律性。这些主要的关键影响因子能较好的解释土壤呼吸速率的变化情况。当然，影响土壤呼吸的因子不仅仅只有水热状况、土壤养分含量及地下根系的分布，我们所做试验的目的只是为了说明土壤呼吸在土壤剖面的分布规律以及与水热因子、土壤养分及根系分布等关键影响因子的相关规律性，结果较好。如果能把试验设计得更完善些，比方说样地的选择能设置在没有外界人畜的影响地点，以及在不破坏样地的前提下，能尽可能多的做一些重复；同时，如果可以更全面的考虑土壤呼吸的影响因子，进行同步测定，那么其结果将会更能说明问题。

5.4　土壤呼吸变化规律

（1）长江中下游滩地不同土地利用方式土壤呼吸速率日变化表现为单峰型曲线。最高峰在 11：00~13：00，凌晨 5：00 左右最小。7：00 出现缓慢上升趋势。日变化幅度以春、冬两季较大，夏、秋两季较小。日变幅大小在季节之间的差异与郑兴波（2006）的研究有出入。分析原因是由于两者研究地点属于不同的气候带，并且研究的植被生态系统也不同，因此得到的结果有差异。在春季芦苇地中，土壤呼吸速率日变化最大值为 16.16μmol/（m²·s），最小值为 4.74μmol/（m²·s）。最大值是最小值的 3.41 倍；在冬季苔草地中，土壤呼吸速率日变化最大值为 2.03μmol/（m²·s），最小值为 0.875μmol/（m²·s）。最大值是最小值的 2.32 倍。差异达显著水平。其值大于黄承才等（1999）对中亚热带东部 3 种林地 CO_2 排放动态的研究结论，但比崔骁勇等（1999）得出的变化幅度小。土壤呼吸速率日变化表现出的昼夜差异与 Xu & Ye（2001）、Kutsch & Kappen（1997）以及 Davidson 等（1998）的研究结果一致。

长江滩地日均土壤呼吸速率为 2.6939 ± 0.5335μmol/（m²·s）（$P<0.05$，$n=32$）。高于三江平原毛果苔草泥炭沼泽土 [247.08mg/（m²·h）]、长白山林 [205.85~395.69mg/（m²·h）]、下辽河平原玉米田 [215.67mg/（m²·h）] 以及川中丘陵区水稻田 [121.76 mg/（m²·h）]；低于三江平原旱作草甸 [775.38mg/（m²·h）]、小叶章草甸 [439.02mg/（m²·h）；0.619g/（m²·h）]、北京山区辽东栎林 [5.92 ± 1.32μmol/（m²·s）]、鼎湖山针阔混交林地 [488.99~700.57mg/（m²·h）] 以及海南岛尖峰岭热带山地雨林 [10.6853μmol/（m²·s）]；与诺尔盖高原泥炭沼泽化草甸 [425.50mg/（m²·h）] 以及盘锦湿地芦苇群落的土壤日均 CO_2 排放通量相当。四种土地利用方式日均土壤呼吸速率大小排列：芦苇 [4.245μmol/（m²·s）] > 苔草 [2.898μmol/（m²·s）] > 杨树林 [2.774μmol/（m²·s）] > 农田 [0.858μmol/（m²·s）]。

长江滩地不同土地利用方式土壤呼吸在时间维度上不仅体现出明显的日变化特征，而且也呈现出比较明显的季节变化规律。杨树林、苔草、农田各季度土壤呼吸速率的大小表现为：夏季 > 春季 > 秋季 > 冬季。芦苇土壤呼吸速率按季节排列的大小顺序为：春季 > 夏季 > 秋季 > 冬季。其春季的土壤呼吸速率大于夏季的原因是芦苇在春季出土，此时的土壤结构、水热条件及地下根系的分布状况均优于夏季。

（2）植物群落不同，土壤呼吸作用强弱不同。各群落土壤呼吸速率的大小顺序：狗牙根 + 牛鞭草（*Cynodon dactylon+ Hemarthria*）> 益母草（*Leonurus artemisia*）> 水芹（*Oenanthe javanica*）> 狗牙根 + 野胡萝卜（*Cynodon dactylon+Daucus carota*）> 牛鞭草（*Hemarthria*）。各植物群落土壤呼吸速率变异系数 54.4%，表明不同植物群落土壤呼吸动态存在很大的差异性。与张宪权[131]的研究结果一致。

（3）长江滩地生态系统土壤呼吸速率年变化规律明显。研究发现，杨树林土壤呼吸速率、温度、土壤含水量（5cm）均呈现出明显的年动态变化规律。同时，土壤含水量（5cm）的年变化动态更能清楚的说明土壤呼吸速率的变化情况，而温度变化的节律与土壤呼吸速率有所不同，表现为时间上的滞后性。这与郑兴波的研究结果一致。从本文的研究结果看，土壤呼吸速率的最高值出现在温度适中而降雨量最大的月份，与崔骁勇等、黄承才等、孙向阳等对土壤呼吸年变化的研究结果一致。

（4）温度是影响陆地生态系统土壤呼吸作用的最主要因素，二者之间具有较明显的相关关系。本文的研究结果是，芦苇、苔草、农田土壤呼吸速率与地表温度的相关性均比与土壤温度（5cm）的相关性高，而杨树林土壤呼吸速率与地表温度的相关性（$R^2 = 0.6225$）和与土壤温度（5cm）的相关性（$R^2 = 0.644$）相当。

Q_{10} 值亦是衡量土壤呼吸速率与温度之间关系的一个重要参数。目前所报道的众多 Q_{10} 值存在着一定的差异，Raich&Schlesinger[24] 经过综合研究发现其中值为 2.4。就野外测定土壤呼吸速率的 Q_{10} 值而言，虽然对于不同研究地点变化较大，但一般在 1.9~3.7 左右。Raich&Potter 根据气温与土壤呼吸之间的关系，计算得出的全球尺度上（不包括湿地）的 Q_{10} 平均值 1.5。研究结果认为，以不同层次温度为依据得到的 Q_{10} 值不同。综合长江滩地各土地利用方式，土壤呼吸的平均 Q_{10} 值为 2.275 ± 0.576（$P<0.05$，$n=8$）。在郑兴波的研究范围内，大于 Raich&Schlesinger、Raich&Potter 的研究结果。滩地生态系统土壤呼吸 Q_{10} 值较大的原因是滩地土质肥沃，土壤有机质、腐殖质含量丰富，微生物数量大。所有这些因素导致了升高相同的温度，其土壤呼吸速率增加的幅度较大。

采用线性方程模拟滩地不同土地利用方式土壤呼吸速率与土壤含水量（5cm）的关系。结果显示，杨树林、芦苇、苔草土壤呼吸速率与土壤含水量（5cm）之间的相关性较显著，判定系数 R^2 分别为 0.8062、0.8612、0.8202。农田土壤呼吸速率与土壤含水量（5cm）之间相关性较差。原因是相对于其他三个生态系统而言，农田生态系统受到的人类活动影响较大，应作为人工生态系统来研究。其水分的动态变化受人类活动的影响和制约。使其与自然水分动态变化之间存在较大的差异。故相关性差。

土壤湿度总是和土壤温度一起对土壤呼吸产生影响，本文选择地表温度和土壤含水量（5cm）作为变量，对土壤呼吸速率做多元线性回归分析。结果表明，拟合模型可以较好的解释土壤呼吸的变化情况。本研究选择的两个指标能说明杨树林 85.5%、芦苇 58.7%、苔草 65.5%、农田 74.9% 的土壤呼吸变化情况。

长江滩地不同土地利用方式土壤呼吸年排放通量大小表现为：芦苇 > 苔草 > 杨树 > 农田。其值分别为：杨树林 3.407t/（hm² · a）、芦苇 6.475t/（hm² · a）、苔草 3.427t/（hm² · a）、农田 1.037t/（hm² · a）。平均值 3.586t/（hm² · a）。低于刘绍辉等、张宪权、Shoji Hashimoto 等的研究结果。土壤 CO_2 年排放通量较低的原因可能是由滩地特殊的生境条件引起。

（5）土壤养分对土壤呼吸产生重要影响。四种土地利用方式土壤有机质含量高低顺序为芦苇 > 苔草 > 杨树林 > 农田，与土壤呼吸速率变化一致。从季节变化看，土壤有机质的变化动态为夏季 > 秋季 > 冬季 > 春季，与土壤呼吸速率的变化动态存在差异，原因是由土壤水热状况的影响产生。

土壤氮含量的多少主要与作物的生长和产量之间存在一定的相关性，因此其值的大小并不是影响土壤呼吸速率的决定性因子。但从总体上看，用土壤氮含量解释土壤呼吸速率的变化动态具有一定的说服力。土壤磷、钾含量在长江滩地四种土地利用方式中及各季度之间的变化动态均没有呈现出较好的变化规律。因为土壤中磷、钾含量也是影响作物生长方面的主要因子，而且到目前为止，还没有土壤磷钾含量对土壤呼吸影响关系相关的报道，其机理还在进一步研究的过程当中。

（6）在不同的土地利用方式中，土壤微生物数量随时间的变化不断地发生演替。不论是细菌、真菌还是放线菌，其数量的季节变化动态为：夏季 > 春季 > 秋季 > 冬季，与土壤呼吸速率变化一致。各土地利用方式微生物总数：杨树（66.73 × 10⁴ 个/g）、芦苇（102.45 × 10⁴ 个/g）、苔草（130.95 × 10⁴ 个/g）、农田（74.65 × 10⁴ 个/g）。芦苇的微生物数量没有苔草地的多，但土壤呼吸速率却比苔草大，原因是，芦苇根系的复杂程度较小，没有苔草根系那样盘根错节，另外芦苇的微环境气候及土壤状况均优于苔草地。农田受人类活动的影响，虽微生物数量大，但土壤结构及肥力均没有其他各地类好，因此其土壤呼吸速率较低。

（7）四种土地利用方式植被生物量的大小顺序为芦苇 > 苔草 > 杨树林 > 农田。与文中对各土地利用方式土壤呼吸速率大小的研究结果一致。同时，植被生物量的季节变化可以较准确地说明土壤呼吸速率的季节变化规律。

（8）土壤呼吸速率在土壤剖面不同层次存在较为明显的分布规律。其相关影响因子也表现出一定的规律性。并且，土壤呼吸速率的变化特征与土壤含水量（5cm）的相关性比与土壤温度的关系更密切。植物根系及土壤养分含量亦是土壤呼吸速率较为关键的影响因子，这些因子的共同影响对土壤呼吸速率的大小及变化特征起着决定性的作用。

第六章 退田还湖工程对洞庭湖
湿地景观格局的影响

洞庭湖源于云梦泽，由于其北缘大别山地区的倾斜隆起和科氏力的作用，引起河湖分离，湖泊南移，最终形成洞庭湖（李长安，2000）。洞庭湖自远古时期形成后，由于洞庭湖与荆江的洪水水位高低对比关系的更替、入湖水量及泥沙进入量的变化以及人类围垦活动的兴衰起落，洞庭湖因自然因素和人工因素的影响已几经变迁，经历了由小到大，再由大到小的漫长的演变过程。

据《洞庭湖史鉴》记载，公元4~19世纪中叶，以荆州为起点的云梦泽三角洲开始形成和扩展。随着荆江北岸大堤的修筑，荆江南流之水大增，洞庭湖随之逐渐扩大，秦汉时期"周极八百里"，水面面积达6000km^2，是中国第一大淡水湖。至明清时期，洞庭湖面积随着人类活动和江湖关系的变化而变化，人与水争地，引起湖泊萎缩，调蓄能力下降，在汛期，水位上涨，引起围垸溃堤，溃垸回归湖泊。其次，江湖关系改变，从"湖高江低"演变为"江高湖低"，导致江中泥沙倒灌入湖泊，湖泊泥沙淤积加剧，洲滩扩张，为围垸提供良好的条件（卞鸿翔等，1992）。新中国成立初期，对洞庭湖实行盲目开发，大规模地围湖造田和堵支并流，加上长江中上游和湘资沅澧"四水"的泥沙流入并淤积在湖里，洞庭湖湖面进一步缩小到目前的2684km^2，面积退居鄱阳湖之后，为我国第二大淡水湖泊（郭唯，2005）。洞庭湖水体面积大幅减少的同时，也造成调蓄洪水功能严重下降，钉螺滋生，血吸虫蔓延，生物多样性丧失和湖区生态环境退化（王月容，2007）。

退田还湖工程的实施使整个洞庭湖区的生态环境产生很大的影响（韩敏等，2007；黄金国，2005）。本章通过对退田还湖工程实施前后洞庭湖区湿地景观的变化分析，探讨该工程对湖区湿地的影响，为该区的湿地资源保护与合理利用提供科学参考。

6.1 景观格局研究进展

6.1.1 景观与景观生态学

在生态学中，景观的定义有狭义和广义两种（肖笃宁、李秀琴，1997）。狭义景观是指在几十千米至几百千米范围内，由不同类型生态系统组成的、具有重复性格局的异质性地理单元；广义景观则包括出现在从微观到宏观不同尺度的、具有异质性的空间单元。我国景观生态学者肖笃宁在此基础上，结合自己的研究成果，提出了新的景观概念，即景观是一个由不同土地单元镶嵌组成，且有明显视觉特征的地理实体；它处于生态系统之上，大地理区域之下的中间尺度，兼具经济价值、生态价值和美学价值。

景观生态学是研究景观的空间结构与形态特征对生物活动与人类活动影响的科学，来源于生态学和地理学，具有多向性和综合性特征。自从20世纪30年代景观生态一词由德国生物地理学家Troll首先提出以来，景观的概念被引入生态学（肖笃宁，1991）。对空间格局与过程相互关系的研究是景观生态学的主要特色和理论核心之一，加之它在解决各种宏观生态环境和社会经济现实问题中明晰的应用前景，近10多年内，已经引起国内外越来越多的地理、生态、环境、农业等各领域学者们的重视和参与。从20世纪80年代开始，景观生态学在中国的研究与应用发展迅速，从基本理论的完善、研究方法的创新到应用范围的不断扩大，都取得了很大的成绩，关于景观的结构与格局、景观动态变化、景观功能、景观异质性及景观的尺度效应等方面获得了一系列研究成果。

Forman 和 Godron 主要立足于生态学角度，提出景观生态学的七条基本原理，即景观结构和功能原理、生物多样性原理、物种流原理、养分再分配原理、能量流动原理、景观变化原理及景观稳定性原理（Forman，1986）。我国学者肖笃宁根据相关学科理论，提出景观生态学的七大理论基础，即生态进化与生态演替理论、空间分异性与生物多样性理论、景观异质性与异质共生理论、岛屿生物地理与空间镶嵌理论、尺度效应与自然等级组织理论、生物地球化学与景观地球化学理论及生态建设与生态区位理论（肖笃宁，1991）。这对景观生态学基础理论及体系的创立与完善，都具有很重要的意义。

6.1.2 景观生态学的主要研究方法

（1）景观结构研究方法。景观结构最直接的数量特征就是不同景观元素类型数量、面积、边长等属性参数，这些参数一方面均有比较好的量化表达方式，另一方面也可以直接用于描述景观的构成和形状特征。但是，这些变量参数不能很好地反映景观的空间格局特征。

从 20 世纪 80 年代初期开始，包括我国学者在内的景观生态学家们在景观元素的基本特征参数的基础上，提出了许多描述景观格局的参数。这些景观格局指数的提出，大大丰富了景观结构描述和分析的途径，特别是在景观元素组合、边形特征指数（如景观边形指数、景观分维指数）、景观碎裂化指数（如生境类型碎裂化指数、景观整体碎裂化指数）、景观异质性指数（如信息熵指数、孔隙度指数等）以及连接度类指数（如景观连接度、景观蔓延度、景观隔离度）等 5 大类。另外还有一些景观格局指数是基于特殊研究需要提出的，如主要用于进行斑块内部生境研究的内源比指数和用于景观网络研究的环度指数等。

景观格局指数存在着两个显著不足，一是大多数景观格局指数仅仅能够反映景观结构特征的某一个侧面，二是格局指数可以揭示景观组分组合、空间分布和相互位置关系方面的统计特征，但无法反映景观的空间相关特征。

我国学者肖笃宁（1990）、傅伯杰（1995）以及 Turner（1990）、Ripple（1991）、Millers（1995）等外国学者提出将景观格局指数与景观组分的基本参数相结合，可以比较好地揭示景观的结构特征，完善和修正了现有的景观格局指数，目前也成为大多数学者进行景观结构描述的主要方法。

（2）景观动态研究方法。景观动态研究中最常用的分析方法是利用不同时段的景观资料进行对比分析，从而确定研究时段内的景观特征变化情况。但这种研究思路只能得出不同时段的景观相对变化情况，至于景观变化的内外部动力学原因，则需要研究者根据自己的理解进行专业判断。此外该方法在时段数量比较少的情况下，很难建立正规的数学模型，从而无法实现景观动态过程预测。为了更准确地把握景观的动态变化过程，从 20 世纪 80 年代开始，包括我国很多学者在内的研究人员开展了大量的景观动态模型研究。

景观动态过程研究方法大致可以分成两类，一类是基于不同时段景观整体结构的动态过程描述方法，另一类是基于景观动态变化机理的过程模拟方法。由于景观动态变化的约束条件非常复杂，两种方法在使用中均需要建立必要的前提假设条件。空间动态描述方法可以用于研究景观格局或过程在时间空间上的整体动态。最著名和应用最成功的空间动态描述模型是马尔科夫（Markov）模型，这种模型可以通过景观组分的转移矩阵，建立不同时段景观整体结构的动态联系。由于该方法对时段样本的数量要求不很严格，因此成为景观研究中最常用的模型方法（王仰麟，1996）。

（3）"3S" 技术在景观生态学中的作用。在大尺度上进行景观分类、景观格局分析及其他研究，"3S" 技术是一有效手段（王月容等，2007）。近年来，"3S" 技术和方法为我国学者如郭晋平（1999）、曾辉（1998）、吴波（2000）等在景观生态学研究中广泛应用，并取得了很好的研究效果。遥感技术是一种快速收集数据的有效手段，在进行景观生态学研究时，根据中、热红外波段信息在分类中的作用，进行遥感数据的分类与模式识别，可提高大区域景观制图的精度；将遥感和 GIS 结合，可以减少植被特征受地形、气候的负面影响，从而提高景观分类的精度；用图像处理、GIS 和数据库管理系统来整合 TM 数据和地面辅助资料，进行景观分类，其结果优于传统的分类方法。

6.1.3 景观格局分析方法

6.1.3.1 景观格局指数

数量分析方法的大量出现和不断完善使景观结构与格局的研究完成了由定性描述向定量分析的转化，这种量化分析将景观格局与景观过程联系起来，在对景观进行空间分析，建立格局与过程相互联系的过程中，以及其他理论如岛屿生物地理学理论、渗透理论等向景观生态学渗透的过程中，形成了许多描述景观格局及其变化的景观指数（O'Neill *et al.*，1988；Riitters *et al.*，1995）。景观格局指数可以分为斑块水平指数（如斑块数目、面积、周长、斑块形状指数等），斑块类型水平指数（如斑块平均面积、平均形状指数、面积和形状指数标准差等）和景观水平指数（包括景观丰富度指数、景观多样性指数、景观优势度指数等）。然而，由于景观指数数量多，而且随着新理论在景观生态学中的应用而不断推陈出新，所以目前对景观指数的分类还未形成统一标准（Gustafson *et al.*，1994）。Forman 曾把描述斑块的景观指数分为两大类，即描述斑块形状的景观指数如形状指数等及描述斑块镶嵌的景观指数如相对丰度、优势度和分维数等（Forman，1995）。Hulshoff 认为景观指数可划分为景观格局指数和变化指数，前者如斑块类型、数量及形状指数，后者如斑块数目变化率等（Hulshoff，1995）。Turner 等认为景观指数可以分为斑块数目与大小、斑块分维数、景观要素之间的边缘数和多样性、优势度与蔓延度（Turner and Ruseher，1988）。这种划分均是先人为确定景观空间格局及动态的主要方面，然后对现有的景观指数进行功能分析以确定归属，这种分类方法较为主观。

另一种分类则从现有景观指数整体出发，先不考虑景观功能，而是应用统计学方法如相关分析、因子分析等将景观指数分成不同的类，然后对各类指数进行功能分析和分类。如 Riitters 对 85 幅土地利用图的 55 个景观指数进行了计算，并用因子分析法对个景观指数进行了维数压缩，经综合分析，最后将个景观指数分成描述斑块平均压缩度的指数、描述景观总体质地的指数、描述斑块形状的指数、斑块周长及面积比例指数、斑块类型指数 5 组（Riitters，1996）。景观格局指标计算方法的新趋势就是将传统的计算程序集成于地理信息系统中，以更有效地利用管理和分析空间数据的能力。为了便于计算各类景观指数，开发形成了基于地理信息系统的各具特色的景观指数软件包，如 SPAN 软件包和 Fragstats 软件包（Turner and Ruseher，1988）。

随着景观生态学发展，多种学科如信息论、空间理论、渗透理论等不断向景观生态学渗透，因此景观指数的分类标准多种多样。尽管所比较的景观指数数目繁多，但大多属于信息论、面积与周长比、简单统计学指标、空间相邻或相关及分维等几种类型。这些指数之间的相关性较高，若同时采用多个指数尤其是同一类型的指数进行比较往往并不增加新的信息。因此，在进行景观研究时，在充分了解所用指标生态学特点的前提下，应根据研究的具体内容和目的，慎重选取能说明问题的、尽量简单的指标。

6.1.3.2 景观异质性

异质性是景观组分类型、组合及属性的变异程度，是景观区别于其他生命组建层次的最显著特征（Forman and Godron，1986）。景观异质性是景观生态学的重要属性，并因此形成了景观内部的物质流、能量流、信息流和价值流，并导致了景观的演化、发展与动态平衡。一个景观的结构、功能、性质与地位主要决定于它的时空异质性。景观生态学的核心就是景观异质性的维持与发展，景观生态学的研究即是异质性的研究，而且景观异质性原理也是景观生态学的核心理论之一（Risser，1986）。从生物共生控制论角度提出的异质共生理论认为异质性、负熵和反馈可以解释生物发展过程中的自组织原理，增加异质性和共生性是生态学和社会学整体论的基本原则（肖笃宁，1991）。

（1）景观异质性的起源。景观异质性的主要来源有自然干扰、人类活动、植被的内源演替及其特定发展历史。景观异质性是伴随某一景观要素出现的相对频率变化而变化的，当景观中仅存在某一景观要素或该景观要素完全不存在，对此景观要素来说景观是均质的；当某一景观要素出现在景观中，并占有一定的比例时，景观开始出现异质性。当景观异质性增加到某一临界阈值时，景观的异质化程度又开始下降，景观重又趋向均质化。景观总是处于一种不断发展与变化的动态异质中，总的看来，景观异质性是 3 种互相交叉的不确定性综合作用的结果：一是环境不确定性，主要表现为干扰的不确定性；二是组织不确定性，生态系统组织的非线性相互作用造成系统的行为不确定性；三是人类行为不确定性，在人类对自然不断地认识与改造中，复杂多样的人类行为，包括随环境变化而采取的不同方案，因理性限制而造成的知识不确定性以及非理性行为带来的不可预测结果均会对景观产生不确定性作用，进而导致景观的异质性。

① 景观异质性与干扰。景观异质性的产生及其结果是景观生态学的研究课题，而景观生态学家的兴趣更注重于景观异质性与干扰的关系(Turner and Gardner, 1989)。几乎所有的景观都受到了人类或自然的干扰，同时干扰的时空传播也在相应的受到景观异质性的影响。干扰是增加还是降低异质性，异质性是增强干扰的传播还是阻碍干扰的传播，当前有限的证据并不一致，不同的人在不同的景观研究中得出了不同的甚至是相反的结论（Wiens et al., 1985；Forman, 1987；Remilard et al., 1987）。针叶林中，异质性阻碍林火的蔓延；农业景观中，异质性有助于阻碍虫害和侵蚀的传播，而同质性则增强其传播（Turner, 1991）。这些不一致的结论主要起因于自然界干扰的多样性和景观成分的多样性。干扰增强，景观异质性将增加，但在极强的干扰下，将会导致更高或更低的景观异质性，而一般认为，低强度的干扰可以增加景观的异质性，而中高强度的干扰则会降低景观的异质性。干扰是使生态系统、群落或种群结构遭到破坏和使资源、基质的有效性或使物理环境发生变化的任何相对离散的事件，是它引起资源和基质有效性的改变以及物理环境的变化，并直接或间接地影响到景观组织的各个等级层次（White and Pickett, 1985）。因此，干扰是异质性产生、维持和消亡的最关键的外部因子。景观本身所具有的异质性并不是完全受到干扰的支配，它本身具有对干扰的到来是顺应还是阻抗具有一定的自我调节机制。一定条件下，异质性可以与干扰效应耦合，进一步促进干扰的继续，而在另一种条件下景观可能要为了维持原状而抵制和阻挠干扰的传播。

② 景观异质性与尺度。尺度是研究客体或过程的空间维和时间维，可用分辨率与范围来描述。生态学上的尺度导致的是尺度效应，观察尺度越大，分辨度就越低。在一种尺度下空间变异中"噪声"成分可在另一种较小尺度下表现为结构性成分，一个景观单元在小尺度上观察是异质的，而在大尺度上则可能变成均质的。Nikora 等对新西兰岛屿景观异质的研究表明：随观测斑块尺度的降低，斑块性质趋向于等同（Nikora et al., 1999）。这种现象的出现并非研究对象的客观属性变化，而是观察效果随尺度的变化而发生了变化。所以异质性对尺度具有依赖性，多尺度度量异质性的方法可被用来衡量其对有机体行为或过程的控制（Nikora et al., 1999）。如衡量干扰传播与异质性的关系时，一个合理的方法就是在大量不同景观中比较干扰传播与异质性的变化，若尺度选择过大则可能丢失干扰进程的信息；若尺度选择过小，则可能无法将干扰与异质性建立联系。对异质性随尺度变化而变化的观察可以用来决定是否为等级结构，并能获知其属于哪一等级（O'Neill, 1986）。为研究景观异质性，就必须选择合理的尺度。研究环境变化、污染物的迁移转化、土地利用和生物多样性等生态过程必须有足够的空间尺度才可行。而且在比较不同生态系统时，必须用同样的尺度进行研究，这样网络研究使空间尺度的扩展成为可能。

③ 景观异质性与景观稳定性。景观稳定性是一种有规律地绕中心波动的过程，反映了一个景观抵抗和适应干扰的能力。景观异质性与景观稳定性之间也是一种相互依存、相互影响的关系。生物正负反馈不稳定性可导致种群区域隔离，增加景观异质性，从而减少干扰的传播；反过来则有利于景观的稳定。另外，

资源斑块的内在异质性有利于吸收环境的干扰，提供一种抗干扰的可塑性。而均质性一般可促进干扰的蔓延，不利于景观的稳定，促使景观发生变化。另外，景观异质性是保证景观稳定的源泉，实际观察和模拟研究均显示，景观异质性有利于景观的稳定。尽管表面看来异质使得景观显得好像是杂乱无章。但这种状态的交替恰好抹去了景观中的剧烈性变化，而使之趋向一种动态稳定的状态（Rosswall *et al.*，1999）。岳天祥将热力学的稳定性原理引入生态系统的相关研究中，为生态系统稳定性的定量研究开辟了新的途径（岳天祥，1991）。

④ 景观异质性与景观多样性。景观多样性是指由不同类型的景观要素或生态系统构成的景观在空间结构、功能机制和时间动态方面的多样性和变异性，它反映了景观的复杂程度。景观多样性和景观异质性之间既存在着紧密的联系，又是两个不同的概念。二者均是自然干扰、人类活动和植被内源演替的结果，对物质、能量、物种和信息在景观中的流动均有重要的影响。但景观多样性描述的是景观结构、功能、动态的多样性和复杂性（傅伯杰等，2001）。而景观异质性是指景观类型的差异，类似于景观类型的多样性，代表的是景观镶嵌的空间复杂性，存在于任何尺度上，可以被认为是生物多样性发展的结构基质。景观异质性可降低稀有的内部种的丰富度，增加需要两个或两个以上景观要素的边缘种的丰富度。景观异质性的存在决定了景观空间格局的多样性和斑块多样性，异质性创造了边界和边缘，因此可以增加边缘种，但却相对减少了内部种，而且还直接影响着动物的迁移、植物种子的传播等过程，进而影响着生物多样性。一般来说，景观异质化程度愈高，愈有利于保持景观中的生物多样性。维持良好的景观异质性，能够提高景观的多样性与复杂性，有利于景观的持续发展。景观多样性的保存也有利于景观异质性的维持，由于多样性造成不同斑块间的差别创造了新的生态过程，影响到物质、能量和信息的流动，从而对异质性产生促进或抑制作用（赵玉涛等，2002）。

（2）景观异质性的分类。景观异质性可分为空间异质性、时间异质性、时空耦合异质性和边缘效应异质性（傅伯杰等，2001）。空间异质性包括二维平面的空间异质性、垂直空间异质性，以及由二者组成的三维立体空间异质性，空间异质性主要取决于斑块类型的数量、比例、空间排列形式、形状差异及与相邻斑块的对比情况这5个组分的特征变量。时间异质性是指景观在各时间区段彼此是异质的，短期的研究不能揭示出数年或几十年的变化趋势。时空耦合异质性可表示时空两种异质性统一的四维运动，空间尺度的扩展会造成生态过程的延滞效应。边缘效应异质性常伴随着空间异质性，在景观要素的边缘地带由于环境条件不同，可以发现不同的物种组成和丰富度，边缘效应是极其普遍的自然现象，如不同森林的交界处，森林和草原交接处，江河入海口交界处，城市与农村交接处等。

（3）景观异质性指数与测度方法。近年来，使用较多的景观异质性指数主要有多样性指数（丰富度指数、均匀度指数、优势度指数）、镶嵌度指数（镶嵌度指数、蔓延度指数）、距离指数（最小相邻指数和联结度指数）以及生境破碎化指数（森林斑块数、森林斑块形状指数、森林内部生境面积指数等）4大类（Forman，1986；肖笃宁，1991）。但现有这些指数往往只能反映景观异质性的某一个侧面特征，综合运用多种指数和分析方法有助于更准确地反映其异质性规律。另外，各种经常使用的景观格局指数也可以从各自的侧面说明景观组分的差异特征，均可以作为景观异质性指数。二者的区别在于景观格局指数往往只注重于描述景观结构差异的一般统计学特征，而景观异质性指数却是对其时空尺度上的分布差异特征及其异质性动态变化特征的全方位描述。20世纪80年代后，逐渐形成了一套较完善的景观异质性研究方法和数量化手段，但测度方法仍较为单一。目前比较常用的方法主要包括空间自相关分析（郭晋平等，1999）、小波分析（张德干等，2001）、地统计学方法（傅伯杰等，2001）、趋势面分析（Chorley and Harggett，1968）和分形几何学（祖元刚、马克明，1995）、人工神经网络等（孙会国、徐建华，2002）。

6.1.4　景观格局动态变化

景观格局动态变化的模拟可以从变化的集合程度和采用的数学方法两个层次上进行。变化的集合程度是指景观变化过程中包含的信息量,根据集合程度可以区分 3 种景观变化模型。首先是景观整体变化模型,即模拟景观整体的变量值或景观整体某一方面的属性(如多样性、连接性等)变化;第二种是景观分布变化模型,即对景观各变量的数值变化模拟,它不提供景观中各要素的实际位置和构型,所包含的信息不十分全面,但模型简单,易于使用;第三种是景观空间变化模型,它不仅可以模拟景观要素的数量,还可以模拟景观要素的空间位置和变化。

由于人类活动长期的改造,景观无时无刻不在发生变化。景观变化对生态环境的影响极为深刻,景观变化的结果不仅改变人类生存的自然环境,而且深刻影响着人类社会和经济的发展。这种人类活动影响下的变化主要表现为土地利用 / 土地覆被的变化(郭旭东等,1999)。李德成等定量分析了安徽省岳西县 2 个阶段土壤侵蚀及其格局的动态演变和未来演变趋势(李德成等,1995);姚洪林等探讨了沙漠化土地各景观要素的转移概率和年平均转化速率(姚洪林等,2002);曾辉等结合细胞自组织模型对深圳市龙华地区城镇建成区的动态变化过程进行了模拟研究(曾辉等,2000);陈利顶等应用景观数量指标,利用土地利用现状图研究了山东省东营市土地利用格局与人类活动之间的关系(陈利顶、傅伯杰,1996)。

通过过去土地利用对景观变化的影响分析来预测景观未来的发展趋势是当前景观生态学研究的热点,运用马尔柯夫转移矩阵模型能够定量地描述景观中基质、斑块与廊道间动态的相互转化(仝川等,2002)。马尔柯夫转移矩阵只是对景观斑块动态的定量化,若能对多个时段的转换概率进行比较并进一步解释这一变化的生态意义,会使景观斑块动态定量化研究更有价值。现在的景观生态学动态研究多集中在对定量化的景观格局指数的比较上,需要发展一种更完备的在细微尺度上的景观动态研究方法。景观下垫面属性的充分考虑和高分辨率图像的使用是实现这一研究的关键。马克明等在分析农业景观中山体的植物多样性分布时认为存在人类干扰时,决定山体植物多样性的主要因素不是面积、年龄和隔离程度,而是地形和土地利用方式(马克明等,2002)。

景观格局动态变化模拟的发展趋势包括从景观空间变化到景观过程变化的模拟、从单纯景观现状模拟到通过驱动因子模拟景观变化、从单一尺度到多尺度的景观变化模拟以及从宏观变化到个体反应机制的模拟等(王斌,2006)。目前还没有比较完善的景观动态模拟模型,景观整体变化模型发展较慢,景观分布模型使用较为广泛,但比较简单。景观空间模型可以模拟景观要素的构型和过程,揭示了景观变化的较多信息量,但由于受到计算机的限制,其发展受到一定的限制。景观变化的模拟不仅仅要了解一种景观现状变化到另一种景观现状,更重要的是要清楚景观发生变化的原因。当前限制景观动态变化模拟的一个重要因素就是缺乏对景观过程和原因的知识以及如何在模型中融合这些知识。景观变化是自然、经济和文化综合作用的结果,景观变化的原因是多方面的,现代社会中人类活动对景观的影响越来越重要。因此需要从景观变化的驱动因子出发,确定不同因子在景观变化中所起的作用,建立综合的景观变化机制模型,从而提供最佳景观利用方式和管理模式。

由于景观过程发生在各种不同的时空尺度上,模拟景观动态变化的尺度就显得十分重要。尺度不同,变化的结果和过程也不同。但是一般的空间模型都是使用单一的"栅格"大小或相同分辨率,这就不能反映多尺度的景观变化过程,模拟的结果也只能在一定尺度上输出。目前可以将比较成熟的小面积上的过程放大到景观尺度,看它对景观变化的影响,同时通过详细的样点研究得到景观变化更多的信息量。景观变化的动态模拟已经开始从空间走向过程,从现象走向驱动力,从单一尺度走向多尺度,单纯宏观的景观变化已经不能适应这种变化趋势,模拟景观的动态变化可能会从模拟景观的某种要素甚至景观要素的一个个体开始,研究外界条件改变时景观要素或景观要素的个体发生变化的情况,再推之到整个景观的变化。个体反应机制的模拟首先是景观过程的模拟,同时又是景观驱动因子作用的结果,然后是尺度外推的过程。因此,通过景观个体反应机制的模拟,能够全面真实地反映景观变化的实际情况,同时有助于各种模型的交流和融合。

6.2 洞庭湖区湿地遥感分类

随着湿地功能逐渐被人们所认识，人们对湿地的研究越来越深入。为了更好地开展洞庭湖湿地的研究和保护工作，对洞庭湖湿地进行动态变化的监测成为湿地研究的一个首要问题。但是传统的统计或实地调查方式，由于空间定位不准确、不稳定和不统一而导致数据的可信度大大降低，还耗时耗力，劳民伤财。

随着科学技术的发展，3S技术日渐成熟，并且越来越普遍的将其应用于湿地资源调查、功能评价、环境监测、湿地恢复监测和湿地保护研究中，提高了研究水平。遥感卫星能提供及时、准确且覆盖面广的地面影像资料，直观上便能目视解译出许多地面状况信息，如果对影像资料进行一定的处理，将会从中获取更多的信息；利用GIS对这些信息进行存储、管理、加工处理以及输出；利用RS与GIS技术手段，辅以全球定位系统（GPS）进行土地资源调查和动态监测已为人们所共识。在近几年的洞庭湖研究中，遥感、地理信息系统发挥着巨大的作用。

6.2.1 分类系统的建立

根据研究区的实际情况和《湿地公约》分类系统以及《全国湿地资源调查与监测技术规程》等，洞庭湖区湿地可以分为3大类8种类型，分类见表6-1。

表 6-1　洞庭湖区湿地分类系统

洞庭湖区湿地分类系统	
1　河流湿地	宽度10m以上，长度5km以上的河流
1.1　永久性河流	常年有河水径流的河流，仅包括河床部分
1.2　季节性或间歇性河流	一年中只有季节性（雨季）或间歇性有水径流的河流
1.3　洪泛平原湿地	在丰水季节由洪水泛滥的河滩、河心洲、河谷、季节性泛滥的草地以及保持了常年或季节性被水浸润内陆三角洲统称
2　湖泊湿地	
2.1　淡水湖	由淡水组成的永久性湖泊
2.2　季节性淡水湖	由淡水组成的季节性或间歇性淡水湖（泛滥平原湖）
3　人工湿地	
3.1　淡水养殖池塘	以淡水养殖为主要目的修建的人工湿地
3.2　灌溉用沟、渠	为灌溉为主要目的修建的沟、渠
3.3　稻田/冬水田	能种植一季、两季、三季的水稻田或者是冬季蓄水或浸湿状的农田

在对洞庭湖湖湿地进行计算机自动分类时，除湿地这种土地利用类型之外，研究区内还有其他的土地利用类型，所以在已建立的洞庭湖湿地分类系统的基础上需要拟订本研究区的土地利用分类系统。根据研究区土地利用的具体情况和特点，同时与现行的全国土地资源分类系统相衔接，并且考虑所采用的TM遥感影像数据源的可解译性，建立了洞庭湖湿地的土地利用分类系统如下：

　1　旱地

　2　林草地

3 城镇乡村用地

4 湿地

    4.1 永久性湖泊

    4.2 泛滥平原湖

        4.2.1 泥滩地

        4.2.2 苔草滩地

        4.2.3 芦苇滩地

        4.2.4 湿地林地

    4.6 水库坑塘

    4.7 水稻田

为了突出洞庭湖湿地类型的专题研究,在归纳研究区的土地利用类型时,将湿地与其他地类的一级类型并列在一起,并且根据具体研究需要将耕地中的旱地单列为一类,水稻田归为一种湿地类型。同时研究考虑到湖区周围泛洪区湿地类型的丰富化,又将其分成4种类型。最终从遥感影像数据中提取洞庭湖湿地的主要类型,即洞庭湖湿地分类系统中的湿地类型,以及输出相关统计图。

6.2.2 解译标志的建立

解译标志建立是遥感图像解译的重要内容,主要是对影像颜色、形状特征进行分析。颜色特征是地面物体的电磁波特征在卫星像片上的反映,各种地物物质成分、表面结构以及表面温度等的不同,造成光谱特性的差异,这种差异反映在影像上则表现为色彩差异,形状特征又是色彩在空间上的组合排列,是由于地面起伏和地表不同物质对相同波段电磁波的吸收与反射不一样所造成的图形差异。

本项研究主要是结合野外调查与影像分析来确定的。野外调查时采用GPS定点定位,同时拍摄所在观测点位现状景观,记录并总结现状调查资料,不同土地利用类型在影像上的色调、形状、纹理、结构特征各异。解译标志主要有:①图像标志,指土地利用类型的色调、影纹、形状、大小和阴影;②地貌形态标志,指各种反映特定湿地景观的微地貌。具体解译标志见表6-2。

表6-2 洞庭湖湿地解译标志(冬季)

湿地类型	解译标志
湖泊湿地	深浅不一的蓝色,蓝紫色,黑色,形状各异,大小不一,边界清晰
泥滩地	浅灰色,蓝灰色,沿水体呈条带状,或者环湖水体,或江心片状,大小不一,边界清晰
苔草滩地	深浅不一的黄色,金黄色,大块分布,形状大小各异,边界有些模糊
芦苇地	呈灰色,或灰绿色,在12月影像上已收割的芦苇呈白色、灰色、蓝白色,有明显人为规则痕迹
湿地林地	呈现灰绿色,见有黄绿色分布。主要分布在湖区
林草地	山区林地呈现绿色,黄绿色,平原以棕色为主。湖区内沿大堤长条状分布,图像上呈红色,深红色,个别区域边界模糊
水坑库塘	深浅不一的蓝色,蓝黑色,形状各异,有程带状分布现象,或者沿湖区周边分布,边界明显
城镇	蓝灰色为主,面状分布,见有蓝白色条状道路相连接
旱地	块状蓝绿色分布(苎麻),粉红色块状分布,间有绿色的(棉花)
水稻田	紫色块状分布,同时附近有水系分布

6.2.3 几何校正

几何校正即利用地面控制点,对因其他因素引起的遥感图像畸变进行纠正。校正是实现遥感数据与实测数据相配准的主要环节,直接影响分类结果的准确性。校正过程主要包括地面控制点采集、采样精度验算、调整控制点等几个步骤,其中最关键的是地面控制点的采集。本研究依照"多点均匀分布、选择相对固定地物点、尽量采取大比例尺图件作参考图"的原则,采用现有的洞庭湖区的遥感影像为底图,选取和实验用遥感影像图匹配的控制点(GCP),建立遥感图像几何坐标和大地坐标的多项式关系,利用这种关系在对图像上每一点进行坐标纠正,以消除遥感成像时的几何畸变。因研究区跨度比较大,土地利用有所变化且地形图较为陈旧,部分地面控制点用此法难于确定,因此研究中也采用了部分 GPS 野外实测数据。经 RMS 检验,误差小于 0.5 个像元,采用最小邻近法重采样,地面分辨率 30m,产生几何精校正后的遥感影像。坐标投影系统为高斯—克吕格投影,中央经线为 111°。具体的校正方法详见《ERDAS IMAGINE 遥感图像处理方法》(党安荣等,2000)。

6.2.4 遥感影像的拼接与裁剪

由于所在研究区正好跨越了 3 个轨道号上所拍摄的遥感影像(详见图 6-1),因此需要对每一个年份的 3 幅遥感影像进行拼接。在拼接时,应用 ERDAS IMAGINE 8.7 软件中的 Date Preparation 模块中的 Mosaic Images 命令实现。拼接完成后,要根据研究区范围对镶嵌图像进行裁剪。本文按照湖区多所在 14 个县(市)的行政区划进行遥感影像裁剪,分两步完成:先将代表区划边界的矢量多边形转换成栅格图像文件,然后通过掩膜运算实现图像不规则裁剪,产生研究区的遥感影像(详见彩图 6-2)。

6.2.5 波谱组合的选取

地物波谱也称地物光谱。地物波谱特性是指各种地物各自所具有的电磁波特性(发射辐射或反射辐射)。自然界中地物与电磁波的相互作用主要表现为反射、发射、吸收和透射几种形式。物体在同一时间、空间条件下,其反射、发射、吸收和透射电磁波的特性是波长的函数。该函数关系的曲线表示叫地物波谱。对于遥感图像的三大信息内容(波谱信息、空间信息、时间信息),波谱信息用得最多。不同的物体由于其组成成分、内部结构和表面状态以及时间、空间环境的不同,它们的反射、发射、吸收和透射电磁波的特性也不同,即不同地物具有不同的波谱曲线形态。

TM 影像获取的湿地光谱信息是湿地植被、湿地水分和湿地土壤等光谱信息的综合反映。4 波段(0.78~0.90μm)区分植被类型、绘制水体边界的重要波段,对区分不同湿地类型有重要的参考价值,且湿地植物种群有特定的反射光谱,有利于湿地的识别(宫兆宁等,2006)。5 波段(1.55~1.75μm)对于土壤含水量及植物叶面反应敏感,将其用到合成影像,有利于沼泽发育程度的分析判断(杜红艳 2004)。3 波段(0.63~0.69μm)对植被的种类,叶绿素含量反应敏感,有利于植被的分析判断。在影像中,从一些"纯像元"中提取目标物的光谱比例状况,这样可以得到光谱信息分离度最大,由此绘制出研究区内典型的地物的波段曲线,亦可验证在 4、5、3 波段地物的分离度最大,为该区域分类的最佳波段组合(详见彩图 6-3)。

遥感图像分类主要包括计算机分类(监督分类、非监督分类)和目视解译、分类结果精度评价。实现以上的遥感图像处理与分类,可用到的遥感软件有 Erdas Imagine、ENVI 等,通常还需要地理信息系统软件(Arcview 3.3、Arcgis 9.2 等)的辅助,以进行图像分类错误的修改与分类结果后处理。在进行分类之间,必须结合影像和地面调查资料建立解译标志和相关知识库。

6.2.6 监督分类

监督分类就是先用某些已知训练样本让分类识别系统进行学习,待其掌握了各个类别的特征后,按照分类的决策规则进行分类下去的过程。目前比较成熟的分类方法，一般是概率统计分类方法。除此之外，尚有模拟自然语言的句法结构识别分类方法和模糊数学分类方法等。就统计分类方法而论，其为通过计算各类别的均值、方差、协方差、标准偏差和离散度等统计量，作为进行比较不同类别的相似程度的依据和标准，也即在这些统计量的基础上建立各个组类的类别识别特征来进行分类。自然，监督分类的精度要比非监督分类的方法高些，准确性要好一些，但是监督分类的工作量也要比非监督分类方法大得多。首先，监督分类有一事先训练样本的工作，训练样本要选好要有一定的代表性，而且要有足够的数量。另外，对于遥感图像分类来说，由于各种地物波谱辐射的复杂性以及干扰因素的多样性，有时仅仅考虑在某特定时间和空间内选取训练样本还是不够的，为了提高分类的精度，这时还必须多选取一些样本组和研究一些新的分类算法。

本实验采用最大似然法对湖区进行监督。最大似然法（Maximum Likelihood Classification. MLC）因有严密的理论基础对于呈正态分布的类别判别函数易于建立，综合应用了每个类别在各波段中的均值，方差以及各波段之间的协方差，有较好的统计特性，一直是最常用的分类方法。分类结果详见彩图 6-4。

6.2.7 人工解译

在 ERDAS IMAGINE 软件中进行非监督分类判定，分类模板的形成，监督分类训练样区的选择以及反复修改分类模板等操作时，都需要结合研究区相关的地理空间数据进行人工解译。而且由于地表植被分布具有一定的规律性、地带性、随机性等特性给遥感影像的计算机分类带来一定的困难。同时，受遥感影像获取的技术手段、信号传递和影像几何校正的影响，遥感影像的亮度、色调、纹理都会有所改变，而且不可避免的会产生混合像元。这些问题都会影响遥感影像计算机自动分类精度。因此有必要进行目视解译。重点是将因"同物异谱"和"同谱异物"进行划分。被研究中"城镇用地"与其他地物如"泥滩地"出现混淆。目视解译主要是参考相关资料及地理空间数据，利用 ERDAS 软件在计算机自动分类的影像上勾画出混淆区域并修改各自属性。分类结果详见彩图 6-5、彩图 6-6。

6.2.8 分类后处理

由于监督分类是按照图像光谱特征进行聚类分析的，带有一定的盲目性。因此需要进行分类后处理，才能得到理想的分类结果，主要是小图斑的处理操作。计算机分类后的洞庭湖湿地土地利用用分类影像中存在较多的细碎图斑，而本研究主要考虑湿地型及其他的主要地块类别，所以分类结果过于细碎的话就会影响实际的应用。因此对分类的影像数据进行小图斑的处理。

本实验中考虑到试验区较大，同时参考国家湿地调查标准，对 9×9 的像元进行聚类。得到洞庭湖土地利用图。

对比彩图 6-6、彩图 6-7 可以看到聚类后明显斑块破碎化程度降低。

6.2.9 精度评价

监督分类实际上是通过各个像元的多光谱灰度统计特征的类型划分，只是利用地物的反射光谱特征。由于景观的空间异质性和反射光谱影响因素的复杂性，常形成地物的同物异谱和异物同谱现象，为分类增加了难度，直接的结果就是遥感图像的分类错误。因此，本研究在 Erdas8.7 下进行修改，利用地形知识、研究区实地采样数据及其他专题图的协助下对错误的分类进行订正，然后对解译结果随机抽样，获得 2004 年 11 月研究区遥感影像的混淆矩阵。根据所得的混淆矩阵，计算出此次分类的制图精度和用户精度。分类结果中样本点的混淆矩阵和精度统计数据列表于表 6-3、表 6-4。

表6-3　样本点混淆矩阵

类别	水体	泥滩地	苔草滩地	芦苇地	林地	旱地	水稻田	城镇
水体	45	1	0	1	0	1	2	0
泥滩地	1	42	1	1	0	2	0	3
苔草滩地	0	6	42	0	1	0	0	0
芦苇地	0	0	1	46	2	0	0	0
林地	0	0	5	0	39	3	2	1
旱地	0	1	1	1	4	41	1	1
水稻田	2	0	1	0	0	9	38	0
城镇	3	8	0	0	0	2	2	35

表6-4　分类精度统计

类别	采样点	正确分类点	用户精度	类别	采样点	正确分类点	用户精度
水体	50	45	90%	林地	50	39	78%
泥滩地	50	42	84%	旱地	50	41	82%
苔草滩地	50	42	84%	水稻田	50	38	76%
芦苇地	50	46	92%				

注：由于水坑库塘与湖泊和河流湿地在遥感图上很难自动分辨，故把其作为一个水体统一对待，同时湿地林地与林草地在图上也很难区分故看作一个整体。

从样本点混淆矩阵和分类精度统计分析（表6-3、表6-4）可以看出：林地和水稻田的正确分类数量和用户精度明显比其他部分低。其原因在于林地的光谱成分复杂，其表面覆盖存在多种情况容易和棉花地、草滩地等发生混淆，且包含一些光谱特征与其他地物明显不同的像素（由成像过程形成），获取有代表性的光谱曲线作为参考光谱有一定困难；水体无论是制图精度和用户精度都较其他类型的要高，主要是因为研究区内水域面积较少，并且主要以水库和河道形式存在。从整体上看，总的用户精度为83.7%，满足本研究的要求。也说明结合实地调查信息，对照原始影像图对分类图进行修改，可以获得较高的精度。

通过对洞庭湖湿地调查区植被类型及其土壤的物理性质、化学性质及重金属的研究，得出了洞庭湖湿地的主要植被类型及其特征以及各植被类型下土壤有机质、全氮、营养元素等的空间分布规律及差异、重金属元素的含量特征等基本数据，为当地的实际生产活动以及科研等提供科学依据，并为退田还湖后的湿地生态环境安全和生态恢复工程提供理论支撑。

6.3　洞庭湖区湿地景观变化与分析

6.3.1　湿地景观动态变化研究体系

在景观生态学的研究和应用中，学者们借鉴传统的生物学和地理学统计方法发展了许多衡量景观特征的指数和相应的数学计算方法，主要包括三个方面：①景观异质性指数；景观异质性是景观的重要特征之一，表征其大小的有多样性指数（如丰富度、均匀度、优势度等）、镶嵌度指数等，通常以多样性指数常用。②描述与分析景观空间格局斑块之间相互关系的分析方法，如空间自相关、变异矩、分形分析等。③以景观质地为分析对象探讨尺度效应的景观河隙度指数分析。本研究讨论的洞庭湖区土地利用景观格局变化的分析中，主要采用下面几种定量分析方法和指数：

（1）景观丰富度指数。景观丰富度指数通常指景观中斑块类型的总数。通常用来表示由于自然或者人文因素干扰所导致的景观斑块类型由简单到复杂的过程，即景观由单一匀质向复杂异质的过程。也是某种景观类型斑块由大变小的过程。

$$R = m$$

式中：m 是景观中斑块类型数目。

在比较不同景观时，相对丰富度和丰富度密度更为适宜。

$$R_r = m/m_{max}$$

$$R_d = m/A$$

式中：R_r 和 R_d 分别表示相对丰富度和丰富度密度；H_{max} 为景观中斑块类型数的最大值；A 为景观类型面积。一般用 R_d 值来表示景观破碎化程度，其值越大，破碎化越高（邬建国，2000）。

（2）景观多样性指数。多样性指数的大小可以直接反映研究区中景观斑块类型多少，也可以反映不同类型和大小的斑块的空间组成变化。根据信息理论，当景观由单一要素构成时，景观是均匀的，多样性为零；当景观中有两种以上要素组成时，且各类型斑块所占比例相等时，景观的多样性最大。因此，在景观组成要素不变的情况下，当景观中各类斑块所占的比例差异增大时，景观的多样性指数下降，反之亦然计算公式：

$$H = - \sum_{i=1}^{m} \left[P_i \ln(P_i) \right]$$

式中：P_i 表示 i 景观斑块类型在整个景观中所占面积的比例；m 为景观斑块类型数目。

对于给定的 m，当 $P_i = \frac{1}{m}$ 时，H 达最大，通常随着 H 的增加，景观结构组成成分的复杂性（多样性）也趋于增加。

（3）均匀度指数。景观均匀度指数的大小反映各景观斑块类型在空间上分布的均匀程度。通常用多样性指数和其最大值之比表示：

$$E = H/H_m = - \sum_{i=1}^{m} \left[P_i \ln(P_i) \right] / \ln(n)$$

式中：H 为多样性指数；H_{max} 是其最大值；n 是景观中最大可能的景观斑块类型数。显然当 $E \rightarrow 1$ 时，景观斑块类型分布的均匀程度最高。

（4）景观优势度指数。景观优势度指数通常用多样性指数的最大值与实际值之差来表示，可反映某种景观斑块类型在景观中所处的位置，同时也可反映景观中斑块类型的相对多少及重要性。

$$D = H_{max} - H = H_{max} + \sum_{i=1}^{m} \left[P_i \ln(P_i) \right]$$

式中：D 为优势度指数；H_{max} 是多样性指数 H 的最大值；P_i 为第 i 斑块类型在景观中出现的概率，通常以该类型的面积占景观总面积的比例来获取；m 是景观中斑块类型的总数。通常 D 越大，即多样性指数与最大值之间的差距越大，表示景观斑块类型间的差异也越大，常由一个或多个斑块类型在景观中占主导地位。

（5）景观变化转移矩阵。史培军等（1999）提出了一种直接利用栅格图像，利用土地代数的原理获得土地利用转移举证的方法。在土地利用类型 <10 时，对任意两期土地利用类型图 $A_{i \times j}^{k}$ 和 $A_{i \times j}^{k+1}$，按照下式的地图代数方法可以求出：

$$C_{i \times j} = A_{i \times j}^{k} \times 10 + A_{i \times j}^{k+1}$$

式中，$C_{i \times j}$ 即为由 k 时期到 $k+1$ 时期的土地利用变化图，它表现了土地利用变化的类型及其空间分布。据此可以求得土地利用类型相互转化的数量关系的原始转移矩阵（表 6-5 中以粗体表现的数值，单位：km^2），然后根据原始转移矩阵求出两个时期不同的土地利用类型之间的转化关系及 $k+1$ 时期各种土地利用类型相对于 k 时期的年变化程度。

表 6-5　土地利用景观类型变化转移矩阵

土		X_1	X_2	…	X_j	合计占有率 /%
	A					
X_1	B					
	C					
	A					
X_2	B					
	C					
合计占有率 /%						
变化率						

行表示的是 k 时期（1987 年）的 i 种土地利用类型，列则表示 $k+1$ 时期（1996）的 j 种土地利用类型的比例；黑字部分表示的是 k 时期的土地利用类型转变为 $k+1$ 时期各种类型的面积，即原始土地利用变化转移矩阵 A_{ij}。B_{ij} 表示 k 时期的 i 种土地利用类型转变为由 $k+1$ 时期的 j 种土地利用类型的比例；C_{ij} 表示 $k+1$ 时期的 j 种土地利用中由 k 时期的 i 种土地利用类型转化而来的比例。列、行的合计分别表示 k 时期和 $k+1$ 时期各种土地利用类型的面积及其占总土地面积的比例。变化率表示 $k+1$ 时期各种土地利用类型相对于 k 时期的变化程度。

$$年均变化率 = \frac{1}{n} \times 变化率$$

上式表示 $k+1$ 时期各种土地利用类型相对于 k 时期的年均变化。B_{ij}，C_{ij} 及变化率的计算公式为：

$$B_{ij} = A_{ij} \times 100 \Big/ \sum_{j=1}^{9} A_{ij}$$

$$C_{ij} = A_{ij} \times 100 \Big/ \sum_{i=1}^{9} A_{ij}$$

$$变化率 = \left(\sum_{i=1}^{9} A_{ij} - \sum_{j=1}^{9} A_{ij} \right) \Big/ \sum_{i=1}^{9} A_{ij}$$

（6）景观变化差异分析。用各区域某种土地利用类型相对变化率及各区域土地利用动态度（单一土地利用动态度、综合土地利用动态度）的不同来反映土地利用的区域差异（王秀兰等，1999）。

其中，土地利用类型相对变化率是一种反映土地利用变化差异的很好的方法。本文主要以湿地相对变化率来反映不同湿地类型的变化差异。某研究区某一特定湿地类型相对变化率的计算公式为：

$$R = \left(\frac{k_b}{k_a}\right)\Big/\left(\frac{C_b}{C_a}\right)$$

式中，k_a，k_b 分别代表某区域某一湿地类型研究初期及研究末期的面积；C_b，C_a 分别代表整个研究区域某一特定湿地类型研究初期及研究末期的面积。

如果某区域某种湿地类型的相对变化率 R>1，则表明该区域这种湿地类型变化较全区域大。不同区域 R 值的比较分析，可进一步说明区域湿地变化的差异。

6.3.2 洞庭湖区景观格局变化分析

（1）洞庭湖区不同景观类型面积变化。利用洞庭湖区 1987 年、1996 年、2004 年三个时段的 TM 遥感影像的分类结果的栅格数据，将其转化为 GRID 格式，然后利用 Fragstats 3.3 等专业软件进行分析，导出数据，在 Excel 中对统计结果进行分析。

在洞庭湖区土地利用类型中，提取出洞庭湖区主要湿地景观类型，包括水域、泥滩地、苔草滩地、芦苇地等自然湿地和水稻田为主的人工湿地。

根据数据发现在整个洞庭湖区域，湿地面积在呈不断缩小的趋势，从 1987~2004 年间，湖区湿地面积缩小近一半以上，这其中人工湿地面积（水稻田）变化最为剧烈，缩小近 2/3。洞庭湖区是我国重要的粮食主产区，水稻一直是这儿的主要作物，但是近年来随着农村产业结构的调整，耕地主要转变种植棉、麻、蔬菜等经济作物，导致人工湿地持续减少。同时可以看到，相对于 1987 年，由于农业化程度提高，农机社会化水平的提高，耕地斑块面积增加。

水域景观在 1987~1996 年间，斑块数量、面积增加，一方面是由于大面积的渔业资源开发，排灌设施的加强，同时本研究遥感图所处的时间内，洞庭湖区城陵矶水位处于不同的高度，引起部分泥滩地面积划入水域面积，加之 1996 年洪水过后洪区留下的小型池塘水库等引起水域景观破碎度增加，平均面积减少；1996 年以后面积减少，斑块数相应减少，平均面积减少 0.025km^2，破碎化程度增加。泥滩地由于水位不同差异较大，但是从 1987~2004 年可看到，景观面积持续缩小，由于本区 1987 年后人工围湖植垦的结束，其原因主要是自然演替。

自然湿地景观主要分布在 3 个湖区周围，南洞庭湖区，西洞庭湖区和东洞庭湖区，还有四江三口入河口附近，由于 1978 年后，湖区围垦的停止，使得本区自然湿地发展迅速（详见彩图 6-4）。

人工湿地景观（水稻田）主要集中于益阳、常德、湘阴附近，基本分布在洞庭湖外湖和四江三口附近，由于这些地区水分充足，渠道丰富，为人工湿地的发展提供了足够的条件。同时可以发现在共双茶垸和湘阴部分地区有苎麻种植，在钱粮垸区域，棉花作为主要的经济作物被大量种植，棉麻等经济作物成片分布，景观板块都较大。

（2）湿地景观格局变化分析。将景观生态学的理论与方法应用于洞庭湖湿地景观结构变化的研究中，从景观空间格局变化的某些特征分析主要各地类动态变化的规律。景观格局指数是景观空间格局和异质性的定量描述，通过对不同时期同一湿地类型的景观格局定量分析，可以反映湿地景观结构的变化趋势以及所受到的干扰程度。

利用 Fragstats 3.3 软件，对现有栅格图像进行统计分析，得到 1987、1996、2004 年的景观指数，见表 6-6。

表 6-6　1987~2004 年洞庭湖湿地景观指数变化矩阵

年份	丰富度密度	多样性	均匀度	优势度
1987 年	5.94	0.80	0.49	0.81
1996 年	2.67	1.07	0.67	0.54
2004 年	3.76	1.17	0.73	0.44

从丰富度密度（也就是景观破碎度）来看，1987~1996 年间丰富度密度降低。这与占整个湿地景观主导地位的水稻田的平均面积增加和斑块数量减少有关，说明耕地面积越来越成片分布，破碎化程度下降。但是 1996~2004 年间，破碎化程度又有所上升。这其中人工湿地斑块数量仍在减少，但是自然湿地的破碎度在急剧增加，自然湿地的破碎化一定程度上抵消了人工湿地的斑块减少数量，1996~2004 年间斑块数量未出现明显的变化，但是由于整个湿地面积的缩小，导致破碎化程度增加。这其中自然湿地变化的主要原因是 1996 年后在湖区种植杨树林等经济林的活动明显增多，人类活动对自然湿地干扰增强。自然湿地的平均面积都呈现缩小的趋势。这些都表明 1996 年后自然湿地的景观破碎化程度在加剧。

1987~2004 年间洞庭湖区湿地的景观多样性、景观均匀度指数呈不断上升的趋势，反映了研究区各景观类型所占的比例差异在不断缩小，即一种或者少数几种景观占优势的地位在明显减弱，在研究时间段内，研究区内水稻田面积的不断缩小，斑块数量的不断减少，所导致的其他湿地景观整体优势地位的上升是多样性指数增大的重要原因。水稻田的景观变化成为本区的主导因子，是导致景观多样性和均匀度均上升主要原因。1987 年后我国处于经济高速发展期，农业产业化调整，农业机械化的不断推进，自然状态下的农业向区域农业发展，导致原有的破碎、自然状态下的农业向区域农业发展，斑块数目减少，从而造成了景观多样性和均匀度的上升。这种变化一定程度上反映了人类活动对整体景观的影响，景观优势度在 1987~2004 年间呈不断下降的趋势，值的缩小表明占主导地位的斑块数量的增加。水稻田斑块数量占总斑块数量的比值降低，表明其主导性降低，从而导致景观优势度的下降。

（3）洞庭湖区湿地景观变化过程分析。研究区在 1987~2004 年间土地利用发生很大变化，相应的其湿地景观格局也产生了很大变化。从三个方面来研究这种变化：一是研究两三个时期各种土地类型面积的变化情况；二是研究土地利用类型从前一个时期向后一个时期的转移比率；三是研究后一个时期中土地利用类型由前一个时期土地利用类型的转移来源比率。利用土地利用转移矩阵就能清晰地反映上述研究结果。通过计算土地利用转移矩阵来描述各种土地利用类型之间的转换关系，在当前土地利用变化的研究中已经广泛采用。我们也借鉴利用于湿地景观格局变化过程的研究。

叠加分析是空间分析的常用方法，在统一地理坐标系的控制下，通过前后两个时相或多个时相洞庭湖土地遥感监测图的叠加可以十分明显地反映各种湿地类型的增减状况。

为便于区别，首先将不同时相的同种湿地类型赋予不同的颜色，可用 3 种方法进行叠加显示：一是利用图像叠加功能，将各时相湿地类型分布栅格图叠合，分析变化情况。该方法实际上是像元间的复合，可较好地反映其增（减）变化，但未变化的共同部分因像元间的覆盖需通过图像动态连接显示。二是做前后湿地类型分布栅格图的差值、比值或相加处理，可很好地检索出图像变化的部分，以不同的颜色显示各种类型的增加、减少以及未变化的范围。三是将各时相湿地类型分布图由栅格转为矢量格式，然后利用地理信息系统（GIS）软件进行湿地类型分布矢量图的叠加分析，从而检测出其分布的变化情况。本章主要应用第一种方法，利用各时相湿地类型分布栅格图进行叠加，利用 ERDAS 的 GIS 功能，用 MTRIX 板块进行叠加分析，产生其土地利用变化转移矩阵，得到 3 个时期的 2 个转移矩阵。

从 1987 年到 1996 年洞庭湖湿地景观变化情况如下：

① 水域主要转变为泥滩地，其次是水稻田，其中转化为泥滩的面积 132.55km^2，转化为水稻田的面积为 73.31km^2。

② 泥滩地主要转变为苔草滩地，其次为水域，芦苇地，其中转化为苔草滩地的为 150.43km^2，转化明显，转化比例为 25.93%，转化为水域的为 99.51km^2，转化为芦苇地为 63.58km^2，分别有 17.16%、10.96%。

③ 苔草滩地主要转变为泥滩地，其次为芦苇地，其中转化为泥滩地 22.03km^2，转化为芦苇地 20.85km^2。

④ 芦苇地转化为其他类型的较少，主要转化为苔草滩地，其次为林地，其转化为苔草滩地的为 112.85km^2，转化为林地 26.5km^2。

⑤ 水稻田主要转化为棉花地，其次为林地，其中转化为棉花地 2728.92km²，转化为林地 1936.42km²，值得注意的是还有 562.16km² 转化为水域。

根据 1987~1996 年土地利用类型转移矩阵，洞庭湖区在这 9 年的湿地变化的总体趋势，在研究时段的湿地变化如下：一是水域、苔草滩地、芦苇地和林草地在增加，泥滩地和水田在减少；二是大范围的湖洲泥滩地转化为苔草，芦苇地，虽然绝对数量不大，当相对比例很大；三是水稻田为主的人工湿地，主要向棉花地，林地（可能是果园，遥感图解译很难区分）转变，人工湿地退化严重，转移比例分别为 20.54%，14.57%（绝对面积很大）。

从 1996 年各种土地类型的转化来源看，研究区的湿地变化如下：

① 水域主要由水稻田、棉花地在这一时期转化而来，比例分别为 17.46%、15.99%。

② 泥滩地主要由水域转化而来，转化面积 132.59km²，所占比例 30.78%。

③ 苔草滩地主要由泥滩地和芦苇地转化而来，转化比例分别为 19.42%、14.57%。

④ 芦苇地主要由泥滩地和水田转化而来，转化比例分别为 8.39%、8.91%。

⑤ 水稻田其自身转化率是所有湿地类型中最高的，为 81.02%，其主要的转化来源是棉花地，转化比例 8.91%。

分析其转化来源可以发现：

① 水域的主要来源农业用地，由于 1996 洞庭湖区曾经发过水灾，故可以认为其中有很大一部分是洪水留下的滞水地而非正常的水域。

② 研究泥滩地发现，虽然 1987~1996 年间水域有所扩大，但是那可能是洪水的原因，其间泥滩地转化为水域的面积要小于水域转化为泥滩的面积，可见其间湖泊淤积在持续发生。

③ 苔草滩地来源是泥滩，可以看出，湖泊的沼泽化继续，湖区仍在退化中。

④ 水稻田，由于本区开发早，同时 1978 年围湖的停止，其已经没有发展余地，其转化来源分析，就是轮种所增加的数量。

从 1996~2004 年洞庭湖湿地景观变化如下：

① 水域主要转变为水稻田和林地，其中转化为水稻田的面积为 888.80km²，转化为林草地的面积为 269.67km²。

② 泥滩地主要转变为水域，其次为芦苇地、草滩、林地，其中转化为水域的为 217.32km²，转化明显，转化为林地的为 39.70km²，转化为芦苇地为 30.30km²，转化为苔草滩地的为 24.75km²。

③ 苔草滩地主要转变为林地，其次为芦苇地，其中转化为林草地为 241.64km²，转化为芦苇地 89.41km²，转化明显，转化率分别为 31.20% 和 11.54%。

④ 芦苇地主要转化为林地，其转化的面积约为 99.37km²，其他转化相对较少。

⑤ 水稻田主要转化为棉花地，其次为苎麻地，其中转化为棉花地 2405.67km²，转化为苎麻地 1385.33km²，值得注意的是还有 909.90km² 转化为林草地。

根据 1996~2004 年土地利用类型转移矩阵，洞庭湖区在这 8 年的湿地变化的总体趋势为：在研究时段的湿地变化如下：一是水域、泥滩地、苔草滩地、水田在减少，芦苇地和林草地在增加。二是大范围的水域、湖洲泥滩地、苔草地转化为芦苇地、林草地，虽然绝对数量不大，当相对比例很大。三是水稻田为主的人工湿地，主要向棉花地、苎麻地转变，其土地利用性质未变，仍未农用地，但相对的人工湿地退化严重，转移比例分别为 18.10%，10.42%（绝对面积很大）。

从 2004 年各种土地类型的转化来源看，研究区的湿地变化如下：

① 水域主要由自身转化而来，其他转化面积不大，主要转化来源是泥滩地，转化比例为 9.85%。

② 泥滩地主要由苔草滩地和水域转化而来，其转化比例分别为 17.79%、10.16%。

③ 苔草滩地自身转化率是所有湿地类型中最高的，为 81.18%，其他主要转化来源为泥滩地和林草地，

转化比例分别为 5.62%、8.43%。

④ 芦苇地主要由水田转化而来，转化比例高达 24.89%。

⑤ 水稻田主要转化来源是棉花地，转化比例 17.58%。

分析其转化来源可以发现：

① 水域的主要来源泥滩地，由于泥滩地随着水位变化有很大波动，可以看出水域无明显转化来源。

② 研究泥滩地发现，其转化来源面积要远远小于其被转化面积，年均变化约 7.0%，其缩小率居所有土地利用类型的首位。

③ 苔草滩地主要转化来源是泥滩和芦苇可以看出，湖泊的沼泽化继续，湖区仍在退化中。

④ 由于本区开发水稻田比较早，加上 1978 年围湖的停止，所以水稻田已经没有发展余地，它的增加主要是由于轮种的影响，但从总体上看，人工湿地的面积在缩小。

（4）洞庭湖外湖面积变化。1949 年以来，洞庭湖湿地在自然因素和人为因素的共同影响下发生了巨大变化。湖泊水面缩小了近 2/3，洲滩和围垦而成的耕地不断向湖心推进。原来一片汪洋的洞庭期已被洲滩和耕地分割为来东洞庭湖、南洞庭期、西洞庭湖三部分。根据湖南省水利水电厅《洞庭湖水文气象统计分析》（1989）中的数据，1949 年洞庭湖面积 4350km²。1954 年 3915km²，1958 年 3141km²，1971 年 2820km²，1978 年 2691km²。1949~1954 年减少 435km²，年均减少 87km²。1954~1958 年减少 774km²，年均减少 193.5km²。1958~1971 年减少 321km²，年均减少 24.7km²，1971~1978 年减少 129km²，年均减少 18.4km²。这其中 1949~1978 年人类围垦活动起了极大作用（黄进良，1999）。

1978 年以后，由于对洞庭湖的围垦被禁止，湖区大堤的基本确定，洞庭湖区面积维持在 2691km² 左右。洞庭湖湿地变化人为因素减弱，但在泥沙淤积等自然条件的影响下，湖区水面面积仍持续缩小，长年覆盖水面（冬季）不足 1000km²。

在 1998 年洪水后，洞庭湖区开始实行退田还湖政策，湖区中的个别垸的双退（青山垸等），湖区水面面积开始有所扩大，但湖区整体的湿地演替仍在继续，整个湖区面积在持续缩小。

从表 6-7、表 6-8 中洞庭湖各种湿地类型面积变化数据可以看出，各类湿地面积年季变化比较大，同时因为水位年季变化差异会引起水面范围及面积不同，因此将泥滩地和水面作为一个整体分析，减少水位变化对湖区面积变化的影响。

表 6-7　洞庭湖湿地类型面积表

湿地类型	1987 年		1996 年		2004 年	
	面积 /hm²	百分比 /%	面积 /hm²	百分比 /%	面积 /hm²	百分比 /%
湖泊	56 139.28	22.84%	54 629.18	22.23%	63 725.50	25.93%
泥滩地	52 105.88	21.20%	33 076.02	13.46%	20 189.43	8.21%
苔草滩地	40 999.37	16.68%	65 848.86	26.79%	29 758.40	12.11%
芦苇地	52 940.53	21.54%	60 427.71	24.59%	68 606.55	27.91%
林地	41 381.71	16.84%	30 559.16	12.43%	62 043.10	25.24%
人工湿地	2210.4	0.90%	1236.24	0.50%	1453.41	0.59%

表 6-8　洞庭湖区湿地面积变化

单位：hm²

湿地类型	1987~1996 年	1996~2004 年	湿地类型	1987~1996 年	1996~2004 年
湖泊	−1510.10	9096.32	芦苇地	7487.18	8178.84
泥滩地	−19 029.86	−12 886.59	林地	−10 822.55	31 483.94
苔草滩地	24 849.49	−36 090.46	人工湿地	−974.16	217.17

　　1987 年泥滩地和水面总面积为 1082.45km², 1996 年时为 877.05km², 到 2004 年为 839.151km², 17 年间共减少 243.30km², 年均减少 14.31km²。1996 年比 1987 年减少了 205.40km², 年均减少 22.82km²; 2004 年比 1996 年减少了 37.90km², 年均减少 4.74km²。总体来说洞庭湖区湿地类型面积变化表现为洲滩地面积不断扩大, 而湖泊水面不断缩小。但是明显可以看到分为 2 个阶段, 在 1996~2004 年间洞庭湖湖泊湿地缩小速率大大降低, 湖区淤积速度明显下降。

　　（5）外湖湿地景观变化差异分析。由于洞庭湖湿地面积大, 水文与泥沙冲刷情况复杂, 使得洞庭湖湿地不同区域的湿地变化存在差异, 把东洞庭湖、南洞庭期、西洞庭湖三部分分别从遥感图上切出（详见彩图 6-8、彩图 6-9、彩图 6-10）, 便于分析。

　　用多种方法研究 3 个时相的洞庭湖湿地的变化, 对其湿地的分布动态进行分析。通过对遥感图的分析和对实地的考察发现, 3 个湖区由于水文与泥沙冲淤情况各异, 其基本可以分为 3 种类型: 西洞庭承纳松滋、太平、藕池三口, 沅江, 澧水入湖, 泥沙淤积较严重, 在非水灾时期已处于吞吐水道状态, 无大面积湖泊; 南洞庭湖, 承接来自西洞庭湖和湘江, 资水入湖, 泥沙淤积较少, 在钱粮湖区仍有大湖泊分布, 属于湖泊补给型湿地; 而东洞庭湖, 只接受南洞庭湖来水, 本区流速较慢, 故属于典型的湖泊湿地。对 3 个区的湿地类型进行监测得到:

　　① 湖泊湿地的相对变化率, 1987~1996 年的大小顺序为西洞庭湖 = 南洞庭湖 > 东洞庭湖, 其中东洞庭湖区相对变化率为 0.96, 低于研究区水平, 可见在 1987~1996 年期间东洞庭湖面变化要远小于西、南洞庭湖。而 1996~2004 年期间南洞庭湖 > 西洞庭湖 > 东洞庭湖, 考察当地情况, 说明洞庭湖发展到现在西洞庭湖区的容沙空间有限, 洞庭湖区的淤积已经在南洞庭湖发展从而导致南洞庭湖湖泊湿地变化加快。

　　② 草滩湿地的相对变化率, 1987~1996 年为东洞庭湖 > 南洞庭湖 > 西洞庭湖, 而从 1996~2004 年则是西洞庭湖 > 东洞庭湖 > 南洞庭湖。但是发现在这 2 个阶段草滩的相对变化率差异都不很大, 都在 $R=1$ 左右徘徊, 可见草滩地在 3 个区域内无明显的差异。

　　③ 芦苇地的相对变化率, 1987~1996 年为西洞庭湖 > 南洞庭湖 > 东洞庭湖, 而从 1996~2004 年则是东洞庭湖 > 南洞庭湖 > 西洞庭湖。参考草滩地发现芦苇地在 1987~1996 年间芦苇的相对变化率差异不是很大, 在 $R=1$ 左右徘徊, 但是在 1996~2004 年阶段, 相对变化率发生了很大的变化, 这说明了在这一时期 3 个区域的湿地利用发生了很大变化, 结合外业资料我们发现在这一时期, 湖区种植杨树, 芦苇等的经济行为可能是导致这种区域差异产生的主要原因。

　　④ 林地的相对变化率, 1987~1996 年为东洞庭湖 > 南洞庭湖 > 西洞庭湖, 1996~2004 年间为西洞庭湖 > 东洞庭湖 > 南洞庭湖, 前者反映了在人为干扰较少的情况下洞庭湖 3 个湖区的掩体方向, 而 1996~2004 年期间的变化说明在人类的经济活动的影响下, 湖区加快演替的过程。

　　⑤ 由于围湖的停止和人工湿地的特殊性, 人工湿地在湖区只有一小部分发生变化。如: 由于退田还湖工程, 西洞庭湖湖区内的青山垸人工湿地减少。

6.4 湖区湿地景观变化原因分析

6.4.1 湿地演替

　　所谓湿地演替是指同一地段上一种湿地类型被另一种不同的湿地类型更替。洞庭潮湿地类型主要有水体湿地、泥沙滩地、湖草滩地、芦苇滩地、鸡婆柳滩地、防护林滩地等。随着泥沙不断淤积, 浅水湖泊的地势逐渐增高, 在水位较稳定、水体较清地段逐渐开始生长水生生物, 发育成为水生生物基底湿地（指生长水生生物的水体湿地）, 也有一些地段泥沙淤积较快, 不能生长水生生物, 发育成为泥沙滩地。随着泥沙继续淤积, 地势进一步增高, 草本植物开始侵入, 水生生物基底湿地和泥沙滩地逐渐为湖草所占据,演变为湖草滩地。泥沙继续淤积加上湖草残体的堆积。地势继续增高。枯水季节的地下水位降低，芦苇（*Phragmites* spp.）、萎蒿（*Aremisiaselengensis* spp.）、鸡婆柳等侵入湖草群中，并迅速蔓延。随着洲滩进一步抬高，洪水泛滥减弱，地下水位降低，荻草（*Triarrhena* spp.）侵入芦苇和鸡婆柳之中。最终，荻完全占据整个滩地。芦苇滩地和鸡婆柳滩地为荻滩地所取代。因人们通常把荻也叫做"芦苇"，所以荻滩地也被认为是"芦苇滩地"。如果洲滩继续抬高。且为一些中生的木本植物生长创造了环境条件，旱柳（*Salix matsudana*）、杨树（*Populus* spp.）等木本植物则会相继侵入荻群内而取代之，并最终演变为森林湿地（杜森尧，1993）。

以上就是洞庭湖区湿地的一般演替过程。对比 1987~1996 年的湿地变化和 1996~2004 的湿地变化的转移矩阵，发现 1987~1996 年和 1996~2004 间洞庭湖区的湿地变化呈现出了两种不同的发展趋势。

1987~1996 年间：水域主要转变为泥滩地，其中转化为泥滩的面积为 132.55km²；泥滩地主要转变为苔草滩地，转化面积为 150.43km²，且转化明显，转化比例为 25.93%；苔草滩地主要转变为泥滩地，其次为芦苇地，其中转化为泥滩地 22.03km²，转化为芦苇地 20.85km²。芦苇地转化为其他类型的较少，主要转化为苔草滩地，其次为林地，其转化为苔草滩地的为 112.85km²，转化为林地 26.5km²。可见在 1987~1996 年间湖区湿地是以顺向演替为主的过程，湖区由水域转化为泥滩地，到苔草地、芦苇地，最后到林地。

1996~2004 年间：水域主要转变为水稻田和林地，其中转化为水稻田的面积为 888.80km²，转化为林草地的面积为 269.67km²；泥滩地主要转变为水域，其次为芦苇地、草滩、林地，其中转化为水域的为 217.32km²，转化明显，转化为林地的为 39.70km²，转化为芦苇地为 30.30km²，转化为苔草滩地的为 24.75km²；苔草滩地主要转变为林地，其次为芦苇地，其中转化为林草地为 241.64km²，转化为芦苇地 89.41km²；芦苇地主要转化为林地，其转化为面积约为的为 99.37km²。这其中我们发现在湖区湿地的顺向演替中存在着各种湿地直接转变成林地的跳跃式演替过程。

这与我们外业调查发现相符合。当前湖区的一个典型现象是在泥滩地或草滩地、芦苇地上，开沟排水，然后种植杨树，可见人为的种植芦苇和杨树打破了湖区传统的顺向演替过程。这种过程打破了原有的生态学规律，使湖区湿地直接退化成森林湿地。配合泥沙的沉积，大大加剧了湖面的萎缩。如东洞庭湖的部分，由于其主要为南洞庭湖来水的吞吐水道，没有大量的空间发育成三角洲，但由于人为的活动，湖区面积仍在缩小，这主要的原因就是人为活动（种植杨树等）压缩了湖洲的泥滩地面积，2004 年比 1987 年滩地面积减少了 52.42km²，减少一半多，加速了整个区域从半湖泊湿地到河流湿地的演替，加速了整个湖面的衰减。

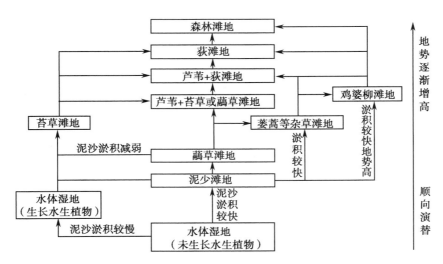

图 6-11　湿地顺向演替示意图

6.4.2 泥沙淤积

由于湖区比降平缓，汛期洪水从各方汇流入湖，形成纵横交错的水网，四口尤其是在汛期携带大量的泥沙入户，由于城陵矶受高水位淤塞的影响，排泄能力下降，大量泥沙沉积在湖区，湖底抬高。根据湖南省水利水电厅《洞庭湖水文气象统计分析》（1989）中的数据，1951~1988 年的 38 年间，洞庭湖泥沙沉积总共 544 741 × 10^4t，年平均 14 335 × 10^4t。杨锡臣等根据 1952 年和 1988 年的湖底地形图分析，认为洞庭湖平均每年淤高 3.7cm。而芦苇分布区平均每年淤高约 5cm，局部地段达 7cm 以上。泥沙淤积使得地势增高，促进了芦苇等湿地植被的生长；芦苇等植被的发展又为泥沙淤积加快创造了条件，它们互为条件又互为因果，形成恶性循环。

现在洞庭湖区，没有人能够准确知道这里究竟栽种了多少杨树，有人估计为 6.67 万 hm^2，甚至更多（瞿茂生等，2003）。尽管目前还没有生态专家对杨树将给洞庭湖生态环境带来何种影响进行专门评估，但有一点显而易见，那就是每当涨水季节，杨树都将大量泥沙拦截下来，久而久之，新的大陆开始浮现，湿地被迫"蜕变"。

由于植物的生理特性，不同的植被覆盖能表征特定的高程，湖区的顺向演替本身就能说明泥沙淤积的问题。但为了准确的分析泥沙淤积速率，以泥滩地转化苔草滩地面积作为泥沙淤积的标志，因为泥滩地一旦转变为苔草滩地，很难再次转变为泥滩地。对比 1987~1996 年和 1996~2004 年湿地变化矩阵进行分析发现：1987~1996 年间，1987 年的苔草滩地主要转变为泥滩地，其次为芦苇地，其中转化为泥滩地 22.03km²。而 1996 年的苔草滩地主要由泥滩地和芦苇地转化而来，其中泥滩地转化面积为 150.43km²，计算得到这一时段的泥滩地转苔草滩地的速率为 14.27km²/a；1996~2004 年间，1996 年苔草滩地主要转变为林地，其次为芦苇地，转化为泥滩地面积 22.75km²，而 2004 年苔草滩地自身转化率是所有湿地类型中最高的为 81.18%，泥滩地转化来源面积 33.71km²。计算得到这一时段的泥滩地转苔草滩地的速率为 1.12km²/a。

可见 1996~2004 年间的泥沙淤积速率要远小于 1987~1996 年，这其中主要原因是：

（1）三峡水库建成后，长江下泄水体抬沙量减少，引起长江河床冲刷，三口口门相对于长江水位有所抬高。而且三口分流泥沙相对细化，沉积的可能性降低。因此，洞庭期泥沙淤积将减少，洲滩湿地的增长将变缓，湖泊水面的缩小将减慢。

（2）洞庭湖区 1996 年、1998 年都发生了特大洪水，洪水的冲刷使得湖区 1996~2004 年泥沙淤积远小于前一阶段。

（3）退田还湖政策的实施使得一些堤垸与湖区重新连接，泥沙往地势低洼的垸内流动，相对地减缓了泥沙的淤积速度。

以上是整体的，但是通过对遥感影像的分析，发现在局部地区淤积仍很严重。如对东洞庭湖区的注兹河河口研究发现，泥沙越来越集中堆积在河口两侧的水下天然堤，使得三角洲逐渐成为尖嘴型，伴随泥沙堆积，河口及河道两边湿地发育和演替明显，发育外围的泥滩地，草滩地迅速向湖心推进，同时在芦苇的边缘又种植了杨树，各种人为过程（种植芦苇、杨树）也加剧了这种作用。在 TM 影像上可以看到在 2004 年其距离君山最近仅为 1.9km，按照 1996~2004 年（0.075km/a）的东推速度计算，只需 25 年，其河口三角洲将与君山相连，到时候现在的东洞庭湖自然保护区的核心曲，将成为一个不再与长江相连得内湖。从面积算，整个注兹河河口在 1987 年到 2004 年就侵占了湖区大约 20km² 的面积。相当于 2004 年东洞庭湖东区水面与泥滩地总面积的 1/5。

6.4.3 退田还湖

长江是我国第一大河流，洞庭湖作为我国沿江的第二大淡水湖，发挥着调节长江洪水径流的重要作用，但近代由于泥沙严重淤积和大规模围湖垦殖活动，导致洞庭湖湿地急剧萎缩，并由此引发了江湖洪水位的不断升高，洪水威胁愈演愈烈。1998年长江流域洪水期间，中央及时提出了"退田还湖，平垸行洪"等长江流域洪水治理的32字指导原则，并随即投入了大量的人力和物力，广泛开展了退田还湖工作（姜加虎2004）。

由于1996~2004刚好跨越退田还湖政策的实施前后，这一时段就能研究退田还湖的实施情况。因为在现在的自然、人为条件下，人工湿地不大可能自动转变为湖泊湿地，同时堤垸一般地势较低，一旦被退其内部基本会变成水域（如青山垸，现在已进全由水面组成），故研究这一时段的农业用地转化为水域的面积，就能很好地反映出退田还湖的实施情况。根据研究数据，发现1996年的水稻田、棉花地、苎麻等农业用地转化为水域的面积分别为95.61km²、29.94km²、7.26km²，合计133km²，但是对比水域的退化面积而言，相对面积较少，可见退田还湖仅仅减缓了湖区的淤积，未能起到决定性的作用。究其原因，结合外业我们发现在退田还湖的实施过程中，各地区还没能彻底的贯彻实施，由于经济等方面的原因，特别是在一些单退垸（退人不退田）内，堤垸仍与湖区封闭，未能起到物质交流的作用。

综上所述，退田还湖的实施在一定程度上延缓了湖区的淤积，但是由于实施力度不够，效果不是很明显，有待于制定新的政策来加大实施力度，从而更好地发挥退田还湖的作用。

第七章 退田还湖工程对洞庭湖区典型区域土地承载力及生态安全的影响

自退田还湖工程实施后，洞庭湖原有生态功能得到一定恢复和改善，增加了调蓄洪面积，有效减轻了长江流域的防洪压力，湖区生态景观发生变化。因此，开展退田还湖对堤垸景观格局的动态变化及驱动机制研究，有助于理解景观形成的机制，尤其是理解退田还湖区人类活动与景观结构之间的关系，为人类定向影响生态环境并使其向良性方向演化提供依据，为合理利用和管理资源环境服务，对于如何有效地治理好洞庭湖，合理开发利用垸田，进一步发展湖区经济，具有重要指导作用，并能为该区域景观和土地利用规划设计提供参考。

7.1 典型双退垸的景观格局变化和自然植被恢复过程

选取两个典型的双退垸——华容县集城垸和汉寿县青山垸，对其退田还湖前后景观格局变化和自然植被恢复过程进行初步分析。

华容县集成垸位处长江之滨，据考证岛上人居历史已有 200 多年，20 世纪 70 年代长江改道后，新开的长江主道将集成垸分隔成一个独立的小岛，土地面积 33.7km²。根据华容县志，集成垸由原来的 7 个小垸集合而成，20 世纪末是华容县的一个乡镇，辖 8 个农业村，居住人口有 1 万多人，1998 年洪水过后，集成垸大堤损毁垸内与长江河道相通，成为蓄洪区，岛上居民被分别迁徙到全县各个乡（镇）安居，结束了人居垦植的历史。2003 年，将名称更改为小集成洪泛区管理委员会，移民工作进一步完善，杜绝移民返迁，垸内的土地利用方式发生了极大变化，但因整体地势较高，废垸中大部分土地除了洪水期外都露出水面，因而还被继续用于杨树林、芦苇等生产活动。集成垸是洞庭湖区典型的长江边的双退垸。

另一个双退垸为汉寿县青山湖垸，位于沅水尾闾，西洞庭湖（目平湖）南端，是洞庭湖区重点堤垸沅南大垸外的巴垸。青山垸平面呈尖四边形，其北堤长约 2.6km，东堤长约 1.5km，南堤长约 1km，西南堤长约 1.4km，总面积约为 234hm²。1958 年开始围垦，1975 年改名为青山垸。1998 年溃垸，政府将垸内 1300 户 4400 余名居民全部迁出分散安置在本县各乡（镇）。1999 年县政府将青山垸的土地所有权转交给了目平湖湿地自然保护区。青山垸整体地势低洼，在退田还湖后，整个废垸大部分被水淹没，成为以渔业、水产养殖为主的场所。青山垸是洞庭湖区典型的双退湖垸。

数据处理方法如下：采用 1∶10 000 地形图和 ETM 卫星影像，结合对该区域的土地利用现状的调查提取相关信息。因研究地区范围较小，根据卫星影像采用 ERDAS 解译植被分布情况，然后用 Arcview 软件直接勾绘出退田还湖前后土地利用图。景观格局分析主要采用 Fragstats3.3 提供的景观指数进行，该软件是目前景观生态研究公认的常用软件。选取的参数主要包括（1）斑块面积（CA）、（2）斑块平均大小（MPS）、（3）平均斑块形状指数（AWMSI）、（4）聚集度指数（AI）、（5）蔓延度指数（CONTAG）、（6）破碎度指数（LFI）、（7）香农多样性指数（SHDI）、香农均匀度指数（SHEI）。各指数的含义见正文解释。集成垸退田还湖前后土地利用变化详见彩图 7-1。

7.1.1　集成垸退田还湖前后景观格局比较

（1）类型等级的景观指数分析。根据退田还湖前后的景观要素组成情况，可以知道水渠堤坝道路等工程设施本身应属于线状景观要素，其本身的变化也不应当很大，因此不做分析。这里只分析5类主要的斑块类型，即旱地、成林地、幼林地、建筑、芦苇地（表7-1）。

表7-1　类型等级的景观指数在退田还湖前后变化

类型	斑块数/个		斑块面积/km²		所占百分比/%		平均斑块形状指数		破碎度指数		聚集度指数	
	1993	2004	1993	2004	1993	2004	1993	2004	1993	2004	1993	2004
芦苇类	5	17	3.98	7.19	12.19	22.04	2.96	2.17	2.43	10.14	90.31	91.25
幼林	1	10	1.62	8.75	0.11	24.29	2.55	1.74	3.44	13.98	65.31	94.42
成林	96	7	0.37	0.44	4.97	26.81	1.74	1.88	0.25	14.27	48.90	95.37
建筑	46	13	2.65	1.84	8.12	5.63	2.18	1.39	0.84	4.04	68.33	90.58
旱地	5	1	20.97	0.02	64.25	0.08	3.51	1.50	0.01	0.05	93.72	84.38

各类景观要素的斑块数量和面积变化方面分析如下：集成垸从1993~2004年，成林、建筑和旱地斑块数目明显减少，芦苇类和幼林斑块数增加，其中芦苇类斑块数增加得较多。在斑块总面积不变的情况下，旱地面积大量减少，建筑面积减少，但成林、幼林面积大量增加多，芦苇面积增加。成林斑块面积所占比例由原来的4.97%增加到26.81%，幼林面积所占比例由1993年的0.11%增加到2004年的24.29%，芦苇类由1993年的12.19%增加到2004年的22.04%。结合实地考察分析可知，建筑减少是人退出垸内，很多房屋被炸毁的原因；而旱地面积都大量减少，人工林（成林和幼林）面积都大量增加，则表明退田还湖后，集成垸的农田、池塘和建筑等景观要素已经基本消失，出现了大量的人工林斑块和局部形成的芦苇类湿地斑块。

各类景观要素的斑块形状、破碎化程度和聚集度变化方面分析如下：集成垸退田还湖后，除了成林的平均斑块形状指数变大外，其他几种主要斑块类型芦苇类、幼林、建筑和旱地平均斑块形状指数都变小了，也就是说除了成林的斑块形状变得复杂外，其他的斑块都变简单了。其中退田还湖前旱地斑块形状最复杂；退田还湖后，建筑斑块形状最简单，由此也可看出双退后房屋和旱地的荒废，而幼林斑块形状变得简单则是由于大块种植杨树的结果。破碎度指数计算公式本文采用（斑块数-1）/平均斑块面积表示，由表7-1可知，退田还湖以后，芦苇类和旱地破碎度增大，成林、幼林和建筑破碎度减小。双退前，成林的斑块破碎度最大，芦苇类破碎度最小；双退后，旱地破碎度最大；成林破碎度最小。也就是说，由于退田还湖的实施，芦苇类和旱地景观空间结构变得更复杂，而成林、幼林和建筑景观空间结构变得更简单；双退后，旱地和芦苇类由整块变得破碎，而成林、幼林和建筑由破碎变成整块。退田还湖以后，成林、幼林和建筑斑块聚集度指数都有较大增加，说明成林、幼林和建筑斑块在双退后斑块聚集得更加紧密；芦苇类变化不大，而旱地斑块聚集度指数减小了，说明旱地斑块在双退后分布不如双退前紧密。双退前，旱地聚集度最大，成林聚集度最小；双退后，成林和幼林聚集度最大，旱地聚集度最小。

（2）景观等级的指数分析。计算斑块总数等5类指数，分析退田还湖前后景观格局的变化（表7-2）。

表7-2　景观等级的景观指数在退田还湖前后变化

	斑块数	聚集度指数	蔓延度指数	香农多样性指数	香农均匀度指数
1993年	325	84.35	63.63	1.33	0.51
2004年	158	88.48	53.79	1.92	0.73

由表 7-2 可以看出，从 1993~2004 年总斑块数减少了大约一半，说明退田还湖后，人工杨树和芦苇的种植使斑块由小而散变得更大而整了。景观聚集度增高了，说明景观类型聚集得更加紧密。景观蔓延度减小了 9.84%，由于蔓延度与边缘密度成负相关，所以边缘密度升高了。景观平均斑块面积增大，这是由于总斑块数减小，而总面积不变的结果。景观破碎度指数减小，说明退田还湖后，景观由小而破碎的斑块变得大而整。香农多样性指数、香农均匀度指数增加，说明 2004 年不同类型的景观不如 1993 年的均衡，景观的斑块多样性因均匀度的增加而增大。

综合上述分析可以看出，集成垸在退田还湖之前，是以农业为主的，旱地斑块数量众多种植作物多样，农田总面积在景观中占绝对优势；而退田还湖之后，因居民撤离房屋废弃，大量土地弃耕并被用于造林或芦苇种植，整个景观是以林地为主，面积较大而且连片，在景观中占绝对优势，少数农田还分散存在，地势低洼不能植树的地方仍然以芦苇地为主。集成垸双退以后，其主要功能定位为蓄洪，虽然失去了农业产出，但因林木及芦苇种植可以带来一定经济收益，并能防止农药化肥造成水体污染，因此土地利用方式基本上还是合理的。

7.1.2 青山垸退田还湖后湿地生态恢复过程

青山湖垸退田还湖前后土地利用变化详见彩图 7-2。因青山垸在退田还湖与湖水连通，废垸主体都是水面，只有零星的堤坝和较高的房基地露出，所以对土地利用类型变化可以从直观看出，故不做量化分析。本文着重讨论其退田还湖后植被和动物种类的变化。

为了分析青山垸退田还湖前后植被的自然恢复情况，我们对青山垸外的故堤和垸内的高地进行了湿地群落的调查，在 2 个样地中按相近高程范围选取 3 条典型样带，并在样带上设置 1m×1m 的连续样方，记录样方内物种的种类、株树、均高、盖度等指标，共取样方 127 个。调查于 2009 年选择在该湿地物种最为丰富的 4 月中下旬进行，故堤和废弃地自然恢复的群落植物组成情况见表 7-3。

表 7-3　青山垸故堤植被和退垸后垸内植被的物种组成及重要值

序号	物种	重要值 /%	
		垸外	垸中
1	藜蒿 *Artemisia selengensis*	2.47	15.92
2	附地菜 *Trigonotis peduncularis*	4.65	5.53
3	蛇床 *Cnidium monnieri*	25.53	2.87
4	早熟禾 *Poa annua*	2.84	9.10
5	荔枝草 *Salvia plebeia*	9.23	0
6	狗牙根 *Cynodon dactylon*	44.94	10.35
7	辣蓼 *Polygonum hydropiper*	0	5.86
8	泥胡菜 *Hemistepta lyrata*	9.76	2.76
9	弯囊苔草 *Carex dispalata*	12.81	10.86
10	天蓝苜蓿 *Medicago lupulina*	11.27	0
11	乳浆大戟 *Euphorbia esula*	0	8.1334
12	北水苦荬 *Veronica anagallisaquatica*	5.29	0
13	紫云英 *Astragalus sinicus*	17.16	0
14	短尖苔草 *Carex brevicuspis*	19.64	7.08

（续）

序号	物种	重要值 /%	
		垸外	垸中
15	灰化苔草 *Carex cinerascens*	0	21.37
16	蔄草 *Phalaris arundinacea*	0	6.06
17	一年蓬 *Erigeron annuus*	7.01	7.98
18	双穗雀稗 *Paspalum paspaloides*	10.62	0
19	荠菜 *Capsella bursa-pastoris*	2.57	2.91
20	空心莲子草 *Alternanthera philoxeroides*	2.89	17.57
21	益母草 *Leonurus artemisia*	8.91	0
22	瘦风轮 *Clinopodium gracile*	2.35	0
23	南荻 *Triarrhena lutarioriparia*	20.84	27.46
24	鹅肠菜 *Myosoton aquaticum*	13.32	0
25	稻搓菜 *Lapsana apogonoides*	13.67	2.71
26	野老鹳草 *Geranium caroliniamum*	2.42	2.66
27	小飞蓬 *Comnyza canadensis*	2.35	0
28	风轮菜 *Clinopodium chinense*	2.35	5.32
29	五叶地锦 *Parthenocissus quinquefolia*	5.04	0
30	大车前 *Plantago major*	2.31	0
31	打碗花 *Calystegia hederacea*	0	13.73
32	鸡矢藤 *Paederia scandens*	0	15.00
33	扬子毛茛 *Ranunculus sieboldii*	0	11.40
34	芸薹 *Brassica campestris*	0	25.84
合计	物种数	26	23

从表 7-3 中可以看出，双退垸中高地的湿地植被组成与垸外故堤代表的原生湿地植被有一定差异，但差别不大，如果考虑到两个样地的小环境（高程、人为干扰程度等）还存在一些不同，则可以看出经过10 年的自然恢复，双退垸的自然湿地植被基本上已经接近了原生湿地状态。姜加虎等（2004）的调查也表明，青山垸退田还湖 5 年后一些地段的天然植被已经发生了明显的演替。

邓学建等（2006）分析了青山垸退田还湖前后鸟类的变化情况（表 7-4），指出鸟类群落的结构和数量在退田还湖前后有一定差异，但退田还湖后 5 年鸟类群落的新格局已经初步形成了。退田还湖前，青山垸内的土地分为经济作物耕作区、水生动物养殖区、轻工业厂房区、河堤垸坝区和原始水域区。除原始水域区有少量典型的湿地动物外，其他地方完全由不畏人的庭院动物群落占据。野生动物小型化，种类少，多样性系数低，动物数量多集中在少数种类上。除此之外，家养动物占据了主要地位，是当地的优势种群。青山垸内动物群落完全人为化，自然成分很少。自从退田还湖后，青山垸内的农民全部迁离，院内原来的一切人为设施全部放弃，垸堤河坝不再修复，耕作和养殖地归还于自然。原来的生态格局完全打破，环境结构完全野化。鸟类群落也相应发生了巨大的变迁，依赖人类的鸟类纷纷离去，留下了许多生态真空。在以后的时间里，野生鸟类接踵而来，例如琵嘴鹭、苍鹭、天鹅、豆雁、白额雁、灰雁和大量的野鸭、鸥和鸻形目鸟类等。

表 7-4　退田还湖前后青山垸中常见鸟类群落组成的对照表

时间	优势种	常见种	特有种	共有种	共有种遇见率
退 田 还 湖 前	家燕 金腰燕 暗绿绣眼	棕背伯劳 棕头鸦雀 乌鸫	画眉 白颊噪眉 黄眉柳莺 八哥 白腰文鸟	八哥 家燕 棕背伯劳 池鹭 乌鸫 白头鹎 金腰燕 黑尾蜡雀 四声杜鹃 大山雀 黑卷尾	5.77 17.31 7.69 3.85 6.73 3.85 14.42 3.85 0.96 1.92 1.92
退 田 还 湖 后	小鸊鷉 虎纹伯劳 黑卷尾 绿翅鸭	乌鸫 池鹭 董鸡	雁鸭类 白鹳/白鹤 凤头鸊鷉 董鸡 家燕 绿鹭 黄斑苇开鸟 红翅凤头鹃 斑鱼狗 虎纹伯劳 东方大苇莺	八哥 家燕 棕背伯劳 池鹭 乌鸫 白头鹎 金腰燕 黑尾蜡雀 四声杜鹃 大山雀 黑卷尾	0.70 4.21 4.21 5.96 8.77 4.91 2.46 0.70 2.11 0.70 12.63

引自：邓学建等，2006。

　　从洞庭湖青山垸退田还湖后的湖泊湿地生态结构恢复过程显示，自然界具有强大的生态修复和自我调整能力，而且这一过程的发展应该说还是很快的。退田还湖区的湿地生态自然恢复过程主要需要经过三个阶段（姜加虎等，2004；邓学建等，2006）：

　　一是生态结构混乱期，即由于实施退田还湖后，环境的变化造成原来稳定的动物群落结构崩溃，生态结构无序，时间为1年左右。

　　二是新的生态格局初现期，该时期的湿地生态结构很不稳定。整个时期，典型湿地植物逐渐取代原有的人工作物，人工作物在野生状态下逐渐被淘汰，典型的湿地鸟类逐渐渗入，动植物形成不稳定的群落结构。在此条件下，再进一步演替出现湿地兽类，即顶级动物逐年渗入，时间为2~4年。

三是稳定的野生湿地生态生物群落期，经过生物群落的重新调整、自然演替或恢复，逐步构成了新的湿地生物种群结构。动植物完全按照野生状态进行生长繁衍，彼此构成了较稳定的生态关系，估计时间大约需 4~5 年时间。

7.2 双退垸的生态安全规划思考

7.2.1 双退垸的湿地恢复与血吸虫防控问题

由于围湖造田、泥沙淤积、农业垦殖等自然和社会因素，洞庭湖的滩地总体趋势是破碎化并缩小，造成生物多样性下降、湿地生态系统退化水体污染加剧等诸多后果（李景宝等，2000；姜加虎等，2004）。自1998 年长江洪水以后，我国政府加大了洞庭湖区的治理力度，开展了"平垸行洪、退田还湖"工程。双退垸目标是以蓄洪为主，在退田还湖以后植被得到一定程度的恢复、动物种类增加、水体污染降低，达到了较好的保护生态环境的效果，因此双退垸的生态恢复和综合治理对于维护湖区的生态平衡有着重要的作用。

洞庭湖区地处长江中游南岸，是血吸虫病流行重点疫区，现有血吸虫病人 20.5 万人，占全国血吸虫病总人数的 24.4%（蔡凯平等，2006）。钉螺是日本血吸虫 Schistosoma japonieum 传播的唯一中间宿主，因此，灭螺常成为血吸虫病防治的重要工作。植被是影响钉螺孳生的重要因素之一。既往研究表明有钉螺的地区必有植被，没植被的地方没有钉螺（杨美霞等，2002；赛晓勇等，2003）；而且一定类型的植被对钉螺分布有指示作用。原来的垸田在双退以后植被有所恢复，但由于废垸中仍然存在放牧、养殖、造林等活动，如果不采取适当的管理措施则可能存在血吸虫感染的危险。蔡凯平等（2005）抽查洞庭湖区 206 个双退垸中的 41 个，结果表明，实施平垸行洪退田还湖工程后，双退堤垸环境发生了巨大变化，部分废垸钉螺分布面积明显增加，发现其中 9 个双退垸出现螺情，尤其是长江水系的 2 个双退垸钉螺扩散速度较快（表 7-5）。

表 7-5　洞庭湖区 9 个有螺双退垸的螺情变化（2004 年调查）

双退垸	所属水系	总面积/hm²	平退年份	平退前垸内钉螺面积/hm²	钉螺密度/个/0.1m²	感染螺密度/个/0.1m²	平退后垸内钉螺面积/hm²
集成垸	长江	3740.00	1998	21.67	0.05	0.0001	218.24
长富垸	长江	95.20	1998	2.00	0.31	0.0000	95.20
礼安垸	松滋河	202.00	1999	31.00	0.10	0.0000	3.2
裴黄垸	松滋河	98.50	1999	70.00	0.81	0.0000	98.56
连丰垸	松澧洪道	38.67	2002	0.00	1.32	0.0000	38.67
青山垸	目平湖	1106.00	1998	32.80	0.07	0.0000	540.00
蚕桑垸	目平湖	52.80	1999	0.00	0.74	0.0407	33.00
目平垸	目平湖	666.70	2000	2.27	0.01	0.0000	2.27
青潭垸	南洞庭湖	800.00	1999	50.60	0.05	0.0000	50.60

引自：蔡凯平等，2005。

赛晓勇等（2004）将集成垸依据 NDVI 值分类，以 10 为组距分为 23 组，将后 11 组进行比较. 结果发现 11 类中有 6 类退田还湖后 NDVI 值高于退田还湖前，占 54.54%；其退田还湖前后面积分别占总面积的 50.36% 和 52.30%。因此，在双退垸生态恢复过程中应当注意的是，在洪水侵入堤垸后可能加剧血吸虫疾病的传播，有研究表明，溃垸可能造成血吸虫再次泛滥，集成垸双退后血吸虫感染率有增高趋势（赛晓勇等，2003，2004；蔡凯平等，2005，2006）。虽然血吸虫感染涉及的因素多种多样，但中间寄主钉螺的生境变化是极为关键的因素。以往研究表明，钉螺虽然主要在各类有植物的洲滩滋生，但其主要栖息生境为草滩地，芦苇等地下水位较高的地段钉螺发生相对较低，因此，对于双退垸植被恢复应注意控制草滩的位置和面积，以尽量消灭钉螺藏身之所，降低血吸虫感染几率。

此外，平、退废垸内的钉螺扩散情况与环境特点、洲滩淤积、生产开发等因素有密切关系。长江水系泥沙含量高，洲滩淤积快，废垸外洲滩高程高于垸内地面，这样就极有利于垸外洲滩钉螺向废垸内扩散。集成废垸虽然近 70% 的土地栽种了欧美杨、芦苇，但由于废垸内仍然有捕鱼、家畜放牧、养殖等活动，流动人群数量多，家畜的血吸虫感染率都很高，家畜野粪污染严重，已成为主要传染源之一，因而钉螺扩散速度较快。7 年来废垸内钉螺面积增加了 10.19 倍。青山湖废垸地面高程较低，适合水产养殖，主要进行围栏养鱼，由于长期水淹，废垸内钉螺面积较平、退前有所减少（表 7-6）。因地制宜的生产开发不但可以较有效地控制钉螺扩散，还能减少粪便污染，降低人群感染率。

表 7-6 集成垸和青山垸退田还湖后垸内钉螺密度变化

调查年份	集成垸			青山垸		
	调查框数	活螺密度	感染螺密度	调查框数	活螺密度	感染螺密度
1998	3276	0.0198	0.0027	1020	0.2000	0
1999	2580	0.0046	0	2937	0.0054	0.0003
2000	2400	0.0054	0	2739	0.0139	0.0004
2001	2535	0.0082	0	2706	0.0078	0.0004
2002	1000	0.0780	0.0010	1095	0.0247	0.0009
2003	1000	1.9730	0.0060	1381	0.0413	0.0014
2004	2715	0.0483	0.0007	–	–	–
2005	6059	0.0236	0.0003	1330	0.0248	0.0008

引自：蔡凯平等，2006。

7.2.2 洞庭湖区兴林抑螺工程背景

20 世纪 60~70 年代曾推广使用围垦灭螺和翻耕灭螺，但围垦灭螺的方式易引起调蓄失调，生态失衡，翻耕灭螺未能将环境治理、土地资源开发与灭螺防病有机地结合在一起，难以发挥长期的灭螺效果。鉴于我国血吸虫病流行疫区的分布特点和历史因素，必须采用特殊的环境改造措施，来改变钉螺的孳生环境，从而达到控制血吸虫病之目的。

20 世纪 70 年代，在长江流域滩地引进欧美杂交杨造林，发现造林区钉螺密度和人群血吸虫病感染率均有一定程度的下降，引起了卫生部门和有关专家的关注。安徽农业大学彭镇华教授对此进行了全面考察，从造林地的确定、树种的选择、林农复合经营模式的配置与钉螺的生存繁殖、血吸虫病的感染之间的关系等方面论证了"以林代芦、灭螺防病、综合治理与开发三滩"的可行性。

20 世纪 80 年代中后期，彭镇华教授首次提出了"兴林灭螺"的概念，即选用对钉螺有强烈化感作用的湿生植物材料造林，使其作用缓释长效，在长江外滩营建一个钉螺无法生存的生态环境，达到一劳永逸地杀灭钉螺的目的，从而正式开始了"以林为主，灭螺防病，综合治理和开发滩地"的林业血防生态工程。1990 年，卫生部和林业部正式立项进行"兴林灭螺、综合治理、开发'三滩'"的研究。"兴林灭螺"项目启动后，先后在湖区五省建立试验区 30 个，营造抑螺防病林 695 516hm²。

20 世纪 90 年代中期，彭镇华、江泽慧教授系统地提出了"中国新林种———抑螺防病林"的新概念，建立抑螺防病林生态系统、实施生态血防的新思想，即在湖沼和江滩型流行区，通过适生树种的选择与种植，结合翻耕套种农作物，建立林农复合生态系统，达到改变滩地生态环境，减少或抑制钉螺孳生，减少人畜粪便对江滩、湖滩的污染，降低感染性钉螺密度和感染几率、有效控制血吸虫病的流行与传播的目的。经过 10 余年的理论研究与实践探索，开展了抑螺防病林生态系统对环境因子、生物多样性及钉螺理化性质的影响机理等方面的初步研究，并在抑螺植物材料的选择及优化模式的构建等方面加以应用，有力地推动了我国林业生态工程防治血吸虫病事业的发展（张旭东等，2006）。

7.2.3 集成垸的生态安全设计

我们经过对集成垸退田还湖前后景观格局分析对比，可知集成垸的功能从过去的农业为主的人居乡镇转向现在以蓄洪为目的，同时在非洪水期可以种植杨树和芦苇以维持良好的生态环境和适当的经济收益。然而通过我们对现状的实地考察发现现在对杨树和芦苇的种植仍有一些不合理之处，例如，多处栽植的杨树死亡，有些地段的土地利用方式不合理等。在湖区，过去由于造林地高程选择不当，因而导致滩地造林失败的例子时有发生。集成垸的杨树和芦苇地开发基本上没有整体的规划，杨树及芦苇生态系统的生态效益难以持续。

20 世纪 90 年代以来，在造纸企业对原材料强劲需求的推动下，洞庭湖地区以杨树为主的速生丰产纸浆林的造林面积不断扩大，并逐渐由平垸向外滩发展。湖区造林缓解了造纸行业对纸浆材供不应求的矛盾，搞活了当地经济，同时有利于涝渍滩地环境综合治理与资源的合理利用。洞庭湖为典型的过水性湖泊，滩地造林面临季节性水淹的考验，因此只有根据水文条件和树种生物学特性，严格选择造林地，确保壮苗造林和整地质量，才能取得满意的效果。在洞庭湖区的造林滩地的选择已经有大量研究（吴立勋等，2000；李志民等，2004；姜加虎和黄群，2004），本文根据已有研究成果，对集成垸双退以后的土地利用方式提出建议。

湖区滩地杨树的生长与水淹时间关系密切，因此人工造林地选择基本可根据高程进行。集成垸作为双退垸的典型代表，垸内造林主要考虑的也是水淹时间和高程，根据以上所述水淹时间和高程的关系，把集成垸按高程作为主要指标，进行以下划分：高程小于 30m，芦苇可种区；高程在 30m~31m，生态防护林—用材林可种区；高程在 31~32m，一般用材林可种区；高程大于 32m，速生丰产林可种区（吴立勋等，2000）。

集成垸在 1990 年左右因农业发展需要对垸内土地进行了平整并建设了完善的灌溉排水系统，此后土地的高程变化不大。我们根据 1993 年土地利用图提供的高程点，用 ArcGis 新建一个图层，勾出高程点，然后把高程点图转成高程面。按照上述杨树林和芦苇地的高程标准，结合保留下来的大堤和公路，水渠等廊道的自然区域划分，可规划出一个理想状态下的土地利用设计。由于局部地段因高程变化存在一些面积很小的斑块，可以考虑人工的把这些小块区域采用工程措施改造成相邻的大块的立地条件。另外堤外的面积少而且非常不规则，要是按高程种速生丰产林或用材林，不断种和伐既破坏环境又不能带来太大收益，所以堤外设计生态防护林—用材林（或芦苇）比其他利用方式好（详见彩图 7-3）。

由图 7-3 可以看出：集成垸地势是边缘高，中间低，中间逐渐过渡。假设堤坝外全部种植生态防护－用材林，根据设计结果，用 ArcGis 算出各种土地利用类型的面积，结果表明：集成垸可以种植生态防护林－用材林面积为 12.95km²，速生丰产林面积为 3.06km²，另外芦苇种植面积为 5.63km²，一般用材林种植面积为 9.04km²。

洞庭湖湿地植被的演替与水文和土壤变化密切相关，对双退垸的植被自然恢复过程研究表明，在没有大的洪水及人为干扰发生情况下，双退垸内植被及土壤动物可以在 4~5 年内恢复到相对稳定的水平，这为人工促进双退垸植被演替提供了理论依据。双退垸具有蓄洪的重要目标，在考虑不妨碍行洪的前提下，可以充分利用过去的农田水利设施，设计合理密度的杨树林和芦、荻种植地块，不但能防止血吸虫病的爆发，还能提供一定的经济产出。

基于双退垸的功能定位和保护湖区生态环境的目标，研究合理的景观格局调整方案非常必要。本章通过对集成垸的地形、现有土地利用方式分析，提出了通过促进植被演替提高集成垸生态安全的土地利用设计，具体实施方式和效果尚需深入研究，但这一思路对于洞庭湖区的存在的其他众多双退垸的管理具有一定的参考价值。

7.3 典型单退垸－钱粮湖垸退田还湖前后景观格局变化分析

钱粮湖单退垸位于东洞庭湖西侧（29°25′00″~29°27′30″N，112°37′30″~112°41′15″E）于1958年始在华容河与藕池河东支两河相淤的湖洲上围垦历时3年而成，现属湖南省岳阳市君山区管辖。2000年以前该垸为农场建制，2000年10月由原钱粮湖农场一、三、六3个分场及层山镇组建成钱粮湖镇，总面积228.47hm²。截至2004年，垸内总人口91 472人，其中农业人口74 459人，占总人口比例81.4%。在退田还湖工程中被规划为单退垸。

钱粮湖垸地处洞庭湖凹盆地北缘，地势北高南低，中部丘岗隆起，东西低平开阔，微向东洞庭湖倾斜，地貌分区特征较为明显，按高程可分为岗地、丘陵、平原3类；东北部为低山丘陵区，间有溪谷平原，中南部为丘岗区，其余为平原；由外围山丘向内部平原减少，平均海拔35m以上。

钱粮湖垸气候属北亚热带湿润性大陆季风气候，年均日照时数4425.9h，年均气温16.6℃，年均无霜期276.8 d，年均降水量1100~1400mm，4~6月降雨占年总降水量50%以上。

钱粮湖垸土壤主要由石灰性河湖沉积物发育而成，少数由第四纪红色黏土、花岗岩发育，土壤肥沃、层次分明、发育完整、耕性好、保水保肥力强、有效养分含量丰富。

本文基于1987年、1996年、2008年三期洞庭湖LANDSAT-TM影像（具体信息见表7-7）及钱粮湖垸1:1万土地利用现状图，通过GIS处理软件以及景观分析软件FRAGSTATS，从斑块类型和景观水平上分析钱粮湖垸20年来退田还湖对景观格局动态变化的影响，对于如何有效地治理好洞庭湖，合理开发利用垸田，进一步发展湖区经济，具有重要指导作用，并能为该区域景观和土地利用规划设计提供参考。

表 7-7　TM 影像数据信息

轨道号	124-39	124-40	123-40
时间	1987-12-06	1987-12-06	1987-12-31，1987-09-26
	1996-12-14	1996-12-14	1996-12-07
	2008-11-18	2004-11-18	2004-12-13

7.3.1 遥感影像解译分类与精度评价

针对研究区三期遥感影像，在 ERDAS IMAGINE 8.4 遥感图像处理软件的支持下，采用非监督分类和监督分类方法（Jose and Martinpz，2000），结合钱粮湖垸1:1万土地利用现状图和实地调查，对地物进行解译和分类提取，参照国土资源部土地资源遥感调查中土地利用的分类方法，遵循科学性、系统性、地域性、实用性的原则，并结合研究区的实际情况，将钱粮湖垸的土地利用情况按照林地、水域、园地、旱地、水田、建设用地、道路交通用地七大类进行划分（表7-8），从而获取1987年、1996年、2008年三期钱粮湖垸土地利用分类图，在此基础上利用GIS ANALYSIS模块进行两两叠加分析，建立土地利用转移矩阵。

表 7-8 钱粮湖土地利用 / 覆盖分类系统表

地类	含义
林地	乔木，主要类型为杨树，包括沟渠和宅旁绿带
水域	垸内水塘、鱼塘、河流、内湖、沟渠
园地	果园、菜地，主要类型为橘子，多分布在宅旁
水田	能种植一季、两季、三季的水稻田或者是冬季蓄水或浸湿状的农田
旱地	无水源保证及灌溉设施，靠天然降水生长作物的农耕地，主要为棉花和小麦
建设用地	工矿企业，学校，城镇居民点、不通车堤坝等
道路交通地	垸内主要交通干道、两车道及以上等级公路、通车堤坝

遥感影像解译分类流程如图 7-4 所示。

精度评价是比较实地数据与分类结果，以确定分类过程的准确程度的过程。鉴于研究所用的遥感数据都是历史数据，土地利用现状图为 1996 年，缺乏其他时期的数据佐证，因此必须根据原始影像的目视判读对分类结果做精度评价。借助 ERDAS 分类模块提供的精度评价功能在分类图像上随机产生 512 个点，逐点进行参考类别确定，然后，随机点的实际类别与所在土地利用分类图像上的类别进行比较，确定分类结果的准确度。

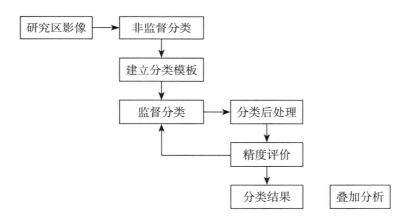

图 7-4 遥感影像解译分类流程

7.3.2 景观指标选取与计算

本研究根据数据来源及分析结果的需要，将分类后的 TM 影像在遥感影像处理软件 ERDAS IMAGE 中转成 ARCGRID 格式的栅格图，栅格大小为 30m × 30m。导入所选用的 FRAGSTATS3.3 的栅格版本来进行景观格局指标的统计与计算。景观中斑块形状、大小、数量和空间组合对生物物种分布、动物迁移、土壤质量变化、土地利用方式更替和土地承载力等生物学和生态学过程有极大的影响。在进行景观格局分析时，景观要素最一般的数量特征是面积和周长，而由面积、周长等表面信息高度浓缩形成的景观格局信息即景观指数，它反映了不同景观结构的组成和空间配置等。分别从斑块、景观两个景观格局指数层次上对钱粮湖垸 20 余年的景观格局变化进行研究。斑块特征描述选取斑块个数、斑块面积、面积比、最大斑块指数、平均分维数、散布与并列指数、边界密度等指标；景观格局特征分析选择最大斑块指数、景观形状指数、平均分维数、蔓延度指数、多样性指数、均匀度指数等指标进行计算和分析。各指标计算公式及生态学意义见表 7-9（Turner，1990；Peterson and Parker，1998；傅伯杰等，2001）。

表 7-9　主要景观指数及其生态学意义

景观指数	计算公式	意义
斑块数（NP）	$NP=N$	各类景观中斑块的总数
斑块面积（CA）	$CA = \sum_{j=1}^{n} a_{ij}/10\,000$	CA 等于某一斑块类型中所有斑块的面积之和（m²），除以 10⁴ 后转化为公顷（hm²），即某斑块类型的总面积。CA 度量的是景观的组分，也是计算其他指标的基础，其值的大小制约着以此类型斑块作为聚居地的物种的丰度、数量及次生种的繁殖等
斑块密度（PD）	$PD=N/A_i$	表示每平方千米某 i 类景观的斑块数（N），可以反映景观破碎化程度
平均斑块大小（MPS）	$MPS=A_i/N$	某 i 类景观所有斑块面积（A_i）除以斑块总数（N）。MPS>0，无上限
平均分维数（DI）	$D_i = \dfrac{2\log_2(L_i/4)}{\log_2(A_i)}$	定量描述其核心面积的大小及边界线的曲折线。D_i 理论范围为 1~2，斑块几何形状越简单，斑块形状越有规律，相似性越强，分维数越趋近于 1；分维数越大，景观格局越复杂。L_i、A_i 分别为第 i 类景观的平均斑块周长和平均斑块面积，下同
散布与并列指数（IJI）	$IJI_i = \dfrac{-\sum_{k=1}^{m'}\left[\left(\dfrac{e_{ik}}{\sum_{k=1}^{m'}e_{ik}}\right)\ln\left(\dfrac{e_{ik}}{\sum_{k=1}^{m'}e_{ik}}\right)\right]}{\ln(m-1)} \times 100$	IJI 在景观级别上计算各个斑块类型间的总体散布与并列状况。IJI 取值小时表明斑块类型 i 仅与少数几种其他类型相邻接；IJI=100 表明各斑块间比邻的边长是均等的，即各斑块间的比邻概率是均等的。IJI 是描述景观空间格局最重要的指标之一。与多寡，彼此邻近，IJI 值一般较高
边界密度（ED）	$ED=TE/A$	E 为边界总长度，A 为景观总面积。ED 揭示了景观类型被边界的分割程度，其值变大体现了斑块破碎化分割加剧，是景观破碎化程度的直接反映
最大斑块指数（LPI）	$LPI = \dfrac{\max A_{ij}}{A_i} \times 100\%$	LPI 等于某一斑块类型中的最大斑块占据整个景观面积的比例，是一种反映景观优势度的简单指标。其值的大小决定着景观中的优势种、内部种的丰度等生态特征；其值的变化可以体现干扰的强度和频率，反映人类活动的方向和强弱
斑块伸长指数（G）	$G_i = L_i/\sqrt{A_i}$	反映斑块体伸长程度。正方形斑块 G 值等于 4，G 越大，斑块体形状越狭长
景观形状指数（LSI）	$LSI = \dfrac{P_i}{2\sqrt{\pi A_i}}$	P_i 为景观类型 i 的周长，A_i 为类型 i 的面积。该指标用来描述斑块边界形状的复杂程度，当景观中只有一个正方形的斑块时，LSI=1。当景观斑块形状不规则时，其值增大

（续）

景观指数	计算公式	意义
景观多样性指数（H）	$H = - \sum_{i=1}^{m} P_i \log_2(P_i)$	反映景观要素的多少和各景观类型要素所占比例的变化，H值越大，景观多样性越高。P_i 为某一景观类型中斑块 i 所占面积的比例，m 为斑块数目，下同
景观优势度指数（D）	$D = H_{max} + \sum_{i=1}^{m} P_i \log_2(P_i)$ $H_{max} = \log_2 m$	用于测度景观类型组成中某一类型或一些景观类型占优势的程度，表示景观多样性的偏离程度。H_{max} 为最大多样性指数
景观均匀度指数（E）	$E = H/H_{man}$	描述景观里不同景观类型分配的均匀程度，E值越大，表明景观各组成成分分配越均匀
景观破碎度指数（F）	$F = N/A$	反映景观破碎化程度及人类活动对景观的干扰强度
蔓延度指数（CONTAG）	$CONTAG = \left[1 + \dfrac{\sum_{i=1}^{m} \sum_{k=1}^{m} \left[\left(Pi \dfrac{g_{ik}}{\sum_{k=1}^{m} g_{ik}} \right) \ln \left(Pi \dfrac{g_{ik}}{\sum_{k=1}^{m} g_{ik}} \right) \right]}{2\ln m} \right] 100$	CONTAG指标描述的是景观里不同斑块类型的团聚程度或延展趋势。由于该指标包含空间信息，是描述景观格局的最重要的指数之一。CONTAG指标与破碎度指标也存在密切联系，高蔓延值说明景观中斑块连接性好，此时斑块类型最大程度的聚集，即景观只包含单个斑块；反之则表明景观是具有多种要素的分散格局，景观的破碎化程度较高。研究发现蔓延度和优势度这两个指标的最大值出现在同一个景观样区

7.3.3 钱粮湖垸斑块水平的景观格局变化

（1）面积及斑块数目变化。由表 7-10 可知：1987~2008 期间，钱粮湖垸主要组成景观要素类型是旱地、水田、水域，且三者面积之和与斑块数目之和占研究区总面积及总斑块数的 50% 以上的绝对优势；旱地在三时段的的面积均呈现下降趋势，从 1987 年的 9130.41hm² 减至 2008 年的 4197.51hm²，年降幅为 27.39%，斑块数先增后减；水田在三时段的面积呈上升趋势，较 1987 年增长 25.92%，斑块数目却呈减少趋势；水域在面积和斑块数目上三时段均有所增大，且面积增长率为 20.29%。林地在面积和斑块数目上经历先减后增的过程，林地面积 2004 年较 1996 年有小幅度 15.08% 的提高；园地则从面积和斑块数目上大幅度减少，园地面积在 2008 年仅为 1987 年的 0.33%，斑块数目由 1987 年的 1108 个减至 2008 年的 6 个。原因一方面在于其他用地类型面积增加导致园地减少；另一方面在于果园分散化经营方式，湖区园地分散到村民的房前屋后，破碎化分割；面积和斑块数目在三时段内同时增加的景观要素类型是建筑用地和道路，其中道路变化较小，而建筑用地的面积和数目增加很显著，面积指数 2008 年是 1987 年的 5.05 倍，面积百分比相对增长了 3.08 倍。

形成以上这种格局体现出前期（1987 年，见彩图 7-5a）钱粮湖农场以旱地、水田农业发展为主，经济欠发达，城镇化水平较低；中期（1996 年，见彩图 7-5b）国家退田还湖政策将部分围垦的湖区恢复成水域导致水域面积的增加，同时为了提高粮食产量，增大农田面积部分林地、园地被蚕食缩小；后期（2008 年，见彩图 7-5c）城镇化进程导致建筑用地、道路交通用地大幅增长外人工造林大大增加有林地面积。

（2）最大斑块指数及面积分维数变化。由表7-10所示,道路交通用地和建筑用地的最大斑块指数（LPI）均呈上升趋势，表明该地区大规模修建道路和工矿区以及居民点，造成这两类用地类型逐步相连，形成较大面积建成区。林地LPI指数变化幅度较小，说明虽然林地面积曾有短时间缩小，但较大面积的林地斑块未受到人为破坏，新增加的林地多以沟渠、宅旁林地为主，未形成大面积林地。园地与旱地LPI指数锐减，一方面由于二者总面积急剧减少，另一方面则是破碎化分割导致。水域LPI指数类似于林地，变化幅度很小，说明其受干扰程度很小。水田LPI指数稳步增长，说明其在面积增长的同时连接情况较好，因而形成了较大规模斑块。

表 7-10　斑块类型水平上景观格局指数

年份	类型	CA/hm²	L/%	NP/个	LPI	FRACT	EDi	IJI
1987	道路	234.99	1.03	6	0.2584	1.3409	5.8130	83.0883
	林地	464.13	2.03	808	0.0555	1.1016	13.7872	79.7714
	水域	4528.71	19.82	751	4.6719	1.2033	33.0959	56.3837
	园地	664.20	2.91	1108	0.0705	1.0866	18.1821	50.1080
	水田	7206.57	31.54	998	2.6082	1.2578	82.554	55.0669
	旱地	9130.41	39.96	1399	12.8859	1.3057	97.3156	63.8202
	建筑用地	618.21	2.71	881	0.0607	1.0989	16.2624	79.1958
	总计	22 847.22						
1996	道路	344.07	1.51	8	0.2604	1.2926	6.5325	80.1138
	林地	266.13	1.16	511	0.0638	1.0972	8.1529	81.2985
	水域	4901.58	21.45	832	4.603	1.2050	37.7206	74.4177
	园地	12.33	0.05	24	0.0087	1.0655	0.3493	57.2281
	水田	9074.43	39.72	1138	4.1492	1.2548	90.1134	58.7662
	旱地	5581.71	24.43	2748	2.6858	1.2453	107.0861	61.274
	建筑用地	2666.97	11.67	2538	0.4286	1.1666	68.1339	64.8761
	总计	22 847.22						
2008	道路	421.47	1.84	10	0.5045	1.3252	8.9064	77.9156
	林地	532.26	2.34	1182	0.0476	1.0880	17.6567	71.5766
	水域	5447.61	23.99	923	4.5177	1.1960	41.3267	74.5849
	园地	2.16	0.01	6	0.0024	1.0204	0.0683	47.3295
	水田	9122.94	39.95	850	5.3651	1.2645	80.6476	75.502
	旱地	4197.51	18.11	1978	1.7587	1.2152	74.1237	56.2213
	建筑用地	3123.27	13.76	3031	0.4986	1.1618	80.2026	72.2206
	总计	22 847.22						

注：CA：类型面积（Class area）；L：面积百分比；NP：斑块个数（Number of patches）；LPI：最大斑块指数（Largest patch index）；FRACT：周长面积加权平均分维数（Fractal dimension）；EDi：景观要素边缘密度（Edge density index）；IJI：散布与并列指数（Interspersion and Juxtaposition index）。

园地和旱地的周长面积加权平均分维数（FRACT）下降最明显，说明其受人类活动影响较大，其他类型受人为干扰相对较小。除水田外，其他斑块均有不同程度的下降，形状趋于复杂，说明在这过程中，斑块的相似度增强，人为活动因素体现较显著。各斑块比较来看，道路交通用地 FRACT 数值最高，受人类活动影响最小。园地 FRACT 数值最低，受人类活动影响最大。

（3）边缘密度及散布与并列指数变化。由表 7-10 可以看出，边界密度（ED）除园地、旱地和水田外其他要素均呈增大的趋势。旱地和水田在经历了 1996 年的小幅增长之后，与 1987 年相比 2008 年仍呈现下降的趋势，旱地降幅为 23.83%，水田降幅为 14.83%，一方面其用地类型向旱地转化，一方面由于人为调整合并为大的斑块导致总体数量下降。园地退化幅度最大，近乎于消失，边界密度锐减。林地边界密度为 1987 年的 1.28 倍，其主要源于沟渠、道旁林带的增多。道路交通用地边界密度呈小幅增长趋势，水域斑块边界密度为 1987 年的 1.25 倍；边界密度增幅最大的是建筑用地，且 2008 年是 1987 年的 4.93 倍，这表明各类斑块均有不同程度的分割破碎化现象。

散布与并列指数描述各个斑块类型间的总体散布与并列状况。林地和水田的散布并列指数均小幅减小，旱地和园地的散布并列指数先增大再减小，建筑用地和水域的散布并列指数均一直增大，其中建筑用地的散布并列指数在 1996 年后变化幅度很小，而道路的散布并列指数则是先减小再增大。从总体上看，到了 2008 年各景观要素的散布并列指数多在 70 左右，说明各类斑块相邻分布的概率比较大，整体分布比较分散，进一步表明景观破碎化程度逐渐。

7.3.4 景观水平的景观格局变化

由表 7-11 所示，从景观水平来看，钱粮湖地区斑块数（NP）逐年增加，在总面积不变的情况下其景观破碎分割程度有所增长。最大斑块指数（LPI）在降到 1996 年最低值 4.603 之后略有上升，但总体呈下降趋势，斑块形状由大变小，从而导致了斑块数的增多，破碎度提高。景观形状指数值 LSI 远大于 1，并且总体上呈增大趋势，景观形状趋于复杂，表明人为活动因素体现越来越显著，对钱粮湖地区干扰增大。多样性指数（SHDI）和均匀度指数（SHEI）变化表均呈小幅上升趋势，表明钱粮湖地区土地利用越来越丰富，空间异质性愈来愈强，不定性的信息含量增大，破碎化程度提高，各类斑块呈均衡化发展，景观要素所占比例差异减小，优势斑块在景观中地位有所下降。蔓延度（CONTAG）值逐年下降，表明研究区斑块个数增加，优势斑块连接度降低，景观的破碎化程度不断升高。

表 7-11 景观水平上格局特征指数

景观指数	1987 年	1996 年	2004 年
斑块个数 NP	5951	7799	7980
最大斑块指数 LPI	12.8859	4.603	5.3651
景观形状指数 LSI	44.02	54.62	48.63
Shannon 多样性指数 SHDI	1.378	1.4111	1.4537
Shannon 均匀度指数 SHEI	0.7082	0.7252	0.7471
蔓延度指数 CONTAG	46.5307	43.3908	42.5638

7.3.5 景观要素类型转移矩阵与贡献率

转移矩阵是一种能够清晰描述景观类型在特定动态变化时段内结构调整细节信息的有效手段，但它只是描述不同景观类型之间相互转化情况，不能充分的体现景观格局中不同类型的地位与作用等相关信息，从转移矩阵中将更能准确定量描述景观动态变化的来源与流向的转入贡献率与转出贡献率两个指标提取出来，从而达到更好的描述各景观类型在整个研究区中所处地位和作用的目的（邵怀勇等，2008）。

表 7-12　钱粮湖垸 1987~1996 年景观要素类型转移矩阵及其贡献率

景观要素类型	道路	林地	水域	园地	水田	旱地	建筑用地
道路	0.00	0.45	4.05	0.00	13.95	18.81	13.86
林地	3.51	0.00	91.26	0.27	153.45	86.76	88.83
水域	8.28	54.81	0.00	0.09	176.49	423.18	223.74
园地	13.32	1.89	24.66	0.00	341.28	131.04	152.01
水田	52.29	58.32	128.88	5.13	0.00	1426.23	827.82
旱地	81.81	84.24	960.84	2.43	3303.00	0.00	1296.54
建筑用地	0.99	26.37	49.77	4.41	378.36	94.14	0.00
净变化面积	109.08	-198.00	372.87	-651.87	1867.86	-3548.70	2048.76
转入贡献率/%	1.48	2.09	11.65	0.12	40.40	20.17	24.08
转出贡献率/%	0.47	3.92	8.20	6.15	23.12	53.01	5.03

1987~1996 年间（表 7-12），道路交通用地增长幅度较大，增加面积 109.08hm²，其转入贡献率为 1.48%，说明相对其他用地类型不占优势，转入该类型的面积较小，转出贡献率仅为 0.47%，基本没有向其他类型转化；林地大幅减少，共减少 198hm²，转入贡献率为 2.09%，转出贡献率为 3.92%，转出较转入多了近 50%，造成其面积大幅下降，其主要转化方向为农业生产用地和建筑用地；水域小幅增长，增长面积 372.87 公顷，转入贡献率 11.65%，较转出贡献率 8.20% 略高，转入主要来源为旱地，转出流向主要是农业生产用地和建筑用地；园地大幅减少，减少面积 651.87 公顷，该用地类型几乎消失殆尽，转入贡献率仅为 0.12%，转出贡献率为 6.15%，主要转出流向为农业生产用地和建设用地；水田共增加 1867.86hm²，其转入贡献率高达 40.40%，主要转入类型为旱地，转出贡献率为 23.12%，主要转出流向为旱地和建筑用地；旱地大幅减少减少 3548.7hm²，其转入贡献率为 20.17%，主要来自水田，其转出贡献率高达 53.01%，转出主要流向水田、建筑用地和水域；建设用地增加面积 2048.76hm²，其转入贡献率为 24.08%，主要来自农业生产用地，转出贡献率为 5.03%，大多流向水田。

表 7-13　钱粮湖垸 1996~2008 年景观要素类型转移矩阵及其贡献率

景观要素类型	道路	林地	水域	园地	水田	旱地	建筑用地
道路	0.00	10.35	29.07	0.27	81.54	25.29	46.80
林地	3.60	0.00	57.42	0.63	106.02	17.28	31.86
水域	46.89	100.89	0.00	0.00	236.52	144.09	374.94
园地	0.00	2.70	0.72	0.00	7.56	0.36	0.45
水田	98.19	130.95	298.71	0.72	0.00	1744.74	776.25
旱地	62.28	139.14	792.45	0.00	1813.23	0.00	1180.08
建筑用地	59.76	99.18	302.40	0.00	864.45	619.74	0.00
净变化面积	77.40	266.40	577.44	-10.17	59.76	-1435.68	464.85
转入贡献率/%	2.63	4.69	14.37	0.01	30.17	24.75	23.38
转出贡献率/%	1.88	2.10	8.76	0.11	29.59	38.68	18.81

1996~2008 年间（表 7-13），道路交通用地继续小幅增长，增加面积 77.4hm²，转入贡献率为 2.63%，主要来源于农业生产用地，转出贡献率为 1.88%，主要流向水田和建筑用地；林地面积与上一阶段大幅减小相反，在这 8 年间有大幅增长，共增加面积 266.4hm²，转入贡献率为 4.69%，主要来源于农业生产用地，转出贡献率为 2.10%，大部分流向为水田；水域面积变化不大，共增加 577.44hm²，转入贡献率为 14.37%，主要来源为旱地，转出贡献率为 8.76%，主要流向建筑用地；园地继续大幅减少，但由于面积基数小，转入贡献率和转出贡献率仅为 0.01% 和 0.11%，基本没有与其他用地类型发生相互转化；水田面积略有增加，共增加面积 59.76hm²，转入贡献率为 30.17%，主要来源于旱地，转出贡献率为 29.59%，主要流向旱地和建筑用地；旱地共减少面积 1435.68hm²，转入贡献率为 24.75，主要来源于水田，转出贡献率为 38.68%，主要流向水田和建筑用地；建筑用地保持增长势头，共增加面积 464.85hm²，转入贡献率为 23.38%，主要来源于农业生产用地，转出贡献率为 18.87%，主要流向农业生产用地。

7.3.6 景观格局变化的驱动机制

通过分析发现，1987~2008 年研究区内的景观要素类型变化表现出以下特点及影响因子：

第一，城镇化进程明显，交通、建设用地呈明显增长势头。道路交通用地从 1987 年的 234.99hm² 增长到 2008 年的 421.47hm²，增幅达 79.36%；建筑用地从 1987 年的 618.21hm² 增长到 2008 年的 3123.27hm²，增幅达 400.05%，20 世纪 90 年代为城镇建设用地快速增长的时期。因此可认为人口数量增长、城镇化水平增加是主要的驱动力因子之一。

第二，农用地变化幅度大，农业生产用地向建设用地转化。1987 年水田、旱地合计 16 336.98hm²，到 2008 年减少为 14 696.37hm²，减幅为 10.04%。从转移贡献率来看二者的变化幅度最大，一方面水田和旱地之间存在相互转化，另一方面农用地向建筑用地转化的现象更加明显。经济方面的发展是主要的驱动力因子之二。

第三，水域面积增加、林地恢复发展。1987~2008 年约 20 年间水域面积增长 20.29%，林地面积以 1996 年为界，在经历了锐减之后又有所恢复并呈现出良性发展的势头，说明国家退田还湖政策取得了初步成效，也体现了地区蓄洪功能环保意识增强，重视生态环境质量改善和提高，其是主要的驱动力因子之三。

综上所述，景观空间格局主要是指大小和形状不一的景观斑块在空间上的排列，是景观异质性的重要表现，也是各种生态过程在不同尺度上作用的结果。进行景观生态分析的意义在于理解景观形成的机制，尤其是理解人类活动与景观结构之间的关系，为人类定向影响生态环境并使其向良性方向演化提供依据（陈利顶、傅伯杰，1996）。

从斑块类型和景观水平上分析了钱粮湖垸 1987 年、1996 年、2008 年的景观格局动态变化。研究区景观要素类型发生了明显变化，总体格局变化的趋势是：旱地和园地面积持续减少；水域、水田、道路和建筑用地面积持续增加；林地面积经历了先减后增。垸区景观格局空间异质性与破碎度变化趋势是多样性增加、均匀度增加、破碎度增大、景观形状由简单趋于复杂。

基于景观要素转移矩阵及转移贡献率分析表明，1987~2008 年间，人口增长、城镇化建设、经济发展与退田还湖工程政策是导致钱粮湖垸景观格局动态变化的主要驱动因子。

7.4 典型单退垸土地利用格局优化与可持续性研究

为促进长江中下游整体防洪工程建设，处理城陵矶地区超额洪水，保障荆江大堤及武汉市防洪安全，经国家发展改革委批准，钱粮湖垸作为全国分蓄滞洪区安全建设先行试点，于 2008 年开始启动建设层山安全区这一重要工程设施。安全区东临洞庭湖堤，西以和丰电排渠东 200m 为界，南至东北湖进场公路以南 70m，北抵华容河南岸，总规划面积 14.24km²。工程用堤总长 29.09km，其中加固老堤 16.7km，安全区建设计划移民区建 15 154 户，45 752 人。累计总投资为 6.68 亿元，其中国家核定概算投资为 3.09 亿元。钱粮湖垸层山安全圈的建设，在为移民群众生命财产提供安全保障的同时，也会引起土地利用结构的调整变化，如安全区外的居民点、建设用地、道路交通用地将会减少，耕地增加，而安全区内的耕地减少，建设用地增加等。因此，开展钱粮湖垸土地利用结构与景观格局优化、预测，并在此基础上，进一步开展土地承载力研究，提出土地可持续性利用对策，对于促进区域经济环境协调发展具有重要意义。

根据钱粮湖垸安全区建设规划，结合不同土地利用方式下土壤质量变化研究结果，运用马尔柯夫模型对土地利用结构与景观格局进行优化、预测；以 1987~2008 年间总人口数和粮食产量的统计数据为基础，选择趋势外推法，预测评估温饱型、宽裕型、小康型、富裕型四级不同消费标准下该地区 2010 年、2015 年、2020 年、2025 年和 2030 年的土地人口承载力。

7.4.1 土地承载力研究进展

7.4.1.1 土地承载力概念及研究特点

"承载力"一词原为物理力学中的一个物理量，指物体在不产生任何破坏时所能承受的最大负荷。最初借用"承载力"一词的学科是群落生态学，其含义是"某一特定环境条件下（主要指生存空间、营养物质、阳光等生态因子的配合），某种生物个体存在数量的最高极限"。人类学家和生物学家随后将承载力的概念发展并应用到人类生态学中。土地承载力是土地资源评价的重要指标，早期一般以单位面积土地所能承载的人口潜力作为计算基础，因此也称为"土地资源人口承载力"。中国科学院自然资源综合考察委员会为土地资源人口承载力下的定义是："在一定生产条件下土地资源的生产能力，和一定生活水平下，所承载的人口限度。"（漆良华等，2009）这个概念实质上是围绕耕地—粮食—人口而展开的，它以耕地为基础，以粮食为中介，以人口容量的最终测算为目标。土地承载力研究是对一定区域土地、粮食、人口与社会发展的系统透视，主要取决于一定生产条件下的土地资源生产力和一定生活水平下的人均消费标准。因此，土地承载力研究具有综合性、动态性和极限性。

第一，综合性。作为对区域土地、粮食、人口与社会发展的系统体现，土地的承载力受自然、社会等多种因素的影响。自然因素包括土地资源的数量、质量，区域气候条件以及水资源状况等；社会因素包括人口状况、社会经济发展的水平、技术投入水平、资源利用的合理程度等，这些因素的耦合决定土地承载力的高低。

第二，动态性。土地资源的承载力是一个随着其生产力以及一定生活水平下的人均消费标准变化而变化的动态体系。土地资源的生产能力不仅与土地的利用方式、投入水平密切相关，而且本身也是在不断变化之中，而人均的消费标准在不同的社会和同一社会的不同发展时期也是不一样的。因此，土地承载力不是固定不变的，任何一种作用于它的因素发生变化，都将对其产生影响，这一点对其未来的预测具有重要的意义。

第三，极限性。尽管土地资源的持续生产能力可能随着科技发展和某些自然过程得到提高，但并不意味着它可以永久地、无限制地发展，而是受到土地资源生产力的绝对极限和一定时期内的相对极限这两个方面的制约。前者指土地资源生产力的最终来源——太阳辐射能在单位面积上是有限的，特别是对太阳能的转化率不可能超过一定的极限，从而规定了土地资源生产力的极限；后者则表明在可预见的未来，科技水平的发展不可能使土地生产力突破的极限，如粮食的单产水平，土地生产能力的极限性决定了土地承载力的极限性，这对从客观上把握区域资源—人口问题具有深远的意义。

7.4.1.2 土地承载力研究发展历程

早在 1758 年，法国经济学家奎士纳在《经济核算表》一书中就讨论了土地生产力与经济财富之间的关系（陶在朴，2003），二者关系的提出启示了之后的土地承载力研究。1921 年，Park 等从生态学的角度提出了承载力的概念，并认为一个区域的人口负荷能力可以根据该区内的食物资源来确定（Park and Burgess，1970）。此后至 1970 年以前的土地承载力的概念大多是生态学上承载力定义的直接延伸，其中较有影响的是 Vogt 的《生存之路》（Vogt，1948）和 Alan 的计算方法（Alan，1965）。Vogt 提出土地能够供养的人口数量等于土地能提供的食物产量与环境阻力之比；英国 Alan 于 1965 年提出了以粮食为标志的土地承载力计算公式，主要考虑区域土地面积、耕种要素以及耕地面积等，计算出某个地区在不发生土地退化的前提下，农业生产所提供的粮食能够养活最大人口数量。由于他们的研究只考虑区域土地的粮食供应量所能养活的人口，而不考虑其反馈作用，因此只能对某个时期该地区所能供养人口数量作出粗略的估计。

20 世纪 70 年代以后，人口、资源、环境等全球性问题日益严重，在人口急剧增长和需求不断扩张的双重压力下，以协调人地关系为中心的承载力研究再度兴起，并已从土地扩展到整个资源领域，期间关于土地承载力较具影响的研究主要有三个。1973 年，澳大利亚学者提出了资源综合平衡法，从土地资源、气候条件以及水资源等多种因素对人口的限制角度出发，利用多目标决策分析进行综合研究，计算出澳大利亚在不同的生活水平下能够承载的人口数量，对该国土地承载力得出了比较精确的结论，该方法在以后的研究中也得到了广泛的应用（Millington and Gifford，1973）。1979 年，联合国粮食及农业组织在召开的"未来人口的土地资源"专家咨询会议上提出了土地承载力的另一种算法，即土地资源分析法（FAO，1982）。该算法是以土壤评价为基础，依据资源、生态特点划分出不同的农业生态区，给出各类农业生态区低、中、高三种农业产出水平，根据各种作物的不同要求计算出各种作物的产量，并将其换算成蛋白质和热量，然后再与每人每年所需要的蛋白质和热量进行对比，得出该区域的土地资源人口承载力。同时，提出了土地利用方式或是投入水平不同，同一区域能够承载的人口数量也不同。20 世纪 80 年代初，英国科学家采用系统动力学方法，综合考虑人口、资源、环境与发展之间的关系，建立了系统动力学模型，即 ECCO 模型，该方法把承载力研究与持续发展战略相结合，能够模拟在不同发展策略下，人口与承载力之间的动态变化（陈百明，1987）。

我国的土地承载力研究始于 20 世纪 50、60 年代以来的农业地理和综合自然地理领域，当时主要的研究集中于农业自然生产潜力，并发展了定位观测和统计技术，到 80 年代后期，土地承载力研究迅速兴起，并呈蓬勃发展之势，其中最有影响的是《中国土地资源生产能力及人口承载量研究》。该项研究探讨了无具体时间尺度的理想承载力，回答了中国不同时期的食物生产力以及可供养人口规模，并提出了提高土地承载力、缓解中国人地矛盾的对策与措施（封志明，1994）。

此外，还有一类土地承载力研究主要是侧重于草原放牧区域，研究特定草场所允许载畜量，其研究的思路主要是以"土地—牧草—单位畜禽消耗—可承载畜禽量"为主线。目的是通过土地承载力的研究确定草场应控制的放牧强度，使草场在保障放牧活动的同时，不影响草原生态系统的健康并能维持其生态系统的良性循环（Thapa and Paudel，2000；李银鹏、季劲钧，2004）。

纵观国内外土地承载力研究的历史进程及现状，特别是近 10 年来的研究进展，可见现代土地承载力研究具有五大趋势：一是以粮食为标志的土地承载力研究前景广阔，以粮食为突破口进行人地关系研究仍具有重要的意义。二是由静态分析走向动态预测，日趋模式化，从早期的线性规划模型到现在广泛运用的系统动力学模型，以及多目标规划模型、目标规划模型和层次分析模型等，数学模型的大量采用极大地提高了土地承载力研究的定量化水平和精确程度。三是资源承载力和环境人口容量类研究方兴未艾，最具影响的当推 ECCO 模型。四是由粮食单一指标走向综合指标体系，研究土地人口承载量最初是以粮食为标准定量测算的，但单纯以粮食为标志的土地承载力研究已不能反映不同国家和地区的人口承地载力状况，于是人们开始寻求更加综合的指标体系。五是土地承载力与可持续利用研究相结合势在必行。

7.4.1.3 土地承载力计算方法

（1）线性规划模型。随着计算机的发展和计算速度的不断提高，线性规划使用的领域更加广泛，并已拓展到土地承载力的研究（黄万常、周兴，2008）。线性规划模型在应用上有其广泛性和普遍性，它在运用中使用最大值、最小值框定了各个约束条件的范围，从而使公式在求解过程中不至于偏离实际情况而失真，也给出了公式预测范围的一个大体框架。早期所运用的线性规划模型，主要是构建目标地区土地所能养活的人口数量与土地利用结构的函数模型。土地承载力计算，无非就是求这个函数的最大值的数学问题。线性规划模型的缺陷主要是过于依赖作者的主观和经验，而且在公式运用过程中，最大最小值的选取也容易主观忽略一些可能会影响计算结果的数值。根据现在一些学者的分析，城市的土地承载力已经远远超过了极限，但是城市规模还是在迅猛发展，这也在某些程度上证明城市发展过程中，其所需要的资源会随着城市的发展而不断从外界获取。在封闭模型中，线性规划模型有一定的优势，在开放的领域中其相对静态的缺点却比较明显，不太适用于动态的多因素区域计算。实际运用中，可以将线性规划模型与其他方法结合运用，补充其相对静态、研究区域相对封闭的缺陷。如黄劲松等运用线性规划模型预测了温州市2000年和2010年的粮食产量，并据此计算了2000年、2010年潜在的最大的人口承载量（黄劲松等，1998）。对原南充地区土地承载力的研究，在数学模型中特别考虑到了 Logistic 模型与 Gomportz 模型的预测结果与专家环境扫描能力的结合（陈国先等，1996）。

（2）灰色系统模型。灰色系统理论是由我国学者邓聚龙教授于20世纪80年代提出，灰色预测一般是以 GM（1，1）模型为基础，对现有数据进行预测，以找出某一数列中间各个元素的未来动态情况。灰色系统模型包括灰色关联分析方法、灰色预测方法等研究方法，灰色系统模型在使用中考虑到所选信息的不确定性以及模糊性，对已有数据进行初步处理形成累加生成数列，在此基础上形成的数据与原始数列相比较，其随机性程度大大弱化，平稳程度大大增加；或者把因素之间的关联程度表示出来，生成灰色关联度。这些对已有数据的预处理使得已有数据之间的联系更为清晰，在运用过程中也更能摒弃事物的表面联系而进一步探寻其本质所在。尽管在使用灰色模型的时候，其选取的很多信息的不明确，使得该模型的预测结果带有较大的不确定性。但由于它是按发展趋势作分析，因而对样本量的多少及分布规律没有特殊要求，计算量小，关联度的量化结果一般与定性分析相吻合，因而具有广泛的实用性（袁嘉祖，1991）。现阶段在土地承载力运用灰色系统模型的研究中，大部分学者是用于预测区域目标年的耕地面积、人口数量，以得出不同生活程度下的土地所能养活的人口数量。如姜忠军应用灰色系统中的 GM（1，1）模型及其残差修正技术对浙江省龙游县2000年土地资源生产潜力及在不同生活水准上对人口承载力适宜强度的研究（姜忠军，1995），张明辉等采用灰色系统 GM（1，1）模型和一元回归分析模型对湖南省未来年份的耕地面积、粮食产量和土地人口承载力状况进行了预测与分析（张明辉等，2006），程丽莉等根据1994~2003年历年人口统计数据，分别建立了一元线性回归以及 GM（1，1）模型，分别对安徽省2005~2020年全省人口数量、耕地面积和粮食单产进行了预测（程丽莉等，2006），等等。

（3）系统动力学方法。系统动力学（System Dynamics），是美国麻省理工学院福瑞斯特（Jay W. Forrester）教授首创的一种运用结构、功能、历史相结合的系统仿真方法，它通过建立 DYNAMO 模型并借助于计算机仿真，定量地研究高阶次、非线性、多重反馈、复杂时变系统的系统分析技术。系统动力学方法将事物划定成为一个整体系统进行研究，能够从宏观角度研究事物内部各个要素之间的关联关系方法，并且能够模拟系统内部复杂的反馈机制，通过系统的反馈不断对原有单元进行休整，以此达到系统优化（黄万常和周兴，2008）。英国科学家 Malcom Sleeser 等提出了承载能力估算的综合资源计量技术，即 ECCO（Enhancement of Carrying Capacity Options）模型。它基于联合国教科文组织提出的人口承载力定义，综合考虑区域人口、资源、环境和社会经济发展间众多因子的相互关系，分析系统结构，明确系统因素问的关联作用，建立起系统动力学模型，通过模拟不同发展战略得出人口增长、区域资源承载力和经济发展间的动态变化趋势及其发展目标，供决策者比较选用（郭秀锐、毛显强，2000）。应用系统动力学方法分析某个区域的土地承载力时，大致可分为三大部分（张志良

1993)：

一是土地承载力系统分析。一般土地承载力系统可分为土地资源子系统、水资源子系统、种植业子系统、畜牧业子系统、渔业子系统、环境子系统、人口子系统、消费水平子系统等。

二是系统动力学模型的建立。首先要分析模型建立的目的和边界，然后再分析模型的结构，建立主要方程及参数选择。模型结构一般分为四大系统：农业生产系统（农业资源系统）、土地资源系统、消费系统和人口系统。

三是模型的运行及仿真结果。即对系统的历史状况进行模拟，检验模型与实际状况的吻合程度，以便对模型加以改进。确定了模型的适用性以后，便可对未来不同方案下的土地生产潜力和不同生活水平下的人口承载力进行仿真预测，得出最后的结论。

（4）人工神经网络方法。人工神经网络是一种处理复杂非线性问题十分有效的手段，目前已在模式识别、环境质量评价、水文水资源预测等领域得到广泛应用（王学全等，2007）。目前，应用最为广泛的神经网络是由 Rumelhart 等人于 1985 年提出的前馈网络（back—propagation network）模型，即 BP 网络模型。神经网络是人工系统网络中应用极为广泛的重要模型之一。它具有自我组织、自我适应和自我学习等特点，对解决非线性问题有独特的先进性，同时它还有很强的输入输出非线性映射能力和易于学习和训练的特点。但是 BP 神经网络的误差函数为平方型，存在局部最小值问题，且收敛速度较慢；需要在建立系统层次结构、全局寻优等方面进行改进。人工神经网络在处理高维、非线性模式识别方面表现出了很好的特性，而资源承载能力综合评价实质上是一种依据评价指标对待评价样本进行模型识别的问题。因此，尽管目前将人口神经网络系统应用到土地承载力的相关研究报道较少，但应用神经网络方法进行土地资源承载能力预测与评价具有非常现实的意义。

不同时间和空间尺度上社会经济与环境驱动因子之间错综复杂的相互关系，导致土地承载力变化具有较大的不确定性。随着研究的日趋深入，土地承载力的计算方法也日趋多元化。有些学者借助遥感和地理信息系统手段建立的土地利用现状模型、土地覆被空间变化模型，具有实时、空间表达详尽与全球环境变化的其他模型连接容易等优点，通过对土地利用现状的遥感观测，结合土地利用变化的地面调查，可以建立驱动因子—土地利用—土地承载力的数学模型，有助于提高土地承载力研究的定量化水平和精确程度，促使土地承载力的研究更加综合和深入（崔侠等，2003；王星、李蜀庆，2007）。

7.4.1.4　土地承载力研究存在的主要问题

目前关于土地承载力的研究成果已较丰富，但仍存在一些问题，主要表现在以下 5 个方面（王星、李蜀庆，2007）。

（1）土地承载力研究主要偏重于静态评价，而从区域管理角度出发，了解区域土地承载力的动态变化过程至关重要，可以更准确而及时地为决策者提供区域土地资源利用发展和改进方向，但是目前土地承载力在这方面的研究仍然相对较少。

（2）土地承载力的研究结果可比性较差。由于对土地承载力的计算与地区的生活水平有关，而不同区域的生活水平与其所处的地理位置、经济发展水平以及科技发展水平的差异有着密切联系，因而所得结果仅与具体区域有关，而在一个更大的范围内却缺乏可比性。

（3）土地承载力的研究主要集中在土地资源人口承载力的研究上，通过土地承载力分析区域可承载的社会经济活动等还相对较少。通过土地资源对区域社会经济活动承载能力分析可以为区域进一步优化土地的利用结构和利用效率提供科学的依据。

（4）土地承载力的研究常常把区域看作是一个孤立的系统，不与外界进行交换，而在当今经济全球化的背景下，任何一个区域的发展都不可能是独立的，所以将区域视为一开放的系统，考虑与外界的交流、输入、输出等，也必然会使一个区域的土地承载力有所变化。

（5）土地承载力强调的是区域土地资源对区域人口数量或经济活动的持续承载能力。而目前土地承载力的研究仍主要侧重于现状分析，同可持续发展紧密结合还不够。因此，如何在保证区域经济发展的前提下，也应充分考虑土地资源利用的可持续性。

7.4.2 钱粮湖垸土地利用格局优化与土地承载力可持续性研究

7.4.2.1 土地利用格局优化

根据安全区建设规划，结合前述不同土地利用方式下土壤质量变化或生态修复效应研究结果，即土壤综合质量排序为Ⅳ（水田）＞Ⅲ（旱地）＞Ⅱ（园地）＞Ⅰ（林地）＞Ⅴ（荒地），其中旱地排序为Ⅲ$_1$（棉花）＞Ⅲ$_2$（甘蔗）＞Ⅲ$_3$（玉米），将原安全区外（2008年）的建设用地、道路交通用地等，以及安全区内的耕地等土地利用方式调整优化为其他适宜利用类型，对钱粮湖垸土地利用结构与景观格局进行优化、预测。优化后的土地利用结构与景观格局详见彩图7-6，调整结果及各类用地类型面积变化见表7-14所示。

从表7-14中可以看出，在各类用地类型当中建筑用地、道路两类面积绝对减少，其中又以建筑面积减少得最多，面积由调整前的3123.27hm²减少到调整后的663.75hm²，调整前后面积变化率约50%以左右。斑块类型水平上景观格局指数特征值表明，斑块数由调整前的3031个减少到调整后的1303个上，变化率约300%以上。道路面积弱有减少，但斑块个体数目却大幅度增加，这是因为调整前道路的连通性较高，部分调整后道路用地类型的连通性降低，破碎度增大导致斑块数增大的缘故。水田、旱地面积增加幅度最大，水田面积净增1464.75hm²，斑块个数由调整前的850个减少到调整后的410个，旱地面积净增1362.96hm²，斑块个数由调整前的1798个减少到调整后的1072个，林地和园地在斑块面积均弱有增多，但面积和斑块数目均变化不大，水域面积弱有减少。最大斑块指数由调整前的5.3651变为调整后的8.4128、斑块分维各类用地类型均弱有下降趋势、边缘密度明显减小：变化范围为调整前的0.0683~80.2026变化为调整后的0.1232~25.8269、散布与并列指数除水域及园地弱有增加外其他用地类型呈现下降趋势。这种调整后的斑块类型水平上的格局指数结果与事实上的结果是统一的，因为按照土地质量的用地类型的优劣程度结全生态安全圈的界限，将安全圈以外的建筑用地及部分道路用地尽可能最大限度的调整为水田和旱地两类要素类型，也即是把生态圈以外镶嵌或分散在水田和旱地之中或周边的建筑用地、道路用地均合并为其两类占绝对面积较大的水田和旱地类型，因而出现了表7-14的不同类型面积变化及斑块个数减少、最大斑块指数增大、边缘密度减小、分维数及散布度指数降低等特征指的改变。

表7-14　景观格局优化后的斑块类型水平景观格局指数

类型	CA/hm²	L/%	NP/个	LPI	FRACT	EDi	IJI
道路	239.4	1.05	45	0.1347	1.1248	3.1550	63.9327
林地	402.84	1.76	811	0.0259	1.0521	5.8596	63.9164
水域	5365.44	23.48	595	2.8850	1.0599	14.6452	84.2542
园地	27.63	0.12	8	0.0215	1.0307	0.1232	54.4312
水田	10 587.69	46.34	410	8.4128	1.0590	25.8269	73.0817
旱地	5560.47	24.34	1072	2.0622	1.0641	20.0295	55.4858
建筑用地	663.75	2.91	1303	0.2415	1.0438	9.0531	72.6787
总计	22 847.22	100					

注：*CA*：类型面积（Class area）；*L*：面积百分比；*NP*：斑块个数（Number of patches）；*LPI*：最大斑块指数（Largest patch index）；*FRACT*：周长面积加权平均分维数（Fractal dimension）；*EDi*：景观要素边缘密度（Edge density index）；*IJI*：散布与并列指数（Interspersion and Juxtaposition index）。

表 7-15　景观格局优化后的景观水平格局特征指数

景观指数	优化后	景观指数	优化后
斑块个数 NP	4245	Shannon 多样性指数 SHDI	1.2952
最大斑块指数 LPI	8.4128	Shannon 均匀度指数 SHEI	0.6229
景观形状指数 LSI	23.2536	蔓延度指数 CONTAG	62.6263

由表 7-15 调整后的景观水平格局特征指标值可知，斑块总个数大幅度减少、斑块总数由调整前的 7980 个减少到调整后的 4245 个、最大斑块指数增大、景观形状指数变小，形状指数由调整前的 48.63 变化到调整后的 23.2536、景观多样性指数由 1.4537 变为调整后的 1.2952 弱有降低、均匀度指数由调整前的 0.7471 变为调整后的 0.6229 个、蔓延度指数明显增大。这是因为调整前在各类景观用地类型中，建筑用地的斑块面积较小，且个数多、破碎度较大、分离度较小、斑块形状较为复杂。调整后，将生态圈外的大部分建筑用地及道路交通用地均合并为水田用地及旱地两类主要的景观要素用地类型，这样一来，现有较小的斑块面积不断联合形成更大的斑块，大型斑块面积不断地增大，整个景观区中斑块数量大大减小，小的不断减少，大的不断增大，使整个景观斑块面积离散程度降低，从而出现了整个景观水平上均匀度指数有所下降，景观优势度逐渐地增强、多样性指数有所降低的格局特征。

7.4.2.2　土地利用结构预测

应用马尔柯夫模型，利用 Matlab 软件进行矩阵相关运算，对钱粮湖垸区未来土地利用结构变化动态进行预测。马尔柯夫过程是研究某一事物的状态及状态之间转移规律的随机运动过程，具有"无后效性"的特点。假设过程中有 n 个状态：S_1，S_2，$S_3 \cdots S_n$，如果在某时刻系统处于状态 S_i，在下一时刻系统转移到状态 S_j，其转移概率为 P_{ij}，将 P_{ij} 排列起来而形成的矩阵即为转移概率矩阵 P（张君、刘丽，2006）。

$$P=P_{ij}=\begin{vmatrix} P_{11} & P_{12} & \cdots & P_{1n} \\ P_{21} & P_{22} & \cdots & P_{2n} \\ \cdots & \cdots & \cdots & \cdots \\ P_{n1} & P_{n2} & P_{n3} & P_{nn} \end{vmatrix}$$

转移概率矩阵 P 有以下两个特点：

$$0 \leqslant P_{ij} \leqslant 1, \sum_{j=1}^{n} P_{ij}=1$$

系统从状态 S_i 转移到状态 S_j 经过的次数 n 称之为步长，n 步转移矩阵的概率 $P^{(n)}$ 等于 P^n。

$$P^n=PP \cdots P=PP^{n-1}=P^{n-1}P=P^n$$

假定 $X^{(0)}=[X_1^{(n)}，X_2^{(n)} \cdots X_n^{(n)}]$ 为初始状态分布，其经 n 步转移后状态分布为 $X^{(n)}=[X_1^{(n)}，X_2^{(n)} \cdots X_n^{(n)}]$，$P^{(n)}$ 表示 n 步转移概率矩阵，则

$$X^{(n)}=X^{(n-1)}P_{ij}=X^{(0)}P^{(n)}$$

据上述几式导出马尔柯夫预测模型为：

$$\begin{bmatrix} X_1^{(n+1)} \\ X_2^{(n+1)} \\ \cdots \cdots \\ X_n^{(n+1)} \end{bmatrix}^T = \begin{bmatrix} X_1 \\ X_2 \\ \cdots \\ X_n \end{bmatrix}^T \begin{bmatrix} P_{11} & P_{12} & \cdots & P_{1n} \\ P_{21} & P_{22} & \cdots & P_{2n} \\ \cdots & \cdots & \cdots & \cdots \\ P_{n1} & P_{n2} & & P_{nn} \end{bmatrix}^n$$

根据 1987 年、1996 年、2008 年以及土地利用结构调整优化结果，建立土地变化转移矩阵，以 1987 年的土地利用结构为初始矩阵对 2010 年进行预测。

初始矩阵：

$$A_0 = \begin{bmatrix} 道\quad 路 \\ 林\quad 地 \\ 水\quad 域 \\ 园\quad 地 \\ 水\quad 田 \\ 旱\quad 地 \\ 建设用地 \end{bmatrix} = \begin{bmatrix} 0.0102 \\ 0.0190 \\ 0.2480 \\ 0.0012 \\ 0.4326 \\ 0.2432 \\ 0.0458 \end{bmatrix}$$

为检验马尔柯夫过程模型对土地利用结构变化预测的精度，预测结果进行 χ^2 检验，计算公式如下：

$$\chi^2 = \sum_{i=1}^{n} \frac{(\mu_i - \mu_0)^2}{\sigma} = \sum_{i=1}^{n} \frac{(Y - Y')^2}{Y'}$$

表 7–16　土地利用／土地覆盖预测面积比例比较

景观类型	2010 年模拟值 Y'/%	2010 年实测值 Y/%	差值 $Y-Y'$	差值平方 $(Y-Y')^2$
道路	0.35	1.02	0.67	0.4489
林地	1.07	1.90	0.83	0.6889
水域	23.52	24.80	1.28	1.6384
园地	0.54	0.12	−0.42	0.1764
水田	42.26	43.26	1.00	1.0000
旱地	26.47	24.32	−2.15	4.6225
建筑用地	5.79	4.58	−1.21	1.4641

表 7–17　钱粮湖土地利用变化预测表

年份	土地利用类型						
	道路 /%	林地 /%	水域 /%	园地 /%	水田 /%	旱地 /%	建筑用地 /%
2010	0.0035	0.0107	0.2352	0.0054	0.4226	0.2647	0.0579
2015	0.0035	0.0107	0.2543	0.0054	0.4416	0.2497	0.0348
2020	0.0033	0.0093	0.2575	0.0076	0.4445	0.2531	0.0247
2025	0.0032	0.0091	0.2593	0.0088	0.4468	0.2545	0.0183
2030	0.0032	0.0091	0.2604	0.0094	0.4477	0.2551	0.0151

对 2010 年的模拟值与实测值进行比较（表 7–16），查 χ^2 分布表，$\chi^2_{0.05}(6) = 12.59 > 0.0174$，模拟结果与实测情况差异不显著，两者吻合情况较好，表明采用马尔柯夫过程模型来预测土地利用／覆盖格局的变化是可行的。将初始矩阵和转移概率矩阵输入软件 Matlab 进行线性运算，以 5 年为一个步长，对钱粮湖垸 2010 年、2015 年、2020 年、2025 年和 2030 年等未来年份的土地利用结构进行预测（表 7–17）。

7.4.2.3 土地承载力预测

根据钱粮湖垸 1987~2008 年主要年份总人口数、农业人口数以及粮食产量统计数据，选择趋势外推法，利用指数平滑、自然增长、回归方程、Logistic 曲线等方法，按历史发展趋势顺延外推，通过多模型拟合选优，建立回归模型方程，对该地区 2010 年、2015 年、2020 年、2025 年和 2030 年的人口数量、粮食产量进行预测。人口承载力的关键是粮食生产能力和人均粮食消费标准。参照我国 2000 年食物结构标准研究，粮食年消费水平 350kg、400kg、450kg 与 550kg 分别作为温饱型、宽裕型、小康型、富裕型四级不同消费标准（陈百明和周小萍，2005），对钱粮湖垸预期年份土地人口承载力情况进行预测评估。见表 6-18 所示。

人口数量与粮食产量预测模型为：

总人口（万人）：$y=-266.79+0.1377t$，（$r=0.9597$，$P<0.01$）；

农业人口（万人）：$y=-191.30+0.0991t$，（$r=0.9737$，$P<0.01$）；

粮食产量（万吨）：$y=-1815.7940+239.27291nt$，（$r=0.9783$，$P<0.01$）

式中：y 为人口数（万人）或粮食产量（万 t）；t 为年份；r 为相关系数，P 为显著性检验概率。

表 7-18　人口数量预测

预测年份	2010	2015	2020	2025	2030
总人口 / 万人	9.9870	10.6755	11.3640	12.0525	12.7410
非农业人口 / 万人	2.0960	2.2890	2.4820	2.6750	2.8680
农业人口 / 万人	7.8910	8.3865	8.8820	9.3775	9.8730
农业人口所占比例 /%	79.01	78.56	78.16	77.81	77.49
粮食产量 / 万 t	4.0892	4.6837	5.2767	5.8682	6.4583

钱粮湖垸人口数量与粮食产量预测结果见表 7-18。由表 7-18 可知，尽管由于城市化进程的加快，钱粮湖单退垸农业人口从 2010~2030 年所占比重虽略有下降，但仍在 75% 以上，亦即表明在非蓄洪年份，该区域仍以农业种植生产为主，钱粮湖垸是洞庭湖区的重要粮食生产基地，经济的发展与非农业人口的增加都对该区域的土地承载力具有较高的要求。

土地承载力预测结果见表 7-19。从表 7-19 可以看出，在温饱型和宽裕型消费水平下，钱粮湖垸在未来年份中的承载率都大于 100%，说明人口数均未超载。但在小康型和富裕型消费水平下，人口有超载现象出现。其中，在小康型消费水平下，2010 年、2015 年承载力不足，而在 2020 年之后，承载率都大于 100%，表明土地资源生产潜力能够满足人口需求；在富裕型水平下，承载率最低，人口超载情况明显。随着洞庭湖区域社会经济的发展，人均粮食消耗水平的不断提高，钱粮湖垸人民的生活水平向着小康型和富裕型迈进。但在小康型和富裕型消费水平下，土地承载容量存在不足，这必定会阻碍当地社会经济的发展和人民生活水平的提高。因此，在退田还湖过程中，必须采取符合土地持续性利用的对策或措施，以提高人口承载力，使社会经济稳定、健康、协调发展。

表 7-19　钱粮湖垸土地承载力预测

消费标准		2010 年	2015 年	2020 年	2025 年	2030 年
温饱型 /350kg（人·年）	可承载人口 / 万人	11.6834	13.3819	15.0762	16.7663	18.4522
	盈亏数 / 万人	1.6964	2.7064	3.7122	4.7138	5.7112
	承载率 /%	116.99	125.35	132.67	139.11	144.83

（续）

消费标准		2010 年	2015 年	2020 年	2025 年	2030 年
宽裕型 /400kg（人·年）	可承载人口 / 万人	10.2230	11.7092	13.1917	14.6705	16.1457
	盈亏数 / 万人	0.2360	1.0337	1.8277	2.6180	3.4047
	承载率 /%	102.36	109.68	116.08	121.72	126.72
小康型 /450kg（人·年）	可承载人口 / 万人	9.0871	10.4082	11.7259	13.0404	14.3517
	盈亏数 / 万人	−0.8999	−0.2673	0.3619	0.9879	1.6107
	承载率 /%	90.99	97.50	103.18	108.20	112.64
富裕型 /550kg（人·年）	可承载人口 / 万人	7.4349	8.5158	9.5939	10.6694	11.7423
	盈亏数 / 万人	−2.5521	−2.1597	−1.7701	−1.3831	−0.9987
	承载率 /%	74.45	79.77	84.42	88.52	92.16

7.4.2.4 土地资源持续性利用对策

前述研究可知，由于退田还湖工程的实施，钱粮湖单退垸的景观格局、土地利用结构、土地耕作模式与土壤质量状况主要存在景观格局与土地结构亟待优化调整、农业种植模式受洪涝胁迫、土地利用方式与耕作制度导致土壤通气透水等物理性质恶化、养分失衡、微生物数量减少、酶活性降低、重金属污染严重，并最终影响到该区域的未来土地承载容量，尤其是小康型和富裕型消费水平目标的实现。可见，洪涝胁迫条件下，钱粮湖垸的土地资源作为不可再生的稀缺自然要素，其持续利用程度已成为促进社会经济、环境的可持续发展的基本出发点，土地利用的效率影响着经济增长速度、生态环境质量及其所能承载的人口数量。随着工业化、城镇化进程加快，钱粮湖垸土地资源环境约束将进一步加剧。因此，必须采用相应的措施或对策，以达到土地资源的可持续性利用。

（1）科学规划，建立与退田还湖相适应的土地利用结构与景观格局。土地资源可持续利用的关键问题就是如何处理好人地关系，使得土地能够满足当代人和后代人的需求（曹霄琪，2009）。因此，土地资源利用的发展过程，实质上是人与土地关系的发展过程。不仅要强调土地的充分和合理利用，获取最大的经济效益是土地利用的首要目标，而且更应考虑土地作为稀缺资源对于土地利用的制约。在土地适宜性评价的基础上，按照退田还湖的实际要求，统筹考虑涉及土地利用结构与景观格局的相关因素，根据土地利用目的、内容、类型的差异，结合经济发展与环境保护中长期目标，科学规划，建立与退田还湖相适应的土地利用结构体系，处理好土地资源在当代与后代、在产业或部门间的合理分配以及与社会经济活动、生态环境条件的空间关系，用最适当的技术、最佳的利用目标组合及最有效的管理手段，来实现土地资源利用的经济、社会和生态等综合效益的最优化。

（2）因地制宜，发展与产业结构调整相结合的避洪耐渍生态农业模式。退田还湖后，钱粮湖垸由原来封闭的围垸垦殖方式改造成为半封闭的避洪耐渍型种养业，成为"低洪保、高洪弃"的景观生态类型（李景保等，2001）。根据水情变化，钱粮湖垸可能一年中进水淹没一次或多次，也可能几年也不淹没一次。因此，应根据相应的水情水势、水淹概率和受淹地段，结合产业结构调整与布局，充分利用洪水前后的种植时间与避洪等因素，在垸内建立多种避洪耐渍型的生态农业模式。在常年淹水区，适宜发展立体混养与网箱养殖模式，分层次养殖不同食性的鱼、珠、蚌或鱼、鳖等特种水产，形成复合立体特种养殖模式。在季节性淹没区，准确掌握淹没规律，合理利用时间和空间，在低洼地带筑坝拦蓄，发展牧、稻、鱼、禽共发生模式。在数年一淹区，为保证大洪水年份仍可发挥蓄洪功能，适宜在低洼地筑堤造池塘发展鱼、猪、蚕、水禽复合循环生态农业模式；在宜林高位地段，可实施以林为主的林、芦、牧、鱼共生模式；在洪水发生与钉螺滋生高风险地段，应控制草滩和芦苇面积，开沟配渠，达到路路相连、沟沟相通，以利行洪，阻控血吸虫病传播和蔓延。在渍水低田区，可积极发展水生蔬菜为主辅以稻鱼轮作模式等。

（3）保护性耕作，完善土壤质量改善与土地承载力提高相结合的土地利用制度。土壤质量优劣关系到区域粮食、生态和环境安全。在当前国际市场粮食价格不断上涨、国内市场化肥价格不断攀高、耕地资源不断减少的严峻现实条件下，通过土壤质量的逐步改善，是实现粮食增产、提高化肥利用率、减少化肥投入、保障粮食安全的关键性措施。土壤质量的改善依赖于土壤物理（结构、水分等）、化学（养分和污染物）和生物学（生物、微生物）等性状的改善。而保护性耕作作为一场新的耕作革命，是彻底取消铧式犁耕翻，对农田实行免耕、少耕（深松或浅耙），尽可能减少土壤耕作，并用作物秸秆覆盖地表，能有效减少风蚀、水蚀，提高土壤肥力和抗旱能力（魏香玲，2009）。退田还湖后，钱粮湖垸为在较快提高粮食单产的同时实现肥料资源的高效利用，可采用秸秆覆盖（秸秆粉碎还田、整秆还田覆盖、留茬覆盖）、免耕少耕、深松土壤、杂草、病虫害控制和防治等为核心内容的保护性耕作技术，有利于减少土壤污染，改善土壤物理、化学和生物学性质，有利于提高钱粮湖垸的土地资源人口承载容量。

根据钱粮湖垸安全区建设规划，结合不同土地利用方式下土壤质量变化研究结果，运用马尔柯夫模型对土地利用结构与景观格局进行了优化、预测。调整优化后的土地利用景观格局特征表现为斑块数减少，最大斑块指数上升，斑块分维数有下降趋势，边缘密度明显减小，散布与并列指数除水域及园地弱有增加外其他用地类型呈现下降趋势，整个景观斑块面积离散程度降低，景观水平上均匀度指数有所下降，景观优势度逐渐地增强、多样性指数有所降低。

以1987~2008年间总人口数和粮食产量的统计数据为基础，选择趋势外推法，预测评估了温饱型、宽裕型、小康型、富裕型四级不同消费标准下该地区2010年、2015年、2020年、2025年和2030年的土地人口承载力。在温饱型和宽裕型消费水平下，钱粮湖垸在未来年份中的承载率都大于100%，说明人口数均未超载。但在小康型和富裕型消费水平下，人口有超载现象出现。其中，在小康型消费水平下，2010年、2015年承载力不足，而在2020年之后，承载率都大于100%，表明土地资源生产潜力能够满足人口需求；在富裕型水平下，承载率最低，人口超载情况明显，必须采取符合土地持续性利用的对策或措施，以提高人口承载力。

针对钱粮湖单退垸景观格局、土地利用结构、土地耕作模式与土壤质量状况等方面主要存在的一些突出问题，提出了科学规划与退田还湖相适应的土地利用结构与景观格局，因地制宜地发展与产业结构调整相结合的避洪耐渍生态农业模式，实施保护性耕作，完善土壤质量改善与土地承载力提高相结合的土地利用制度等土地资源持续性利用对策。

第八章 洞庭湖区滩地造林立地类型划分与立地质量评价

8.1 洞庭湖区滩地资源现状与特点

8.1.1 洞庭湖区滩地资源现状

滩地是一种不包括水体在内的湿地，它是在水体运动过程中，借助其各种动力，由冲积物、沉积物和堆积物而形成，处于水生态系统向陆地生态系统过渡的一种特殊类型。袁正科等（1994）根据滩地的形成过程，将长江中下游滩地分为河相冲积滩地、河湖相冲积沉积滩地、湖相沉积滩地及河海相沉积滩地四大类型。河湖相冲沉积过程是洞庭湖区滩地形成的一个重要过程。据史料记载，洞庭湖滩地大部分起源于晚清后期至新中国成立前后，它是长江与四水冲刷携带的泥沙在洞庭湖淤积的产物，平均每年沉积湖底的泥沙 $1.4 \times 10^8 m^3$ 以上。湖南省洞庭湖区现有各种类型滩地面积 22.2 万 hm^2，且湖区洲滩面积呈显著增长趋势，正以约 $45.0 km^2/a$ 的速率增长，随着三峡大坝的建成，下游水情水势发生了明显的变化，常年水位较以往降低，洲滩大量出露。同时，随着国家"平垸行洪、退田还湖"工程的实施，一部分原有围垦地重新还原为开放式滩地，根据湖南省水利厅 2004 年统计资料，经过四期退田还湖工程，已完成的双退垸 202 个，总面积达 $206.14 km^2$，耕地面积 $114.11 km^2$，滩地面积呈现进一步扩大的趋势，其中，95% 的堤垸分布在湘江、资江、沅江、澧水、长江、藕池河等河道两旁，属于洪水灾害高风险区。

8.1.2 滩地植被自然分布特征

洞庭湖区滩地植物物种丰富，已知的高等植物为 280 多种。滩地植物分布受湖泊水位因素的影响，分布呈圈带性，由于特殊的环境条件，较高的地下水分和季节性水淹，造成了群落内植物种类较为单一，优势种优势极为明显的特征。在所有影响植物群落分布的因子中，最直接也是最重要的就是该地的绝对高程，也就是与水面的位置关系。从浅水区到高滩垂直分布为：沉水植物—浮水植物—挺水植物—赤裸滩地—小灯芯草、苔草草甸—川三蕊柳灌丛—荻群落。滩地主要植被群落为挺水生的荻、芦苇、川三蕊柳、辣蓼、水芹和耐水湿的莎草、苔草等，以上群落的分布与水分条件的变化关系很密切，当几个群落一起出现时，它们会严格按照绝对高程由低到高的顺序分布。

8.1.3 滩地水文特点

滩地是河流、湖泊丰、枯水位之间的过渡地带，呈冬陆夏水状，是特殊地类，属湿地范畴。长江中下游地区的滩地主要有洲滩、江滩、湖滩及河口滩地等类型。每年的 5~9 月为汛期。各类滩地的形成，基本上都原自汛期洪水所携带不同粒径悬浮物，在运行途中由于流速减缓所沉积。由河、湖沉积母质发育而成的各类滩地，土层深厚，多达 2m 以上，质地中等，多为壤土或砂壤土，肥力较高。滩地虽较为平坦，但都存在一定坡降。由于汛期水体流动特质的差异,滩地又常呈单面坡降或为锅底状的同心圆坡降。前者如江、河岸边的河漫滩,后者常体现为洲滩地貌。长江中下游各类滩地于夏－冬季丰、枯水位之差可达 7~10m,共有江河、湖泊滩地约 60 万 hm²。滩地每年都要经历一或多次淹水过程,因此,水是滩地生境的主导因子。滩地的海拔高程决定着滩地汛期的淹水时间和淹水深度,影响着地下水位和土壤含水率。由于长江水流的自然落差,不同地段、同一高程的滩地,在同一汛期内的淹水时间和深度不同。洞庭湖地区主要水文站点滩地的年均淹水时间与高程的相关关系可用指数函数 $y=a\cdot e^{bx}$ 及线性函数 $y=a+bx$ 表示,分别代表了湖区汛期水位变化的两种类型:一是湖泊型,其涨、退水速度较缓慢,淹水时间与高程为指数函数关系,如洞庭湖洲滩、大水域的湖滩等;二是河道型,在涨水初期和退水后期,涨、退水的速度较快,低高程淹水时间与高程常呈线性关系,进入中、高高程后,其淹水时间与高程又呈指数函数关系,如长江、松滋河、藕池河、湘江、资江、沅水、澧水滩地等。

8.1.4　滩地人工林的发展

(1)国外滩地造林的相关进展。丰富的水、热、光照资源和肥沃的土壤条件,使滩地成为一类具有较高生产潜力的土地资源。滩地森林具有重要的生态、社会和经济价值,引起了生态学和林学工作者的极大关注,并开始了对滩地森林的研究和开发利用,并取得了可喜的成就和经验。Loucks 提出在水位容易出现波动的地区种植耐淹木本植物,可减少水土流失,从而保护湿地。Thofelt(1996),Mitsch(1989)等指出这些地区还可以营造各种有利于改善农业环境的森林,这些森林可以丰富农业生态系统物种的多样性和结构的复杂性,提高系统自身的调控能力,改善农业生态环境。

芬兰是一个滩地较多的国家,全国有 6 万个湖泊,其中滩地占国土面积的三分之一。国家很重视该地区的林业开发,在国家林业研究所内设立了沼泽地研究室,对沼泽地的性质、水文、排水、改良和造林等方面开展了科学研究。1970~1981 年间,每年改造沼泽地 17.9 万 hm²,21 世纪末将实现 650 万 hm²的改造目标,并预计每年增加林木生长量 1500 万 m³。前苏联也是较早开发低湿地林的国家,波格来勃涅克在他的《林型学原理》中就提出了泛滥地林的概念,并进行了描述,H·P·莫洛作夫在《河床防护的营造》一书对河床的形成和河床防护林的效益进行了论述。近十多年来,原苏联对森林的沼泽地及林地的土壤改良方面进行了更深入的研究。除了对林地土壤改良机械、排水系统的修筑、维修与管理技术外,还研究了不用地区林地的合理排水定额。排水对沼泽化林地气候条件的影响,以及进一步完善排水林地以及沼泽地植物群落演替过程的数学模型。日本在沿海填埋造地、湖泊周围造林,沿海冲风地带造林、排水地造林等方面都作出了具有成效的工作。特别是营造防洪林方面作出了很大的成绩。欧美的一些林业发达国家,在水分对林木的生理生态、滩地森林生态系统的物质循环和营造等方面积累了许多经验。

(2)我国滩地造林的发展历程。我国有优越的自然条件。特别是在亚热带地区,雨量充沛、水源充足,河网水系纵横交错、湖泊星罗棋布,成为著名的水网地区,是我国重要的农业生产基地。除围湖造田、排水耕种等农业利用外,尚有较大面积的非农业用地,像位于长江中下游平原的洞庭湖区,可用于造林的滩地面积就占 10.7%~14.4%。滩地造林多年前就受到我国林学家的关注。早在 1952 年,陈嵘先生在《造林学特论》中提出了"柳篱挂淤"特种营林法,是泛滥区域及冲积滩地之营林方法,同时还提出海防林、护渔林等与滩地有关的林种营造问题。之后,又有许多的学者开展了低湿盐碱地造林技术,洪堤外泛滥河滩营造防浪护堤林,水网地区林业生产潜力,湖洲河滩的形成利用,低湿地区农田林网的设计营造,泛滥地林有抚育技术,泛滥地区森林群落结构及植被特征等方面的研究工作。在珠江三角洲平原、江汉平原、洞庭湖平原、鄱阳湖平原、里下河平原、太湖平原和长江三角洲平原地区的农田林网、片林、防浪护岸林,构成了南方水乡特色的农林复合系统。

有关季节性淹水滩地杨树人工林研究起步较晚,但发展很快。20 世纪 80 年代中后期,安徽农业大学开展的"兴林灭螺"研究，在长江中下游滩地开展以耐水湿树种杨树、柳树造林为主体的滩地综合治理与开发研究，为季节性淹水滩地杨树人工林的发展提供了成功的典范。江波、袁位高等针对江河滩地优质大径杨木培育提出了边行"优势配置式"造林、复合轮伐期经营、节痕控制、轮伐期确定等关键技术。康忠铭等开展了滩地杨树栽培技术的研究，提出了大苗培土、宽行窄株等造林技术措施。陈庭平、张家来提出了长江滩地杨树造林的农林复合经营模式设计及相应管理技术。孙启祥等开展了有螺江滩林农复合生态系统不同调控模式及其综合效益的研究。汤玉喜等对洞庭湖区滩地杨树造林林农复合生态系统生产力及综合效益进行了分析评价，指出滩地造林不仅能产生巨大的经济效益，其抑螺防病、防浪护堤等生态防护效益也十分显著。寇纪烈、王全栋根据杨树根系分布深度、根量分布特点及林木生长状况对河滩地营造短轮伐期杨树丰产林的造林整地方式、规格进行了调查研究。刘盛全等以生长在 3 种长江滩地类型(江滩、洲滩、湖滩)、3 种栽植密度（ 3m×4m，4m×5m，5m×6m ）、3 个品系 [欧美杨无性系 72 杨（ *Populus* × *euramericacv.* I–72/58 ），美洲黑杨无性系 63 杨（ *P. deltiodescv.* I–63/51 ）和 69 杨（ *P. deltoidescv.* I–69/55 ）] 速生杨树人工林木材为对象，深入地分析了人工林杨树木材材性与生长培育之间的关系及淹水条件对生材含水率的径向变化与纵向变化的影响。王朝晖、费本华等分别对长江滩地立木腐朽与正常的杨树生长、材性进行了比较研究。

针对淹水滩地林木生长与立地因子的关系，近年来的研究报导也逐渐增多。陈永密等对河外滩、荒洲地下水位深度、洪水连续淹没期与杨树生长的关系进行过研究，提出在洞庭湖区营造杨树速生丰产林最适宜的地下水位为 0.9~2.4m，小于 0.6m 时应进行排渍方可造林，大于 2.8m 时如没有灌溉条件，则不宜选作造林地；洪水连续淹没期在 20d 以内对杨树生长无影响，30d 内影响不大，40d 内影响较大，50d 内有较严重影响，60d 内有严重影响，60d 以上则不宜选作造林地。张旭东等研究了长江中下游干流抑螺防病林的主要树种杨树的生长规律，建立了杨树的生长动态数学模型，经过生长动态模型分析后指出，滩地高程是影响杨树胸径、树高和材积生长量的关键因子，滩地淹水时间超过 60d 的地段，杨树生长受到明显的影响。吴立勋、汤玉喜等开展了滩地淹水胁迫对杨树生长影响的研究，指出影响外滩杨树造林的主导因子是年均淹水天数，南方型黑杨在洞庭湖外滩湿地上的生长量随滩地年均淹水时间的增加而降低，杨树抗水淹能力随林龄的增加而增强；并对不同类型滩地宜林性进行了评定，建立了宜林滩地的林木生长模型。熊晓姣、张家来等以杨树林分为代表，研究了造林成活率、林木生长对水淹环境的反应，指出造林成活率与淹水时间呈显著负相关，淹水状况对初期幼林生长影响明显，淹水时间每增加 10d，胸径生长量平均下降 10%，但淹水对 3 年生以上林分影响不大。项艳等对长江中下游滩地杨树人工林生长与立地条件诸因子的关系进行了研究，提出滩面高程、土壤质地、土壤容重、土壤湿度、淹水时间是与杨树生长密切相关的主要立地因子。吴泽民、孙启祥等通过对长江滩地连续 7 年的水文动态以及滩地杨树人工林年轮生长序列的研究，分析了杨树人工林个体生长与水淹时间、水淹深度以及气候因子的相应关系，建立了相关模型。结果表明：林分个体胸径分布格局与滩地高程具有显著的相关性，水淹深度对直径生长的影响大于水淹时间，而当年的径向生长与前一年 8、9 月水淹状况及气候因子的关系明显；提出在滩地营造杨树人工林，以丰产为目的宜选择水淹深度小于 2m 的地域造林，淹水深度超过 2m 的地域宜适当密植，以培养小径材为主。

8.2 洞庭湖区滩地造林立地选择的原则与方法

8.2.1 滩地造林立地选择原则

滩地是江、湖湿地的一部分，汛期具有蓄洪、行洪和通道的作用。湿地保护的要求，各类滩地造林，应根据生态治理要求、水利建设发展规划，遵循以下原则进行选地：

（1）适应性原则。滩地造林的高程—淹水时间应与造林树种的适应范围相一致，才能保证造林成功。滩地造林地的选择，其实质就是划定各树种造林高程的下限，只有满足了树种的生理生态学特性要求，才能保证滩地造林的成功。

（2）科学性原则。湿地自然保护区核心区、主行洪道范围内不应开展人工造林，且滩地造林应以不改变湿地原有属性为前提，造林后的滩地仍应维持其开放型特征，不能以防洪围堤加以人为隔离。

（3）生态、社会、经济可持续发展原则。根据滩地不同地段生态治理的重点，因地制宜地确定造林经营目标，注重治理与开发及生态、经济、社会效益的有机结合。

8.2.2 滩地造林立地选择方法

根据滩地的立地特点，开展滩地造林时可按以下方法对造林地进行选择，并在此基础上对滩地立地质量进行评价，以确定滩地的宜林性及最适宜的经营目标。

（1）主导因子法。就洞庭湖平原而言，各类滩地同属中亚热带湿润气候带，土壤成因相似，造林地的选择主要是对造林地高程 - 淹水时间的选择。淹水，是滩地造林地所特有的立地因子。南方型黑杨的生长虽然需要消耗大量水分，但林地淹水时间过长、过深，造林往往不能成活；地下水位长期过高，根系易腐烂，分布层浅，林木生长不好，易风倒。

以洞庭湖东南湖为例，外滩用于杨树造林，在流水情况下，以滩地年均淹水时间为依据，可将其划分为 3 类：

①年均淹水 30 天以内（海拔 33m 以上）的，可造速生丰产林；

②淹水 30~65 天（海拔 33~31.5m）的，可作一般用材林、防浪护堤林、抑螺防病林造林；

③年均淹水时间超过 65 天（海拔 31.5m 以下）的滩地，林木保存率不足 20%，单株材积下降 66.2%，不宜直接用作杨树造林，但可通过适当的挖沟抬垄、提高地面高程、减少淹水时间、改变立地条件的方式，扩大滩地杨树造林范围。

滩地造林前一定要了解滩地海拔高程，根据当地水文站的历年汛期水位记载，计算年均淹水时间，并参考滩地草本植物类型，判断外滩能否用杨树造林。

在外滩开展杨树造林时，除部分淹水 30 天以下、受胁迫相对较轻的林地外，其他受一定程度淹水胁迫但仍宜于造林的滩地，不适宜营造短周期（5~6 年主伐）纤维原料林，而应适当降低造林密度，延长经营周期，把主伐年龄确定在 10 年左右，这样即可将淹水胁迫对林木生长、尤其是早期生长的不利影响降低到最低程度。

不同树种生物学、生态学特性不同，对淹水的逆境生理反应不同，其耐水淹的能力存在差异。相对而言，苏柳、枫杨等树种耐水淹能力比黑杨强，针对苏柳、枫杨等树种开展滩地造林地选择时，可将滩地高程下限降低 0.5~1m。

（2）滩地指示植被法。水是滩地开发利用的限制因子，滩地水文与高程紧密相关，水文状况的差异体现了滩地类型的差异，优势植物是滩地类型辨识的主要标志。湖南省林科院项目组通过对洞庭湖洲滩不同高程、季节草本植物群落结构特性的分析，揭示了滩地草本植物群落、种群对滩地生境选择的特点，分布在同一高程的不同植物种在群落中的地位和作用不同，分布在不同高程的同一种植物在相应群落中的地位和作用也大不相同。不同的植物种有其最适生的滩地微环境，这里的微环境主要是指伴随着滩地高程变化而引起的水文条件的差异，滩地水文条件是制约不同植物种的分布及其数量、决定群落优势种的主要环境因子，也是在滩地开发利用过程中要考虑的主导因子。吴立勋等在研究滩地杨树生长与淹水关系时指出：滩地植物群落以荻为建群种，与藜蒿、水芹等组成优势种群，营造杨树人工林可获得较高产量；以薹草为建群种，与泥湖菜组成优势种群的滩地营造杨树人工林产量很低，甚至难以成活，因此一般不宜造林。根据群落优势植物种的变化，可以较为准确地辨识相应滩地类型，并进而确定其宜林性。

（3）立地指数导向曲线法。立地指数是评定林分生产力高低的简洁、直观、明确的数量指标，对科学确定人工林经营目标具有重要指导意义。立地指数是通过对有林地树种优势木在基准年龄时的树高值来划分的，树高反映了某一生境林地生产力的高低，且受林分密度的影响较小。不同林地立地指数越高，表明其立地质量越好，林地预期生产力越高。

通过对滩地现有林分的生长调查及优势木树高生长过程分析，查阅相应树种立地指数表，即可预测利用该树种造林可能达到的经营目标。此外，通过树种代换评价方法，可以解决由单一特定树种到多树种造林生产力预测的难题，为滩地开展多树种造林提供了立地选择的理论依据，将会得到越来越广泛的实际应用。

（4）立地质量数量化评价法。立地质量更深层次的评价方法是数量化评价，它是在树种立地指数表的基础上，结合对样地立地因子的广泛调查，运用数量化理论，以样地立地因子为自变量，以立地指数为因变量，建立数量化模型，评估不同立地项目对样地地位指数的贡献，建立不同立地因子的数量化地位指数得分表，以此为基础，对造林地立地质量进行评估，判断造林地的宜林性，并开展生长预测。该方法同时适用于对某一特定的有林或无林滩地立地质量进行评价。

滩地与一般造林地的最大不同之处在于常年汛期会经历不同程度的洪水淹没过程，水分条件是影响滩地造林的主导因子，滩地的淹水时间决定着滩地能否造林以及造林后的林地生产力。因此，滩地淹水时间、排水状况在立地质量评价中的重要性就成为与其他地类造林立地质量评价的最显著不同之处。

8.3 滩地杨树造林立地质量评价体系研究与应用

以滩地人工林生态修复主要造林树种——美洲黑杨为例，探讨滩地造林立地类型划分及立地质量评价的方法。

南方型黑杨速生，且喜温暖、湿润气候，蒸腾强度大，需水量多，在6~8月汛期能耐一定时间和深度的水淹，已成为湖区季节性淹水滩地及平垸行洪、退田还湖区造林的首选树种。但当淹水时间和深度超过一定限度时，水的逆境胁迫效应增强，树木生长减缓，产量降低；如淹水时间及深度继续增加而超过某一极限时，杨树即不能生存。本研究拟通过对洞庭湖滩地现有杨树林地林木生长情况、林地的土壤因子、水文因子等实地调查及其相关性分析，找出影响林木生长的主导因子，划分林地立地类型，编制滩地杨树立地指数表及数量化地位指数得分表，应用于滩地有林地及无林地杨树造林立地质量数量化评价。

8.3.1 滩地杨树立地指数表的编制

8.3.1.1 外业资料收集

试验研究工作主要在洞庭湖区杨树面积较多的13个县（市、区）进行。土壤多为河湖冲积物沉积形成的潮土，土层厚多达2m以上，多壤土或沙壤土。pH值：湘江水系6~7，其他滩地7~8.4。

对洞庭湖区垸内、外滩地I-69、I-72、I-63杨混系造林的5~14年生片林，不分品系设临时样地99块。样地设置选择林相整齐的地段，排除林木生长的边缘效应，采用无边界临时样地。垸外样地按滩地等高线设置，样地间高差≥0.5m，用水准仪引点实测。

林分调查方法：林龄以春季造林年份起算，由各地林业主管部门提供相应的造林资料，并结合解析木数据核实。连续测量30~50株树木胸径，用测高器测定5株优势木树高，伐取平均优势木1株，按1m区分段作树干解析。

8.3.1.2 立地指数表的编制及精度检验

中国林科院刘景芳等曾经就杨树不同品种（包括Ⅰ–69杨、Ⅰ–72杨及健杨）能否混合编制立地指数表的问题进行过探讨，开展了杨树不同品种间树高生长的差异显著性检验，其结论是各品种间杨树的树高生长曲线走向及生长能力基本一致，并没有表现出显著性的差异。结合洞庭湖区现有杨树中成林主要为Ⅰ–63、Ⅰ–69、Ⅰ–72及部分中汉系列无性系混系造林的生产实际，我们采用了不分品系的样地调查及混合编表方法。

（1）基准年龄的确定。立地指数表的基准年龄是不同立地林分的平均优势木的树高值被用作立地指数表指数等级时的统一标准年龄。基准年龄的确定应考虑以下条件：①基准年龄时，林分树高生长已趋稳定，且能反映林分生长的立地差异；②基准年龄应超过树种轮伐期的一半。根据样地及解析木材料分析，滩地杨树树高连年生长是以第2~5年为最大，第6年开始下降，且树高变动系数趋于稳定。滩地杨树培育26cm以上胶合板材主伐年限约10年，培育16~20cm的纸浆材的主伐年限约5~6年。因此，综合各项因素考虑，本表确定基准年龄为6年。

（2）指数级距及级数的确定。为了既方便使用，又保证精度，指数级距定为2m，指数值取偶数。根据调查资料，优势木达基准年龄时，各立地树高变动范围为11.5~19.6m，即基准年龄时的立地指数为12~20，可划为5个指数级。考虑到滩地以水为主导因子的立地条件的复杂性，为了使立地指数表能有较大容量，再将立地指数向两侧各外延一个指数级，即此表为10、12、14、16、18、20、22共7个指数级。

（3）导向曲线数学模型的选定。依据全部样地平均优势高及优势木树干解析材料，得各类立地林分优势木平均树高生长过程，见表8–1。

表8–1　优势木平均高生长过程表

林龄 /a	2	3	4	5	6	7	8	9	10
树高 H/m	7.2	9.9	12.7	15.0	16.7	19.3	20.2	21.4	22.3
样本数	50	50	50	54	53	39	31	28	20

树高生长曲线拟合选用的导向曲线数学模型有：

① $H=M(1-Le^{-BA})$

② $\lg H=a+b(1/A)$

③ $H=a+b\lg A$

④ $\lg H=a+b\lg A$

回归计算结果如下：

① $H=29.20793(1-1.023978\cdot e^{-0.1494244A})$，$r=-0.99873$；

② $\lg H=1.451490-1.263999\cdot(1/A)$，$r=-0.98709$；

③ $H=-0.420853+22.636145\cdot\lg A$，$r=0.99558$；

④ $\lg H=0.659978+0.714263\cdot\lg A$，$r=0.99520$。

以上四式相关系数都在0.98以上，相关关系都很紧密，其中以①式相关系数 r 绝对值为最大。

用上述4种数学模型分别求出各年龄树高理论值，并与树高实际值比较（见表8–2）。

表8-2　各模型树高理论值比较

林龄	2	3	4	5	6	7	8	9	10	11	12
树高实际值	7.2	9.9	12.7	15.0	16.7	19.3	20.2	21.4	22.3		
树高理论值①	7.03	10.10	12.76	15.04	17.01	18.70	20.16	21.41	22.50	23.43	24.23
树高理论值②	6.60	10.72	13.66	15.80	17.41	18.66	19.66	20.47	21.14	21.71	22.19
树高理论值③	6.39	10.38	13.21	15.40	17.19	18.71	20.02	21.18	22.22	23.15	24.01
树高理论值④	7.50	10.02	12.30	14.43	16.44	18.35	20.18	21.96	23.67	25.34	26.96

　　根据①、②、③、④式导向曲线模型展开的树高理论值与树高实际值进行比较，其中以①式所得树高理论值与树高实际值最为贴近，故取①式为导向曲线数学模型。

　　（4）各等级立地指数曲线的导出。各等级立地指数曲线的导出，即为各指数级各年龄树高值的求解。其方法主要有标准差调整法、树高变动系数法、树高相对值法等。本表采用树高相对值法。即以①式基准年龄时的树高理论值分别去除各年树高理论值，得各年树高理论值的相对值（见表8-3）。

表8-3　导向曲线各年树高理论值与相对值

林龄/a	2	3	4	5	6	7	8	9	10	11	12
理论值/m	7.03	10.10	12.76	15.04	17.01	18.70	20.16	21.41	22.50	23.43	24.23
相对值	0.41329	0.59377	0.75015	0.88419	1.00000	1.09935	1.18519	1.25867	1.32275	1.37743	1.42446

　　以各年树高相对值分别乘以各立地指数值得各年不同立地指数树高值，以此作图，得立地指数曲线图（图8-1）。

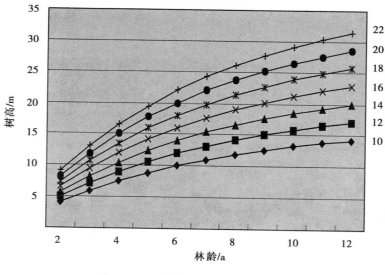

图8-1　滩地杨树立地指数曲线图

以各年树高相对值分别乘以各立地指数分界值得各年不同立地指数分界树高值，以此制表，得立地指数表（见表8-4）。

表8-4 滩地杨树立地指数表

林龄	指数							
	10	12	14	16	18	20	22	
2	3.72	4.55	5.37	6.20	7.03	7.85	8.68	9.51
3	5.34	6.53	7.72	8.91	10.09	11.28	12.47	13.66
4	6.75	8.25	9.75	11.25	12.75	14.25	15.75	17.25
5	7.96	9.73	11.49	13.26	15.03	16.80	18.57	20.34
6	9.00	11.00	13.00	15.00	17.00	19.00	21.00	23.00
7	9.89	12.09	14.29	16.49	18.69	20.89	23.09	25.29
8	10.67	13.04	15.41	17.78	20.15	22.52	24.89	27.26
9	11.33	13.85	16.36	18.88	21.40	23.91	26.43	28.95
10	11.90	14.55	17.20	19.84	22.49	25.13	27.78	30.42
11	12.40	15.15	17.91	20.66	23.42	26.17	28.93	31.68
12	12.82	15.67	18.52	21.37	24.22	27.06	29.91	32.76

（5）精度检验。立地指数表编制完成后，须进行精度检验方能应用于生产。

① 连续树高值检验。将50株解析木材料按指数级分组，计算各组各年龄树高平均值，再用立地指数表同一指数级各年龄树高值检验各年龄树高平均值，看是否在同一指数级范围内（见表8-5）。

表8-5 连续树高值检验表

分组	解析木株数	项目	林龄										
			2	3	4	5	6	7	8	9	10	11	12
Ⅰ	6	平均高	6.60	8.26	10.43	12.80	14.30	15.50	17.10	18.20	19.50		
		指数级	16	14	14	14	14	14	14	14	14		
Ⅱ	21	平均高	6.83	9.17	12.07	14.27	16.10	18.18	19.43	20.39	21.45		
		指数级	16	16	16	16	16	16	16	16	16		
Ⅲ	17	平均高	7.46	10.46	13.34	15.62	17.84	19.80	20.93	22.32	23.29	24.60	24.97
		指数级	18	18	18	18	18	18	18	18	18	18	18
Ⅳ	6	平均高	8.25	12.08	14.92	17.09	19.58	21.08	21.98	22.63	23.30		
		指数级	20	20	20	20	20	20	18	18	18		

表8-5检验的38组数据中，指数级跳动的有4组，占10.5%，检验精度为89.5%。指数跳动均为一个指数级，并主要发生在20指数级的8、9、10三个年龄段。

② 标准差检验。以基准年龄 6 年时的树高为准（小于 6 年的以最大年龄树高为准），确定每株优势木属于的指数等级，然后逐株将各年龄树高实际值（H_{Ai}）与相应各指数级曲线相同年龄的理论树高中值（$\hat{H}_{Ai}$）代入公式：

$$S_i = \sqrt{\frac{\sum(H_{Ai} - \hat{H}_{Ai})}{N-1}}$$

求出各年龄标准差（N 为各年龄观测样本数），结果见表 8-6。

表 8-6　各年龄标准差

年龄 /a	2	3	4	5	6	7	8	9	10	X
标准差 S_i	1.17	1.24	1.22	0.78	0.57	0.57	0.67	0.86	0.84	0.88

由表 8-6 可知，在 9 个年龄中，只有 2、3、4 年三个年龄的标准差超过 1m 但均 < 一个指数级，总平均为 0.88m。

根据以上两种精度检验，本滩地杨树立地指数表符合使用要求。

8.3.1.3 立地指数表的应用

（1）评定滩地杨树林分的立地质量。根据林分的林龄和优势高，可查得该林地的立地指数。不同林地立地指数越高，说明立地质量越好、生产力越高。

（2）预测滩地杨树林分的生长量。根据林分的林龄和优势高，查其所属的立地指数级，该指数级各年龄的树高中值，即为该林分杨树优势高各年的生长预测值。

如结合林分密度管理图或断面积蓄积量标准表，还可预测林分蓄积量等其他生长因子。

8.3.2 滩地杨树数量化地位指数得分表的编制

（1）资料收集。在编制滩地杨树数量化地位指数得分表时，考虑到垸内、垸外影响杨树生长的主导因子不同，18 块垸内样地材料不参与分析。

样地立地因子调查包括:滩地类型、滩地高程、水流状况、排水状况、土壤质地、土壤结构、土壤容重、土壤 pH 值、土壤有机质及养分含量等指标。

收集湖区各样地对应水文站点近 10~14 年汛期水位观测记录，按水位差 0.2m 间距分别统计各站点各高程的年均淹水天数，根据各站点水位与时间关系的散点图，分别用指数函数 $y = a \cdot e^{bx}$ 和线性函数 $y = a + bx$ 代换，转换为淹水时间与高程的数学模型。

（2）滩地淹水时间与高程的关系。洞庭湖是过水性湖泊，水流存在自然落差，各地高程即使一致，淹水时间也相差很大。根据湖区滩地和杨树林地分布情况，对湖区主要水文站滩地年均淹水天数与高程的相关关系用指数函数 $y = a \cdot e^{bx}$ 和线性函数 $y = a + bx$ 建立数学模型（见表 8-7）。

函数模型中，y 为滩地年均淹水天数，x 为滩地高程。指数函数和线性函数模型反映了两种不同类型滩地汛期水位变化特点。其中前 7 个水文站反映的是湖泊型水位变化特点，后 4 个水文站反映的是河道型水位变化特点。湖泊型水位涨、退水速度较缓慢，淹水时间与高程为指数函数关系，如洞庭湖洲滩、大水域的湖岸滩等；河道型水位在涨水初期和退水后期，涨、退水的速度较快，低高程淹水时间与高程常呈线性关系，进入中、高高程后，其淹水时间与高程又呈指数函数关系，如长江、淞滋河、藕池河、湘资沅澧四水等滩地水位变化即属于此类。

表8-7 洞庭湖滩地年均淹水时间与高程模型参数

地段	模型	模型参数			适用范围 /m
		a	b	R	
澧县澧澹	$y=a \cdot e^{bx}$	2.056462×10^{10}	-0.5594021	-0.98835	$35 \leqslant x \leqslant 44$
汉寿盘湖石昏	$y=a \cdot e^{bx}$	5.828198×10^{11}	-0.6862417	-0.9806	$33 \leqslant x \leqslant 40$
汉寿北拐	$y=a \cdot e^{bx}$	7.061675×10^{12}	-0.7661748	-0.9903	$33 \leqslant x \leqslant 40$
汉寿车脑	$y=a \cdot e^{bx}$	3.149719×10^{12}	-0.7349545	-0.9861	$33 \leqslant x \leqslant 40$
汉寿岩汪湖	$y=a \cdot e^{bx}$	2.304143×10^{14}	-0.8823709	-0.9786	$32 \leqslant x \leqslant 38$
沅江畔山州	$y=a \cdot e^{bx}$	2.826299×10^{13}	-0.8499945	-0.9513	$31 \leqslant x \leqslant 37$
沅江共华	$y=a \cdot e^{bx}$	1.439239×10^{12}	-0.7677125	-0.9666	$31 \leqslant x \leqslant 37$
沅江三洲嘴	$y=a \cdot e^{bx}$	1.150723×10^{12}	-0.7595375	-0.9400	$31 \leqslant x \leqslant 37$
君山南水	$y=a \cdot e^{bx}$	5.603046×10^{8}	-0.5339223	-0.9267	$29 \leqslant x \leqslant 37$
澧县七里湖	$y=a \cdot e^{bx}$	2.300235×10^{12}	-0.6940284	-0.9667	$35 < x \leqslant 44$
	$y=a+bx$	420.0751	-10.29913	-0.9367	$33 \leqslant x \leqslant 35$
湘阴浩河口	$y=a \cdot e^{bx}$	8.716507×10^{9}	-0.6013324	-0.9095	$32 \leqslant x \leqslant 37$
	$y=a+bx$	398.5248	-11.08845	-0.9824	$30 \leqslant x < 32$
华容宋市	$y=a \cdot e^{bx}$	9.513449×10^{14}	-0.9307422	-0.9333	$33 \leqslant x \leqslant 37$
	$y=a+bx$	542.7511	-15.0093	-0.9652	$30 \leqslant x < 33$
华容小积成垸	$y=a \cdot e^{bx}$	5.904514×10^{11}	-0.7338925	-0.9263	$35 \leqslant x \leqslant 37$
	$y=a+bx$	461.1495	-12.97712	-0.9746	$30 \leqslant x < 35$

由于各地水文情况不一，滩地高程每升高或降低0.5m或1m，其年均淹水时间变化很大，且与高程的递降不成比例。掌握其变化规律对于选择滩地造林地或在同一块滩地上按高程—淹水时间分区确定造林密度、经营材种规格、轮伐期具有指导意义。

（3）数量化地位指数得分表的编制与检验。

①立地项目的选择和类目划分。立地项目的选择，既要考虑到制表的精度要求，又要求具备简捷、实用的特点。本研究在编制滩地杨树立地指数表的基础上，首先以全部15个立地因子作自变量，以样地立地指数为因变量，利用数量化理论I进行多元逐步回归分析，筛除偏相关系数及得分值很小的4个定量因子和2个定性因子，最终选定9个项目。根据同一项目不同水平间对林木生长影响的相似程度，将这9个项目总共划分为27个类目进行评定。

立地项目选择和类目划分结果见表8-8。

表8-8 立地项目及类目划分表

项目		类目				
		1	2	3	4	
淹水天数	X_1	<25	25~40	40~65	65~90	天
土壤容重	X_2	<1.30	1.30~1.40	≥1.40		g/cm³
排水状况	X_3	内积	坡程较长	坡程短		
		排水较差	排水一般	排水较好		

（续）

项目	类目				
	1	2	3	4	
土壤质地 X_4	重壤土	轻壤土			
速效 K 含量 X_5	≥15	10~15	5~10	<5	mg/100g
速效 N 含量 X_6	≥5.0	4.0~5.0	<4.0		mg/100g
土壤结构 X_7	团粒	块状			
滩地类型 X_8	洲滩	湖滩	河滩		
速效 P 含量 X_9	≥1.25	0.75~1.25	<0.75		mg/100g

② 数量化地位指数得分表的编制。将入选的 9 个立地项目按表 1 等级（1、2、3、4）重新整理，程序自动将其转化为标准的 0、1 型反应表数据，以样地地位指数为因变量，建立如下数量化模型：

$$\hat{y}_i = c_0 + \sum_{j=1}^{m} \sum_{k=1}^{r_j} c_{jk} \sigma_{i(j,k)}$$

式中，$\hat{y}_i$ 为地位指数理论值，c_0 为常数项得分值，c_{jk} 为第 j 项目第 k 类目得分值，$\sigma_{i(j,k)}$ 为第 i 个样本在第 j 个项目第 k 类目的反应。经计算机处理，得各立地项目和类目得分值。为了满足生产上对制表精度的不同要求，根据各立地项目对杨树立地指数的贡献大小，依次淘汰得分范围小、偏相关系数小的立地项目，经多次运算得到各立地项目地位指数得分梯形表（见表 8-9）。

表 8-9 滩地杨树数量化地位指数得分表

项目	类目	X_1	$X_1~X_2$	$X_1~X_3$	$X_1~X_4$	$X_1~X_5$	$X_1~X_6$	$X_1~X_7$	$X_1~X_8$	$X_1~X_9$	偏相关—范围
年均淹水天数 X_1	<25	4.56	4.27	4.00	4.70	4.14	3.99	3.88	4.08	4.37	0.6272—4.37
	25~40	3.36	2.76	2.52	3.17	2.56	2.45	2.41	2.65	2.81	
	40~65	2.97	2.19	2.08	2.67	2.16	2.09	2.06	2.32	2.35	
	65~90	0.00	0.00	0.00	0.00	0.00	0.00	0.00	0.00	0.00	
土壤容重 X_2	<1.30		2.12	2.46	2.66	2.22	2.06	1.91	2.04	2.27	0.4739—2.27
	1.30~1.40		0.40	0.65	0.46	0.37	0.39	0.43	0.50	0.51	
	≥1.40		0.00	0.00	0.00	0.00	0.00	0.00	0.00	0.00	
排水状况 X_3	较差			-1.21	-1.61	-1.58	-1.72	-1.70	-1.66	-1.32	0.3044—1.32
	一般			-0.62	-0.75	-1.00	-1.07	-0.99	-1.00	-0.83	
	较好			0.00	0.00	0.00	0.00	0.00	0.00	0.00	
土壤质地 X_4	重壤土				0.93	0.88	0.86	0.95	1.06	1.20	0.3779—1.20
	轻壤土				0.00	0.00	0.00	0.00	0.00	0.00	
速效 K X_5	≥15					0.44	0.45	0.47	0.07	0.17	0.2183—0.97
	10~15					0.70	0.76	0.85	0.69	0.69	
	5~10					1.24	1.33	1.13	1.08	0.97	
	<5					0.00	0.00	0.00	0.00	0.00	

（续）

项目	类目	X_1	$X_1 \sim X_2$	$X_1 \sim X_3$	$X_1 \sim X_4$	$X_1 \sim X_5$	$X_1 \sim X_6$	$X_1 \sim X_7$	$X_1 \sim X_8$	$X_1 \sim X_9$	偏相关—范围
速效 N X_6	≥5.0						0.90	0.97	0.98	0.94	0.1792—0.94
	4.0~5.0						0.08	0.01	0.04	0.08	
	<4.0						0.00	0.00	0.00	0.00	
土壤结构 X_7	团粒							0.54	0.60	0.62	0.2165—0.62
	块状							0.00	0.00	0.00	
滩地类型 X_8	洲滩								0.35	0.35	0.1559—0.55
	湖滩								0.04	−0.20	
	河滩								0.00	0.00	
速效 P X_9	≥1.25									−0.54	0.1576—0.54
	0.75~1.25									−0.27	
	<0.75									0.00	
常数项 C_0		13.33	13.29	13.72	13.04	13.04	13.12	12.97	12.63	12.55	
复机关系数 Rym		0.5609	0.7438	0.7675	0.7928	0.8101	0.8161	0.8216	0.8234	0.8269	

从各项目地位指数得分来看，外滩杨树造林，首先要考虑的立地因子是年均淹水时间，其在所有立地项目中得分值最高，对地位指数的贡献最大，起着主导作用，且不同类目间杨树优势木树高生长差异最为显著，这与过去相关的研究结论是一致的。以下按各项目贡献率大小依次为：土壤容重＞排水状况＞土壤质地。土壤养分含量如速效 N、P、K 及未参与评定的有机质、全 N、全 P、全 K 等指标对杨树高生长的影响并不突出，分析其原因，主要是因为湖区外滩土壤均是由冲积母质沉积形成的湖潮土，土层深厚肥沃，矿质养分丰富，在第一次栽植杨树的外滩，土壤肥力指标在很大程度上已失去其参与决策的重要意义，而更多的是体现了不同高程滩地淹水时间差异及其对土壤质地和通气性能、土壤微生物区系活动等的不同影响。

③ 数量化地位指数表的精度检验。精度检验采用剩余标准差及复相关系数显著性检验两种方法进行。剩余标准差采用下式计算：

$$s_y = \sqrt{\frac{\sum_{i=1}^{n}(y_i - \hat{y}_i)^2}{n-m-1}}$$

式中，s_y 为剩余标准差，n 为样本数，m 为项目数，y_i 为样地实测值，$\hat{y}_i$ 为地位指数理论值。利用样地立地因子调查数据和数量化得分表，求算各块样地地位指数理论值，代入上式，求得 $s_y=1.04m<2m$，可见，得分表的评定效果是较好的。

复相关系数是衡量地位指数理论值与一组立地因子之间线性相关程度的一个重要指标，复相关系数越大，说明模型对地位指数理论值的估计效果越好，复相关系数及其显著性检验结果见表8-10。

（4）滩地杨树数量化地位指数得分表的应用。编制滩地杨树数量化地位指数得分表，其目的就是为洞庭湖区垸外滩地杨树造林服务，以改变过去不注重造林地选择及立地质量评价而导致的生产被动局面，为

表 8-10 复相关系数及其显著性检验

项目数	复相关系数	t	$t_{0.01}$
$X_1 \sim X_9$	0.8269	11.10**	2.667
$X_1 \sim X_8$	0.8234	11.05**	2.664
$X_1 \sim X_7$	0.8216	11.07**	2.662
$X_1 \sim X_6$	0.8161	10.94**	2.660
$X_1 \sim X_5$	0.8101	10.79**	2.659
$X_1 \sim X_4$	0.7928	10.24**	2.659
$X_1 \sim X_3$	0.7675	9.50**	2.658
$X_1 \sim X_2$	0.7438	8.90**	2.657
X_1	0.5609	5.46**	2.656

准确判断滩地宜林性以及宜林地段的杨树分类经营提供指导。

① 利用数量化表判断滩地宜林性。滩地不同于其他地类的一个显著特点就是当淹水天数达到一定程度时，造林就不能存活，根据外业样地调查材料，当年均淹水天数为 85.9d 时，造林保存率仅 20% 左右，且林木生长极差，以淹水天数作为主导因子来考虑，在此种地类造林已无意义。

② 利用数量化表开展立地质量评价。以沅江东南湖一样地为例，滩地类型为洲滩，样地年均淹水天数 24.1d（滩地高程 33.33m），排水状况一般，土壤为沙质壤土，块状结构，土壤容重为 1.319g/cm³，速效 N 含量 3.61mg/100g，速效 P 含量 0.96mg/100g，速效 K 含量 13.08mg/100g，通过查地位指数得分表估计该样地地位指数理论值为 17.37m，即预测此类滩地造林标准年龄（6 年生）时林分优势木平均高可达 17.37m，属 18 指数级，这与林分实际生长情况是相符的。

③ 利用数量化表确定杨树经营目标。根据滩地立地因子调查，应用地位指数得分表，可以较为准确地预测当地杨树造林可能达到的生产力水平，参照杨树工业用材的材种规格要求，有利于科学地规划用材林、防护林的经营范围。

8.3.3 滩地杨树立地类型划分及立地质量评价

在划分滩地杨树立地类型时，考虑到实际生产中要求直观、简捷、易于掌握应用的原则，在数量化地位指数得分表编表立地因子的基础上，根据各立地因子对林木生长影响程度的排序，对其偏相关系数及复相关系数进行 t 检验，根据偏相关系数显著性检验结果，选取年均淹水天数、土壤容重、排水状况 3 个因子作为主导因子，对滩地杨树立地类型进行划分。在现有杨树林分中，年均淹水天数 65d 以上的滩地类型林木生长势很差，且保存率不高，已不适宜一般造林，在划分滩地杨树立地类型时，年均淹水天数仅考虑 3 个等级。各因子不同等级之间共有 27 种组合类型，即总共可将滩地划分为 27 种不同立地类型。

利用数量化地位指数得分表对 27 种立地类型立地质量进行数量化评价，结果见表 8-11。

表 8-11 洞庭湖滩地杨树主要立地类型及其质量评价

编号	立地类型			6 年生林分优势高 /m	立地指数
	淹水天数（X_1）/d	土壤容重（X_2）/g/cm³	排水状况（X_3）		
1	<25	<1.30	较好	20.18	20
2	<25	<1.30	一般	19.56	20
3	<25	<1.30	较差	18.97	18
4	<25	1.30~1.40	较好	18.37	18
5	<25	1.30~1.40	一般	17.75	18
6	<25	1.30~1.40	较差	17.16	18
7	<25	≥1.40	较好	17.72	18
8	<25	≥1.40	一般	17.10	18
9	<25	≥1.40	较差	16.51	16
10	25~40	<1.30	较好	18.70	18
11	25~40	<1.30	一般	18.08	18
12	25~40	<1.30	较差	17.49	18
13	25~40	1.30~1.40	较好	16.89	16
14	25~40	1.30~1.40	一般	16.27	16
15	25~40	1.30~1.40	较差	15.68	16
16	25~40	≥1.40	较好	16.24	16
17	25~40	≥1.40	一般	15.62	16
18	25~40	≥1.40	较差	15.03	16
19	40~65	<1.30	较好	18.26	18
20	40~65	<1.30	一般	17.64	18
21	40~65	<1.30	较差	17.05	18
22	40~65	1.30~1.40	较好	16.45	16
23	40~65	1.30~1.40	一般	15.83	16
24	40~65	1.30~1.40	较差	15.24	16
25	40~65	≥1.40	较好	15.80	16
26	40~65	≥1.40	一般	15.18	16
27	40~65	≥1.40	较差	14.59	14

第九章　洞庭湖区滩地多效人工林生态系统构建树种选择

洞庭湖区地属中亚热带大陆性季风湿润气候区，年均降水量 1319.7 毫米，降水集中在 4~8 月，占 70% 左右，蒸发量略大于降雨量，非常适合美洲黑杨、苏柳、枫杨等喜温、喜湿的树种生长。自 20 世纪 70 年代末美洲黑杨在洞庭湖区成功引种栽培以来，由于其具有速生、丰产、适应性广、抗性强、繁殖容易、轮伐期短、用途广等特点，美洲黑杨就成为了洞庭湖区速生丰产林主栽树种，而苏柳、枫杨、重阳木、乌柏等树种是重要的防浪护堤、抑螺防病林树种。因此，这些树种的选择都为洞庭湖滩地多效人工林生态系统的构建发挥重大作用。

9.1　树种选择的原则

树种选择的适当与否是造林成败的最关键因子之一。一方面，每一个树种一般都有一定的自然分布区，在其自然分布区内，气候、土壤等生态因子的最佳组合，常可获取该树种的最大产量，特别是气候因素对一个区域森林植被的分布和森林生产力的高低起决定性作用，而在诸多因素中又尤以水分、热量条件与林木的生长关系最为密切，反映出林分实际和潜在的生产力。另一方面，如果造林树种选择不当，造林后难以成活，浪费种苗、劳力和资金，即使造林成活，人工林长期生长不良，难以成林、成材，造林地的生长潜力难以充分发挥，起不到应有的防护效益和经济效益，所以，选择造林树种必须认真对待，谨慎从事。

根据滩地立地特点和人工林经营目的，造林树种选择应遵循以下原则：

（1）适地适树适无性系（品种）原则。要求造林树种适合滩地特定的土壤、水文等立地环境，具有较强的速生性、耐水湿及抗病虫害能力。

（2）选择适合于培育的大苗（高 4m 以上）造林，最好是选择可进行无根苗扦插造林的树种。且要求具有造林方法操作简便、造林成活率高等特点。

（3）选择主干性好的乔木树种。经一次修枝强度为 1/3 的修枝，其枝下高达 3.5m 以上为宜，以减少树冠阻水面，保证滩地行洪安全。

（4）选择速生、丰产性能好，木材用途广、经济价值高的树种。

（5）选择枝叶凋落物、根系分泌物等对钉螺具有抑制或毒杀作用、综合效益高的树种。

（6）选择多树种、多无性系（品种）配置造林。提倡营造混交林，促进自然生态系统的恢复，增强林分的稳定性。

9.2　滩地多效人工林生态系统构建树种选择

根据季节性淹水滩地立地的特殊性及造林树种选择的主要原则，滩地造林可供选择的树种包括杨树、苏柳、旱柳、池杉、水杉、枫杨、乌柏、重阳木、江南桤木、喜树、桑树等。

9.2.1 杨　树

杨树 *Populus* spp. 是世界中纬度平原地区栽培面积最大、木材产量最高的速生用材树种之一，人们习惯中所称的杨树是杨柳科 Salicaceae 杨属 *Populus* L. 树种的统称，为落叶乔木，树干多端直。具有早期速生、适应性强、分布广、成活率高、易成林及易杂交改良等特征，木材具有重量轻、强度高、弹性好、纤维长度中等且含量较高和易加工等特点，是建筑、纸浆材、纤维板、胶合板、包装、火柴等木材工业重要原料。全世界有天然杨树 100 余种，其中我国 53 种，特有种 35 种。根据其形态、习性、分布的不同，可分为胡杨派、白杨派、青杨派、黑杨派和大叶杨派 5 个派。在世界范围内，经济价值最高、人工栽培面积最大的杨树品系属黑杨派无性系。长江中下游及江淮平原区地处中亚热带北缘，光照充足，雨量充沛，水热同期，非常适合原产美洲南部的黑杨派无性系引种栽培。自 20 世纪 70 年代末，I–69、I–63、I–72 杨 3 个黑杨无性系在洞庭湖平原区引种栽培成功以来，杨树成为湖南省洞庭湖区短周期工业原料林造林主要树种之一。

当前生产中广泛应用的黑杨派南方型无性系如下：

（1）I–63 杨。I–63 杨 *P. deltoides* cv. 'Harvard I–63/51'，美洲黑杨，雄性。是意大利卡萨尔孟菲拉托杨树栽培研究所从美国密西西比三角洲的斯通维尔引进的自然授粉的种子，于 1951 年选育而成，1972 年由吴中伦教授引入我国。

（2）I–69 杨。I–69 杨 *P. deltoides* cv. 'Lux I–69/55'，美洲黑杨，雌性。是意大利卡萨尔孟菲拉托杨树栽培研究所 1952 年从美国伊里诺斯洲的马萨克引入种子的实生苗中选育而成的，1972 年由吴中伦教授引入我国。在湖南汉寿，株行距 5m×6m，6 年生胸径 22.2cm，树高 17.2m，单株材积 0.2817m³。

（3）I–72 杨。I–72 杨 *P. euramericana* cv. 'San Mertina I–72/58'，欧美杨，雌性。是意大利卡萨尔孟菲拉托杨树栽培研究所在都灵的圣·马丁诺采集成年杂交种欧美杨自然授粉的种子，于 1958 年在该研究所选育出来的，1972 年由吴中伦教授引入我国。

（4）中国林业科学研究院黄东森教授等于 1979 年由 I–69×I–63 杨杂交组合的 F1 中选育出的美洲黑杨无性系：

① 中汉 17 杨 *P. deltoides* Bartr. *cl.* 'Zhonghan17'，雄性，树干通直圆满，苗径具棱，色青绿，有少数分叉，叶长 17.8cm，叶宽 19cm，柄长 12.2cm，叶基部腺体呈锥状，顶芽粘，液乳白色，幼梢浅红，幼叶鲜绿。树冠侧枝层次分明，冠匀称。在湖南汉寿，株行距 5m×6m，6 年生树高 19.0m，胸径 23.6cm，材积 0.3524m³，为对照 I–69 杨的 125.2%。木材基本密度 0.348g/cm³，纤维长 1.022mm，宽 2.2μm，长宽比 48.2。

② 中驻 2 号 *P. deltoides* Bartr. *cl.* 'Zhongzhu 2'，雄性，树干通直圆满，侧枝细而多，枝角 50°，在湖南汉寿，株行距 5m×6m，6 年生树高 17.7m，胸径 23.0cm，材积 0.3101m³，木材基本密度 0.3659/cm³，纤维长 1.055mm。

③ 中驻 6 号 *P. deltoides* Bartr. *cl.* 'Zhongzhu 6'，雌性，树干通直圆满，树皮纵裂，侧枝小而多，枝角 50°，层次明显，在湖南汉寿，株行距 5m×6m，6 年生树高 18.5m，胸径 22.7cm，材积 0.3144m³，木材基本密度 0.3848g/cm³。

④ 中驻 8 号 *P. deltoides* Bartr. *cl.* 'Zhongzhu 8'，雄性，树干通直圆满，树皮纵裂较 I–69/55 杨稍浅，侧枝细而多，枝角 45°，呈层性分布，冠形椭圆型，3 月下旬萌动、4 月上旬展叶，10 月上旬封顶，在湖南汉寿，株行距 5m×6m，6 年生树高 16.6m，胸径 20.8cm，材积 0.2395m³，木材基本密度 0.375g/cm³，木材纤维长 1.131mm。

⑤ 中嘉 2 号 *P. deltoides* Bartr. *cl.* 'Zhongjia 2'，雄性，4 月初开花、发芽、展叶，树干通直圆满，树皮介于 I–69/55 杨与 I–63/51 杨之间，枝角小于 I–69/55 杨。木材基本密度 0.3328g/cm³，纤维长 1.05mm，宽 21.4μm，长宽比 49.1。

⑥ 中潜 3 号 *P. deltoides* Bartr. *cl.* 'Zhongqian 3'，雄性，树干通直圆满，树皮纵裂较宽于 I–69/55 杨，发芽、

展叶接近 I–69/55 杨，早于 I–63/51 杨及 I–72/58 杨，10 月上旬封顶，12 月中旬落叶，5 月中下旬到 6 月上旬种子成熟，湖南汉寿，株行距 5m×6m，6 年生树高 18.5m，胸径 25.0cm，材积 0.3807m³。木材基本密度 0.373/cm³，纤维长 1.045mm，宽 20.2μm，长宽比 50.9。

⑦ 中汉 22 杨 *P. deltoides Bartr. cl.*'Zhonghan 22'，在湖南汉寿，株行距 5m×6m，树高 19.0m，胸径 23.3cm，材积 0.3386m³。

⑧ 中汉 578 杨 *P. deltoides Bartr. cl.*'Zhonghan 578'，在湖南汉寿，株行距 5m×6m，6 年生树高 17.8m，胸径 23.2cm，材积 0.3167m³。

⑨ 中汉 592 杨 *P. deltoides Bartr. cl.*'Zhonghan 592'，在湖南汉寿，株行距 5m×6m，6 年生树高 17.2m，胸径 22.3cm，材积 0.2848m³。

（5）NL-80121 杨。NL-80121 杨 *P.* × 'Nanlin 80121'，该无性系是美洲黑杨 I–69/55 与小叶杨杂交的 F1 中选育出来的。雄性，树皮灰色浅裂，树冠卵形，层次结构明显，受光面积大，分枝发达，枝叶稀疏，叶片大。在湖南汉寿，株行距 5m×6m，6 年生树高 18.1m，胸径 22.7cm，材积 0.3078m³。对立地条件要求较高，苗期年生长型属偏早型，速生期处于早中期。主干通直圆满，木材结构比较均匀、紧密，材质优良。

（6）NL-95 杨。NL-95 杨（*P. euramericana* cv.'Nanlin 95'）是南京林业大学于 1981 年由美洲黑杨 I–69 杨与欧美杨 I–45 杨杂交的 F1 中选育出来的无性系。具有美洲黑杨的基本形态，树形高大，干形通直圆满，尖削度小，分枝粗度中等，树皮薄；叶片大，心形；1 年生苗灰青色，基部形状为圆形，中上部微呈五边形，木质化棱线明显。区域化试验树高生长量为对照 I–69 杨的 112.05，胸径为 112.3%，材积为 124.25。

（7）NL-895 杨。NL-895 杨 *P. euramericana* cv.'Nanlin 895'，亲本及选育过程同 NL-95 杨，基本形态似 NL-95 杨。区域化试验树高生长量为对照 I–69 杨的 118.5%，胸径为 122.5%，材积为 153.2%。

（8）湖南省林业科学院与中国林业科学研究院林业研究所合作，选育了 5 个南方型黑杨无性系：

① XL-90 杨 *P. deltoides cl.*'Xianglin 90'，是以美洲黑杨 55/65 号杨为母本、美洲黑杨 W07 为父本人工授粉的实生苗中选育出来的无性系，雄性。具有较强的抗烂皮病、锈病能力，抗风，生根及萌发能力强。在湖南汉寿，株行距 5m×6m，8 年生树高 20.1m，胸径 29.5cm，材积 0.5530m³，为对照中汉 17 杨的 137.7%。

② XL-75 杨 *P. deltoides cl.*'Xianglin 75'，是以美洲黑杨 55/65 号杨为母本、美洲黑杨 W07 为父本人工授粉的实生苗中选育出来的无性系，雄性。较抗烂皮病、锈病，生根及萌发能力强。在湖南汉寿，株行距 5m×6m，8 年生树高 21.7m，胸径 27.7cm，材积 0.5227m³，为对照中汉 17 杨的 130.1%。

③ XL-92 杨 *P. deltoides cl.*'Xianglin 92'，是以美洲黑杨 55/65 号杨为母本、美洲黑杨 W07 为父本人工授粉的实生苗中选育出来的无性系，雄性。抗烂皮病、锈病，生根及萌发能力强。在湖南汉寿，株行距 5m×6m，8 年生树高 20.8m，胸径 27.7cm，材积 0.5009m³，为对照中汉 17 杨的 124.7%。

④ XL-77 杨 *P. deltoides cl.*'Xianglin 77'，是以美洲黑杨 W10 为母本、美洲黑杨 2KEN8 为父本人工授粉的实生苗中选育出来的无性系，雄性。抗烂皮病、锈病，较抗食叶害虫，生根及萌发能力强。芽萌动、发叶时间较 I–69 杨早 5~7 天。在湖南汉寿，株行距 5m×6m，8 年生树高 21.1m，胸径 29.2cm，材积 0.5655m³，为对照中汉 17 杨的 140.8%

⑤ XL-101 杨 *P. deltoides cl.*'Xianglin 101'，是以美洲黑杨 W10 为母本、美洲黑杨 2KEN8 为父本人工授粉的实生苗中选育出来的无性系。皮深纵裂，抗烂皮病、锈病，生根及萌发能力强。在湖南汉寿，株行距 5m×6m，8 年生树高 20.6m，胸径 27.8cm，材积 0.4999m³，为对照中汉 17 杨的 124.4%。

（9）丹红杨。丹红杨 *P. deltoides. cv.* Danhong，是以美洲黑杨 55/65 为母本、美洲黑杨 2KEN8 为父本人工授粉的实生苗中选育出来的无性系。雌株，耐瘠薄，早期速生，干形通直，较抗光肩星天牛，耐桑天牛，较耐水涝；可作纸浆材，胶合板材和锯材，适宜在江淮地区种植。

（10）南杨。南杨 *P. deltoides. cv. Nan*，是以美洲黑杨 55/65 为母本、美洲黑杨 2KEN8 为父本人工授粉的实生苗中选育出来的无性系。雄株，耐瘠薄，早期速生，干形通直，较抗光肩星天牛，耐桑天牛，较耐水涝；可作纸浆材，胶合板材和锯材，适宜在江淮地区种植。

9.2.2　苏　柳

苏柳是江苏省林业科学院于 20 世纪 80 年代通过柳属树种的杂交选育出的多用途杂交柳树种，适合于滩地造林的苏柳无性系有：

（1）苏柳 799。苏柳 799 *Salix × jiangsuensis cl.* 'J799'，简称 J799，是旱柳 × 白柳的杂交无性系，乔木，雌性，主干明显，树干微弯。速生，在湖滩地造林，5 年生平均树高 14.4m，胸径 14.8cm，单株材积 0.1029m³，蓄积 170m³/hm²（2m×3m 株行距），5 年生平均纤维长 1.0874mm，长宽比 47.2，纤维素含量 48.6%，木材基本密度 0.428g/cm³。适合于长江流域及华北平原的江滩、湖滩地造林，是纸浆用优良无性系。

（2）苏柳 903。苏柳 903 *Salix × jiangsuensis cl.* 'J903'，简称 J903，是从（旱柳 × 钻天杨）× 旱柳的远缘杂交无性系 J466 的自由授粉后代中选出的优良无性系，乔木，雄性。树冠开阔，分枝较粗，树干占全树总重的 52.7%（J799 树干占全树总重的 74.0%）。5 年生平均纤维长 0.9574mm，长宽比 45.4，纤维素含量 51.6%，木材基本密度 0.49g/cm³，是河流两岸冲积地纸浆林优良无性系，适合于长江流域和黄河一带造林。

（3）苏柳 795。苏柳 795 *Salix × jiangsuensis cl.* 'J795'，简称 J795，是旱柳 × 白柳的杂交无性系，乔木，雄性。突出的优点是树干通直圆满，分枝角度小，较细，树冠小。J795 的生长量较 J903、J799 小。但树干通直、弯曲度和尖削度小、形率高，其矿柱材合格率高达 95.6%，而 J903 无性系仅为 33.3%。木材基本密度 0.48g/cm³，有较高的力学强度，平均冲击韧性 1.117kg·f·m/cm²，抗弯强度 855 kg·f/cm²，顺纹抗压强度 382kg·f/cm²，是矿柱用材林的优良无性系，适合于长江流域和黄淮地区造林。

（4）苏柳 172。苏柳 172 *Salix × jiangsuensis cl.* 'J172'，简称 J172，其母本是垂柳 × 白柳的杂种无性系，父本是黎城旱柳，雌性，乔木。生长量较 J799、J795 为低，可作纸浆、纤维等工业用材。适应性较强，较耐寒，可耐 −34℃的极端低温，适合于东北、西北南部及华北、黄淮平原和长江中下游平原地区造林。

9.2.3　旱　柳

旱柳 *Sadix matsudana*，柳属，落叶乔木，分布于东北、华北、西北至长江流域。喜光，耐干旱寒冷，也耐湿热，在地下水位高的地区生长良好；能耐一定时间的水淹，并可于淹水树干部位生长多数不定根，扦插生根容易。木材白色，轻软，为一般建筑、家具等用材；纤维长，为造纸、人造棉等优良原料；枝、干烧炭，为火药原料之一。也是早春蜜源树种和固堤绿化树种。

9.2.4　枫　杨

枫杨 *Pterocarya stenoptera*，枫杨属，落叶乔木，产于山东、河南、陕西、山西以南，南迄华南，生于海拔 1500m 以下。深根性，主根明显，侧根发达。喜光，不耐庇荫。喜温暖湿润气候，耐水湿，在山谷、河滩、溪边低湿地生长最好。幼苗生长较慢，3~4 年生后加快。用种子繁殖。在空旷湿润河滩上天然更新良好。萌芽力强，萌蘖更新好。白露前后采种。坚果千粒重 80~100g，发芽率 80%~90%。木材灰褐至褐色，无气味，轻软，不耐腐朽；供家具、农具、茶叶箱、火柴杆等用。树皮含纤维，质坚韧，供制绳索、麻袋，也可作造纸、人造棉原料。茎皮及树叶可煎水或制成粉剂，可灭钉螺，可作杀虫剂。种子可榨油供工业用。为黄河、长江流域以南各地平原造林、固堤护岸及行道树优良速生用材树种。

9.2.5 乌 柏

乌柏 *Sapium sebiferum*，大戟科乌柏属，乔木，具乳液。叶菱形、菱状卵形，稀菱状倒卵形。蒴果梨状球形或近扁球形，熟时黑色。种子3，扁球形，黑色，径6~7mm，外被白色蜡质层。花期4~7月；果期10~11月。产于秦岭、淮河以南海拔1000m以下，东至台湾，南至海南、西南至云、贵、川均有栽培。适应性较强，喜光，耐水湿及短期积水。对氟化氢危害有较强抗性。宜在石灰岩及紫色土丘陵山区、平原造林，也可在田边、水边、村旁、河滩、渠道、滨海地带种植。乌柏是我国南方重要工业油料树种，已有1000余年栽培历史。树叶及茎皮含鞣质。叶有毒，可杀虫及饲养柏蚕。秋叶鲜红、紫红或黄色，可供观赏。亦可作蜜源树及护堤树。

9.2.6 重阳木

重阳木 *Bischofia polycarpa*，大戟科重阳木属，落叶乔木，植株无乳液。产于秦岭、淮河流域以南，至华南北部，为长江中下游平原常见树种，也偶见于江、湖季节性淹水滩地上。常栽培为行道树，农村四旁习见。用种子繁殖。喜肥沃湿润土壤。木材可供建筑、造船、车辆、家具等用。果肉可酿酒。种子含油30%，可作工业用油。

9.2.7 池 杉

池杉 *Taxodiun ascendens*，杉科落羽杉属，落叶乔木。大枝向上伸展，树冠较窄，尖塔形。原产北美东南部沼泽地区。在低湿地造林生长良好，短期淹水亦能适应。水边种植易生膝状呼吸根，形成特异的景观。喜光，不耐庇荫，抗风性较强。木材文理直，结构略粗，硬度适中，耐腐力较强，不易翘裂，韧性较强；供建筑、枕木、电杆、桥梁、船舶、车辆、家具等用。为长江中下游湖泊地区的河流两岸、湖泊、水库周围、水渠、道路两旁重要造林绿化树种，既可生产木材，又可保持水土，美化环境。

9.3 滩地造林美洲黑杨抗逆性新品种选育

9.3.1 美洲黑杨无性系生态适应性、基因型稳定性研究

对各无性系开展丰产性与稳定性研究，是确定不同基因型的生态适应范围与推广应用价值的重要前提。采用多点联合方差分析的方法，对湖南汉寿、君山3试点7年生34个美洲黑杨无性系胸径、树高、材积性状无性系主效应、地点效应及无性系与地点交互效应进行了分析，结果表明：各性状无性系间、地点间及地点内区组间均存在极显著差异，胸径、树高性状无性系与地点交互效应显著。

采用Eberhart-Russell联合回归法、Wricke生态价法、Nassar-Huhu非参数法对各无性系生长性状的遗传稳定性进行了评价。本文以材积这一综合性状对34个美洲黑杨无性系丰产性与稳定性进行综合评价，各无性系单株材积平均值 $\overline{X}_i$、无性系效应值 V_i 及稳定性参数 b_i、S_{di}^2、CV_i、W_i、$S_i^{(1)}$、$S_i^{(2)}$ 见表9-1。

表9-1 34个无性系材积生长的遗传稳定性分析

无性系	丰产性参数		稳定性参数						适应立地	综合评价
	$\overline{X}_i$	V_i	S_{di}^2	CV_i	b_i	W_i	$S_i^{(1)}$	$S_i^{(2)}$		
XL-90	0.4704	0.1502	0.000	1.68	1.1680	0.0001	0.6667	0.3333	E_1~E_3	很好
XL-77	0.4478	0.1275	0.001	6.18	0.3105	0.0015	2.6667	4.3333	E_1~E_3	很好

（续）

无性系	丰产性参数		稳定性参数						适应立地	综合评价
	$\overline{X_i}$	V_i	S_{di}^2	CV_i	b_i	W_i	$S_i^{(1)}$	$S_i^{(2)}$		
XL–101	0.4347	0.1144	0.001	7.17	1.6592	0.0019	2.6667	4.0000	$E_1 \sim E_3$	很好
中潜 –3	0.4257	0.1055	0.000	3.42	0.6846	0.0004	2.0000	2.3333	$E_1 \sim E_3$	好
XL–75	0.4253	0.1051	0.001	7.10	0.2724	0.0018	2.6667	4.0000	E_2	较好
XL–92	0.4094	0.0892	0.001	5.59	0.4614	0.0010	2.6667	4.3333	$E_1 \sim E_3$	好
南林 –85 366	0.3923	0.0720	0.000	3.17	1.0224	0.0003	0.6667	0.3333	$E_1 \sim E_3$	好
XL–58	0.3841	0.0639	0.001	9.56	1.4778	0.0027	4.0000	10.3333	E_3	一般
中汉 –578	0.3611	0.0409	0.004	16.67	2.4059	0.0072	8.6667	44.3333	E_3	一般
中驻 –2	0.3577	0.0375	0.001	6.41	0.6272	0.0011	3.3333	7.0000	$E_1 \sim E_3$	较好
中汉 –17	0.3506	0.0304	0.001	7.81	1.5040	0.0015	3.3333	7.0000	$E_1 \sim E_3$	较好
中汉 –22	0.3482	0.0280	0.001	7.90	1.6545	0.0015	2.6667	4.0000	E_1, E_3	一般
中驻 –6	0.3257	0.0054	0.003	15.99	2.3009	0.0054	10.0000	60.3333	E_3	一般
XL–74	0.3234	0.0032	0.000	5.76	1.0705	0.0007	4.0000	9.3333	$E_1 \sim E_3$	较好
中驻 –7	0.3205	0.0002	0.001	10.04	1.7552	0.0021	4.0000	9.3333	E_3	较差
I–69	0.3182	–0.0020	0.000	6.09	1.4741	0.0008	2.0000	3.0000	$E_1 \sim E_3$	较好
中驻 –5	0.2972	–0.0230	0.002	15.25	–0.0381	0.0041	12.6667	92.3333	E_2	较差
中汉 –592	0.2950	–0.0253	0.002	13.25	0.0667	0.0031	10.0000	56.3333	E_2	较差
中驻 –1	0.2914	–0.0288	0.000	1.87	1.0972	0.0001	2.0000	3.0000	$E_1 \sim E_3$	一般
Y–706	0.2875	–0.0327	0.000	3.79	1.2600	0.0002	4.0000	9.3333	$E_1 \sim E_3$	一般
450	0.2815	–0.0388	0.001	11.51	0.5397	0.0021	10.6667	65.3333	E_2	较差
中驻 –3	0.2802	–0.0401	0.001	10.66	0.2800	0.0018	6.6667	25.3333	E_2	较差
中嘉 –5	0.2780	–0.0423	0.002	16.88	2.0251	0.0044	10.6667	69.3333	E_3	较差
XL–50	0.2758	–0.0444	0.000	6.42	1.3171	0.0006	5.3333	21.3333	$E_1 \sim E_3$	一般
南抗 –3	0.2707	–0.0495	0.002	15.76	0.0887	0.0036	8.0000	39.0000	E_2	较差
中驻 –4	0.2669	–0.0534	0.001	10.25	0.6991	0.0015	8.6667	49.0000	$E_1 \sim E_3$	一般
浙 13	0.2635	–0.0567	0.000	3.11	1.2022	0.0001	4.6667	14.3333	$E_1 \sim E_3$	一般
中驻 –8	0.2609	–0.0594	0.000	4.89	0.7104	0.0003	1.3333	1.3333	$E_1 \sim E_3$	一般
55/65	0.2595	–0.0607	0.000	7.30	1.1232	0.0007	7.3333	30.3333	$E_1 \sim E_3$	一般
A65/27	0.2580	–0.0623	0.000	3.19	1.1425	0.0001	3.3333	7.0000	$E_1 \sim E_3$	一般
XL–71	0.2521	–0.0681	0.000	7.13	0.5921	0.0006	2.0000	3.0000	$E_1 \sim E_3$	一般
中驻 –9	0.2421	–0.0781	0.002	16.49	0.0281	0.0032	6.6667	28.0000	E_2	不好
南林 –80 309	0.2209	–0.0993	0.002	19.57	1.5775	0.0037	6.6667	28.0000	E_1	不好
XL–70	0.2118	–0.1085	0.002	18.57	0.4398	0.0031	1.3333	1.0000	E_1	不好
平均值	0.3202	0.0000	0.0010	9.0119	1.0000	0.0019	4.9412	21.1078		

根据 Eberhart-Russell 模型 b_i 值及无性系 × 地点交互效应值对 34 个无性系的适应性进行划分，其中 XL-90、NL-85 366、中驻 1、55/65、A65/27 为广泛生境型，在不同试点立地条件下均能较充分地发挥自身遗传潜力；XL-50、XL-58、XL-74、XL-101、中汉 17、中汉 22、中汉 578、中驻 6、中驻 7、中嘉 5、NL-80 309、Y706、浙 13、I-69 为优良生境型，在立地条件相对较好时更能充分发挥其遗传潜力；XL-70、XL-71、XL-75、XL-77、XL-92、中潜 3、中汉 592、中驻 2、中驻 3、中驻 4、中驻 5、中驻 8、中驻 9、450、南抗 3 为不良生境型，在立地条件相对较差、参试无性系总体表现欠佳的环境下其速生特点表现得更为突出。

以各无性系材积性状无性系主效应值 V_i 为横坐标，以非参数稳定性统计量为纵坐标，作描述各无性系丰产稳定性能的二维散点图（图 9-1）。

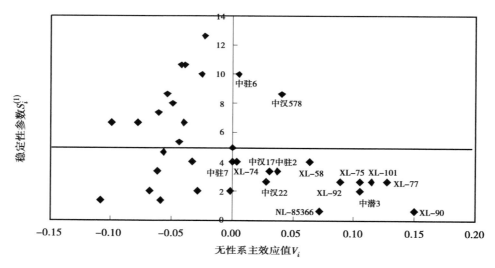

图 9-1 丰产性与稳定性评价

将无性系主效应值 $V_i > 0$ 的无性系定义为高产无性系，将 $S_i^{(1)} < 4.9412$ 的无性系定义为稳产无性系，最终将 34 个无性系划分为高产稳定型、高产不稳定型、低产稳定型、低产不稳定型四大类。以中汉 17 为参照，入选高产稳定型的无性系 9 个：XL-90、XL-77、XL-101、XL-75、XL-92、中潜 3、NL-85 366、XL-58、中驻 2，其中 XL 系列 5 个无性系为首次选育出的美洲黑杨杂交新无性系。

9.3.2 美洲黑杨无性系生长、材性及抗病性状综合选择

以湖南汉寿点 6 年生试验林为例，对生长、材性性状按小区均值进行方差分析（见表 9-2），结果表明：树高、胸径、材积、纤维宽度、长宽比、木材基本密度在无性系间存在显著差异，纤维长度、纤维含量差异不明显；前述 6 性状的重复力分别为 0.9053、0.8425、0.8968、0.6851、0.5776 和 0.6109，遗传变异系数分别为 7.15%、4.04%、16.06%、4.58%、4.88% 和 2.95%，表明生长性状受高度遗传控制，纤维宽度、长宽比、木材基本密度受中等至强度遗传控制，其中以生长性状遗传改良的潜力最大。

生长性状间表现出较高的正相关，但其与材性性状相关不显著；材性性状间纤维长度、纤维宽度分别与纤维长宽比呈显著正相关和负相关，纤维含量与木材密度呈显著负相关，其他性状间相关均不显著；生长性状与材性性状的改良具有相对独立性。按单株纤维产量 = 材积 × 出材率 × 树干平均密度 × 纤维含量，计算各无性系平均单株纤维产量。其中，各无性系出材率均按 70% 计算，树干平均密度均以胸高处木材基本密度代替。

表9-2　生长、材性性状方差分析及遗传参数

	性状	胸径/cm	树高/m	材积/m³	纤维长度/mm	纤维宽度/μm	长宽比	木材密度/g/cm³	纤维含量/%
	均值	23.27	18.12	0.3262	1.0053	21.351	47.23	0.3164	49.97
方差分量	环境型 δ^2e	0.2895	0.0999***	0.0003*	0.00065	4.4E-07	3.8853	5.54E-05	5.0791
	基因型 δ^2g	2.7665***	0.5346***	0.0027***	5.85E-05	9.58E-07**	5.3132*	8.7E-05**	0.2642
	表现型 δ^2p	3.0560***	0.6345***	0.0031***	0.00071	1.4E-06**	9.1986*	0.0001**	5.3433
遗传参数	重复力 h^2	0.9053	0.8425	0.8968	0.0825	0.6851	0.5776	0.6109	0.0495
	表型变异系数 PCV	7.51	4.40	16.96	2.68	5.54	6.42	3.77	4.63
	遗传变异系数 GCV	7.15	4.04	16.06	0.77	4.58	4.88	2.95	1.03

注：***0.1%水平上存在显著差异，**1%水平上存在显著差异，*5%水平上存在显著差异。

对原始数据进行标准化转换，建立单株纤维产量（Y）与材积（X_1）、木材密度（X_2）、纤维含量（X_3）、纤维长度（X_4）、纤维长宽比（X_5）的关系模型：

$$Y=-0.000000111+1.00243X_1+0.21997X_2+0.11551X_3+0.00952X_4-0.00275X_5$$

对回归系数进行显著性检验，纤维长度（X_4）、纤维长宽比（X_5）与单株纤维产量（Y）相关不显著，故可将上式简化为：

$$Y=-0.000011+1.001487X_1+0.22223X_2+0.115649X_3$$

根据上述回归方程计算各自变量的贡献率，材积、木材密度、纤维含量对单株纤维产量的贡献率分别为74.77%、16.59%和8.64%，说明在杨树纸浆材优良无性系选育过程中，首先应充分利用生长性状改良的潜力，材性改良应以生长性状的改良为前提。

本研究选用单株材积、木材基本密度、纤维含量、抗病指数4个指标，采用灰色关联度分析的方法，对18个无性系进行综合评价。加权关联度分析中，综合考虑材积、木材密度、纤维含量、抗病性4性状的遗传变异幅度、改良潜力及其在生产应用中的重要程度，分别为其关联系数赋予不同的权重（0.6、0.2、0.1、0.1），并求算加权关联度。

参试无性系与参考无性系各性状关联系数、关联度计算结果及其排序见表9-3。

表9-3　参试无性系与参考无性系各性状关联系数及关联度分析

无性系	材积/m³	木材密度/g/cm³	纤维含量/%	抗病性	等权关联度	排序	加权关联度	排序
XL-90	1.0000	0.8175	0.9193	1.0000	0.9342	1	0.9554	1
XL-77	0.8511	0.8658	0.9224	1.0000	0.9098	2	0.8760	2
XL-101	0.7372	0.8317	0.9183	1.0000	0.8718	4	0.8005	3
XL-75	0.7158	0.8768	0.9156	1.0000	0.8770	3	0.7964	4
XL-92	0.7091	0.8848	0.8919	1.0000	0.8715	5	0.7916	5
中汉17	0.6872	1.0000	0.8936	0.3333	0.7285	9	0.7350	6
XL-74	0.6080	0.8370	0.8984	1.0000	0.8358	6	0.7220	7
中汉22	0.6581	0.9192	0.9106	0.3333	0.7053	16	0.7031	8

（续）

无性系	材积 /m³	木材密度 /g/cm³	纤维含量 /%	抗病性	等权关联度	排序	加权关联度	排序
NL–85 366	0.6531	0.8104	0.8575	0.5758	0.7242	11	0.6973	9
NL–80 121	0.6011	0.9096	0.8793	0.5135	0.7259	10	0.6819	10
S3239	0.6086	0.8673	0.8856	0.5135	0.7188	13	0.6785	11
中驻 6	0.6125	0.8483	0.9572	0.4222	0.7101	15	0.6751	12
50	0.4897	0.9182	0.9221	1.0000	0.8325	7	0.6697	13
中驻 2	0.6049	0.7704	1.0000	0.5135	0.7222	12	0.6684	14
S3312	0.5776	0.8220	0.9536	0.4872	0.7101	14	0.6550	15
2KEN8	0.5011	0.7891	0.9536	1.0000	0.8109	8	0.6538	16
中驻 7	0.5687	0.8867	0.8872	0.4222	0.6912	17	0.6495	17
I–69	0.5595	0.9044	0.9073	0.3455	0.6792	18	0.6419	18

利用灰色关联度分析法评选出 XL–90、XL–77、XL–101、XL–75、XL–92 共 5 个以生长速度为主、兼顾材性与抗病性状的美洲黑杨杂交新无性系。其中 XL–90、XL–77 生长表现及综合性状尤为突出。从表 9–4 可以看出，与 I–69 比较，其 6 年生单株材积生长量分别提高 60.71% 和 46.45%，平均单株木材纤维产量分别提高 51.43% 和 44.13%；与中汉 17 比较，单株材积生长量分别提高 17.14%~28.57% 之间；平均单株木材纤维产量分别提高 15.86% 和 10.27%，增产效果十分显著。

同时，与中汉 17 等杨树无性系比较，XL 系列杂交新无性系具有较强的扦插生根能力，对杨树烂皮病、叶锈病、风弯等具有非常明显的抗性。

表 9–4   5 个杂交新无性系增益水平

无性系	与中汉 17 比较 /%				与 I–69 比较 /%			
	胸径	树高	材积	纤维产量	胸径	树高	材积	纤维产量
XL–90	115.61	95.39	128.57	115.86	123.07	106.85	160.71	151.43
XL–77	110.03	96.31	117.14	110.27	117.13	107.88	146.45	144.13
XL–101	106.35	93.28	105.98	97.92	113.22	104.50	132.68	127.98
XL–75	102.46	98.99	103.52	97.25	109.08	110.89	129.60	127.10
XL–92	103.17	96.57	102.73	96.27	109.83	108.18	128.61	125.83

9.3.3 美洲黑杨新无性系生根性状的遗传分析

（1）不同无性系最早生根时间的差异。美洲黑杨无性系前期生根主要是由根原基长出，不同无性系间最早生根时间存在明显差异，对美洲黑杨扦插育苗早期成活及生长影响最大的因素是皮部根原基生根能力。

（2）水培不同时期各无性系生根数量、生根长度变异分析。各无性系不同水培时期生根数量、生根长度方差分析与遗传参数估算结果见表 9–5、表 9–6。

表 9-5　各无性系不同水培时期生根数量方差分析与遗传参数估算

观测时间 /d	变异来源	自由度	离差平方和	均方	均方比 F	广义遗传力（H^2）
20	无性系间	11	34.6	3.1455	3.06**	0.6732
35	无性系间	11	357.25	32.4773	2.915**	0.6570
50	无性系间	11	500.05	45.4591	3.424**	0.6911

注：* 差异达 0.05 显著水平；** 差异达 0.01 极显著水平。

表 9-6　各无性系不同水培时期生根长度方差分析与遗传参数估算

调查时间 /d	变差来源	自由度	离差平方和	均方	均方比 F	广义遗传力（H^2）
20	无性系间	11	1496.45	136.0409	2.614*	0.6175
35	无性系间	11	51 764.43	4705.858	3.785**	0.7358
50	无性系间	11	50 641.41	4603.765	4.67**	0.7859

注：* 差异达显著水平；** 差异达极显著水平。

不同观测时期各无性系之间在主根数量、生根长度上均存在极显著差异，无性系内穗条间无显著差异。3 个观测时期生根数量性状广义遗传力分别为 0.6732、0.6570、0.6911，生根长度性状广义遗传力分别为 0.6175、0.7358、0.7859，这是生根数量性状受中等或较强程度遗传控制的结果。XL-90、XL-101、XL-75、XL-77 生根数量性状与长度性状均明显优于其他无性系。

（3）不同处理下无性系诱导根数量、长度变异分析。不同无性系在不同 ABT 浓度预处理后，诱导根数量、长度均存在显著差异。经 SSR 检验，当 ABT 浓度为 50μg/g 时，12 个无性系诱导根数量最多、长度最大，相比较而言新无性系诱导根生长能力较为突出。

9.3.4　淹水胁迫对美洲黑杨无性系保护酶系统的影响

淹水胁迫是滩地植物最常见的逆境胁迫因子之一，植物对淹水胁迫的响应包含着极其复杂的生理生化变化，并形成了受遗传性制约的内部适应机制。活性氧和丙二醛（MDA）的产生与积累是目前已知的水分胁迫对植物伤害的主要生理响应特征，湿涝缺氧逆境能诱导植物体产生过量的活性氧自由基，破坏和降低活性氧清除剂，引发膜脂过氧化作用。丙二醛（MDA）是膜脂过氧化产物，它可与细胞膜上的蛋白质、酶等结合、交联使之失活，从而破坏生物膜的结构与功能，影响细胞的物质代谢。

涝渍胁迫下，植物通过内部生理代谢的变化适应淹水胁迫，耐涝植物通过自身抗氧化酶活性的增加，有效清除活性氧自由基，减轻其对细胞膜的伤害。SOD、POD 和 CAT 是植物体内参与活性氧代谢的主要酶，SOD 催化 O_2^- 歧化生成 H_2O_2，POD 和 CAT 则催化 H_2O_2 分解，有效降低了活性氧生成·OH 的量，它们的活性变化在一定程度上反映了植物体内活性氧的代谢情况。无氧呼吸是植物根系在短期淹水环境中主要的呼吸途径和短期产能方式。乙醇脱氢酶 ADH 能使无氧呼吸产物乙醇脱氢分解，减轻乙醇过量积累对苗木造成的伤害。

以美洲黑杨无性系 XL-75、XL-77、XL-90、I-69 及耐涝性极强的苏柳 J172 为对象，通过人工模拟淹水胁迫试验，开展了其过氧化物 MDA 及保护酶活性对淹水胁迫的响应研究。

（1）叶片 MDA 含量、SOD、POD、CAT 活性及根系 ADH 活性变化。MDA 含量变化规律：I-69 杨在淹水胁迫 15d、30d 时 MDA 含量较对照明显上升，XL-75、XL-77、XL-90、J-172 则表现为淹水胁迫 15d、30d 时与对照比较呈下降趋势，至淹水胁迫 45d 时又略有回升的趋势，表明淹水胁迫对不同材料体内活性氧的产生与清除的动态平衡形成了破坏，且影响程度有所差别，这与王义强等对银杏的研究结论一致。

SOD 活性变化规律：不同淹水处理、不同试验材料间 SOD 活性均存在极显著差异。淹水胁迫 15d 时，5 个参试材料 SOD 活性较对照均明显下降。但在三种淹水处理之间，随着淹水胁迫程度加深，SOD 活性又表现为依次上升的趋势（图 9-2）。不同处理下以耐涝性极强的苏柳 J-172 的 SOD 活性最高，表明 SOD 活性高低可以作为评判不同材料耐涝性强弱的重要依据，这与潘向艳等对鹅掌楸，叶勇等对木榄、秋茄的研究结果一致。

POD 活性变化规律：不同试验材料间、不同处理间 POD 活性均存在显著差异。POD 活性变化则表现为：淹水处理 15d 时，I-69、XL-75、XL-77、XL-90、J-172 较对照分别上升了 87.92%、257.37%、149.18%、35.65% 和 39.01%。随着淹水胁迫程度加深，参试各无性系 POD 活性出现依次下降的趋势（图 9-3）。SOD、POD 二者在抗氧化作用上表现出明显的补偿机制。

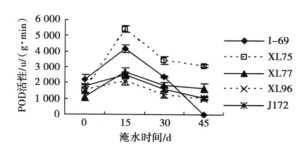

图 9-2　不同处理各无性系 POD 活性

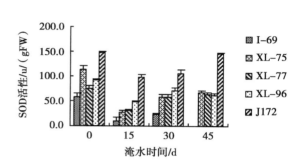

图 9-3　不同处理各无性系 SOD 活性

CAT 活性变化规律：在不同处理及不同试验材料间无明显规律性，其中，I-69、XL-75、XL-90 表现为受淹水胁迫各个时期 CAT 活性均较对照略有下降。而 XL-77、J-172 则表现为淹水初期小幅上升，至淹水处理 30d 或 45d 时，又略有降低。淹水处理 45d 时各无性系 CAT 活性均较对照低（图 9-4）。

ADH 活性变化规律：淹水胁迫 15~30d 时，美洲黑杨、苏柳各无性系 ADH 活性较对照均显著提高；淹水 45d 时，I-69 较对照下降 56.9%，XL-75、XL-77、XL-90、J-172 分别较对照提高 970.4%、279.1%、555.2% 和 461.5%（图 9-5）。XL-75、XL-77、XL-90 及苏柳 J-172 在淹水 30d 时已形成数量不等的不定根，I-69 在淹水 45d 时仍未出现不定根，且叶片完全枯黄脱落。可见，美洲黑杨无性系对淹涝逆境的适应性有所差异，耐涝性强的无性系在一定时期内始终能够维持较高的 ADH 活性。

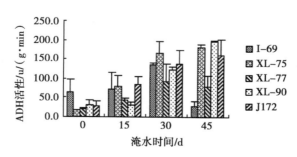

图 9-4　不同处理各无性系 ADH 活性

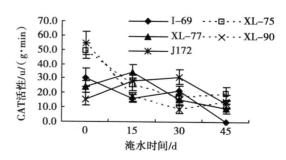

图 9-5　不同处理各无性系 CAT 活性

（2）各生理生化指标与总生物量的关系。植物的耐涝性是一个较为复杂的性状，干物质重量及积累速率是植物受淹涝环境影响的综合反应，是一种直接评价植物耐涝性强弱的最简便而有效的方法。以各无性系在三种淹水胁迫处理下总生物量与不淹水对照相对值为因变量，与上述三种淹水处理下生理生化指标与对照的相对值进行相关分析，结果见表9-7。

表9-7　各生理生化指标与总生物量的关系

总生物量	总生物量 1.0000	SOD	POD	MDA	CAT	ADH
SOD	0.6404**	1.0000				
POD	−0.3382	−0.3407	1.0000			
MDA	−0.1041	0.0336	0.1718	1.0000		
CAT	0.7181**	0.3386	0.0095	0.1325	1.0000	
ADH	−0.1332	−0.0507	0.3367	−0.2286	−0.2156	1.0000

注：** 极显著相关（$P<0.01$），* 显著相关（$P<0.05$）。

分析表明，不同处理下总生物量相对值与SOD、CAT相对值呈极显著正相关（$P<0.01$），与POD、MDA、ADH相对值呈弱度负相关。对上述生理生化指标不同变异来源的方差分量、遗传力、表型与遗传变异系数等遗传参数计算结果见表9-8。

表9-8　生理生化指标方差分析及遗传参数

性状	SOD	POD	MDA	CAT	ADH
F 值	4.43*	6.42**	1.07	4.26*	4.87*
h^2	0.7743	0.8441	0.0654	0.7651	0.7947
PCV/%	27.12	41.72	20.66	50.65	56.27
GCV/%	23.86	38.33	5.28	44.31	50.16

注：F 值为无性系间均方比，** 表示极显著差异（$P<0.01$），* 表示显著差异（$P<0.05$），h^2 为各性状广义遗传力，PCV 为表型变异系数，GCV 为遗传变异系数。

从表9-8可知，5个生理生化指标中，SOD、POD、CAT、ADH的广义遗传力在0.7651~0.8441之间，即上述4项指标均受中等至强度遗传控制。结合总生物量与各生理指标的相关分析，SOD、CAT受遗传控制程度高，且与直观反映耐涝性强弱的总生物量极显著相关，因此可将其作为美洲黑杨不同无性系间耐涝性评价的指标。

9.3.5　淹水胁迫下美洲黑杨新无性系苗期光合特性

以美洲黑杨I-69、XL-75、XL-77、XL-90及苏柳J172为研究对象，采用盆栽育苗并实行人工淹水胁迫处理，利用LI-6400测定不同淹水胁迫条件下各无性系光合特征，分析各光合生理指标的变化规律、相互关系及其与环境因子的关系。

（1）Pn、Tr、Cond、Ci等生理指标对淹水胁迫的响应。淹水胁迫下美洲黑杨XL-75、XL-77、XL-90、I-69及苏柳J172的Pn、Cond日变化与不淹水对照一致，均为典型的双峰型曲线，但出现第一个峰值和谷值的时间较对照明显提前。Pn、Tr、Cond、Ci日均值均表现为先随淹水胁迫快速下降，至30d或45d时略有回升的趋势，但4个美洲黑杨无性系下降幅度远远大于苏柳J172，表明不同植物材料耐涝性的强弱可以通过分析淹水胁迫下光合生理指标的反应进行评定。Ci在淹水胁迫时下降幅度明显不及Pn，表明淹水胁迫下 Pn 降低是气孔限制与非气孔限制因素共同作用的结果。

（2）Pn、Tr、Cond 在不同材料、不同处理间变化规律。Pn、Tr、Cond 在美洲黑杨不同无性系之间、淹水与对照之间均存在显著差异。4 个杨树无性系中，I-69 杨各指标下降幅度最大，XL-75、XL-77、XL-90 这 3 个新无性系之间差异不明显。可见，利用胁迫条件下 Pn、Tr、Cond 生理指标的变化对美洲黑杨无性系耐涝性进行进一步选择，在理论上具有一定的潜力与可行性。

（3）Pn 与其他光合参数及环境因子之间的关系。不同处理、不同无性系 P_n 与环境因子及其他生理参数相关系数见表 9-9。

表 9-9　不同处理、不同无性系 P_n 与环境因子及其他生理参数相关系数

无性系及处理		Cond	Ci	T_r	WUE	Vpdl	T_{air}	CO_2-S	H_2O-S	RH-S	PARi
处理	0d	0.77**	0.27*	0.68**	0.33**	-0.14	0.27*	-0.43**	0.57**	0.23	0.46**
	15d	0.88**	-0.54**	0.56**	0.81**	-0.57**	-0.47**	-0.01	-0.1	0.59**	-0.40*
	30d	0.81**	-0.47**	0.78**	0.72**	-0.30*	-0.12	0.11	0.26	0.31*	-0.04
	45d	0.86**	-0.38**	0.86**	0.63**	-0.26	-0.06	0.04	0.38**	0.30*	0.02
无性系	I-69	0.90**	0.07	0.91**	0.11	-0.44**	0.15	-0.76**	0.72**	0.49**	0.22
	XL-75	0.84**	0.01	0.83**	0.35*	-0.49**	-0.21	-0.33*	0.40**	0.57**	-0.22
	XL-77	0.92**	0.01	0.89**	0.35*	-0.48**	-0.03	-0.72**	0.66**	0.57**	0.02
	XL-90	0.93**	0.2	0.87**	0.2	-0.52**	-0.09	-0.51**	0.66**	0.62**	-0.01
	J172	0.91**	-0.59**	0.78**	0.79**	0	0.43**	-0.68**	0.72**	0.15	0.55**

注：* 显著相关（$P<0.05$），** 极显著相关（$P<0.01$）。

四种处理下 Cond、WUE、Tr、RH-S 均与 Pn 呈极显著或显著正相关，一方面表明了气孔因素在植物光合代谢中的重要作用，其次也反映了 4 个美洲黑杨无性系均具有较强的耐淹涝能力，在特定胁迫条件下其光合生理代谢途径并未遭到破坏性逆转。PARi 在不淹水对照时与 Pn 呈极显著正相关，但在淹水胁迫初期与 P_n 呈显著负相关，表现出明显的光抑制效应，但在淹水 30d 以上时相关不显著。Ci 在不淹水时与 P_n 呈显著正相关，但在淹水胁迫时与 P_n 呈极显著负相关，表明淹水胁迫下引起 P_n 下降既有因气孔导度降低而引起的光合代谢所需物质进出通道受阻的因素，还有植物叶片本身光合系统活性降低、碳同化速率下降或植物体内代谢产物运输途径受阻等非气孔因素共同作用的结果。

对不同材料 P_n 与其他生理指标及环境因子相关分析结果来看，J172 在淹水胁迫下光合生理代谢受影响程度最小，其光合系统活性及对光、热、水等环境条件的利用明显强于 4 个美洲黑杨无性系。4 个杨树无性系中，P_n 与各环境因子及其他生理参数的相关性分析结果表现出较高的一致性，说明美洲黑杨无性系间在水湿环境下反映出较为稳定的耐淹涝遗传特征。

9.3.6 美洲黑杨杂交新无性系 ISSR 分子标记

以 15 个美洲黑杨及欧美杨无性系为研究对象开展了 ISSR 分子标记研究。

（1）美洲黑杨 ISSR-PCR 分子反应体系的建立。经过单因素对比实验，建立了适合于黑杨派无性系的 ISSR-PCR 分子反应体系，即在 25μl 反应体系中，加入引物 1.0μmol/L，模板 30ng，Taq 酶 1.5U，dNTP 0.25mmol/L，Mg^{2+} 2.0mmol/L。反应程序为 94℃加热 3min，使模板 DNA 变性，然后进入下列温度循环：94℃变性 45s、56℃退火 30s、72℃延伸 1min，共计 35 个循环。循环结束后在 72℃延伸 5min，以保证 DNA 延伸彻底。此反应体系的建立，为今后利用 ISSR-PCR 分标记子进行美洲黑杨种质资源分类、遗传图谱构建和基因定位奠定了基础。

（2）无性系间遗传分化研究。利用筛选出的 10 个重复性好、能扩增出清晰且具有多态性的 ISSR 引物，对 15 个黑杨派无性系进行了 ISSR 分析，共检测到 63 个位点，各无性系的多态位点百分率在 20.63%~30.16% 之间。

各无性系间遗传距离和遗传一致度计算结果表明，各无性系遗传距离变化范围为 0.0160~0.2930；遗传一致度与遗传距离相反，遗传一致度变化范围为 0.7460~0.9841。其中遗传距离最大的是 A65/31 和 XL-80，遗传距离最小的是 XL-75 和 XL-101；遗传一致度最大的是 XL-75 和 XL-101，最小的是 A65/31 和 XL-80。上述结果表明各无性系间存在着一定的遗传变异。

（3）杂交新无性系分子鉴别。利用 MEGA 3.1 软件对 Nei 的遗传距离进行 UPGMA 聚类（图 9-6）。

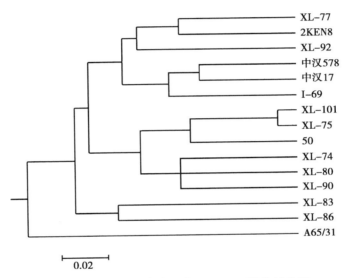

图 9-6　无性系间遗传距离 UPGMA 聚类树状图

结果表明，15 个黑杨派无性系可划分为两大类群，欧美杨 A65/31 *P. × euramericana* cv. 归为第一类群，其他美洲黑杨无性系聚为第二类群。美洲黑杨无性系间具有很高的遗传一致度，但在亚群或组的层次上的分类结果揭示了美洲黑杨无性系间亲缘关系，亲缘关系最近的无性系大多能很好地聚为一个亚群或组。15 个无性系间遗传分化程度及亲缘关系可以利用 ISSR 指纹图谱在分子水平上进行可靠鉴别，这对优良新品种鉴定、保护与利用具有重要意义。

第十章　洞庭湖区滩地多效人工林生态系统优化结构配置与可持续经营技术

洞庭湖位于长江中下游荆江段的南岸，是长江唯一的调蓄洪水的大型湖泊，这里气候温和，雨量充沛，土壤肥沃，物产丰富，素称"鱼米之乡"，是发展湖南省农、林、渔业的重要基地；同时，洞庭湖滩地是介于开放性水体与陆地之间的一类具有特殊结构和功能属性的生态系统，其地下水位高，年水位变化大，淹没期长，洪涝灾害很难预测，立地环境复杂，致使造林难度大，风险大。因此，在洞庭湖区造林必须在吸取以往经验的基础上，在充分考虑该类滩地的特点并兼顾多种效益的同时，充分利用滩地的土地资源，科学合理地对该类滩地进行开发利用，并针对该类滩地存在的主要生态问题，以生态学、生态经济学原理为指导，应用生物修复、林农复合经营等现代生态工程技术手段，构建以林农复合为主、工程技术措施配套，集生态、经济、社会效益于一体的滩地多效人工林生态系统及其可持续经营技术体系。

10.1 滩地多效人工林生态系统优化结构配置

10.1.1 造林地选择

立地条件适宜与否是成为控制林木分布和生长好坏的关键因素。洞庭湖滩地是一种特殊的立地，有着独特的水文地理特征，在洞庭湖滩地造林除考虑气象因子外，还应注意滩面高程、土壤状况和地下水位等自然限制性因素。

多年来的实践表明，滩地的高程是决定能否选作造林地的首要限制因素。高程不同，则汛期持续淹水深度和时间也不同，只有那些达到相当高程的滩地才能造林，具体说，就是应选择与常年汛期最高水位差一般不超过 4m，淹水时间不多于 4 个月的江、洲、湖滩地来发展人工林，否则将导致造林失败。以杨树在洞庭湖外滩造林为例，在流水情况下，滩地年均淹水 30d 以内的，可建速生丰产林基地；滩地年均淹水 30~65d 的，可营造中、小径工业用材林、抑螺防病林、防浪护堤林（与淹水 20d 左右的滩地比，其产量将下降 5%~35%）；淹水时间超过 65d 的滩地，如不采取开沟抬垄等工程措施，则造林保存率、木材产量均极低，因而不宜用杨树造林。

另外，滩地的土壤条件是决定能否进行造林的另一因素。其中，地下水位高度和土壤质地是关键性的主导因子。一般认为，滩地造林地最适宜的土壤是：土层深度 1.5m 以上，土壤中的水、热、气状况良好，土质肥沃、疏松，呈中性至微碱性，含盐量在 0.2% 以下的养分含量丰富的沙壤土。地下水位宜在 1~1.5m。另外，江、洲滩地的土壤沙性重，透气性能好，适宜于杨树，而湖滩地的土壤大多黏重，透气性能也差，多不适合杨树生长，可选用苏柳和池杉等树种造林，在沟、套等较大水面边围栽培对钉螺有抑制作用的枫杨、乌桕等树种，可以有效地杀灭螺源地的钉螺。因此，在杨树造林不能存活的严重淹水滩地和高地下水位地带（地下水深 <0.5m），可选用苏柳、池杉等树种造林。

10.1.2　苗木培育

（1）苗圃地的选择。苗圃地的选择根据林木的生长习性而定，以杨树为例，杨树苗木生长喜透气性好、肥力高的轻质土壤，因此苗圃地的选择应以土壤质地为壤土或沙壤土、土层深厚、肥沃、光照充足的平坦农作物用地为好，尤其以各类潮土的旱作用地为佳。洞庭湖区如果用前茬水稻田作苗圃，则应在水稻收割后立即开沟排水，降低地下水位，务必使土块在 12 月之前达到干爽的要求。

南方春季雨多，7~9 月有时发生秋旱，因此苗圃地应有完善的排水系统和水源及相应的灌溉条件。

丘冈坡地一般不宜作杨树育苗用地。一是因其土层浅薄，肥力差；二是因为坡地保水性较差，而杨树苗木在 5~8 月高温旺盛生长季节需要大水、大肥，丘岗坡地很难满足其生长需求。

在条件允许的情况下，造林用的苗圃地应尽量接近造林地，避免苗木长途运输，以减少运费，降低苗木成本。

苗圃地周围应有运输车道。

（2）苗圃整地。穗条扦插育苗，整地要求深耕（30cm 左右），床面平、土块碎，以便于直接扦插。

圃地要求两耕、两耙，基肥可视圃地肥力确定用量。如以有机肥（枯饼、厩肥等）作基肥，可于 12 月第一次翻耕前先撒施后翻耕，再耙碎。如以复合肥、磷肥作基肥，可于 1~2 月扦插育苗前的第二次翻耕前撒施，然后翻耕耙平。

另外，育苗宜作高床，尤其是水稻田改造的苗圃。厢沟宽 30cm，深 15~30cm，床面宽可结合扦插行距确定，行距 0.7m 的床面宽可 2.5m，行距 0.6m 的床面宽可 2.1m。

（3）种条的截取与扦插。

① 育苗扦插时间。在没有大的冰冻的年份，1 月上旬即可扦插育苗。插穗入土早，有利于早生根，利于苗木生长。如遇冰冻或冬季特别干旱又无灌水条件时，可推迟至 2 月中下旬至 3 月上旬扦插。

② 种条的选择与插穗的截取。育苗用的种条，应在已知来源的良种中采用 1 年生扦插苗。一般情况下，种苗应生长健壮，腋芽饱满，苗高 3m 左右，径粗 1.5~2.5cm。

插穗截取长度 15~20cm。如由手工截断种条，刀具应薄而锋利，截断面约为 60°斜面，不撕皮，不破裂，上切口应距第 1 芽约 1cm。如由机具截断种条，可对其下截口修成斜面，以利于扦插入土。种苗在由苗圃出圃后以及裁截为穗条后，都应及时浸入水中，以保证穗条持水充足。

苗木的上、中、下各部位腋芽的发育状况及茎干的粗细等均存在差异，对新苗的生长有不同的影响，为便于苗圃管理，截断穗条时，可将苗木上、中、下三部位穗条分别堆放，分开扦插。

③ 育苗扦插。

扦插密度：为便于苗圃管理，扦插时可采用宽行（纵向）窄株配置方式，其株行距为：0.6m×0.3m（每亩 3705 株）、0.6m×0.35m 或 0.7m×0.3m（每亩 3176 株）。

扦插方法：扦插时可根据行距拉线定位，保证通直。圃地土壤疏松，插穗可直接插入土中。要求插穗直立，上端第 1 芽距离地面约 3cm，插穗入土后，随即用手压实泥土。

育苗扦插时，如遇久旱不雨，扦插后应及时浇水一次。

（4）苗圃管理。

① 松土除草。第 1 次松土除草可于 4 月中旬进行。但此时苗木新根刚刚发生，苗木周围 15cm 范围内均不宜用锄头动土，只宜用手拔除杂草。以后可每 20d 左右松土除草 1 次，共 4~5 次即可。苗圃除草应慎用除草剂，因为杨树叶对除草剂非常敏感，沾上药液，苗木即会死亡。

② 追肥。追肥共 4~5 次，视苗木长势而定。第 1 次追肥于 4 月下旬进行，每亩可施尿素 15kg，在根旁15~20cm 处挖沟埋施。以后可每 20~30d 每亩施尿素 20~25kg，最后一次追肥不晚于 8 月中旬，并每亩加施钾肥 15kg，以增强茎干木质化程度，增强抗寒性。施肥方法：挖沟埋施，但尿素也可选择雨前撒施，施后

由雨水将叶面沾着的尿素淋洗到地面。

③ 除萌定株。多数插穗成活后会萌生两根或多根萌条。当苗高 20~30cm 时，选留一健壮、直立的萌条作培养对象，其余的萌条全部抹去。

④ 苗期病虫防治。苗期一般病虫多不易造成毁灭性灾害，只要防治及时，对苗木生长也无太大影响。苗期的主要病虫及防治方法详见"病虫害的防治"章节。

（5）排水、抗旱。南方 3~6 月雨水较多，苗圃管理应注意开沟排水，做到圃地无渍水。尤其是由水稻田改作的苗圃地，上半年更应做好开沟排水工作。

7~8 月是杨树的旺盛生长期，需水量大，此时如久旱无雨应人工引水灌溉。

（6）苗木出圃与分级。黑杨在洞庭湖区造林都采用无根苗扦插方法造林，所以苗木出圃时常采用刀砍取苗，即用锋利的砍刀或镰刀，将苗木在离地 5~10cm 处砍断。砍苗时要求苗基部和根桩都不被撕皮或破裂，根桩不要留得过高，或过低。苗木侧枝过多的，应在苗木捆扎前将其剪除。剪除侧枝时应平主干，不留枝桩。

苗木应在苗圃地进行分级，每 10 株或 20 株一捆，捆扎牢固。搬运过程中，要尽力保护好顶梢和腋芽。苗木不应长期假植，没用运走的苗木应浸入水中。

超级苗、1 级苗适合于垸内外各种立地造林；2 级苗可以用作不淹水立地造林，也可用作种苗；3 级苗一般不宜用于造林，但可以作种苗。

对于两年或多年根桩的老苗圃，在苗木出圃后，应进行全面的中耕、清理，于 4 月中下旬追施尿素一次，每亩 25kg，并除萌定株。以后的中耕除草次数可适当减少，但病虫防治等其他管理仍同当年扦插的 1 年生苗圃。

10.1.3 造林技术

（1）整地。整地是营造林分以及经营管理最重要的环节，它可以改善造林地的小气候、土壤的物理、化学性质以及减少杂草和病虫害。因此，整地质量直接影响到造林成活率和后期林木的生长。但不同的立地条件，整地方式也存在着差别：

① 开沟抬垄。低位洲滩高程比较低，一般年均淹水天数在 60d 左右，因淹水期太长，植物群落为季节性沼泽化草甸，生态环境脆弱、系统稳定性差。由于滩地的草甸上孳生着血吸虫的中间寄主——钉螺，现有植物资源不能利用，是一类长期荒芜的洲滩，必须采用开沟抬垄措施，否则不宜造林。因为开沟抬垄不仅可以直接提高海拔高程和缩短淹水时间，而且可以降低地下水位，减少地表积水。如果在未进行抬垄整地时，即使退水后地面也将长期积水，树木处在沼泽化的泥浆里，在经历淹水胁迫后又马上面临涝渍胁迫，插穗的入土段长期处于缺氧状况，从而抑制了不定根的形成和生长，造成下端腐烂变质，树木死亡。因此，开沟抬垄对提高季节性淹水滩地造林成活率具有重要意义。

经研究表明，通过开沟抬垄，直接提高了种植面的高程，减少淹水的时间，根据海拔高程与淹水时间的关系，抬垄 1.2m 可缩短淹水时间 10~30d；同时，开沟抬垄增强了土壤的通气透水性，减轻了涝渍胁迫，改善了土壤中的供氧状况，有利于插条不定根的形成和生长，从而提造林的成活率。另外，开沟抬垄还可以通过抬垄造林，直接埋灭钉螺；可以通过开沟沥水来改善低洼滩地的环境，做到"路路相连，沟沟相通，林地平整，雨停地干"，建立贯穿于林区畅通的排水系统，增加土壤透气性，消除洼地积水，增强根系活动能力，创造有利于林木而不利于钉螺孳生的生态环境，起到林茂和灭螺防病的多重效果。

② 全面整地或带状整地。对于中、高位洲滩的整地方式根据立地类型、造林方式和经营目的可采用全面整地或者带状整地。

全面整地：在地势平坦，面积较大或生长着大量的芦苇、荻柴的中、高位洲滩进行造林，一方面由于滩地土壤比较黏重，另一方面由于大量芦根、杂草的存在，在造林前必须采取全面翻耕，通过机耕深翻，消除芦根、草根。这样，既为幼林和间种作物生长创造了良好的土壤条件，又可平整土地，消除低洼积水，并将地表钉螺埋入土层深处。实践证明，没有芦苇的造林地，其幼林生长量比有芦苇伴生的林地提高20%~30%，蓄积量提高50%左右。

带状整地：带状整地有利于造林与种植农作物等经济作物套种，可以充分发挥林木生长边缘优势，在经济效益上能以短养长。带状造林林带的宽度和带间距离根据立地条件和经营目的来定。

另外，对河湖堤岸易感带进行整地，一般进行大穴整地。鉴于洞庭湖滩地为冲积的沙、壤间的土壤结构，质地疏松，并有不同程度的洪水淹没，因此，植树穴的规格，应以 $0.5m \times 0.5m \times 0.8m$ 为宜。过大，水淹退水后，幼树容易倾倒。植树后，将苗木基部 $1m^2$ 的芦苇清除，并培置略高于地面的树盘。对造林地势较高、土壤黏重，通透性较差的造林地，植树穴以 $1m \times 1m \times 1m$ 为好。

但不论采取何种整地方式都应结合整地施足基肥和建立贯穿于林区畅通的排水系统，做到"路路相连，沟沟相通，林地平整，雨停地干"，这样可以降低林地的地下水位，消除洼地积水，创造有利于林木而不利于钉螺孳生的生态环境，起到林茂粮丰和灭螺防病的多重效果。

（2）良种壮苗。良种是指具有速生丰产优质抗逆性强等基本品质，且这种品质具有一定的稳定性，并可通过某种形式进行传递和繁殖，在相同立地条件和技术措施下，用良种造林可收到事半功倍之效。但良种也具有地域局限性，洞庭湖滩地的造林必须选择具备耐湿、耐水淹的速生、丰产、优质树种。经多年的实践，洞庭湖滩地应选择杨树、柳树优良品系，以及池杉、水杉、乌桕、枫杨等树种。目前，洞庭湖滩地选择造林的杨树品种主要有中南抗 3 号、4 号，南林系列，湘林系列，以及中汉系列等品种及无性系；苏柳品种主要有苏柳 172、苏柳 194、苏柳 799 等无性系。

苗木的质量等级对造林成活率有重大影响，特级苗和Ⅰ级苗的造林成活率在各种海拔高程上都显著高于Ⅱ级及Ⅱ级以下苗木。因此，无论营造速生丰产林、工业原料林或是农田防护林，洞庭湖滩地造林一定要选用大苗壮苗，用于造林的苗木必须是Ⅱ级（国家苗木分级标准）以上的苗木，这样才可能汛期苗木不被水没顶，一般要在汛期最高水位时，尚有 1m 左右树梢露出水面，以保证苗木成活。为此，要提前做好苗木培育工作，在插条截取、运输和栽植过程中保护好苗木的活力，同时保证栽植质量，以提高造林成活率。

（3）造林时间。滩地造林时间的决定因素是气候和地下水位。洞庭湖区属中亚热大陆性季风湿润气候区，年平均气温 16.9℃，1 月平均气温 4.4℃，7 月平均气温 29.1℃，年均降水量 1319.7mm，降水集中在 4~8 月，占全年降水量的 70% 左右。根据物候期观察，杨树、苏柳 1 月中旬之前处于深休眠状态，当人为改善其温度、水分条件时，亦不能顺利萌发、生长；1 月中旬以后为强迫休眠状态，当其在适宜环境条件下即能顺利萌芽、生长。因此，造林时间可以从 1 月上旬开始，这段时间栽植后，由于洞庭湖区冬季无严寒，气温低于 0℃ 的天气不多，且地温比气温高，不仅地上部分不会受冻，而且由于水分充足，地温较高、生理休眠解除的有利内外因素萌生新根，以便在 4 月上旬杨树或苏柳展叶之前，地下根系已有一定数量和长度，有利于新造幼树展叶后的水分平衡，有利于幼树生长。

（4）造林方法。适宜的造林方法应根据立地条件、苗木的种类以及苗木的水分状况进行选择。在洞庭湖滩地造林主要采用杨树、苏柳造林，所以，现在一般采用无根苗扦插造林的方法。方法要点是先用钢钎打孔，再将无根苗插入，最后将苗孔紧实。方法简便，造林工效大为提高。

用这种方法造林，必须具备两个条件：一是土层深厚、疏松，无石块，钢钎易于插入；湖区土壤为冲积母质形成的各类湖土，完全具备这一要求。二是树种具很强的皮层生根能力以保证造林成活。以杨树为例，杨树不定根是由根原基分化形成的。不定根按其根原基形成的时期和形成的原因，分为先期根和诱导根两种类型。先期根即在枝干形成过程中产生的根原基，然后长成的不定根；诱导根即在扦插过程中通过诱导形成的根原基，然后长成的不定根，如切口愈伤组织分化出来的不定根即为诱导根。根据切片原观察，先期根原基起始于形成层区。先期根原基在枝条内形成后，一般不继续分化，而埋藏在韧皮部内，这种潜伏根原基一旦遇到适宜的环境条件，便能穿透皮层，长出不定根。虽然不是每一个根原基都能萌发成不定根，但研究证明扦插生根数、扦插成活率与根原基的数量是呈紧密正相关的。

目前，在洞庭湖区杨树、苏柳造林已全面推广扦插方法造林。

（5）栽植方式。洞庭湖滩地造林一般都采用行向须与水流方向一致的栽植方式，这样利于防洪泄洪。同时，一般都应采用宽行窄株的栽植方式，如杨树 3m×10m、3m×12m，这样首先便于间种，延长间种年限；其次利于防洪泄洪；其三，因宽行栽植，林内温度增加，土表风速增大，加剧了林木蒸腾，加快了土壤水分蒸发，使土壤湿度降低，从而改变了钉螺环境，不利于钉螺孳生；其四，大行距顺水流，使汛期林内水流速度明显大于芦、草丛内水的流速，从而使钉螺即使在汛期也难以在林内滞留。

洞庭湖滩地造林还要注意适当深栽，防止风倒或倾斜。土层深厚、土质疏松的滩地，可深栽到 80cm；地下水位较高，栽植深度不超过常年地下水位；土质黏重、板结、透气性能差的滩地，适当浅栽，一般不少于 50cm。

若用枫杨、乌桕等造林常采用常规造林。常规造林是采用大株行距、大穴和大苗，并要深栽。栽植穴的大小，根据土壤情况而定，在低位洲滩这种土壤较黏的立地上，需要挖较大的栽植穴，口径可为 1m×1m；然后，把表土回穴、根舒、踏实、培蔸。

（6）造林密度。造林密度决定了林木个体对光能和水、肥利用的空间范围和数量多少，影响着个体光合产物的积累和分配，决定着树高、胸径的生长，预示着将来的主伐年限。适宜的造林密度及配置方式，能在单位面积林地上达到预期材种的最高产量，获取最大经济效益。林木密度控制主要根据所生产的材种、立地好坏、轮伐期长短及经营措施等具体情况而确定。

在洞庭湖滩地进行人工林培育中，造林密度可根据滩地的立地条件和经营目标选择适当的栽植密度。一般情况下，杨树造林密度的确定一般不考虑间伐因素，这一方面是因为南方型黑杨是强阳性速生树种，最适宜的间伐年限很短，稍纵即逝。过了适宜间伐年限再行间伐，对树冠营养空间的扩展作用不大，且保留林木易出现风折、风歪现象；另一方面，实施间伐作业，一般不能提高林地的总产量和经济效益，仅仅是提早获取小径材，达到提前利用的目的。

如果在土壤肥力低、地下水位高，汛期淹水时间长，低位洲滩地造林，由于其稀植的林木易受风浪冲击而倒伏，在该立地柳树造林应以株行距 3m×1m 和 1.5m×1m，杨树造林应以株行距 3m×2m 和 2m×2m 的高密度、生产小径材为主，这种密度造林的林分郁闭较早而极少被冲倒。

如果在中、高位洲滩地，可从立地条件和经营目标的差异来确定造林密度：

从立地条件看，在中、高位滩地，因土壤肥力不同和淹水环境的影响，造林的密度需调整，在土壤肥沃滩地，可按 3m×4m 或 5m×4m 或更稀的密度造林，以培育出较大径级的用材林。在滩面高程与常年水位差低于 3m 的滩地、立地条件较好的滩地，采用林农间作模式经营，造林密度适当稀些，其配置方式为宽行窄株，即株行距分别为 3m×8m、3m×10m、4m×10m、4m×12m，行距与水流方向一致，这样既获得单位面积上较高的林木生长量，又利于农作物间种和延长间种年限。

从经营目标看，营建短轮伐期的中小径级的纤维用材可以适当密植，5a 左右轮伐的，造林株行距为 2m×2m 或 2m×3m；营建中径级矿用材，7~8a 轮伐的人工林，造林株行距为 3m×4m 或 4m×5m 等；"四旁"或园林绿化，单行栽植株距 4~5m，多行种植的造林密度不小于 4m×5m，以延长其轮伐期，避免频繁造林。

在河湖堤岸防带以防浪护堤为主要目标，因此在此类滩地以营造较大密度的苏柳林为佳，或者营造杨柳混交林。

从以上可以看出，由于林分密度决定了林木个体对光能和水、肥利用的空间范围和数量多少，影响着个体光合产物的积累和分配，决定着树高、胸径的生长。因此，造林前必须根据林种、立地条件、设置好造林密度从而有效合理地利用资源。

（7）抚育管理。滩地造林的幼林期要加强抚育管理，适时进行松土，清除萌生的芦苇和杂草。一般在造林后的 2 年，应清除树干周围的杂草、灌木，而滩地易长杂草，在林分第 1 年控制杂草生长显得特别重要。目前最常用及最有效的杂草控制方法是中耕和施用除草剂结合。除草剂种类很多，如草甘膦、喷施时间以嫩草长至 5~10cm 时为佳，喷施量为 2.2~3.3kg/hm²。喷施除草剂时，切不可喷施到树干，以免伤害树体。

① 水肥管理。人工林的培育水肥管理也非常重要，但不同地区、不同土壤类型，土壤的养分供应和对肥料的反应不同，施肥效应也不同，有时差异比较大。根据多年的杨树施肥试验表明，施肥的单项投入产出比为 1:3；洞庭湖滩地杨树造林第一年应以复合肥为主，第二年以氮肥为主，第三年以氮磷肥混合施用为主，用肥量 0.25~1.5kg/ 株不等；一般第一年施复合肥 0.15kg/ 株，第二年施氮肥 0.75kg/ 株，第三年施氮、磷肥各 1kg/ 株。施肥时间以 4 月中旬至 5 月中旬或 7 月下旬为宜，施肥前应选在晴天用草甘膦加洗衣粉混合杀灭杂草或用人工中耕除草，施肥方法：环状、点状、射状均可，肥料入土深度 20cm 以上，2~3 年幼林，在根际周围 1m 左右开沟，3 年以后在 2m 左右开沟。

另外，林农间种是对幼林地的一种最好抚育形式。间种作物以油菜、小麦、蚕豆、蔬菜为好，避免攀缘、高秆作物。同时，由于随着林木的生长、林木冠幅的增大、林内光照的减弱，间种作物的生长和产量将逐步受到不利影响。这时，根据林木的培育目标和功能来决定是否进行修剪，如果是培育纸浆材和防浪护堤林，一般是不进行修剪的，也将不宜进行林农间种。

在高程较高的滩地实行林农间种，由于杨树吸收根总量 74%~84% 密集于土层 40~100cm 处，农作物吸收根总量 85% 集中于土层 20~40cm，这样的根系分布，可以吸收不同层次土壤的水分和养分。既充分利用了土地的生产力，又能增加短期的经济效益，起到以耕代抚、以短养长的作用。

对于无法实行林粮间作的芦草低滩地，如果林下不是以禾本科、莎草科为主的杂草，可于春末夏初和秋季撒施 400kg/hm² 左右的标准化肥后，用旋耕耙旋耕、灌水，既能除草，又等于施了一次绿肥和速效肥，对于林木生长相当有利。

② 整形修枝。修枝是人工林经营培育中比较重要的措施之一，整形修枝可以缩短枯死枝条在树干上停留的时间，减少其对树体养分的消耗，有利于养分归还土壤。修枝还可以改善林内通风透光状况及林木生长条件，减少病虫害发生几率，加速枯死枝的分解，使土壤养分得到补充，起到维护地力、持续经营的作用。尤为重要的是通过整形修枝、病虫害防治等无节、无孔良材定向培育综合配套技术研究与应用，可以获得加工性能优良、加工产品附加值高的优质木材，显著提高单位面积林地的经济效益。

一般而言，杨树修枝抚育包括以下三个内容：

整形修剪：整形修剪的目的是抑制生长过于旺盛的侧枝，扶持或增强树干主梢的顶端生长优势、培养通直干材。实施时间主要在造林当年和第二年。

修枝：目的是培育出主干饱满、尖削度小、出材率高的优质大径材、无节良材。在立地指数 18 以上的滩地上营造株行距 5m×6m 或 6m×6m、培育胸径 26cm 以上的大径材，一般主伐年限 10~12 年，修枝可分三次进行。修枝实施的时间以 12 月至第二年 2 月为最好。冬季修枝，林木已经落叶，修枝易于操作；树木已停止生长，伤口无树液外流，可减少感染，易于愈合；农村冬闲，劳力充足。

第一次修枝于造林后第 3 年进行。此时林分平均胸径已达 11cm 以上，平均树高达 10m 左右，修枝高度 3~3.5m，冠高比约 6.5:10，修枝强度约 35%。第二次修枝于第 5 年进行，此时树高达 15m 左右，胸径达 16cm 左右，修枝时将树高 6m 以下（树干直径 10cm 左右）的侧枝全部修去，冠高比约 6:10，修枝强度约 40%。第三次修枝于第 7 年进行。此时树高可达 20m，胸径达 22~23cm，修枝高度为 8m，冠高比约 6:10，修强度约 40%。

修枝工具根据枝条粗细，可选用手锯、砍刀、斧头、修枝剪等；以锯为最佳。因为锯易于做到截口齐平而不留枝桩，不损伤树皮。工具要锋利，锯的齿路要适当。高大树木的修枝，可采用梯子或电工爬杆脚蹬。为防止脚蹬利齿损伤树皮，应用布包裹齿片。修下来的枝条，应尽快清理，运出林地。对病、虫枝条，集中烧毁。

清干：清干的目的是减少无谓的养分消耗，避免修枝后的主干再形成节疤。

杨树萌芽力很强，修枝后主干易产生新的萌条。新萌条位于树冠的下部，光照较弱，常处于光补偿点以下，在生长和养分平衡过程中，它常常是有机物的消耗者。新枝的存留或枯死，都会给圆木在旋切单板时产生活节或死节，降低单板质量。因此，在杨树修枝后，每年还应及时清除修枝后主干上的新生萌条。

另外，为促使苏柳的主干圆满，提高出材率，应从造林的翌年始对它进行修剪，修枝最好要逐年或隔年进行。否则修枝间隔时间过短，修剪切口大，难以愈合，且对次年的干径和材积生长均有很大影响。修枝的具体时间以选在冬季落叶后进行较好。在 2~5 年内要修去树干高度 1/3~1/2 的侧枝，保持冠干比 2：3~1：2；在 6~10 年内修去树干高度 1/2 的侧枝和徒长枝，保持冠干比 1：2。苏柳因顶芽缺失，春季抽稍后，要注意修除主梢上部的竞争枝，以培养通直的主干。

10.1.4 采伐更新

人工林的密度决定了林木个体的营养空间和生长规律，影响着林分提供的材种规格和林地生产力最大值出现的时间。就木材生产而言，单位面积上的蓄积生长量是时间的函数，但木材培育的成本也随时间的增长而增加，在滩地不同密度杨树人工林生长过程表的基础上，对林分蓄积连年生长量最大值出现年到数量成熟出现年各年的成本投入、木材收入，应用技术经济学的分析方法，依据利润最大化原则，确定不同密度杨树人工林的主伐年限。

林木个体的生长发育规律除与树种的遗传特性有关外，同时还要受个体的生长条件和营养空间影响。洞庭湖滩地不同密度杨树人工林的生长过程显示，栽植密度对林木生长的影响十分明显，胸径和单株材积都随密度的增加而减少，但单位面积蓄积量并没有因此而减少。这说明在前 15 年内，现有的 6 种密度（3m×4m、4m×4m、5m×6m、6m×8m、8m×8m、10m×10m）对单位面积蓄积的影响仍以株数起主要作用，单株材积的作用较小。因此，在短周期栽培中，可适当加大造林密度，以增加林分群体产量。

不同密度杨树人工林生长过程还显示，单株材积的连年生长量随林龄的增加而增加。在 5~12 年生时，连年生长量分别达到峰值；随后连年生长量即开始下降，表明此时的林分密度已过大。单株材积的平均生长量的变化趋势也基本如此，但达到峰值的年龄要比连年生长量要晚些。当平均生长量赶上并略高于连年生长量，即单株材积的平均生长量与连年生长量曲线在某年龄相交时，则该年龄即为林分的数量成熟龄。

单株材积连年生长量峰值的出现，标志着林分的年生长能力达到最大，随即开始连年生长量的下降，直至与平均生长量曲线相交。曲线相交即为林分的数量成熟龄，在经典森林经理学上被认为林分的主伐年限。在这期间，蓄积年生长量的下降，在经营上常被认为是可以接受的。

由于立地和经营条件的不同，蓄积的连年生长量开始下降至数量成熟所经历的时间存在差异，生产成本和利润分配处于变动之中。林分的主伐年限如由数量成熟龄来确定，能否达到获取最大利润的要求，应进行经济效益分析。利润最大值不可能出现在连年生长量最大值出现之前，有可能出现在蓄积连年生长量最大值与数量成熟龄之间。

一般而言，不同密度杨树人工林，年均净收入最大值出现的年限比林分的数量成熟龄早 1~2 年。依据利润最大化原则，以年均净收入最大值出现的年龄确定为杨树人工林的主伐年限，其经济效益最高，以 3m×4m 栽植密度的杨树人工林为例，其主伐年限可以确定为 8 年或 7 年。在不同密度林分间，年均净收入随密度的增加而增加。

10.2 可持续经营造林模式

环境与发展是当今国际社会普遍关注的重大问题。实现可持续发展已成为全世界紧迫而艰巨的任务，它直接关系到人类的前途和命运，影响到全世界每个国家、每个地区，乃至每个人，因而可持续发展是现代林业的灵魂。

尽管直到目前为止世界上对于可持续林业尚无比较统一的定义。但其内涵的中心思想与可持续发展的总体思想是一致的。1992年联合国环境与发展大会通过的《关于森林问题的原则声明》指出：森林资源和森林土地应以可持续的方式管理，以满足这一代人和子孙后代在社会、经济、文化和精神方面的需要。这些需要是森林的产品和服务，例如木材和木材产品、水、粮食、蔬菜、医药、住宿、就业、娱乐、风景多样性以及其他森林产品。应采取措施来保护森林，使其免受污染的有害影响，包括空气污染、火灾、虫害和疾病，以便保持它们全部的多种价值。美国的 Boyle 定义为：既能满足当代人的需要，又不对后代人满足其需要能力构成威胁的森林经营，意味着不仅森林的生态潜在能力的持续，同时还必须是我们以及我们的社会所依赖的以森林为基础的产品和服务产出的持续。Maini 把可持续发展林业定义为："林地及其多重环境价值的可持续发展，包括保持林地生产力和可更新能力，以及森林生态系统的物种和生态多样性不受到不可接受的损害。"

现代林业经营方针的基础是可持续发展，现代林业既是国民经济的重要基础产业，又是关系生态环境的公益事业。林业肩负着优化环境与促进发展的双重任务。林业发展面临社会的、经济的和生态的多方面需求。经过多年的实践，我们根据生态经济学原理和生态工程的方法，探索建立了以林为主，林农、林牧、林渔等多种产业结合的多生物种群共存和物质多级循环利用的多维生态系统滩地造林模式，通过协调、调控和投入，取得自然再生产和经济再增长的最大效益。目前洞庭湖滩地的造林经营模式主要有以下几种：

10.2.1　林—农经营模式

这种经营模式适用于滩面高程较高，地下水位不高，处于常年洪水线以上的滩地。在滩地上建立林农系统，首先要在造林前进行机耕深翻，一般深度约30~40cm，以除去芦苇和杂草。这样一方面为林木生长和实行间种创造良好的土壤条件；另一方面，因毁除了芦草、平整了土壤，消除了低洼积水，并将钉螺埋入土层深处，从而改变了钉螺的孳生环境，起到了良好的灭螺效果。在毁芦除草方面，还可以用除草剂进行除芦草，对机耕毁芦是很好的补充。然后按设计要求，建立贯穿于林区畅通的排水系统，做到"路路相连，沟沟相通，林地平整，雨停地干"，这样可以降低林地的地下水位，消除洼地积水，创造有利于林木而不利于钉螺孳生的生态环境，起到林茂和灭螺防病的多重效果。

造林树种主要是美洲黑杨，造林密度一般为宽行窄株，比如5m×6m、5m×8m等，林下间种农作物，冬季麦类、油菜，夏、秋季为豆类、花生等，一年两熟，低洼积水处可种植单季水稻。林分郁闭后，林下可培植耐阴的生姜和中药材。林农复合生态系统的建立，可以提高林地光、热、水、土等自然资源的利用率，不仅可以获得较高的林木长期收益，而且间种还可以起到以耕代抚的作用，促进林木生长，达到增产增收之目的。另外，林农复合经营，使单位面积蒸腾作用明显增强，从而使地下水位显著降低，造成不利于钉螺孳生的环境。

10.2.2　林—农—渔模式

在低位洲滩地进行开沟抬垄，高处选湘林-90等优良无性系和苏柳1年生优良无性系扦插苗，池杉、水杉、枫杨等2~3年生苗木，选用苗木2m以上，以防当年水大遭水淹，采用块状混交造林，林下间种油茶、小麦；低洼滩地蓄水深的地方可养鱼，较平坦的浇水地栽植水稻，建立起林农渔复合体系。这样，既使滩地得到合理地开发利用，又收到了抑螺防病的效果，据统计，活螺框出现率20%~30%，活螺密度0.2只/m²左右(开沟抬垄将布满钉螺的滩地表土埋于垄下，加上进行林农间作,每年翻耕，可直接将钉螺翻入土中，杂草减少，形成了钉螺难以生存的生态环境)。同时又对低滩进行综合治理、开发利用，有效地利用了国土资源，增加了社会财富，增加了农民的收入。

10.2.3 林—农—渔—禽模式

遵循物种互利共生和物质循环再生利用的原理，对滩地实行高水位造林，栽植池杉、杨树、苏柳，林下间种豆类、花生、油菜、麦类等粮油作物，沟渠及低洼积水区养鱼，水面及林下放养鹅、鸭、鸡等家禽。这种复合经营系统，在农业上实行一年多茬，一季多熟，多次收获，在林业上达到了长短结合，以耕代抚，以短养长，充分利用了土地，生态环境资源，形成了复层的空间结构，能多层次地同化太阳能和吸收营养物质，同时，生态系统中，生物间得到相互补偿，相互制约，使系统具有整体的高效性和稳定性。既使滩涂隙地得以绿化，又使生态环境得以改善，是利国利民之举。

另外，滩地特别低洼的区域宜建立水产养殖区。这类低洼区域，在整个滩地中占一定面积，而且多为严重的螺源地，因该区域汛期淹水较深，淹水时间又较长，故一般不能作为造林，而是把它建成水产区，进行水产养殖。

上述造林模式，是在了解自然群落基本规律的基础上，遵循生态学原理和生态经济学理论，由人工配置而成的一种多组分、多层次、多种群，系统管理与综合经营的农林复合生态系统，不仅充分地利用了物种资源、环境资源、自然资源、而且使系统内各成分间存在生态、经济上的相互协调、相互作用，产生了良好的生态效益，经济效益和社会效益，提高了太阳能的利用率、生物能的转化率和农副业废物的再生循环利用，使农、林、牧、副、渔、加工各业协调发展。同时，由于提高了生态利用率和林地的生产力水平，因而，生物产量、经济效益也得了明显的提高。

10.2.4 混交林模式

在河湖堤岸易感带选择杨树、苏柳进行混交造林，采用梅花状设计，杨树造林密度按照4m×5m、4m×6m，苏柳、枫杨造林采用3m×3m、3m×4m、2m×3~6m等；或者选用杨树采用低抬垄工程造林，将滩面高程抬高约1m，垄面宽2m，造林株行距3m×8~10m，更新年龄约为10年。

造林后严格采取隔离管护措施，减少人畜活动，阻断血吸虫病传播途径。在一般工程造林高程适宜的地段，幼林阶段通过土壤翻耕、林下冬季间种，抑制林下杂草生长，降低钉螺分布密度，提高综合治理效果。

10.2.5 异龄林模式

在中、高位洲滩地可以采取异龄林作业的经营方式，树种主要选择杨树、苏柳、枫杨等，按株距3m× 窄行距3~4m× 宽行距15~20m 交替配置方式造林，更新年龄8~10年，当第一次造林林木达8~10年生时即可进行主伐更新，滩地上仍保留有4~5年生左右的林分，以利于维护滩地抑螺林生态系统的稳定性。

人工林处在幼林阶段时，可在林下间种小麦、油菜、蔬菜等，这样既可起到很好抚育的效果，并能增加林农经济收益。

10.3 病虫害防治

10.3.1 杨树病虫害的防治

在杨树的生长过程中，病虫害是杨树造林的最大威胁，杨树常因各种病虫害严重影响林木的生长和材质，轻则生长受到抑制，重则风折枯死和完全丧失利用价值而造成巨大的经济损失。

（1）杨树主要病虫害。洞庭湖区危害杨树的害虫达27种，其中叶部害虫21种，蛀干害虫6种。食叶害虫有杨扇舟蛾、杨小舟蛾；蛀干害虫有桑天牛、云斑天牛、光肩星天牛；杨树烂皮病等。

① 桑天牛：对树龄没有严格的选择性，从苗木到各种年龄的杨树都可危害，但对产卵危害部位选择性较强，苗期及 1~2 年生的杨树，产卵危害部位在主干上部，3 年生以后则选择枝条产卵危害，直径大多在 1.5~3cm。

② 云斑天牛：对树龄有严格的选择性，决不危害苗木、枝条和 1 年生杨树，2 年生杨树受害极少，3~5 年生受害最重，产卵危害部位一般在根茎部，但可随树龄的增加而增高。5 年生杨树，胸径 25cm，产卵危害高度可达 6cm；8 年生杨树，胸径 40cm，产卵危害高度可达 11cm。

③ 光肩星天牛：在个别地方发现危害杨树，其严重程度也不及桑天牛和云斑天牛。该天牛产卵危害 2 年生以上的杨树主干部位及 3cm 以上的枝条。

④ 枯梢型烂皮病：发生较少，病斑多发生在 1~2 年生幼树主干或大树枝条上。初期病部暗灰色，不呈水渍状，病斑发展很快，几天后便环切树干一周，使病斑以上枝条死亡。此时病斑皮层外部橘黄色，相继出现散生小黑点，韧皮部变为黑褐色，易与木质部脱离。

⑤ 干腐型烂皮病：病斑多发生在主干分权处和大枝树干。发病初期在患病处透出褐色或灰褐色水渍状病斑，微隆起，呈菱形。但寄主生长衰弱和空气湿度较大时，病组织迅速坏死，变软腐烂，用手压有褐色液体流出，有酒糟气味。以后病组织失水干缩下陷，并在表皮下有许多针头状突起，这就是病原菌的生孢子器。患病部位树皮的韧皮部和内皮层呈褐色或暗红色，糟乱如麻。病斑沿树干方向纵横发展，当绕树一周时，病部以上树条枯死，出现枯枝、焦梢等症状。

（2）防治方法。

① 食叶害虫的防治方法：采取林地进行中耕深翻，清除芦苇、杂草，破坏害虫化蛹越冬场所，同时保护天敌，利用病毒感染幼虫，辅之以药剂防治，喷洒每毫升含 1 亿孢子的苏云金杆菌悬浮液，10% 广效敌杀死乳油 2000~3000 倍。50% 的杀螟松或 80% 的敌敌畏乳油 1500 倍液，均能收到防治效果。

② 蛀干害虫的防治方法：一般采取修除有虫枝、捕捉成虫和毒签插虫孔或农药液注虫孔，毒杀幼虫。比如：防治天牛时，首先治理虫源树，对危害严重的苏柳、杨树要及时伐除或销毁，对危害较轻的要处以毒签防治，处死其内天牛，预防羽化传播；也可以利用天牛的取食习性，在天牛羽化期间喷施氧化乐果或甲胺磷 200 倍液于这些树的枝、干上，毒杀成虫，或人工捕捉成虫，灭成虫在产卵危害之前；或利用天敌——啄木鸟，啄食天牛幼虫。

③ 烂皮病的防治方法：选择抗病菌强（抗旱、苗壮、抗寒）的树苗，栽植到适宜的土壤上。要保证苗木根系完整，起苗后把根部在水中浸泡 24~48h（时间不可过长），只有这样才能保证苗木水分，缩短缓苗期，以减少疾病发生。在起苗、运输、假植等各个环节中不要损伤皮部，以免感染病菌；对已发病的单株用小刀将病斑纵划几条，再涂以 10% 浓碱水、废机油、5% 退菌特、25 倍多菌灵或拖布津、100 倍福镁砷和代森锌均可。

10.3.2 苏柳病虫害的防治

（1）苏柳主要病虫害。苏柳病虫害较多，常见的虫害有舞毒蛾、柳杉毛虫、金龟子等；病害主要有白粉病、烂皮病、根锈病等。

（2）防治方法。舞毒蛾的防治方法：①雌虫灾郁闭度大、组成复杂的林区中很少发生，成片造林时可营造混交林控制此种虫的大发生；②可招引益鸟。鸟是舞毒蛾的天地，防治效果好，成本低；③用 25% 敌敌畏乳剂或 5% 可湿性敌敌畏的 50 倍液消灭幼虫。在树干绑草，幼虫白天下树藏在草束中，便于消灭。秋末冬初可以刮除树上卵块。也可利用成虫趋光性，设置黑光灯诱杀灭虫，也可在幼虫发生期利用昼伏夜出上、下树习性，于树干胸高处涂 1:20 的阿维菌素机油药环，环宽略小于直径杀灭幼虫。

柳杉毛虫的防治方法：①在 10 月间成虫羽化盛期，利用黑光灯或火堆诱杀成虫；②利用炎热天幼虫需要下树避荫喝水的习性，在树干涂刷毒环（较浓的药液加些胶性物质），截杀幼虫；③喷洒 90% 敌百虫 1000 倍，5% 马拉松乳剂 600 倍，25% 的敌敌畏乳剂均可防治；④此虫结茧位置低，便于人工采茧消灭，但要注意防毒，也可搜捕炎热天下树避荫的幼虫。

金龟子的防治方法：纸浆林最重要的要防治食叶害虫——金龟子的危害。金龟子通常发生在造林后的第 1 年,树体刚刚开始发芽至嫩叶展开(3~4 月)。防治方法是在树木开始发芽时用 40% 氧化乐果喷施 1 次,待嫩叶完全展开时再喷施 1 次。另外,发现害虫立即进行防治。

白粉病的防治方法：秋分前后发病高峰期,用 15% 的三唑酮可湿性粉剂 3000 倍液或甲基托布津 1000 倍液喷雾,防治效果较好。

柳树烂皮病的防治方法：①不要强度进行修剪;② 3 月中旬至 4 月上旬涂白;③可用刀将树皮割条缝,涂 1% 退菌特、5% 的甲基托布津、95% 的苛性钠 200 倍液。

柳树根锈病飞的防治方法：该病是一种严重危害柳树正常生长的根部病害,严重时全株干枯死亡。在防治上选择一些抑菌效果较好的硫酸铜、三唑酮、百菌清、二硫化碳、十三吗啉等药剂稀释后用于柳树根锈病的防治,防治效果较好。处理次数和时间以每年早春及夏末病菌开始活动时分 2 次进行为佳。在进行药剂防治的同时,可同时用 2% 福尔马林液土壤消毒、更换客土等措施配合防治。还有一种简单的办法是把患有根腐病变的部位附近的土壤取走,除掉烂根后用草木灰盖上,然后覆盖新土。

洞庭湖滩地是介于开放性水体与陆地之间的一类具有特殊结构和功能属性的生态系统,其地下水位高,年水位变化大,淹没期长,洪涝灾害难以预测,立地环境复杂。因此,根据生态农业的观点,在构建和研究海岸带农林复合系统时,应以一个独立的综合生态系统来对待,应在经济生态学原则的指导下,拟定具体的社会目标、经济目标和生态目标,使系统的综合效益最高、风险最小、存活机会最大。同时,洞庭湖滩地多效人工林生态系统是一个相互渗透而多层复合和动态开放的系统,应该重视其结构的设计,充分利用生物间的互利、互补关系,尽量减少生物间的相克、相斥关系及在营养、能量上的竞争,使系统的效益持续、稳定、高效地发挥。另外,洞庭湖滩地多效人工林生态系统可持续经营技术研究的未来走向呈多极化趋势。宏观上将更大范围地研究农林复合经营对沿海地区景观格局的影响,微观上将深入分子水平探讨生物之间、生物与环境之间的互作机制。研究的深度上,正向定位定量的实验生态学发展;研究的领域和方式则注重学科的联合和渗透。

第十一章 洞庭湖区滩地多效人工林生态系效益监测与评价研究

　　洞庭湖滩地属于季节性洪水淹没湿地，是一类特殊的地类，其形成源于江、河冲积物的沉积，主要功能是蓄洪、调水。洞庭湖区具有丰富的水、热、光照资源和肥沃的土壤条件，具有巨大的开发利用潜力。过去由于人类活动的干扰，洞庭湖调蓄功能下降、生物资源减少，湿地生态环境退化，同时大型水利工程、围湖造田和退田还湖等人类活动也给洞庭湖区环境造成一定的影响。近年来，根据国务院"平垸行洪、退田还湖"的要求，在湖区广大干部群众努力之下，对洞庭湖湖区进行了综合治理开发，效果显著，尤其是滩地杨树人工林得到了稳步、长足的发展，为湖区的生态、经济和社会发展做出了重大的贡献，受到了社会各界的广泛关注和好评。同时，在洞庭湖滩地土地资源得到合理开发的同时，使滩地生态系统得到健康、可持续发展，我们在增加林产品产量、提高退田还湖农户的经济收入、促进地方经济发展、调整农村产业结构、转变农民生产生活方式、提高生态环境意识等社会效益方面进行研究的同时，加强了对滩地不同植被覆盖下及人工林不同经营阶段主要生物、生态因子开展了长期定位监测，对滩地人工林生态系统的土壤结构、护岸固土功能、养分循环、难降解有机污染物含量及土壤微生物种群与数量变化等进行了分析，初步了解了退田还湖区滩地不同植被覆盖及土壤管理方式下土壤生态系统健康状况，为洞庭湖的保护与湖区滩地的可持续发展提供科学依据。

11.1 滩地人工林生态系统生物多样性

　　洞庭湖区滩地主要是由汛期泥沙沉积湖底、逐年淀积而形成，汛期丰水位与冬季枯水位之差达8~10m，高、低位滩地的淹水时间可由几天增至100余天。湖区光、热、水、土壤等自然条件优越，草本植物种类多，生长繁茂，盖度大。近十几年来，随着退田还湖工程的实施，非洪道中、高位滩地杨树抑螺防病林发展较快。由于洞庭湖滩地杨树人工林的营造，在改变滩地自然景观的同时也改变了滩地的光照、水分、植被等环境因子。因此，洞庭湖滩地杨树人工林对滩地环境及生物多样性的影响，是一个综合性的课题。我们对位于洞庭湖腹地的沅江市拐棍洲（海拔33.5~30.5m），5~12年生人工林（株行距为6m×8m）进行系统取样调查表明：滩地杨树人工林造林后，随着森林生态环境的逐渐形成，其林分郁闭度增加、透光度降低，林下草本植物层的光照强度逐年减弱，从而对林下草本植物的生长、物种更替和多样性产生影响。

11.1.1 林龄对林下草本植物层数量特征的影响

　　不同林龄林下草本植物变化采用重要值指标。重要值包涵了密度、生物量、频率等信息内容，较全面地反映了层内植物的组成结构、物种对环境的适应性、资源的占有量及生产能力。杨树林在中前期至成林主伐阶段，林下草本植物层的物种组成既相对稳定又不断更替变化。如果把连续2年在样方调查中不出现的植物种视为该种的缺失，那么，林下8年内始终出现的草本植物有9个，为5年生林分时的56.3%，为主伐时的草本植物种的69.2%。优势种是构建草本植物层的代表种，可根据重要值的大小来确定。红足蒿、水芹在草本层中始终居于优势地位。优势种在 8 年时间内的变化，有南荻的消失、稿草和水蓼的相继出现。南荻是需光量较大的禾亚科植物，在高位滩地常组成以其为主的南荻群落或与芦等混生组成南荻—芦群落。南荻不耐庇荫，它在 9 年生杨树林下退出，表明此时林内的光强已降至其弱光承受的下限。蒿草、水蓼的光适应范围较宽，能够适应郁闭度为 0.8~0.9 的林下弱光条件。在前期出现、后期消失的主要种还有芦以及伴生植物窃衣、羊蹄、珠芽景天、弯曲碎米荠、泥胡菜、猪殃殃等；在后期出现的非建群种有乌蔹梅、鸡矢藤及呈团块状分布的萎蒿等。空心莲子草、扬子毛茛、益母草等在林下虽始终出现，但都从未成为草本植物层的优势种。在林下，一些草本植物种消失，另一些植物种侵入，物种的更替过程在始终不停地进行着。

不同林龄林下草本植物层的相似系数随林龄梯度增大而减小，表明草本层间的共有物种数逐年减少，物种组成的变化增大；但在所有两个邻近的年龄组间，其草本层间的相似系数都处在较高的水平上，共有物种在年际间的变化具有一定的连续性与渐进性。

11.1.2 林龄对草本植物层物种多样性的影响

物种多样性不仅反映了群落组成中物种的丰富度和个体数目分配的均匀度，同时也反映了不同自然地理条件与群落的相互关系，以及群落的稳定与动态，是群落组织结构的重要特征。林下草本植物层处于林冠荫蔽环境下，光照条件随林龄增加而减弱，其物种多样性亦将受到直接影响。

（1）α 多样性与林龄。α 多样性是对一个群落内物种分布的数量和均匀程度的测度，反映出各个物种对环境的适应能力和对资源的利用情况。造林后期与前期比，林下草本植物种类数减少，减少 23.0%，密度有较大增加，增幅达 1.1 倍；多样性指数略有上升，均匀度指数略有下降，变幅为 +17.5%~−13.3%。表中各项指标在林龄为七八年时均处于最低值，其原因在于 1998 年长江特大洪水在洞庭湖滩地造成大量泥沙淤积，厚达 40cm 左右，部分草本植物被掩埋于淤泥下，使第二年、第三年春季调查时物种数及株数下降；种群分布亦严重不均，红足蒿、水芹占据绝对优势，如红足蒿的重要值达 0.5 以上，因此这两年的多样性指数和均匀度指数均显著降低。随着时间的推移，淤泥覆盖对草本植物的影响逐渐减弱，仅多样性指数和均匀度指数又有所上升，与前期没有显著差异。

（2）β 多样性与林龄。β 多样性是指沿着环境梯度的变化，物种替代的速度或不同群落间物种组成的差异。两个林龄邻近的林下草本植物层间的 β 多样性指数较低，随林龄梯度增大，β 多样性指数上升。当林龄为 5 年和 6 年时，林下草本植物层间 β 多样性指数为 0.161，而 5 年和 12 年时，指数为 0.517，林龄对林下草本植物层 β 多样性有较大影响。造林后期与前期比较，林下草本植物层中的共有物种数减少了4~6 个，但物种总数只减少 1~3 个，因此，草本植物层组织结构的变化，主要体现为物种的更替上。如优势种稿草、萎蒿等替代了南荻、芦等，这是一种由较耐阴的物种对较喜光物种的替换，也是改变了的光照环境对物种的选择。在这一过程中，物种的数量变化不大，且植物个体总数还有所增加。

综上所述，在滩地杨树人工林下，草本植物层物种丰富度沿林龄梯度略有下降。在林分郁闭度由 0.3 上升至 0.9 时，各年龄阶段林下草本层始终出现的优势种，如红足蒿、水芹等，占优势种数的 66.7%，始终出现的共有种占林分初期物种的 56.3%，后期的 69.3%，物种的组成相对稳定。同时，不同林龄林下草本植物层的物种更替也在不断地进行着。

林下草本植物层物种组成的变化，是耐阴性植物对喜光性植物的更替，是光照环境对物种的生理生态选择，这种变化使滩地草本植物层的物种丰富度有所下降，而种群的数量分布及多样性则变化不大。

滩地杨树人工林对环境因子的影响，主要是林下光照条件的改变，其他环境因子则变化不大。林下逐步减弱的光照条件，对草本植物层的影响主要有以下三个方面：一是对光的适应范围较宽的植物种类，如红足蒿、水芹、双穗雀稗、荔枝草等，仍能在林下正常生长，保持其原有的优势种或伴生种地位；二是较耐阴的阴生植物种类，如蕊草、萎蒿、鸡矢藤、乌蔹梅等，逐渐侵入林下阴湿环境，并定居下来，有的在草本层内还转变成优势种，如蘸草；三是喜光的阳生植物种类，如南荻、芦等，不能适应林下逐步减弱的弱光环境而退出杨树林。滩地在杨树造林的整个轮伐期内其林下草本植物的物种多样性并无生态学意义上的逆转，更不会造成生态灾难。

11.2 防浪护堤林效益监测

洞庭湖区有180多个堤垸，222个荒洲，一线防洪大堤3334km。据调查，大堤外侧防浪林带长1850km（60年代建成的柳树防浪林带），加上近10多年退田还湖、兴林抑螺、造纸原料林等工程的推动，杨树林发展十分迅速，现已达到2.67万hm²，按100m宽计算，可形成林带2.6万km，为洞庭湖组成了强大的防护林体系。近几十年来，防浪护堤林在保护大堤安全、防浪挂淤、减缓流速、降低风速，保护湖区人民生命财产的安全，在改善湖区农业生态环境，减少自然灾害，消浪护堤，保护洪堤安全，增加农民收入，促进农村经济发展上起了十分重要的作用。目前，洞庭湖区洲滩上的防浪林树种主要有旱柳、杨树和一些芦苇林组成洞庭湖区的防浪林体系，这些树种主要依靠其茎秆、枝条、叶片在洪水中与洪水产生摩擦，消耗洪水运动的能量，减小波浪，减少洪水对大堤的冲击，从而发挥防浪效益。因此防浪林茎秆、枝条、叶片的多少，空间分布格局以及林带与风向的角度等都将影响防浪效益的发挥。

防浪林茎、枝、叶各部分中，茎的生物量是最大的。一般来说，林龄越大，茎的生物量越大，林龄较大的柳树茎比理应大于林龄较小的杨树茎比，但研究发现，低龄的杨树林茎量比高龄的柳树林大。同时，随着树龄的增加，生物量分布的密集段也逐年上升，30年生柳林生物量分布的密集段在13~14m之间；11年生柳林生物量分布的密集段在6~9m之间，而且生物量相对多且密集，处在生长旺盛期；5年生以下杨树林带，枝条密集段在中部偏下处。

枝条有一定坚韧性，又有一定的柔软性，在与波浪的抗衡过程中，波浪的推拉作用，枝条前后起伏与波浪作用面增大，摩擦力增加，消耗波浪的能量也就多，所以枝条的防浪消波效果是最好的。据调查，杨树较之柳树，枝条少得多，但杨树主杆突出，侧枝较少；柳树叶表面积比杨树叶表面积要大得多，杨树林叶重与叶表面积基本接近，其差异不明显，这与叶片形状不同有密切关系。

防浪林的杆、枝、叶都有防浪效果，在各个不同发育阶段，三者之间的空间分布格局是不一样的，其防浪的效果也是不同的。枝条是消浪最重要部分，不同树种、不同生长阶段其枝条量和枝条的空间分布是不同的。根据这些树种空间结构特征科学地选择防浪林树种并进行合理配置，有利于充分发挥防浪林消浪、固土、护坡效益。

研究表明，滩地杨树造林后的前3年，其茎干、枝叶在汛期一般会部分浸在水中，并对水流会产生一定阻滞作用；4年生以后，通过适当修枝，可使枝下高于汛期洪水水位，枝叶阻水问题不复存在，此后的阻水作用产生于树干。当造林株行距为4m×6m、胸径为20~28cm时，其纵向阻水面为3.3%~4.7%，与滩地最大面积的纤维植物——芦苇群落比较每平方米24株的芦苇地其茎干纵向阻水面为5.9%，同时在每立方米的空间内还有1.48m²的叶片，在二者的共同阻滞作用下，芦苇地的阻水作用比杨树林强得多。据汛期现场测定，在同一洲滩、相同水流条件下，4年生林内20m处水的流速为每秒0.17m/s，芦苇地内20m处水的流速为0.05m/s，流速降低70.6%。

另外，当水的流速由高变低时，水中携带的泥沙即会沉积下来。且其沉积量与流速有关：流速愈慢，沉积愈多。在同一滩地条件下，4年生林地、芦苇地两种植被类型滩地的泥沙沉积量均随距湖岸距离的增加而减小，但芦苇地的降幅比杨树林大。0~60m范围内，芦苇地泥沙沉积量大于杨树林，90~170m范围内芦苇地的泥沙厚度反而小于杨树林，表明芦苇在汛期对水流的显著阻滞、降速作用，已使泥沙在流经芦苇地的前期产生大量沉降、水中所含泥沙减少，从而使后段芦苇地的泥沙沉积量减少。就泥沙平均厚度而言，芦苇地是杨树林的1.16倍，芦苇地的泥沙沉积量大于杨树林。

11.3 多效人工林生态系统土壤呼吸效益监测

土壤呼吸是土壤释放 CO_2 的过程，是陆地生态系统碳循环的重要组成部分。全球陆地约有 1500Pg 碳以有机质形态贮存于土壤中，约是陆地植被总碳贮量的 3 倍和全球大气碳库的 2 倍。通过土壤呼吸作用向大气释放的 CO_2 约占全球 CO_2 交换量的 25%，土壤排放出的 CO_2 量稍有变化，都会给大气中 CO_2 浓度变化带来巨大影响。

洞庭湖滩地杨树人工林作为陆地生态系统的一部分，它的土壤呼吸变化也直接影响着其向大气排放 CO_2 的变化。

11.3.1 杨树人工林土壤呼吸动态

洞庭湖滩地杨树人工林土壤呼吸速率日变化、季节变化表现出单峰型变化曲线特征。土壤呼吸速率日变化动态表现为昼高夜低，且各季度中的土壤呼吸速率日变化动态呈大致相同的变化规律。

从早上 9:00 开始，随着土壤温度的升高，土壤呼吸速逐渐增大，除夏季外，其他三个季度土壤呼吸日变化在 11:00~13:00 达到最大值，夏季土壤呼吸日变化在 15:00~17:00 达到最大值。随后土壤温度逐渐下降，土壤呼吸速率也相应减小，凌晨 5:00 左右达到最小值。7:00 又表现出缓慢的上升趋势。且滩地杨树人工林土壤呼吸速率日动态存在昼夜变化幅度较大，杨树人工林土壤呼吸速率日变化幅度以春、冬两季较大，夏、秋两季较小。而杨树人工林土壤呼吸速率季节变化也表现出单峰型变化曲线特征，并且在植物生长旺盛期的 6 月土壤 CO_2 排放通量达到最大值，其不同季节的土壤呼吸速率大小依次是夏季 > 春季 > 秋季 > 冬季。另外，土壤呼吸速率季节变化规律与地表温度、土壤温度（5cm）、土壤含水量（5cm）季节变化有密切的关系，因此，可以考虑在不影响林木生长的情况下，宏观调控地表温度、湿度等改变土壤排放 CO_2 的强度。

11.3.2 不同土地利用方式的土壤呼吸动态

芦苇、农田、杨树林人工林三种土地利用方式由于其植物根系、微生物、土壤动物的呼吸以及土壤有机质分解释放的 CO_2 存在着差异从而导致其土壤呼吸速率的不同。为了掌握三种土地利用方式的土壤呼吸动态，我们采用 LI-8100 便携式 CO_2 气体分析仪对三种土地利用类型的土壤呼吸进行为期 1 年的连续野外测定。

洞庭湖区滩地芦苇、农田、杨树林人工林三种土地利用方式土壤呼吸速率日变化均呈单峰曲线，且变化趋势基本一致，但在不同季节呼吸速率最高值出现时间存在差异，而呼吸速率最小值大致都出现在凌晨 5:00。三种土地利用方式土壤呼吸作用强弱存在显著差异，以及其土壤呼吸速率日变化幅度变化也存在差异，芦苇土壤呼吸速率日变化幅度最大，杨树林、农田依次变小。

三种土地利用类型的土壤季节平均呼吸速率均呈单峰型变化，但其土壤季节平均呼吸速率差异很显著，按生长季节平均 CO_2 释放速率大小排列：芦苇 > 杨树林 > 农田。另外，芦苇地春季土壤平均呼吸速率高于其他季节，而杨树林和农田的土壤季节平均呼吸速率在夏季最高，但三种土地利用类型的土壤呼吸速率均在冬季达到最低。

11.4 滩地杨树人工林土壤健康状况监测

11.4.1 连栽对杨树人工林土壤理化性质的影响

滩地作为一种生境，由于不同高程所受到的淹水期长短存在着差异而影响着土壤养分和盐分的分配，导致不同高程土壤养分和盐分含量存在一定程度的差异，同时，又因为杨树人工林的林龄不同、枯枝落叶量及其营养物质含量不同，影响了养分的归还和提高，更加大了不同高程土壤养分水平的差异。尤其是自退田还湖以来，在洞庭湖区营造了大面积的杨树人工林，这些林地极大地改善湖区的生态环境，增加了洞庭湖滩地生态系统的稳定性，带动了湖区经济的发展。

有研究表明：在陆地上长期栽植杨树能造成林地的地力退化。由于洞庭湖滩地特殊的生境特点，滩地连栽人工林的生产力与陆地连栽人工林地的生产力存在着差异，洞庭湖滩地连栽人工林土地理化性质并没有表现出随林龄的增加而下降的现象。具体表现为：连栽杨树人工林土壤的 pH 值随着林龄的增加而逐渐降低，这可能与林地的枯落物及根系分泌物有关，这些枯枝落物分解产生有机酸等物质，而林龄越大枯落物积累越多，分解产生的有机酸等物质越多，从而导致土壤 pH 值下降；从研究的结果看，除速效磷、速效钾外，不同林龄土壤中的理化性质并没有表现出随林龄增加而下降的现象，总氮、总磷含量在不同林龄林地土壤中差别不明显，且各林龄林地土壤理化性质与 CK 差别并不大，说明杨树人工林导致地力退化现象并不显著，在林分无人为施肥等干扰的情况下，造成这种现象的原因可能由于林地高程的不同以及淹水时间长短的差异，影响了土壤养分的分配和沉积造成的。

11.4.2 杨树人工林对滩地重金属污染的修复

重金属作为一种持久有毒的污染物，进入土壤后不能被生物降解，在土壤中的自然净化过程十分漫长，一般需要成百上千年的时间，是严重危害生态安全的土壤污染物之一。近年来，随着洞庭湖流域工农业的发展和人口的增多，越来越多的工业污水、丢弃的生活垃圾排入洞庭湖，以及农药化肥过度的施用都对洞庭湖退田还湖滩地的土壤造成了一定程度上的破坏，这些污染严重影响着洞庭湖的水质与湖区人民的生活和健康。

20 世纪 70 年代末至 90 年代初，各国学者纷纷进行超积累植物研究，国内外陆续发现了不同的超积累植物，成效显著。目前重金属污染土壤修复所采用的木本植物的生物量大且有较长的生长周期，有巨大的根系、茎、枝、叶面积作用于环境，形成较大的绿色空间和根系网络，对重金属等污染物具有一定的吸收积累，且吸收积累的污染物不参与食物链循环，避免了对人体产生伤害，杨树就具有这样的优越性，是良好的重金属污染修复材料。自湖区退田还湖以来，湖区大面积的杨树人工林的栽植在一定程度上对于重金属污染的修复具有积极的意义。

土壤中常见的重金属主要指 Pb、Cd、Cr、Cu、Zn、As 等金属。这些重金属含量和分布规律不仅取决于成土母质和污染源，还要受土壤的理化性质、降水、淹水的频度、耕作模式、季度的变化和区域环境的影响，与土壤—植物系统形成一个复杂的交互体系。研究发现，洞庭湖滩地土壤 pH 值在 6.7~7.13 之间，土壤近于中性，它对 Pb 元素的活性有很大影响；土壤中的有机质、总磷对 Cr 的土壤吸附和积累起到了一定的作用；这表明土壤 pH 值、有机质含量、土壤的机械组成、离子交换量和元素之间的相互作用等对重金属的活性、生态毒性、环境迁移行为、生物有效性等起着重要的影响，如有机质通过吸附、络合，对沉积物中重金属的生态毒性、环境迁移行为起决定性控制，降低重金属的生物毒性。

在洞庭湖退田还湖滩地的土壤中均能检测到 Pb、Cd、Cr、Cu、Zn、As 这 6 种重金属，且与湖南省潮土背景值相比，各种重金属元素在不同区域土壤中的含量存在差别，样地的中 Pb 的含量都超过了背景值，其平均值高于背景值近 2 倍；Cd 的含量均小于背景值；Cr 的平均含量小于背景值；Cu 的含量平均值超过背景值；Zn 含量的平均值接近于背景值；As 含量的平均值均高于背景值（表 11-1）。

表 11-1　重金属的毒性系数及湖南省背景值

项目	元素					
	Pb	Cd	Cr	Cu	Zn	As
毒性系数	5	30	2	5	1	10
背景值	23	0.18	70	32	98	11

根据内梅罗综合污染指数法和 Hakanson 潜在生态评价指数法分级标准，由抽样土壤中的重金属污染指数来看，洞庭湖滩地土壤属于轻微污染，6 种重金属元素均只有轻微级的潜在生态风险，其中 Pb、As 的潜在生态危害系数高于其他 4 种重金属元素，但它们均远低于轻微级的分级标准值；样地的综合污染指数 *P* 均小于 2，污染程度为轻度污染级；潜在生态危害指数 *RI* 均远小于 135，存在轻微潜在生态危害。

另外，对重金属在两个滩地抽样样地土壤中的含量进行风险评价表明，洞庭湖滩地土壤受到轻微污染和存在轻微潜在生态危害，从单项污染指数来看，Pb、Cu、As 属于轻度污染，Cr、Zn 已处于警戒级水平，Cd、Cr、Zn 未污染。

11.4.3 多效人工林对洞庭湖退田还湖滩地土壤中 DDT 的影响

DDT 作为一种光谱性有机氯杀虫剂，曾被广泛地应用于农业生产上病虫害防治和公共卫生方面控制病原体的传播。但由于其化学性质稳定，不易被分解，生物富集性很强，即便是在大规模禁止使用的几十年后，DDT 仍长期残留在环境中，并且它可以通过食物链传递污染整个生态环境，进而危害人类身体健康。虽然我国在 20 世纪 80 年代就禁止使用 DDT，但它们在环境中的残留及其对人体和生态系统的危害仍不容忽视。洞庭湖退田还湖前由于人类的围湖造田并大量的喷施农药（包括 DDT）给滩地的土壤造成了很大的污染；同时，由于洞庭湖退田还湖滩地属于季节性洪水淹没滩地，它作为洞庭湖湿地的一部分，存在着外来 DDT 输入的可能。

为了弄清 DDT 的残留状况，我们采用气相色谱法对岳阳市君山区广兴洲、集成垸和沅江市拐棍洲、江猪头滩地的杨树人工林土壤中的进行 DDT 进行测定和风险评估，从检测结果和统计特征看，所有样品均能检出 DDT，由此可见，DDT 在洞庭湖滩地的残留很普遍，但在不同地点 DDT 含量存在较大差异。在测试的土壤中 DDT 质量分数的平均值为 3.5788μg/kg，变异系数（*CV*）为 0.2007，为低等变异性水平，DDT 的质量分数均远低于国家土壤环境质量标准中的自然背景值（≤50μg/kg），与国内外其他地区的土壤中·的 DDT 测定值相比较，洞庭湖滩地人工林的土壤中的 DDT 的残留量仅仅高于浙江绍兴地区的土壤，仅约为天津郊区土壤的 1/11，约为德国农业土壤的 1/20，约为罗马尼亚乡村土壤的 1/63，表明洞庭湖滩地杨树人工林土壤处于相对较低的水平。这些差别可能由于洞庭湖滩地土壤在退田还湖前农药施用量、施肥种类及退田还湖后的人为干扰较少和滩地特有的环境条件的差异造成的。比如当滩地被洪水淹没时 DDT 可以随水迁移。另外，DDT 的四种同分异构体中，p，p′–DDD 的质量分数在样地土壤中存在极显著差异，其他异构体间的质量分数均无显著差别。

根据 Hitch 等人的研究，认为 DDT 在厌氧条件下进行还原脱氯反应，主要降解为 DDD 类化合物，而在好氧条件下经脱氢脱氯转化为 DDE，因此，由 DDE/DDD 比值可判断 DDT 的降解环境；同时，还可根据 DDT/（DDD+DDE）的大小来判断该地区土壤中是否有新的 DDT 输入。如果 DDT 的质量分数较高，即 DDT/（DDD+DDE）>1，表明有新的 DDT 输入；如果 DDT 的质量分数较低，即 DDT/（DDD+DDE）<1，表明没有新的 DDT 输入。如果在降解产物中，DDD 的质量分数高于 DDE，即 DDD/DDE>1，表明降解环境为厌氧条件，因为在厌氧条件下，DDT 通过还原过程脱氯降解为 DDD；如果 DDE 质量分数高于 DDD 的质量分数，即 DDD/DDE<1，表明降解环境为好氧条件，因为在氧化条件下，DDT 主要降解为 DDE。

研究表明，洞庭湖滩地杨树人工林 12 个样点土壤中 DDE/DDD 的比值在 0.4490~3.1189 之间，均值为 1.8232，仅 3 个样点小于 1，可见该滩地大部分地点 DDT 降解环境为好氧条件。12 个样点的 DDT/（DDD+DDE）值均大于 1，最高的 2 号样点高达 4，说明该地区有新的 DDT 输入。一方面，可能由于国家退田还湖政策未能彻底执行，在退田还湖区仍存在部分农田，从而人为地喷施一些含 DDT 成分的有机氯农药，比如三氯杀螨醇（含 3.54%~10.8% 的 DDT）；另一方面，新输入的 DDT 很可能是随每年季节性的长江洪水带来的。

这种现象应引起我们的重视，应探明其污染来源。

DDT作为持久性有机污染物的一种，具有典型的"三致"效应。目前，虽然人们在沉积物污染的生态风险评价方面做了很多工作，并运用一些食物链模型来评估生态风险，但仍未建立统一的标准。据报道，20世纪80年代印度环境中的DDT的质量分数分布为：沉积物（0.1mg/kg）、土壤（0.3mg/kg）、蚯蚓（4.0mg/kg）、鲟鱼（0.3mg/kg）、梭子鱼（3.0mg/kg）、银鸥鲳（67mg/kg）、苍鹭（20mg/kg）、乌鸦（51mg/kg）、秃鹰（95mg/kg），呈现出明显的食物链放大效应。R H Jong-bloed等利用简单的食物链，计算出对于鸟类消费者的土壤DDT最大允许质量分数为0.011mg/kg，哺乳动物为0.19mg/kg，土壤生物体则为0.01mg/kg。洞庭湖滩地土壤中平均质量分数为3.579μg/kg，证明该滩地土壤DDT的生态风险较低，但由于存在新的DDT输入现象，其潜在的生态风险仍不能忽视。

11.4.4 洞庭湖区滩地不同土地利用方式对土壤微生物数量的影响

植被、土壤及微生物是森林生态系统三大重要组成成分，而土壤微生物是土壤中最活跃的部分，它们参与土壤碳、氮等元素的循环过程和土壤矿物质的矿化过程，对有机物质的分解、养分的转化和供应都起着重要的主导作用。同时，土壤微生物的数量分布，不仅是土壤中有机养分、无机养分以及土壤通气透水性能的反应，而且是土壤中生物活性具体体现。近年来，洞庭湖区滩地栽植了大面积的杨树人工林，其中，杨树作为湖区滩地短周期工业原料林、生态防护林体系建设的重要树种之一，在湖区滩地经济、生态、社会等方面占有重要地位，而土壤微生物对林木生长和土壤肥力维持有着重要意义，其数量与群落组成是土壤质量的重要指标之一。

我们对洞庭湖滩地5~10年林龄的杨树人工林和苔草地（对照）土壤中的微生物的数量、种群进行研究表明：由于受到土壤理化性质以及根系分布的影响，不同微生物种群的数量以及其在不同深度土层都存在着差别。其中，细菌种群的数量在各林地的土壤中占绝对优势，真菌种群最少，这主要是由于细菌个体小，繁殖方法简单、速度快、耐高温、抗逆性强等生化特性所决定的；真菌和细菌主要分布在5~10cm土层，放线菌主要分布在0~5cm土层，厌氧菌主要分布在10~20cm土层；同时，土壤微生物的种群和数量在一定程度上与土壤类型、土壤理化性质、植被类型、枯落物种类和数量存在着较大的相关性，在调查的5~10年的杨树人工林的土壤中，真菌、细菌和厌氧菌数量及微生物总量均随着林龄的增加呈现先升后降的趋势，而放线菌随林龄增加呈现高—低—高的趋势。其中，7年生杨树林地土壤中各种微生物数量及微生物总量最大，5年生杨林地最小，这与此密度栽植的杨树人工林在7年生时生长量最大，提供给微生物分解的枯落物生物量最大，从而促进微生物的生长繁殖有关。

一般来说，土壤微生物与土壤理化性质之间有着密切的关系，土壤理化性质的好坏在很大程度上制约着土壤微生物的种类和数量，同时微生物的种类和数量又反过来影响着土壤理化性质的改变，使其朝良好的方向发展。但滩地土壤微生物与土壤理化性质之间的关系又不完全与陆地土壤相同，比如，滩地土壤中的微生物与速效氮、含水量间存在负相关，这与对陆地土壤研究结果明显不同。这种现象可能由于河滩土壤长期淹水和淹水中的养分沉积，造成土壤中养分含量过高而抑制微生物的生长繁殖。

11.5 抑螺防病林效益监测

洞庭湖区是血吸虫病流行重疫区，现有血吸虫病人20.5万人。占全国血吸虫病总人数的24.4%。钉螺是血吸虫传播的唯一中间宿主，因此，灭螺常成为血吸虫病防治的重要工作。

湖南省现有有螺滩地面积17.05万hm²，为全国有螺滩地面积的50.95%。有螺滩地的综合治理任务艰巨。"兴林抑螺"就是在有螺滩地上，开展以营林为主的生物技术措施来改善滩地的生态环境，以降低钉螺密度，尤其是降低感染性钉螺密度，从而降低湖水的血吸虫病感染性，保障疫区群众的身体健康。在有螺滩地上营造杨树抑螺林，随着林分蓄积和郁闭度的逐年增加。滩地的森林生态环境逐渐形成，林地的光照、水分、植被等钉螺生存、繁殖、取食等环境因子亦发生改变，从而影响到钉螺的种群分布。

滩地抑螺林是一开放性的湿地生态系统。它既具有人工林系统的特性，如森林生态环境的逐步形成，同时又具有滩地湿地生态系统所固有的生态特征，如汛期滩地的水淹性及由水体的流动所带来的动植物种类迁移、传播的便捷性。因此，滩地杨树人工林的螺情变化既有人工林生态系统的抑螺效应，又有钉螺在汛期漂移所带来的外源性增加。在常年水情下，随着林龄的增加，林内的光照强度减弱、林下植被生物量减少、地下水位降低、土壤含水率降低，表明杨树人工林的森林生态环境的演变，对于钉螺的生存、繁衍是一种逆向演变，且随林龄的增加而加强。因此，滩地杨树造林的抑螺效果是显著的、持久的。

11.5.1 钉螺种群消长与抑螺防病林工程治理模式的关系

抑螺防病林工程治理模式设置：①林农（油菜、小麦、蚕豆、黄麻等）复合模式；②不耕不种纯林业模式；③挖沟抬垄林—芦苇模式（垄面③ –1、沟底③ –2）；④挖沟抬垄纯林业模式（垄面④ –1、沟底④ –2）。各治理模式 2~3 年生林内活螺框出现率、活螺密度、感染螺密度与对应滩地造林前相比下降程度如图 11-1、图 11-2 所示。

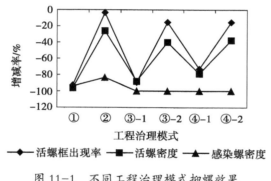

图 11-1　不同工程治理模式抑螺效果

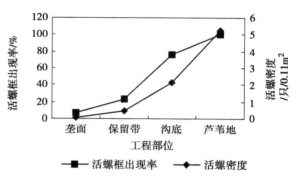

图 11-2　工程造林各部位钉螺分布

林农复合经营模式滩地经土壤翻耕、平整、开沟排水、林下间种，既可直接埋灭部分钉螺，又可减少杂草、降低土壤含水量，使钉螺孳生环境得到改造，其活螺框出现率、活螺密度、阳性螺密度分别下降92.9%、96.3% 和 94.3%。

滩地不经翻耕、间种的纯林业模式，由于幼林阶段钉螺的孳生环境没有多大改变，所以活螺框出现率、活螺密度下降甚少；但由于造林后的隔离管理，耕牛不再进入林地，野粪污染减少，所以感染螺密度下降仍达 83.3%。

在钉螺分布密集的低洼滩地，采取挖沟抬垄、抬高垄面高程的纯林业和林—芦复合两种模式进行治理，垄面治理效果较好，坡面及沟底钉螺孳生环境并未能得到彻底改造，活螺框出现率、活螺密度依旧很高，但阳性感染螺已得到完全控制。

在挖沟抬垄工程整地杨树抑螺防病林内，因工程不同局部环境改造程度的差异，活螺框出现率、活螺密度分布表现为：垄面 < 保留带 < 沟壁坡面、沟底 < 芦苇地。

11.5.2 滩地钉螺密度分布与挖沟抬垄整地造林措施

南方型黑杨虽具有一定的耐水淹能力，但在湖区滩地上造林，水仍是一限制因子。一般情况下，滩地杨树造林地的选择，在流水情况下，年均淹水时间以不超过65d为宜。年均淹水时间超过65d,其造林成活率,尤其是保存率很低，易风倒，林木单株材积下降约 40%~80%。为了扩大有螺滩地生物环改范围、增加杨树造林面积，采取挖沟抬垄措施以提高地面高程、减少淹水时间是行之有效的。工程整地造林将形成沟底、垄面及未被挠动的保留带等具有环境差异的地带，它们对钉螺的活动及繁衍亦产生不同的影响。

在挖沟抬垄整地杨树人工林内，在林地的不同局部环境，钉螺的密度分布不同，活螺框出现率、活螺密度从小到大依次为：垄面＜保留带＜沟壁坡面、沟底＜芦苇（对照）地。这种密度分布状况，首先符合滩地钉螺密度分布在一定海拔高程范围内随高程降低淹水时间增加而增加的普遍规律；其次，由于挖沟、抬垄，滩地的排水状况得到了改善，尤其是垄面，淹水时间减少，地下水位和土壤含水率降低，不仅有利于杨树生长，同时对钉螺的活动和繁殖亦产生抑制效应，活螺密度显著降低；第三，挖沟抬垄的杨树林内，不论是垄面还是保留带或沟底，与同一地段、相同高程的芦苇地相比，其活螺框出现率，活螺密度都有明显下降，表明低位洲滩芦苇地采取挖沟抬垄工程措施整地、营造杨树人工林，整体生态环境得到改善，且是钉螺繁衍的逆向演变。

11.5.3　钉螺种群消长与抑螺防病林造林密度的关系

同一滩地 5~6 年生不同密度抑螺防病林林内螺情调查结果见表 11–2。

表 11–2　不同密度林分钉螺密度分布

调查指标	林龄	造林密度 /m						
		3 × 4	4 × 4	5 × 6	4 × 8	6 × 8	8 × 8	10 × 10
林分郁闭度	5	0.8	0.8	0.6	0.6	0.5	0.45	0.4
	6	0.9	0.9	0.7	0.7	0.6	0.55	0.5
活螺框出现率 /%	5	9.3	1.9	11.1	5.6	9.3	13.0	13.0
	6	0	0	4.2	2.9	1.4	1.4	8.6
活螺密度 / 只 /0.11m²	5	0.129	0.018	0.111	0.129	0.111	0.129	0.129
	6	0	0	0.042	0.029	0.042	0.014	0.100

不同密度 5~6 年生杨树抑螺防病林内，活螺框出现率、活螺密度有随造林密度增加、林分郁闭度的提高而降低的趋势，并且这种趋势还随林龄的增加而有所增强，其原因在于在初植密度较高的情况下，林分提早郁闭，形成了不利于钉螺活动的滩地森林小环境。上述结果表明，在不影响行洪的滩地营建抑螺防病林，可适当加大初植密度，缩短林分郁闭过程，尽快实现抑螺防病林对滩地钉螺孳生环境的逆向改造，达到综合治理的效果。

11.5.4　钉螺种群消长与林分抚育管理措施的关系

沅江东南湖拐棍洲洲滩 3 年生抑螺防病林，滩地高程 31.0m，造林前活螺框出现率为 60.6%，活螺密度 1.599 只 /0.11m²，处于钉螺的适生环境水平上。对抑螺防病林采取全垦间种、全垦不种和不垦不种三种抚育管理措施进行林地管理，螺情调查结果表明，在此类地势较低的有螺滩地造林，林分郁闭前，如不采取全垦或全垦间种措施，由于幼林阶段的滩地森林生态环境尚未形成，钉螺的适生环境状态并未得到根本性改变，活螺密度仍达 1.156 只 /0.11m²。在滩地高程一致的同龄抑螺防病林内，通过对林地采取全垦或全垦间种等辅助措施，钉螺孳生环境得到人为改造，地表钉螺密度降低 90% 以上。可见，抑螺防病林郁闭前，对钉螺起抑制作用的主要措施是土壤翻耕、林下间种等配套林地土壤管理措施，且可取得显著的抑螺效果。

11.5.5 钉螺种群消长与抑螺防病林林龄的关系

在有螺宜林滩地上营造杨树抑螺林，随着林分蓄积和郁闭度的逐年增加，滩地的森林生态环境逐渐形成，林地的光照、水分、植被等钉螺生存、繁殖、取食等环境因子亦发生改变，从而影响到钉螺的种群分布。根据对不同高程—淹水时间滩地杨树人工林造林后 11 年的定位观测，其结果表明：有螺滩地采用南方型黑杨造林后，活螺框出现率、活螺密度均呈明显下降趋势，且随林龄增加，其下降幅度增大。在外滩造林不经冬季间种的粗放经营条件下，若以造林第 2 年春季的螺情为分析基准，12 年生的滩地杨树林内的活螺密度下降 85.2%~100%，活螺框出现率下降 80.3%~100%；而同一洲滩、植被为苔草—芦苇的非杨树人工林滩地的活螺密度、活螺框出现率，在 11 年内则分别增加了 108.2% 和 120.1%。同时对血防尤为重要的是杨树人工林内均未发现感染性钉螺，表明滩地杨树人工林对野粪污染的隔离、阻断十分有效。

滩地不同高程杨树抑螺防病林内，活螺密度、活螺框出现率虽然都有随林龄增加而降低、直至稳定在较低水平的趋势，但在造林后第 7（1999 年）、第 11 年（2002 年）却同时出现螺情显著上升的反常现象。这是因为滩地抑螺防病林生态系统本身具备湿地生态系统的开放性特征，滩地抑螺防病林内螺情变化既有人工林生态系统的抑螺效应，又有钉螺在汛期随水流漂移所带来的外源性增加。从而导致外源性钉螺净移入数量的显著增加。

通过营建抑螺防病林，对血防尤为重要的是林内均未发现感染性钉螺，表明滩地抑螺防病林营林与严格管护措施对野粪污染的隔离、阻断十分有效。

与此形成鲜明对比，同一洲滩地，植被为苔草—芦苇的非抑螺防病林滩地活螺密度、活螺框出现率，在 11 年内则分别增加了 108.2% 和 120.1%。

在常年水情下，随着林龄的增加，林内的光照强度减弱、林下植被生物量减少、地下水位降低、土壤含水率降低，表明杨树人工林的森林生态环境的演变，对于钉螺的生存、繁衍是一种逆向演变，且随林龄的增加而加强，因此，滩地杨树造林的抑螺效果是显著的，持久的。

11.5.6 滩地钉螺密度分布与高程—水因子关系

在滩地生态系统诸因子中，高程是主导因子，它决定了汛期的淹水时间；退水后，还将影响滩地的地下水位、土壤含水量，影响草本植物的种类分布和生长，从而通过水因子状况影响钉螺的活动及密度分布。研究表明，在汛期到来之前，滩地地下水位和土壤含水率均随高程的降低而升高，钉螺的活螺框出现率和活螺密度也随高程的降低而增加。

11.6 滩地多效人工林综合效益

11.6.1 防护林网

平湖农区的路、渠林带常构成防护林网。防护林网可降低风速、增加空气湿度，对气温和土温有增温作用，可避免或减轻寒露风的危害，能有效地减轻作物倒伏，提高作物产量。房前屋后及渠道、池塘边的杨树造林，可改善平湖地区的自然景观，美化环境，为居民提供舒适的生活环境。

11.6.2 滩地杨树抑螺林对地下水位的影响

垸外滩地杨树造林后，随着林龄的增加，林分的郁闭度逐年增大，树冠长度及叶面积指数在一定范围内也呈上升趋势。

滩地杨树人工林的地下水位总的变化趋势是随林龄的增加而降低。杨树是喜光的强阳性树种，蒸腾强度大，$1m^2$ 的叶面，12h 的蒸腾量高达 4.4L。当林地叶面积指数为 4~5 时，每平方米林地每日的蒸腾量达 17.6~22L，折算水柱高度为 1.76~2.20cm，其降低地下水位的作用显著。尤其是 6、7 月份，是杨树林地叶面积指数达最大值的季节，生长旺盛，蒸腾强度大，蒸腾耗水作用强，其降低地下水位的作用更加显著。地下水位降低，可促使土壤含水率下降；钉螺的活动和繁殖都需要有水的阴湿环境，土壤含水率降低，钉螺密度下降。

11.6.3　直接经济效益

以 7 年主伐的纸浆材人工林（ZH-17 杨）为例，每公顷立木蓄积 $135.5m^3$，杨木纸浆材出材率按 85%、售价按 500 元 $/m^3$ 计算，每公顷杨木总产值 57 587.5 元，税、费（林价的 10% 计）5758.75 元，育林总投入每公顷 6891.9 元（苗木、造林、管护费及其复利 2941.9 元，采伐、运输费 3950 元），7 年每公顷的纯利润 44 936.85 元，每公顷每年的纯利润 6419.55 元。

10 年生大径材杨树人工林（XL-90 杨），按每亩 22 株、出材率 0.75，售价 850 元计算，每公顷出材 $182.475m^3$，每公顷产值 155 103.75 元，税、费（林价的 10% 计）15 510.375 元，育林总投入每公顷 8649 元，10 年每公顷的纯利润 130 944.375 元，每公顷每年的纯利润 13 094.4375 元。

同时，芦苇是重要造纸原料，只要有序砍伐或者在河道中种植，芦苇能带来巨大的经济效益，以沅江市漉湖芦苇场为例，现在这里平均年产芦苇 10 万 t 左右，年产值 4560 万元左右，是中国最大的芦苇造纸基地。

另外，滩地杨树人工林在郁闭前还能进行林农间作，以林—油菜（6m×8m）模式为例，在林分郁闭前，油菜总收入可达 55 775.355 元 $/hm^2$。

总之，滩地多效人工林使洞庭湖滩地土地资源得到合理开发的同时，也使滩地生态系统得到健康、可持续发展，以及为湖区的经济等各方面的发展做出了重大的贡献。

第十二章 洞庭湖湿地生态恢复模式与综合效益评价研究

　　洞庭湖区主要是湖泊湿地，同时还包括河流湿地、沼泽湿地，洲滩以及人工湿地等多种湿地类型。区内主要的湿地保护模式是设立自然保护区，先后成立了东洞庭湖国家级自然保护区和南洞庭湖、目平湖、横岭湖 3 个省级湿地自然保护区，不仅可以保护湿地生态系统，同时也为很多珍贵的生物提供繁殖、栖息地。对于湖泊、河流湿地，开阔水域中主要的利用方式包括水产养殖、捕捞、水生 / 湿生植物栽培及航运等；在湖岸、洲、滩地区，已被大面积围垦成堤垸，进行林业及旱作农业的生产；沼泽湿地的利用方式一般包括沼生植物栽培及畜牧养殖；人工湿地主要是进行水稻、莲藕等水生植物栽培以及水产品养殖为主的精养鱼塘等。为提高生产效率，可根据当地的实际情况，实行多种模式混合经营的全方位立体开发模式。下面主要根据不同湿地类型不同的保护与利用方式，对洞庭湖区湿地资源保护与利用的模式进行归纳和总结。

　　湿地是自然界最富生物多样性的生态系统和人类最重要的生存环境之一，具有巨大的资源潜力和环境、社会、经济功能，不仅为人类的生产、生活提供多种资源，而且在抵御洪水、调节径流、改善环境、控制污染、保护物种基因多样性、美化环境和维护区域生态平衡等方面具有其他系统不可替代的作用。

　　我国湿地总面积约 $3484 \times 10^4 hm^2$，居世界第四位，亚洲第一位，湿地类型齐全，生态系统具有高度多样性，是各种湿地资源最丰富的国家之一。但是，由于不合理的利用和破坏，湿地的面积急剧缩减，据统计，自 1949 年以来，我国天然湿地面积减少大于 50%，湿地资源正经历退化、丧失的过程。

　　湿地生态恢复评价是近年来备受全球关注的问题，湿地生态恢复评价为决策者提供科学依据，进一步保护管理湿地资源。本研究在借鉴湿地经济评价、湿地生态健康评价、湿地影响评价的基础上，选择洞庭湖区沼泽湿地、湖泊湿地、人工湿地、沿海湿地以及河流湿地五种湿地类型作为实验区，运用层次分析法及德菲尔法，定性与定量分析相结合，对洞庭湖湿地资源生态恢复模式综合效益进行评价。研究从生态效益、经济效益、社会效益三个方面入手，建成生态恢复综合效益评价指标体系，确定各项指标权重，并对指标进行量化，从而计算各模式类型的综合效益，以利于分析比较其综合效益的差异，分析差异形成原因。促进区域间湿地保护的交流和合作，加强湿地利用和管理的协调发展。并以此为依据，探索我国湿地资源合理利用的优化方案，以期为湿地生态系统的保护和合理利用提供理论依据，促进湿地生态系统与社会、经济、环境和生物多样性的协调发展。并力图丰富和发展资源生态恢复理论与方法，为全国湿地资源的评价、利用以及与区域经济发展的协调提供有益的借鉴。

12.1 湖泊湿地

　　洞庭湖区以湖泊湿地为主，大部分湖泊湿地被划到自然保护区范围内。湖南东洞庭湖国家级与南洞庭湖、目平湖、横岭湖 3 个省级湿地自然保护区总面积为 43.37 万 hm^2，其中核心区面积 7.67 万 hm^2、缓冲区面积 13.48 万 hm^2，实验区 22.21 万 hm^2。4 个自然保护区分别成立于 1982 年、1997 年、1998 年、2003 年，位于 $112°18' \sim 113°15'$ E，$28°30' \sim 29°38'$ N 之间，东到云溪区松杨湖东尾、南抵民主垸兰溪河、西至沅水的鼎城区界、北以长江主航道与湖北省隔江相望，为反 "L" 形状。

1992 年和 2001 年，湖南东洞庭湖国家级与南洞庭湖、目平湖省级自然保护区被列入了《湿地公约》国际重要湿地名录，面积分别为 19.0 万 hm²、16.8 万 hm²、3.5 万 hm²。

自然保护区的建立，对洞庭湖湿地资源特别是生物多样性的保护和合理利用，发挥了重要作用。首先，洞庭湖是野生动植物赖以生存的优良生境。洞庭湖是我国乃至世界重要淡水河流湖泊复合湿地生态系统，在国际上一直享有很高的声誉，是世界自然基金会确定的全球 200 个重要生态区之一，为众多珍稀、濒危物种提供了栖息和越冬的场所，是中国乃至亚洲较大的鸟类越冬地之一。其次，湖泊对调节长江及四水径流和防洪减灾发挥着重要作用。洞庭湖水体容量为 167 亿 m³，年径流量为 3126 亿 m³，平均每 18 天湖水就更换一次。在分流长江下荆江洪峰流量、削减入湖洪峰流量和减轻长江下游洪水威胁方面具有巨大的作用，可分流长江下荆江洪峰 30% 的流量和削减入湖洪峰 30%~40% 的流量。因此，洞庭湖的生态安全保障作用无可替代。此外，占湖南省土地总面积 15% 的洞庭湖区有人口 1008 万人，粮田 67 万 hm²，粮食、油料和棉花等产量分别占全省的 35%、50% 和 86%，国民生产总产值约占全省的 30%。洞庭湖湿地经济价值总量巨大，是全国九大农产品商品生产基地之一。400 多万亩的杨树，其年经济总量将达到 100 亿元，就业人员 10 余万人，将成为经济新的增长点，林纸业也将成为湖南省重要的支柱产业。

12.1.1 东洞庭湖国家级自然保护区

湖南东洞庭湖国家级自然保护区，是 1992 年 7 月 1 日我国第一批被列入《国际重要湿地名录》的 7 个湿地自然保护区之一。该自然保护区于 1982 年经湖南省人民政府批准建立，1994 年 4 月，经国务院审定正式升格为国家级自然保护区，总面积 19.0 万 hm²，其中水域面积 6.54 万 hm²。保护区内栖息鸟类 303 种，数量多达数十万只；鱼类 114 种，是我国四大家鱼青鱼、草鱼、鲢鱼、鳙鱼的主要产地，同时也是中华鲟、白鲟和水生哺乳动物江豚和白鳍豚的主要栖息地。保护区内栖息的越冬候鸟具有种类多、数量大、密集程度高等特点，是长江中下游流域最重要的水鸟越冬地之一。目前世界上最大的小白额雁种群在此越冬，占全球越冬种群的 60% 以上。在该国家级保护区内栖息的越冬候鸟中有国家重点保护的野生鸟类 44 种，其中属于 I 级的有：白鹤、白头鹤、东方白鹳、黑鹳、中华秋沙鸭、白尾海雕、大鸨等 7 种，Ⅱ级的有：白额雁、小天鹅、白琵鹭、鸳鸯等 37 种；保护区内被列入国际濒危物种红皮书的还有小白额雁、鸿雁、花脸鸭、青头潜鸭等珍稀濒危鸟类 8 种。属于中日、中澳双边协定保护的鸟类达到 120 种。

湖南东洞庭湖国家级自然保护区经过了近 20 年的发展壮大，在保护管理、宣传教育、科研监测、社区共管等方面做了大量的工作，有效地保护了越冬水鸟及其栖息地生境。特别是通过 20 年连续不间断的对非法狩猎等行为的打击，保护区内及其周边社区内枪杀野生动物的行为得到了极大的遏止，取得了很好的效果。同时，经过长期科普知识的普及和多种形式的宣传教育，社区公众的鸟类保护意识有了普遍的提高。

12.1.2 南洞庭湖省级自然保护区

南洞庭湖以其特有的地理位置和丰富多彩的生态环境，孕育、保存了大量珍稀生物物种，因而誉为我国乃至整个亚洲的湿地生物宝库。为加强对该区物种资源特别是冬候鸟的保护管理，各级人民政府及林业、环境保护主管部门给予了高度重视。1991 年沅江市人民政府批准建立了县级洞庭湖鸟类保护区，下设漉湖、东南湖、卤马湖、万子湖四个保护站，实施对以冬候鸟为主要保护对象的湿地资源保护。1997 年经省市各级政府及林业主管部门批准建立益阳市南洞庭湖湿地和水禽省级自然保护区。

12.1.3 横岭湖国家级自然保护区

横岭湖为原八百里洞庭湖的一部分。由于湘、资、沅、澧四水所夹带的泥沙长期淤积而渐与洞庭湖形成季节性的分裂，丰水期仍以洞庭湖碧波相连。20 世纪 70 年代，湘阴大规模围垦横岭湖，四面筑长堤，栽种农作物、芦苇等，使横岭湖环境质量遭到破坏，生物多样性下降，湿地生物物种减少，一些原本繁盛的珍稀动物如中华秋沙鸭、黑鹳、白鹳、扬子鳄等逐渐稀少甚至绝迹。保护横岭湖的自然环境和自然资源成为人们治理洞庭湖的共识。2000年，由湖南省林业厅批示，湘阴县林业局牵头，组织湖南东洞庭湖国家级自然保护区和其他有关专家对横岭湖进行了考察，向湘阴县人民政府提出了在横岭湖建立县级自然保护区的建议，同年6月获得批准建立，2003年5月湖南省人民政府批准建立横岭湖省级自然保护区。

12.1.4 西洞庭湖省级自然保护区

目平湖位于汉寿县境内，是西洞庭湖的主体。1998年元月，经湖南省人民政府批准建立汉寿目平湖省级自然保护区，总面积3.5万hm^2，其中核心区面积1.2万hm^2。1998年12月，经常德市委、市人民政府批准成立保护区管理处，保护区主要保护目平湖及周边地区的湿地水禽、水生动物及湿地生态系统。1999年汉寿县人民政府将青山垸行政划拨给保护区。

保护区成立以来，积极参与国际交流，争取项目支持。1999年11月28日，世界自然基金会、省林业厅、县人民政府、目平湖湿地自然保护区共同签订青山垸湿地恢复示范项目合作协议，由世界自然基金会投资282万元，开展湿地保护环境教育与社会教育，开辟生态旅游，取缔破坏性捕捞，发展网箱养殖等项目，至2001年6月底，该示范项目已全部完成，取得了令人满意的效果。2000年9月又争取到了全球环境基金（CEF）的支持与合作，在人员培训、保护区能力建设等方面得到了有力援助。

12.1.5 青山垸有机渔业

青山垸是洞庭湖中退田还湖的一个典型代表，总积雨面积778.7hm^2。1998年，汉寿县人民政府将退田还湖后青山垸，行政划拨给汉寿西洞庭湖区自然保护区管理。

青山垸退田还湖后，西洞庭湖自然保护区与国际环保组织——世界自然基金会（WWF）合作，在青山垸开展了"退田还湖、恢复湿地"的示范项目。自2000年3月开始，保护区对青山垸实行封闭式管理，依法取缔了青山垸内及周边地区的"迷魂阵"、拦江网等不良捕鱼方式，并严禁在湖中毒鱼、电击鱼。2004年，保护区又与原青山湖垸的渔民对青山垸的渔业资源进行了共管，渔民在西洞庭湖自然保护区和世界自然基金会的指导下，开始按有机渔业生产方式，在青山垸进行有机渔业生产，并由世界自然基金会组织社区渔民和保护区工作人员到浙江省千岛湖进行了有机鱼生产培训，渔民借鉴千岛湖有机鱼生产经验，积极清除青山垸的污染源。为了保证优良的有机渔业生产用水，渔民不在青山垸投放任何饵料，不施任何化肥肥水，不施任何渔药，完全让青山垸的鱼在自然状态下生长繁育，且不投放任何转基因鱼苗等，具体规定如下：

（1）青山垸投喂的饵料必须是有机的、野生的或认证机构许可的。在有机的或野生的饵料数量或质量不能满足需求时，可以投喂最多不超过总饵料量5%（以干物质计）的常规饵料。在出现不可预见的情况时，可以在获得认证机构同意后在该年度投喂最多不超过20%（干物质计）的常规饵料。

（2）需要饵料投入时，饵料中必须至少有50%的动物蛋白来源于食品加工的副产品或其他不适合于人类消费的物质。在出现不可预见的情况时，允许在该年度将此比例降至30%。

（3）允许使用天然的矿物质添加剂、维生素和微量元素。禁止使用人粪尿，禁止不经处理就直接使用动物粪肥。禁止将下列物质添加到饵料中或以任何方式投喂给水生生物：①合成的促生长剂；②合成诱食剂；③合成的抗氧化剂和防腐剂；④合成色素；⑤非蛋白氮（尿素等）；⑥与养殖对象同科的生物及其制品；⑦经化学溶剂提取的饵料；⑧化学提取的纯氨基酸；⑨转基因生物或其产品。

（4）养殖密度不能影响水生生物的健康，不能引起其行为异常。必须定期监测生物的密度，并根据需要进行水质监测。

（5）可用生石灰、漂白粉、茶籽饼和高锰酸钾对养殖水体和部分湖底泥消毒，以预防水生生物疾病的发生。禁止使用抗生素、化学合成的抗寄生虫药或其他化学合成的渔药消毒，患病的水生生物，应优先采用自然疗法。

（6）在预防措施和天然药物治疗无效的情况下，允许对水生生物使用常规渔药。在进行常规药物治疗时，必须对患病生物（水产）采取隔离措施。使用过常规药物的水生生物必须要经过所使用药物的2个停药期后才能被继续作为有机水生生物销售。禁止使用抗生素、化学合成渔药物和激素对水产品实行日常的疾病预防处理。要定期检查水产种苗的健康状况。

（7）当有发生某种疾病的危险而不能通过其他管理技术进行控制，或国家法律有规定时，可为水生生物接种疫苗，但不允许使用转基因疫苗。

（8）尊重水生生物的生理和行为特点，减少对它们的干扰。提倡自然繁殖。限制采用人工授精和人工孵化等非自然繁殖方式。禁止使用三倍体、孤雌繁殖和基因工程等技术繁殖水生生物。

（9）有机水产的捕捞量不能超过生态系统的再生产能力，不能影响自然水域的持续生产，也不能威胁到其他物种的生存。尽可能采用温和的捕捞措施，以使对水生生物的应激和不利影响降至最低程度。捕捞工具的规格应符合国家有关规定，严禁电鱼。

经过3年的努力，青山垸的渔业生产水平，已达到了国际有机鱼的生产标准，并于2006年11月，顺利通过了南京国环有机认中心的检查验收，现已有鲤、鲫、鳊、鲢、鳙、青、草、鲶等20个鱼类品种获得了有机认证。目前，社区渔民已成立了青山垸有机渔业养殖场，已有长沙湘村公司、家乐福超市介入，销售青山垸的有机鱼。

青山垸的渔业生产按有机渔业生产方式生产后，野生鱼类资源迅速恢复，据调查青山垸目前有野生鱼类有13科58种，以鲤科鱼类为主，分为湖泊定居型和半洄游型两种生态类型。

12.2　河流湿地

洞庭湖区的河网纵横交错，非常复杂，在不能通航的小型河道内进行适当的渔业养殖，可以大大提高洞庭湖区的生产力。河流湿地的特点是有一定的水体流动，且水流不急，因此适合活水养蚌、网箱养鱼等水产品养殖模式。

12.2.1　珍珠蚌养殖

珍珠蚌养殖模式适用于常年有水源保证，光照条件好，无污染，进排水方便，水质较肥沃，饵料生物丰富，水面无水生高等植物，底质淤泥较少，水深2m左右，具有一定水流或风浪运动的水域。如果有微流水，面积从不到1hm²到十几公顷均可。如果常年没有微流水，人工修筑的水面一般以3~5hm²为宜。水体钙的含量要求在每毫升水体50mg碳酸钙以上，水的酸碱度以中性稍偏碱性为好（pH为6.8~8.5）。养殖场的水温，年平均达17~20℃，表层水的日最高水温不超过38℃，最低不小于2℃，最适水温在23~30℃。

养蚌育珠从育珠蚌进行手术起到珍珠育成收获为止，一般需2~3年，时间较长，管理工作十分重要。

（1）手术后的育珠蚌应先置入清水中暂养一段时间，待伤口愈合、体质有所恢复后，再将其移入肥水中养殖。育珠蚌手术后的1月内最易发生吐片、死亡，此期间必须加强检查，及时处理。

（2）要适时施用农家肥、化肥，以增加养殖水域的营养物质，为育珠蚌提供充足的饵料和供给机体可直接吸收的营养物质。

（3）在无流水的封闭水域养蚌育珠时，必须加强注水、换水与增氧工作，以防水体缺氧，育珠蚌窒息死亡。

（4）采用吊养育珠时，河蚌的垂吊深度必须依水位、水温的变化及时进行调整。要定期清除吊养网笼和蚌体表面的附着物。

12.2.2　网箱养殖

网箱养殖是在河流、湖泊、水库等大中型水面的敞开水域设置网箱，箱内进行高密度人工精养。制作网箱的材料多种多样，网片可由金属网和合成纤维网两大类。网目依所饲养鱼体规格而变化，浮式网用泡沫塑料做浮子，也有用木材做网箱框架和浮子，用金属制成浮筒浮力较大便于管理，框架可用金属管、金属角材、塑料管、大毛竹或木杆之类。网箱的规格依地区和养殖对象而不同，一般在 15~100m²。网箱养鱼特点是可以充分利用天然水体中良好的水质条件，提高放养密度，增加载鱼能力，实现高产稳产。网箱内良好的理化环境主要靠水体的自然动力（水流、风力等）使箱内水体不断交换，以补充新鲜的水质，并将鱼体的代谢产物随水流带走，这样箱体内形成一个良好的环境条件，因而能够用较小的水体获得较高的鱼产量。

网箱养殖的技术关键是：首先，应选择水温适宜，有微水流，水质清新的天然水体设置网箱，然后是选择适宜的网箱结构和设置方式，包括网箱的形式，大小排列方式，排放密度等。其次是依水质确定放养鱼类、规格密度、混养比例等，以便充分发挥水体生产潜力。最后是投喂全价优质饵料，做好防逃、防病、防敌害等管理工作。

网箱养殖适用于草食性、滤食性、杂食性鱼类，同时还可以养殖螃蟹、黄鳝等，近年来，网箱养殖迅速发展，带来良好的经济效益和社会效益，但同时随着养殖规模和养殖强度的扩大，许多水体出现了局部或全局性的水质恶化现象，对环境造成了一定的污染，这一问题越来越引起了人们的重视。因此，在进行网箱养殖时，应科学的设计水域资源利用方案，根据水体对网箱养殖负载能力，确定合理的载鱼量，既达到充分利用自然资源，又能保护生态环境。

12.3 洲滩及沼泽湿地

洞庭湖区常年显露的洲滩地势高，即使特大洪水期也无法行洪落淤，且荻芦群落逐渐退化，可根据洲滩高程和荻芦退化程度进行立体开发。高位洲滩成片营造杨树速生丰产林，中位洲滩实行大行距造林，形成以荻芦为主、荻芦林间作的带状格局，低位湿地开沟沥水，划块成网格，其中间为荻芦，周围植树造林，建立大型防护林网络。近年沅江市采用此模式后，荻芦产量提高近一倍，杨树速生丰产林成材快，且叶大枝密，除带来经济效益外，还能引来鸟类和其他动物栖息，既减少荻芦的病虫害，又有防风作用，保护荻芦。同时大量的落地枝叶可增加湿地的有机养分，有助于提高湿地的生产力（李景保等，2001）。

12.3.1 杨树栽培

杨树喜光喜水喜肥，喜欢透气性能好的土壤，纤维用材或小径级用材的杨树造林地可选择土壤有效层厚度在 60cm 以上，地下水位在 60~100cm 之间的地块；用于单板用材或大径级用材的杨树造林地可选择土壤有效层厚度在 100cm 以上，地下水位在 100~150cm 之间的地块。垸外滩地造林地选择必须遵循以下原则，根据滩地年均淹水时间将滩地划分为三类：年均淹水 30d 以内的短淹水期型，可营造速生丰产林；淹水 30~65d 的中淹水期型，可营造中、小径工业用材林、抑螺防病林、护堤防浪林等；淹水时间超过 65d 的长淹水期滩地，如不采取挖沟抬垄等工程措施以抬高地面高程，改善立地条件，则不宜用作杨树造林。洞庭湖地区，西洞庭湖 32.0m 以上，南洞庭湖 31.0m 以上，东洞庭湖 30.0m 以上，造林才有经济效益（汤玉喜等，2002）。

造林前，首先要做好苗木调运工作，尽量就近调苗，做到起苗后立即运往造林地点，并将苗木基部浸水 1m 左右，浸泡 7d 以上，让苗木充分吸足水分，然后才造林；苗木质量要求垸外造林苗高大于 4.5m、地径大于 3.0cm，垸内造林苗高大于 3.5m、地径大于 2.0cm。

其次，搞好苗木的分级工作，苗木调运来后，一定要按苗木苗高、径级和质量搞好分级，分级造林，防止造林后林木人为分化，林相不整齐，影响林分的产量。

再次，对苗木进行处理，苗木要剪去全部侧枝，侧枝基部留 0.3~0.5cm 的茬，以免伤口紧贴苗木，将木质化不良、不充实的细弱顶梢剪掉，剪至顶部壮实的芽以上 2cm 左右，这样可以避免顶部第一侧芽超过局部的顶芽与它竞争形成双股顶梢。合理截梢不会减少高生长，有利于整形。

期间，把好苗木病害关，调入苗木前，一定要到圃地现场仔细查看苗木，有病害的苗木一定不要调进造林，造林前苗木要进行病害的处理，如喷洒代森锰锌、多菌灵等杀菌药物，以提高造林成活率，根据目前病害的情况，病害已严重影响当年造林成活率，导致林相不整齐，杨树造林成活率的高低将成为影响我市杨树林分产量的主导因子。

最后，搞好林地的扫障和整地，一是垸内造林地扫除所有杂树和杂草。二是垸外造林地，根据立地条件开好排水沟，做到沟沟相连，雨停地干，需采取工程的要及时做好工程，滩地造林无论立地条件如何，尽量做到一沟一树或一沟二树，以改善滩地立地条件，提高林分产量，无论一沟一树还是一沟二树都要缜密的考虑好今后采伐时林木的出材道，以降低生产成本。

（1）造林密度。造林密度是在经营林业生产过程中唯一能有效控制的因子之一。杨树造林密度控制主要根据所生产的材种、立地好坏、轮伐期长短及经营措施等确定，杨树造林的初植密度为最终密度，不提倡间伐。

① 垸内堤、渠、路造林密度，单行配置株距 2.0~3m；双行按株行距 3m×2m、3m×3m、3m×4m 呈三角形配置；多行 4m×4m、4m×5m、4m×6m 呈三角形配置；农户四旁按株距 2.0~3m 配置。

② 纤维用材（小径级）轮伐期在 4~6 年，立地指数在 16~18m，栽植密度为 74 株/亩（3m×3m，）立地指数 >18m、<20m 时，栽植密度 55~66 株/亩（3m×4m 或 2.5m×4m），立地指数 >20m 时，栽植密度 41 株/亩（4m×4m）。

③ 单板类大径级用材轮伐期在 10~12 年，立地指数应大于 20m，栽植密度为 18~22 株/亩（6m×6m、6m×5m）。

④ 湖洲滩地造林，考虑到芦林间作和工程造林的成本，造林采取宽行窄株模式配置，4m×6~8m、3m×5~15m、5m×5~7m 等。

（2）栽植。

① 栽植方法：杨树采取插杆造林的方法，扦插时，用略粗于苗木地径的钢钎垂直打 70~80cm 深的孔，插入杨树截根苗，踩紧踏实筑紧，以防风吹摇动，影响树苗生根。

② 栽植季节，一般安排在 1~3 月份造林，植苗后发现死株缺兜，应于第二年立春前用大苗进行补植，因杨树为速生和强阳性树种，一般情况下，当年造林成活率达到 90% 或不出现连续缺兜的情况，不再补植。

（3）抚育管理。

① 除草松土：除草松土是幼林抚育的基本措施。无论是"四旁"栽种的树木或是连片的林地，如常年裸露，一般杂草丛生，地面板结，因此必须结合林地间种作物进行翻耕松土，清除杂草，改善土壤状况，促进林木生长。

除草松土的时间，一般造林后头两年，每年除草松土两次，第一次 5~6 月，第二次 8~9 月。第三年抚育一次，林木即可郁闭，有条件连续抚育可提高林分产量。

除草松土的方法：农田林网林带的线状小班可进行块状抚育，抚育面积的大小与冠幅一致。集中连片栽植的块状小班实行全垦抚育，林粮间作的小班进行全面除草松土，以耕代抚，松土时不要伤害树木。如发现苗木歪斜露根，要抚苗培兜。松土的深度必须掌握兜际浅，冠外深；小树浅，大树深；夏秋浅，冬季深；沙土浅，沾土深的原则。一般松土的深度 10~25cm。

② 除蘖、补植：杨树是一种萌芽力极强的树种，如兜部长出许多萌条，分散养分，影响主干生长，因此要结合除草松土，将蘖条砍除，然后培土，掩没切口。造林后的第二年，如发现缺株，应于"立春"前用大苗进行补植。

③ 灌水：杨树蒸腾强度大，单位时间内消耗的水分数量比一般树种多 1 倍以上。在整个生长季节满足其对水分的要求，是促进速生丰产的条件。因此，干旱季节，应进行灌溉。据测定，在干旱情况下灌溉，比对照提高了蒸腾强度 21%~26%，提高了光合强度 10.8%~12.9%。灌水方式可采用漫灌或沟灌。

④ 排涝：洞庭湖往往 5~7 月降雨量集中，林地容易发生内涝。且这个季节正处林木生长旺季，林地土壤渍水，使树木根系呼吸作用受到抑制，严重呈现早落叶现象，影响林木生长，因此，必须采取措施及时排涝。排涝的方法主要是林地开沟，可冬季结合林地降低地下水位开排水沟。沟的规格为沟深 1m，沟底宽 0.5~0.8m，面宽 1.5~2.0m，沟距按照林地面积大小确定。大面积成片林地，一般每隔 80~100m 开挖一条排水沟，并形成纵横交错的排水沟网，使其沟沟相通，排水流畅。

（4）主伐林龄。应根据不同密度林分主伐年龄阶段各年木材净收入进行分析，依据利润最大化原则，确定不同密度林分的主伐年限，利润最大化主伐年限比林分数量成熟年龄提早 1~2 年。一般大径材林龄 12 年以上、中小径材 8~10 年开始主伐。

12.3.2 芦 苇

芦苇 *Phragmites communis* Trin，多年生挺水草本植物。洞庭湖区有大片的原生芦苇分布，同时，由于芦苇具有很高的经济价值，是一种优良的造纸原料，其茎中的纤维素含量高达 40%~60%，可代替木材，近年，洞庭湖区芦苇种植面积在不断扩大。

（1）繁殖与栽培技术。芦苇的种子细小，虽可进行有性繁殖，但播种出苗后主茎生长缓慢，需经 2~3 年后才能发育成高大的植株，因此，在大面积的生产上多不采用种子繁殖，一般采用无性繁殖（营养体繁殖）。

芦苇的无性繁殖一般采用分株（蔸）繁殖，这样可以保持亲本的优良遗传性状和避免有性繁殖的分离现象。从芦苇丛中分割出一株或若干株。分株一般在休眠芽未开始发育时进行，但必须选择株芽健壮、无病虫害的植株。缺点是繁殖的系数较低，不能一次性地获得大量种苗。但在条件优越的地区常年可进行，方法简便，容易推广应用。

芦苇还可以进行分茎繁殖。芦苇的根茎发达，具多分枝，横向生长，先端有顶芽，根状茎具多数节，其节间处抽生侧芽、腋芽和不定根，分割后即可成新的植株。采取根状茎需在萌芽前进行，以免温度升高时苇芽萌发影响其成活率；在储运时，如果需要远途运输可用草袋包装好，洒上水放置在阴凉处，但水不要过多，并注意通风降温。此外，压枝繁殖（压青法）操作简便，容易推广，将母株枝压埋于土壤或泥中，使其生根后与母株分离成为独立的植株。

（2）栽培管理。栽培芦苇应根据不同的需要选择适宜的品种和适合栽植的湖、塘、海湾滩涂、戈壁、草甸、河谷等地。光照充足，水深 0~50cm，土质肥沃，水位较稳定的区域最宜。

① 芦田的整理。水位较深的湖塘可不必翻整，水位较浅的湖塘、戈壁、草甸、海湾滩涂应提前进行深翻，耙平底土，以利灌溉。

芦苇在生长早期如果地下根状茎泡水过深会影响芦苇的前期生长发育，开沟排水，可降低地下水位，调解土壤中水与空气的矛盾，使早春苇田无积水，保持土壤的良好通气条件，促进好气性微生物的活动能力，从而增加土壤的肥力，有利于芦苇根系对营养的吸收。此外，应将洪水引导到低洼地或无淤处，让洪水中的泥沙大量沉淀下来。

② 芦苇的栽培。栽植的芦苇无论是购自苗圃、挖自湖野或由大苗移植，都是从甲地迁入乙地的作业，需通过长期的人工管理而达到生产的目的。

在长江流域一般在 3 月下旬分栽，长江以北及黄河流域或华北地区在 4 月中下旬，东北地区一般在 5 月。a. 栽植的株行距，若用种子繁殖的幼苗，株（蔸）行距 30~50cm；苇田移栽苗栽植的株（蔸）行距以 60~120cm 为宜。b. 栽植的深度，浅水湖、塘、田、戈壁、草甸等地，栽植的深度在 5~15cm 之间。c. 水位的调节，芦苇在不同的生长时期对水位的要求不一。调节水位应遵循由浅到深、再由深到浅的原则，同时还要保持水位的稳定性，一般分栽时 5~10cm；随着茎秆的生长，水位可调到 20~40cm；到抽穗老熟时，又可将水位调节到 5cm 左右；待植株完全成熟后要进行晒田，以便进行机械收割。

③ 苇田灌溉。水是芦苇生长发育的重要条件。尤其是在含盐分较多的地区，水就显得更为重要。生

产实践证明，只有按照芦苇生长的规律因地制宜地进行灌溉管理，方能获得芦苇的高产、稳产。

④ 苇田施肥。芦苇与其他栽培植物一样，维持正常的生命活动需要吸收各类营养物质与微量元素，如氮、磷、钙、硫、镁、铁和代谢种必不可少的铜、锌、硼、锰、钠等微量元素，甚至可能还包括一些人类尚未知的元素。芦苇是一种喜肥植物。

⑤ 苇田的除草。苇田的类型多样，南北各地杂草种类也有所不同，其影响芦苇生长发育的程度也不一样。然而随着苇田环境条件的变化，杂草的种类和数量也不断地变化，而这些杂草的生长适应性又比芦苇强，给芦苇造成危害。

（3）病虫害防治。芦苇所处的生态环境较为特殊。芦苇大都种植在空旷的地域。水源条件充足、空气湿度大、温度高、光照强、物种单一、害虫的天敌少等诸多因素都是病虫害感染的有利条件。所以，一旦防治不及时常造成重大损失。常见的芦苇病虫害有叶斑病（麦皮病）、腐败病（根腐病）、黑斑病、锈病、黑穗病、黑粉病、黏虫、蚜虫（芦苇粉大尾蚜）、斜纹夜蛾、黄刺蛾、舞毒蛾、金龟子、灯蛾（土名叫"毛虫"）、芦苇食心虫（钻心虫）、芦螟、芦苇蠹虫、蛴螬（白蚕、白地蚕）、蝼蛄（土狗子）等。芦苇的病虫害防治工作应遵循"预防为主，防胜于治"的原则。应不断提高栽培管理技术水平，多样化施肥，及时清除杂草和枯枝落叶，培育壮苗提高芦苇抗病虫害的能力。发现病虫害要及时治理，以防蔓延（安树青，2002）。

12.4　人工湿地及堤垸农业

洞庭湖区的人工湿地主要为精养鱼塘和水稻种植，还包括莲藕等水生蔬菜栽培等。水稻栽培包括根据时间进行的早稻、中稻、晚稻单独或配套栽培，与菜藕、油菜等配套栽培以及稻鸭共养、稻鱼、稻蟹等不同的生产模式。堤垸农业除上述两种外，还包括苎麻、棉花及棉花套西瓜、棉花套蔬菜、棉花套油菜等其他农作物栽培模式。

12.4.1　水　稻

种植优质早稻应根据市场需求，因地制宜选用通过审定或认定的优质稻品种。常规优质稻种子，要求每年更换。按产业化开发的要求一地一品种，连片种植。

中稻由于营养生长期长，分蘖优势明显，以采用旱土育秧、手工匀插的效果较好。栽培时首先准备条件较好的苗床，选择适宜组合品种，种子同样要搞好晒种、选种、消毒和浸种催芽，破胸整齐后选择合适的时间进行播种，出苗后要加强秧苗管理、适时移栽，移栽后要加强大田管理。

随着农村经济的发展和农村劳动力的转移，直播晚稻技术的应用正逐步扩大。由于直播免去了育秧、拔秧、插秧等环节，表现为苗数足、分蘖发生早、节位低、成穗率高、有效穗多，且具有高产、高效、省工等优点，因而受到广大农民的欢迎。但因在温光资源利用上少了一个秧苗期，栽培中对一播全苗、杂草防除和后期防倒伏的要求较高，因而在栽培技术上应严格控制播种期、精细整地、彻底除草、平衡施肥、防止倒伏。可与早熟菜藕进行配套种植或稻鸭共养的模式，提高土地利用效率。

稻田养鸭可提高稻谷产量和稻米品质，同时可增加养鸭收入，具有良好的生态效益和经济效益。鸭在田中觅食，频繁活动，不断疏松表层，促进水、肥、气交流，减少有毒物质积累，促进水稻根系生长，起到了中耕和除草作用。稻田中的杂草包括稗草均为鸭的素食。同时，鸭还起到了防病治虫作用，水稻螟虫、飞虱和纵卷叶螟等害虫均是鸭的美味佳肴。据调查：鸭能捕食 80%~90% 飞虱和二化螟幼虫；对水稻生长前期的纵卷叶螟防治效果较好，但对水稻后期的纵卷叶螟防治效果较差。鸭子在田中同时觅食菌核和老、弱、病叶，控制了病原物，加上审行作用能改善田间通风透光条件，能有效地控制纹枯病的发生。此外，鸭清除老弱病叶的同时，采食后发的嫩小分蘖，抑制了无效分蘖，促进养分向上输送，使实粒数和千粒重增加。鸭昼夜生活在田间，排出的粪便每天在给水稻追肥。实行稻鸭共生，可减少化肥、农药和除草剂的使用，减少污染，提高大米卫生品质（刘小燕等，2005）。

12.4.2 莲

莲 Nelumbo mucifera Gaerth，别名莲藕、荷花、莲花、芙蓉等，系多年生挺水草本植物。根状茎粗壮，横走，粗而肥厚，有长节，节间膨大，内有纵行通气孔道，节部易缩。叶圆形、盾状，直径 20~90cm，全缘，稍呈波状；柄上有刺，长 1~2cm，挺出水面。花单生，花柄 1~2cm，花生顶端，直径 6~32cm，美丽芳香；萼片 4~5 枚，早落。花瓣（12~2000 枚）多数，椭圆形，白色或粉红色、红色，有时变成雄蕊；雄蕊多数，花药丝形或卵形，长 1.3~3cm；种子卵形或椭圆形，长 1.2~2.5cm，种皮红色或白色。花果期 5~10 月。

在长期的培育驯化过程中，根据其用途分为三个类型，藕莲、子莲、花莲。莲藕在中国南起海南岛，北至新疆等省区均有栽培，其中以长江中下游地区为主，全国总面积约在 20 万 hm² 以上，总产量约 300 万 t。子莲在我国主要产区有湖南、湖北、江苏、江西、福建等省，全国总面积约 2 万 hm²，产量 1.5 万 t 左右。花莲全国各地均栽培供观赏。

莲的主要产品有通心莲、莲蓉、糖莲子罐头、野藕汁、野莲汁、速冻和速干藕、盐水藕，少量的鲜藕被出口到日本、东南亚及美国和加拿大等地，换取大量的外汇。

莲的繁殖方法有两种，有性繁殖和无性繁殖。无性繁殖（营养繁殖）不仅可以保存亲本的品种遗传特性，而且在当年可采莲、观花、收藕，所以在生产上，子莲、藕莲、花莲一般都采用此方法。

分藕繁殖：长江流域在 3 月下旬至 4 月上旬，选择品种的主藕、子藕（一级分枝），保留 2~3 节，顶芽完整，均可作藕种。

顶芽繁殖：主藕、子藕、孙藕的先端均有一个顶芽，都是富有活力的分生组织。外被肥厚的鳞片包裹，内部组织层层相套，孕育着一级又一级的叶、顶芽、腋芽和花芽等器官。切取顶芽繁殖，是利用顶芽内分生组织的活动分化新一级器官，形成新的植株，达到繁殖的目的。根据武汉市蔬菜研究所的研究，藕的顶芽可以提前脱离母体，带节切下进行扦插育苗。关键问题，首先要有一定的温度，在自然条件下，长江中下游当日平均气温回升至 15℃时，芽开始萌动，便可用顶芽育苗。其次是要给予疏松的营养丰富的基质（营养液或腐熟塘泥），厚约 5~8cm，并保水 3~5cm 深，也可直接插入田间的苗床中，将顶芽节埋入泥内，芽尖露出泥面。早春，苗盘应移到温室或温棚内，当顶芽萌发后，幼叶首先突破鳞片，伸入水中，当节上生长出不定根，长出了浮叶时，便可移栽定植。定植于藕田应将不定根和莲鞭埋入泥中让幼叶露出水面。定植初期，实行浅水管理。利用顶芽繁殖，节省藕种，方便运输，减少病虫害，是值得推广的繁殖技术。

藕田、子莲田多选择浅水湿地或低洼的稻田，日光充足、水位稳定、土壤肥沃的湿地种植。一般在当地日均温度 15℃以上，水温达 12℃以上时栽种，长江流域在 3 月底或 4 月中旬以前。

栽种前，施足基肥，深耕翻 20~40cm，耙平灌水，初期能保持 3~10cm 为宜。在栽种后 30~40d，叶开始生长之时第一次追肥，以促进出叶；第二次追肥在 5 月底或 6 月初（田块中生长叶达 50% 时）进行，以促进分枝；第三次施肥一般在 7 月中下旬进行，以促进新藕的增大（子莲可不施此次肥），提高单位面积产量和商品性状。种植适当密植，株行距 0.7m×1.5m，400~500 株 /hm²。在生长期内每月进行一次除草，直到植株全部封行为止。

生长前期保持 3~10cm 的浅水，以使水温、泥温升高，促进植株的生长。生长中期即开始分枝时一般逐渐加深水位，因品种的不同要求适应的水位也有很大的差异，通常为 40~150cm 深的水位。在生长后期，为了提高结藕率，这时应将水位调节 10~20cm，水位的调节规律为：浅—深—浅，大雨应及时排水（安树青，2002）。

12.4.3 棉 花

洞庭湖区是我国主要的棉花产区，棉地主要的种植模式为棉花—油菜、棉花—榨菜。为了探索农业种植结构调整的高效模式，变"两熟"为"三熟"，农业科技人员进行甜瓜—棉花—榨菜套作技术研究，并在区内大面积推广，取得了良好的经济效益。

棉花移栽到大田后，甜瓜逐渐进入生长旺盛期，其蔓、叶覆盖土壤表面，既减少了土表水分蒸腾和水土流失，又抑制了棉花前期的杂草生长。到甜瓜生长后期，棉花已进入蕾期，可以给甜瓜适当遮阴，调节田间小气候，有利于甜瓜开花授粉，减轻强日照对甜瓜的灼伤（甜瓜属中日照植物）。甜瓜采收后，拔去瓜蔓，覆盖厢面，继续为棉花保水降温。10月上中旬，榨菜移栽时，棉株已进入生长停滞期。榨菜移栽到大田后，棉株叶片对榨菜幼苗返青成活有一定的遮蔽作用。随着榨菜幼苗生长，棉株叶片逐渐脱落，逐步满足榨菜幼苗生长的光照条件。同时，棉株及着生的残留叶片可减轻早霜对榨菜的影响。

三种作物均采用育苗移栽，苗期均在30d以上，其苗期和前作重叠期达95d。甜瓜与棉花大田共生期为40~50d，棉花与榨菜大田共生期为30d左右。三种作物共生期累计达165~175d，提高了土地利用率。

三种作物根系不同，共生期吸收肥水的土层不同，甜瓜和榨菜是须根系作物，其根系主要分布在10~15cm的浅土层；棉花是直根系作物，其根系主要分布在25~35cm的深土层，甜瓜与棉花、棉花与榨菜共生期间，分别吸收不同土层的肥水。此外，种作物肥水吸收高峰期不同，甜瓜的肥水需求高峰期在5~6月，棉花肥水需求高峰期主要集中在7~9月，错开了甜瓜和棉花的肥水需求高峰期。榨菜在棉花停止生长后间作，不存在争夺肥水的矛盾。

另外，棉—瓜—油三熟栽培模式，是南县现阶段棉—油单一连作模式向三熟发展中较理想的模式，其经济效益十分明显。棉花品种应选用高产、优质、抗病，同时适宜于宽行稀植，有利于间套作物的品种。西瓜选用产量高，中熟偏早、能提早上市的无籽品种，油菜品种选择中熟偏早、丰产抗病、油质好的品种，有利于棉花、西瓜适时移栽。

12.4.4 苎　麻

苎麻 *Boehmeria nivea* L. Gaud. 是荨麻科 Urticaceae 苎麻属 *Boehmeria* 多年生宿根性草本植物，全世界约有120余种，我国已发现32种11变种。我国是世界苎麻起源地，也是世界上栽培和利用苎麻最早的国家。苎麻是重要的纺织材料之一，具有良好的纤维纺织性能和穿着服饰性能，被公认为"天然纤维之王"。另外，苎麻的叶、茎秆、根可开展多种综合利用。我国已经对苎麻的资源分布、引种栽培、系统选育与杂交育种、杂种优势与雄性不育、诱变育种，无性快繁、组织培养等方面做了较深入的研究。

不同年份由于气候条件不同，苎麻生育期也有所不同，但差异不大。头麻苗期一般3月底至4月初，一般6月中旬为纤维成熟期，全生育期71~79d，是三季麻中生育期最长的；二麻始苗期，一般在6月中旬，工艺成熟期在8月上中旬，全生育期52~55d；三麻始苗期，一般在8月上中旬，工艺成熟期10月上中旬，全生育期59~67d。

苎麻每年的3~10月底均可移栽，不同季节管理重点有所不同。春栽要注意清沟排积水；夏秋栽要除去顶叶以下部分叶片，减少水分蒸发，及时浇水，直至完全成活为止；秋栽应注意前期防旱，后期防冻，最好采取两段式移栽法，即将麻苗按株行距10cm×30cm的密度假植在方便浇水、方便管理的地方，并加盖薄膜防寒保暖，或用地膜覆盖假植厢面，按苗数和厢面大小确定株行距，用刀片划破地膜定植，第二年春再移栽至大田，效果更好。

栽植密度一般按每亩湘苎一号栽1800株，湘苎二号栽2000~2200株。低于上述密度会导致产量低，受益慢；高于上述密度会缩短麻园的经济寿命。移栽前应做到厢平、沟畅、土细、草尽，厢面宽度以2m为宜。在生产管理中需要注意以下事项：

（1）浇足定根水。无论晴天或雨天移栽（最好是晴天），都必须随栽随浇定根水，夏秋浇水一定要足，以利迅速生根，提高成活率。

（2）施肥。移栽15~20d后开始施肥，以腐熟的人畜粪水为主，或用千分之二的尿素兑水点施，注意先稀后浓。追肥还应注意避开高温,最好在傍晚进行。高产苎麻需要氮、磷、钾三要素的比例以 6:6:5 最佳;基肥、追肥的比例,磷肥全部作基肥,氮肥和钾肥基、追肥各一半。苎麻高产在重施冬肥的基础上,需要季季追肥,促进平衡增产,头麻、二麻、三麻、基肥比例为 1:2:3:5。

苎麻基肥(冬肥),一般在 11 月份施肥,追肥,主要追施齐苗和壮秆肥。头麻苗期较长,气温低、生长慢,中期生长快,则以速效性肥料轻施提苗肥,以促进分株稳长,封行时重施一次壮秆肥。4 月中旬麻苗长出10~11 片叶时,在封行前再次埋施。二、三麻气温高、麻苗生长快,苗期短,旺长期长,追肥应提早在封行前进行。三季麻都要在封行后喷施 300μg/g 的稀土和 60μg/g 的“九二○”,隔一周再喷第二次。一般头麻 4 月底 5 月初开始,二麻在 6 月 20 日前后开始,三麻在 8 月 20 日前后开始。

(3)浅耕拔草,深耕埋肥。选晴天及时中耕除草。每季麻都在行间中耕 10~13cm 深,结合把肥埋下去。头麻,3 月底施提苗肥,4 月中旬埋施壮秆肥;二、三麻即在上季麻收后立即深中耕埋肥。

(4)及时打顶。在栽后长出 4~6 片新叶时摘除麻苗生长点,抑制麻苗主苗长高,促进地下部早发、快发、多发。

(5)冬管。中耕前要清理麻园,齐地砍断残秆;清理麻园沟;将苎麻残留的茎叶和杂草埋入土;一般深中耕深度 10~15cm 为宜;遇空心蔸,要全部挖起,砍掉烂根,重新栽过;遇缺蔸,要从旺蔸中分蔸补栽;遇窜蔸将蔸下面土挖掉一些,使蔸下座;遇地下茎窜满园,则进行隔行或隔蔸边蔸等方法挖掉部分老蔸。重施基肥(冬肥),在深中耕后进行;在中耕施肥后采用塘泥、沟泥、陈砖土等培 3~4cm 厚,并打碎土块盖平盖匀。

12.5 洞庭湖湿地生态恢复模式评价指标体系的建立

12.5.1 指标选取原则

根据系统工程评价指标设计,总结以下几条设计需要遵循的原则:

(1)科学性原则。湿地生态恢复模式评价指标体系必须能够全面地反映生态恢复综合效益的各个方面,符合生态恢复目标内涵,具体指标的选取要有科学依据,指标应目的明确、定义准确,而不能模棱两可,含糊不清,因为许多指标体系中的高层次指标值都是通过对大量基层指标值进行加工、运算得来的,如果选取的那些基层指标的含义模糊不清,那么它们的计算公式或运算方法就很难得到统一。同时所运用的计算方法和模型也必须科学规范,这样才能保证评价结果的真实和客观。

(2)简明性原则。目前的许多生态恢复效益指标体系,为了追求对现实状态的完整描述,设置指标动辄成百上千个。从理论上讲,设置的指标越多越细,越全面,反映客观现实也越准确。但是,随着指标量的增加,带来的数据收集和加工处理的工作量却成倍增长,而且,指标分得过细,难免发生指标与指标的重叠,相关性严重,甚至相互对立的现象,这反而给综合评价带来不便,应该尽可能简单明了。此外,为了便于数据的收集和处理,也应对评价指标进行筛选,选择能反映该区域可持续发展特征的主要指标形成体系,摒弃一些与主要指标关系密切的从属指标,使指标体系较为简洁明晰,便于应用。

(3)协调性原则。湿地的生态恢复要求协调好人地关系,即保持人与自然关系的协调。要求人们改变过去那种将人与自然对抗起来的观念,在区域社会经济发展过程中要顺应自然界的发展规律,使人类活动与自然过程形成合力机制,在发挥人的作用的同时,更应该发挥自然过程的作用,因为自然过程的能量比人类所能利用的能量要大得多。人类的活动不应抵消或削弱自然过程的积极作用,对生态环境施加的污染负荷不要超出生态环境的承受能力,不要破坏自然界长期演化逐步形成的适宜于区域生态系统形成和发展的自然环境。自然资源的消耗和对环境的质量的损害必须控制在自然生态体系可承受的范围内。因此,根据协调性原则,人口、经济、社会的发展必须与自然资源和环境的承载能力相适应。

(4)可操作性原则。由于系统本身所固有的复杂性,许多指标体系在描述系统状态时,往往是较难操作的定性指标较多,而可操作的定量指标则较少,或者即使有一些定量指标,其精确计算或数据的取得也极为困难。这样就使得指标体系的可操作性不强甚至不具备可操作性。因此，在构建评价指标体系时，应在尽可能简明的前提下，挑选一些易于计算、容易取得并且能够在要求水平上很好地反映区域系统实际情况的指标，使得所构建的指标体系具有较强的可操作性，从而使我们有可能在信息不完备的情况下做出最真实客观的衡量和评价。

（5）独立性原则。湿地生态恢复综合效益评价指标体系中的每个指标，概念要明确，涵义不重复，彼此独立，不存在交叉关系，能够保持每个指标的独特功能与作用。

（6）层次性原则。指标体系应根据不同的评价需要和不同的指标功能分出不同级别、不同层次，并有明确的对应关系，以利于湿地生态系统内部结构与功能的评价。

12.5.2 洞庭湖湿地生态恢复模式综合效益评价指标体系

表 12-1　洞庭湖湿地生态恢复模式综合效益评价指标体系

A 湿地资源保护和合理利用模式综合效益评价指	B_1 生态效益	C_1 湿地特征	D_1 湿地退化面积
			D_2 原生态维持度
			D_3 水质
			D_4 土壤质量
A 湿地资源保护和合理利用模式综合效益评价指	B_1 生态效益	C_1 湿地特征	D_5 生态系统多样性
			D_6 植物丰富度
			D_7 动物丰富度
			D_8 外来物种入侵
		C_2 湿地功能	D_9 调节气候
			D_{10} 调蓄洪水
			D_{11} 固 C、造 O_2
			D_{12} 降解污染物
			D_{13} 滞留营养物
			D_{14} 控制侵蚀
		C_3 抵抗自然灾害能力	D_{15} 受威胁指数
			D_{16} 灾害发生指数
	B_2 经济效益	C_4 经济价值	D_{17} 年运行费用
			D_{18} 年均收入
		C_5 效率	D_{19} 投资回报年限
			D_{20} 投入产出比
		C_6 风险	D_{21} 风险系数
	B_3 社会效益	C_7 开发利用程度	D_{22} 农产品商品率
			D_{23} 劳动力利用率
			D_{24} 农药、化肥利用率
		C_8 管理水平	D_{25} 管理者素质及机构合理性
			D_{26} 管理者的素质
		C_9 文化	D_{27} 教育科研基地
			D_{28} 休闲旅游
		C_{10} 公众健康	D_{29} 地方病发病率

12.6 评价模型的确定

本文采用多属性综合评价的方法，在可持续发展理论的指导下，对我国五大典型湿地区域进行湿地资源保护与可持续利用综合评价。

各系统的运行（或发展）状况可用一个向量 x 表示，其中每一个分量都从某一个侧面反映系统在某个时段（或时刻）的发展状况，故称 x 为系统的状态向量，它构成了评价系统的指标体系。

为了全面的分析、评价 n 个系统的（即被评价对象）的运行（发展）状况，在已获得 n 个状态向量 $x_i = (x_{i1}, x_{i2}, \cdots, x_{im})^T (i=1, 2, \cdots, n)$ 的基础上，构造系统状态在某种意义下的综合评价函数：

$$y = f(\bar{w}, x)$$

式中 $\bar{w} = (w_1, w_2, \cdots, w_m)^T$ 为非负归一化的参数向量（或指标权重向量）。由上式求出各系统的综合评价值 $y_i = f(w, x_i)(i=1, 2, \cdots, n)$，并根据 y_i 值的大小将 n 个系统进行排序和分类。

所谓多指标综合评价，就是指通过一定的数学模型将多个评价指标"合成"为一个整体性的综合评价值。可用于"合成"的数学方法较多。问题在于如何根据评价准则及被评价系统的特点来选择较为合适的合成方法。

在多属性综合评价方法中，有两种基本合成方法的数学模型，即线性加权综合法和非线性加权综合法。本文使用线性加权综合法。

应用线性模型来进行综合评价：

$$y = \sum_{j=1}^{m} \bar{w}_j x_j$$

式中 y 为系统（或被评价对象）的综合评价值，$\bar{w}_j$ 是与评价指标 x_j 相应的权重系数 $[0 \leq w_j \leq 1 (j=1, 2, \cdots, m), \sum_{i=1}^{m} w_j = 1]$，简称"权重"。

线性加权综合法具有以下特性：

（1）各评价指标间必须相互独立，其现实关系应是"部分之和等于总体"，否则，结果中存在信息重复，难以反映客观实际。

（2）各评价指标间可以线性补偿。任一指标值的减少都可以用另一些指标值的相应增量来维持综合评价水平的不变。

（3）权重系数作用比其他"合成"法明显，突出了指标值或指标权重较大者的作用。

（4）当权重系数预先给定时，由于各指标间可以线性补偿，对区分各备选方案之间的差异不敏感。

（5）指标数据无特定要求。

（6）易于计算，便于推广普及。

12.7 指标权重计算

12.7.1 权重计算方法介绍

在指标体系中，由于各指标要素对目标实现的重要性各不相同，因此必须确定各指标要素的相对重要性权重，表示评价者对各指标要素在湿地资源可持续利用中的重要性的认可程度。指标权重的准确与否在很大程度上影响综合评价的准确性和科学性。关于权重系数的精确测度主要有德尔菲法（Delphi）、层次分析法（Analytical Hierarchy Process，简称 AHP）、二项系数加权法、环比评分法"等。其中比较有代表性的、较成功的主要有 Delphi 法和 AHP。近年来，层次分析法（AHP）和 Delphi 相结合的办法渐渐受到重视。

（1）德尔菲法（Delphi）。德尔菲法，又被称为"专家询问法"，本质上是一种反馈匿名函询法。其作法是在对所要预测的问题征得专家的意见之后，进行整理、归纳、统计，再匿名反馈给各专家，再次征求意见，再集中，再反馈，直至得到稳定的意见。

（2）层次分析法（AHP）。层次分析法是对一些较为复杂、较为模糊的问题作出决策的简易方法，它特别适用于那些难于完全定量分析的问题。它是美国运筹学家 T. L. Salty 教授于 70 年代初期提出的一种简便、灵活而又实用的多准则决策方法。

AHP 法的基本原理：把所研究的复杂问题看作一个大系统，通过对系统的多个因素的分析，划分出各因素间相互联系的有序层次；再请专家对每一层次的各因素进行客观判断后，相应地给出相对重要性的定量表示；进而建立数学模型，计算出每一层次全部因素的相对重要性的权值，并加以排序；最后根据排序结果进行规划决策和选择解决问题的措施（Salty，1977；王莲芬等，1989）。

12.7.2 运用层次分析法确定指标权重

层次分析法在应用过程中，首先，通过分析复杂的问题所包含因素的因果关系，将待解决问题分解为不同层次的要素，构成递阶层次结构；然后对每一层次要素按规定的准则两两进行比较，建立判断矩阵；运用特定的数学方法计算判断矩阵最大特征值及对应的正交特征向量，得出每一层次各要素的权重值，并进行一致性检验；在一致性检验通过后，再计算各层次要素对于所研究问题的组合权重，据此就可解决评价、排序、指标综合等一系列问题。在应用层次分析法之前，首先要建立相应的评价指标体系，即对评判对象进行层次分析，确立清晰的分级指标体系，例如目标层 A、系统层 B、直接指标层 C 给出评判对象的因素集和子因素集，分别表示如图 12-1。

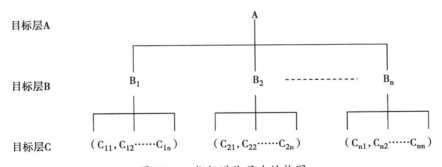

图 12-1　指标递阶层次结构图

因素集 A={B1，B2，…Bn)，子因素集 $B_i=\{C_{i1}, C_{i2}, \cdots C_{in}\}$。

层次分析法求解问题的整个过程体现了人大脑思维的基本特征：分解—判断—综合，使人们对复杂问题判断、决策的过程得以系统化、数量化。运用层次分析法确定评价元素的权重，通常情况下可以按以下的步骤进行：

（1）构造判断矩阵。由专家利用 1~9 比例标度法（根据情况可以再细化），分别对每一层次的评价指标的相对重要性进行定性描述，并用准确的数字进行量化表示，数字的取值所代表意义见表 12-2。由专家打分得到的两两比较判断矩阵，见表 12-3。

表 12-2　标度排列

标度 a_{ij}	定义
1	i 因素与 j 因素相同重要
3	i 因素与 j 因素稍微重要
5	i 因素与 j 因素较为重要
7	i 因素与 j 因素非常重要
9	i 因素与 j 因素绝对重要
2, 4, 6, 8	为两个判断之间的中间状态对应的标度值
倒数	若 i 因素与 j 因素比较,得到的判断值为 a_{ij},则 $a_{ji}=1/a_{ij}$

通过专家咨询,考查 B 层因素和 A 层因素的相对重要性,可以得出 A-B 判断矩阵:

表 12-3　A-B 判断矩阵

A	B_1	B_2	B_3	…	B_n
B_1	1	a_{12}	a_{13}	…	a_{1n}
B_2	a_{21}	1	a_{23}	…	a_{2n}
B_3	a_{31}	a_{32}	1	…	a_{3n}
…	…	…	…	…	…
B_n	a_{n1}	a_{n2}	a_{n3}	…	1

表中 $a_{ij}=B_i/B_j$,表示对于 A 这一总体评价目标而言,因素 B_i 对因素 B_j 相对重要性的判断值,数值大小由因素 B_i 与因素 B_j 的相对重要性决定。矩阵的特点是对角线上的元素为 1,即每个元素相对于自身的重要性为 1。

(2)运用和积法求解判断矩阵。得出在单一目标层 A 下被比较元素的相对权重一即层次单排序:

① 将得到的矩阵按行分别相加

$$w_i = \sum_{j=1}^{N} \frac{a_{uh}}{n} \qquad (12.1)$$

得到列向量,

$\bar{w} = \left[w_1, w_2, w_3, \cdots, w_n \right]^T$, i=1, 2, 3, $\cdots$, n

② 将所得的 W 向量分别做归一化处理,得到单一准则下所求各被比较元素的排序权重向量。

(3)一致性检验。一致性检验的基本步骤如下所述:应用公式(12.2)能够计算求解判断矩阵的最大特征值;然后分别代入公式(12.3)和(12.4),计算判断矩阵的一致性指标 CI 和一致性比 CR 检验其一致性:

$$\lambda_{max} = \sum_{i=1}^{N} \frac{(Aw_i)_i}{nw_i}, \quad i=1, 2, 3, \cdots, n \qquad (12.2)$$

$$CI = \frac{\lambda_{man}-n}{n-1} \qquad (12.3)$$

式中,A 为 A-B 判断矩阵,n 为判断矩阵阶数,又 λ_{max} 为判断矩阵最大特征值。

判断矩阵一致性性程度越高,CI 值越小。当 $CI=0$ 时,判断矩阵达到完全一致。但在建立判断矩阵的过程中,思维判断的不一致只是影响判断矩阵一致性的原因之一,用 1~9 比例标度作为两两因子比较的结果也是引起判断矩阵偏离一致性的原因。仅仅根据 CI 值设定一个可接受的不一致性标准显然是不妥当的。为了得到一个对不同阶数判断矩阵均适用的一致性检验临界值,就必须消除矩阵阶数的影响。

在层次分析法中以一致性比例来解决这一问题。引入平均随机一致性指标 RI,RI 是用于消除由矩阶数影响所造成判断矩阵不一致的修正系数。具体数值参见表 12-4。

表 12-4 平均随机一致性指标 *RI* 的取值

阶数	1	2	3	4	5	6	7	8	9	10	11	12
RI 值	0.00	0.00	0.58	0.90	1.12	1.24	1.32	1.41	1.45	1.49	1.51	1.48

$$CR=CI/RI \tag{12.4}$$

通常情况下，对于 $n \geqslant 3$ 阶的判断矩阵，当 $C \leqslant 0.1$ 时，即 λ_{max} 偏离 n 的相对误差 *CI* 不超过平均随机一致性指标 *RI* 的十分之一时，一般认为判断矩阵的一致性是可以接受的；否则，当 *CR*>0.1 时，说明判断矩阵偏离一致性程度过大，必须对判断矩阵进行必要的调整，使之具有满意一致性为止。

12.7.3 指标权重的计算

通过 Delphi 法进行专家匿名打分，对打分问卷进行综合分析，归纳意见，确立各层指标变量重要性，对各级评价中各个因素的重要程度进行两两比较，比较的结果用于建立 AHP 的判断矩阵分布权重。通过专家咨询，分别考查 B 层因素、C 层因素和 D 层因素的相对重要性，可以得出 A-B，B-C，C-D 判断矩阵，结果见表 12-5~ 表 12-14 所示。

表 12-5 A-B 判断矩阵

A	B_1	B_2	B_3
B_1	1	3.33	5
B_2	0.3	1	1.5
B_3	0.2	0.67	1

表 12-6 B_1-C 判断矩阵

B_1	C_1	C_2	C_3
C_1	1	1.43	10
C_2	0.7	1	7
C_3	0.1	0.14	1

表 12-7 B_2-C 判断矩阵

B_2	C_4	C_5	C_6
C_4	1	2	5
C_5	0.5	1	2.5
C_6	0.2	0.4	1

表 12-8 B_3-C 判断矩阵

B_3	C_7	C_8	C_9	C_{10}
C_7	1	5	1.67	0.5
C_8	0.2	1	0.33	0.1
C_9	0.6	3	1	0.3
C_{10}	2	10	3.33	1

表 12-9 C_1-D 判断矩阵

C_1	D_1	D_2	D_3	D_4	D_5	D_6	D_7	D_8
D_1	1	1	0.7	1	1.4	2.33	2.33	1.4
D_2	1	1	0.7	1	1.4	2.33	2.33	1.4
D_3	1.43	1.43	1	1.43	2	3.33	3.33	2
D_4	1	1	0.7	1	1.4	2.33	2.33	1.4
D_5	0.71	0.71	0.5	0.71	1	1.67	1.67	1
D_6	0.43	0.43	0.3	0.43	0.6	1	1	0.6
D_7	0.43	0.43	0.3	0.43	0.6	1	1	0.6
D_8	0.71	0.71	0.5	0.71	1	1.67	1.67	1

表 12-10 C_2-D 判断矩阵

C_2	D_9	D_{10}	D_{11}	D_{12}	D_{13}	D_{14}
D_9	1	0.5	1.67	1	1	1
D_{10}	2	1	3.33	2	2	2
D_{11}	0.6	0.3	1	0.6	0.6	0.6
D_{12}	1	0.5	1.67	1	1	1
D_{13}	1	0.5	1.67	1	1	1
D_{14}	1	0.5	1.67	1	1	1

表 12-11 C_3-D 判断矩阵

C_3	D_{15}	D_{16}
D_{15}	1	0.4
D_{16}	2.5	1

表 12-12 C_4-D 判断矩阵

C_4	D_{17}	D_{18}
D_{17}	1	0.5
D_{18}	2	1

表 12-13 C_7-D 判断矩阵

C_7	D_{22}	D_{23}	D_{24}
D_{22}	1	1.67	2.5
D_{23}	0.6	1	1.5
D_{24}	0.4	0.67	1

表 12-14 C_9-D 判断矩阵

C_9	D_{27}	D_{28}
D_{27}	1	0.71
D_{28}	1.4	1

以 B 层指标相对于 A 层权重的计算过程为例，详细叙述权重的确定过程，主要包括以下四步：

计算判断矩阵每行所有元素的算术平均值，根据公式

$$W_i = \sum_{j=1}^{3} \frac{a_{ij}}{3}$$

（12.5）

其中，$i=1$，2，3

$$w_1 = \frac{1+3.33+5}{3} = 3.11$$

依次计算得到如下结果：

$$\overline{w} = \begin{bmatrix} 3.11, & 0.9333, & 0.6233 \end{bmatrix}^T$$

将 $\overline{w}$ 进行归一化处理，得到 B 层各因素相对于 A 层的权重：

$$\overline{w} = \begin{bmatrix} 0.67, & 0.2, & 0.13 \end{bmatrix}^T$$

从而得到 B 层指标相对于 A 层的权重。

计算判断矩阵的最大特征值：

运行 Matlab 程序，A–B 判断矩阵设为 A，输入命令"λ=eig（A）"，运行结果为 A 的特征向量，从而得到 A 的最大特征向量 $\lambda_{max} = 3.0014$。

一致性检验：

代入公式（12.3），计算判断矩阵的一致性指标，检验其一致性：

$$CI = \frac{\lambda_{man}-n}{n-1} = 0 < 0.1$$

代入公式（12.4），由于维数 $n=3$，$RI=0.58$，因此，$CR=0<0.1$

判断矩阵的 CR 小于 0.1，因此通过一致性检验。

表 12-15　重要指标权重及一致性检验

矩阵	归一化结果	λ_{max}	n	CI	RI	CR	一致性检验
A–B	$\overline{w} = [0.67, 0.2, 0.13]$	3.0014	3	0	0.58	0	通过
B_1–C	$\overline{w} = [0.555, 0.39, 0.055]$	2.9937	3	0	0.58	0	通过
B_2–C	$\overline{w} = [0.59, 0.29, 0.12]$	3	3	0	0.58	0	通过
B_3–C	$\overline{w} = [0.26, 0.05, 0.16, 0.53]$	3.9978	4	0	0.9	0	通过
C_1–D	$\overline{w} = [0.15, 0.15, 0.21, 0.15, 0.11, 0.06,$ $0.06, 0.11]$	7.99	8	0	1.41	0	通过
C_2–D	$\overline{w} = [0.15, 0.3, 0.1, 0.15, 0.15, 0.15]$	6.0006	6	0	1.24	0	通过
C_3–D	$\overline{w} = [0.29, 0.71]$	2	2	0	0	0	通过
C_4–D	$\overline{w} = [0.33, 0.67]$	2	2	0	0	0	通过
C_7–D	$\overline{w} = [0.5, 0.3, 0.2]$	3.0023	3	0	0.58	0.001	通过
C_9–D	$\overline{w} = [0.42, 0.58]$	1.9975	2	0	0	0	通过

通过层次分析法计算，构造各层判断矩阵并检验一致性，最终得到各级指标权重，同一层次权重之和为 1。

表 12-16 湿地生态恢复模式综合评价指标权重

目标层	系统层	分数	准则层	分数	指标层	分数
A 湿地资源保护和合理利用模式综合效益评价指	B_1 生态效益	0.67	C_1 湿地特征	0.555	D_1 湿地退化面积	0.15
					D_2 原生态维持度	0.15
					D_3 水质变化	0.21
					D_4 土壤质量变化	0.15
					D_5 生态系统多样性	0.11
					D_6 植物丰富度	0.06
					D_7 动物丰富度	0.06
					D_8 外来物种入侵	0.11
			C_2 湿地功能	0.39	D_9 调节气候	0.15
					D_{10} 调蓄洪水	0.3
					D_{11} 固C、造O_2	0.1
					D_{12} 降解污染物	0.15
					D_{13} 滞留营养物	0.15
					D_{14} 控制侵蚀	0.15
			C_3 抵抗自然灾害能力	0.055	D_{15} 受威胁指数	0.29
					D_{16} 灾害发生指数	0.71
	B_2 经济效益	0.2	C_4 经济价值	0.59	D_{17} 年运行费用	0.33
					D_{18} 年均收入	0.67
			C_5 效率	0.29	D_{19} 投资回报年限	0.5
					D_{20} 投入产出比	0.5
			C_6 风险	0.12	D_{21} 风险系数	1
	B_3 社会效益	0.13	C_7 开发利用程度	0.26	D_{22} 农产品商品率	0.5
					D_{23} 劳动力利用率	0.3
					D_{24} 农药、化肥利用率	0.2
			C_8 管理水平	0.05	D_{25} 管理者素质及机构合理性	0.4
					D_{26} 管理者的素质	0.6
			C_9 文化	0.16	D_{27} 教育科研基地	0.42
					D_{28} 休闲旅游	0.58
			C_{10} 公众健康	0.53	D_{29} 地方病发病率	1

根据如下公式，计算终极指标权重：

$$K_{Di}=W_{Di} \cdot W_{Ci} \cdot W_{Bi}（i=1，2，3 \cdots 30）$$

12.6

式中：K_{Di} 表示第 i 个终极指标权重；W_{Bi}、W_{Ci}、W_{Di} 分别代表示第 i 个指标对应的各级权重。

最后计算得终极指标权重见表12-17。

表 12-17　湿地生态恢复综合评价指标权重

D_1	D_2	D_3	D_4	D_5	D_6	D_7	D_8	D_9	D_{10}	D_{11}	D_{12}	D_{13}
0.056	0.056	0.078	0.056	0.041	0.022	0.022	0.041	0.004	0.008	0.003	0.004	0.004

D_{14}	D_{15}	D_{16}	D_{17}	D_{18}	D_{19}	D_{20}	D_{21}	D_{22}	D_{23}	D_{24}	D_{25}	D_{26}
0.004	0.011	0.026	0.039	0.079	0.029	0.029	0.024	0.017	0.010	0.007	0.003	0.004

D_{27}	D_{28}	D_{29}
0.009	0.012	0.069

12.8　评价指标评分标准与赋值

指标赋值分定量和定性两种情况，根据相应的标准对指标进行量化，赋值过程如下：

（1）湿地退化面积。根据国家林业局发布的数据，近40年已有50%的滨海滩涂湿地不复存在；全国约13%的湖泊已经消失；七大水系的63.1%的河段水质污染失去了饮用功能等。

分值	描述
10	40年内，湿地减少面积小于5%
7	40年内，湿地减少面积在5%~20%之间
5	40年内，湿地减少面积在21%~35%之间
3	40年内，湿地减少面积在36%~50%之间
1	40年内，湿地减少面积大于50%

（2）原生态维持度。

分值	描述
10	湿地开发利用少，基本保持原生态环境
7	湿地利用结构合理，对湿地不构成威胁
5	湿地利用结构较合理，对湿地仍构成一定威胁
3	湿地利用结构不合理，对湿地已构成危害
1	湿地开发利用结构不合理，对湿地已造成无法恢复的后果。

（3）水质。依照《地面水环境质量标准》（GB3838-2002）中规定，地面水使用目的和保护目标，我国地面水分五大类：

分值	描述
10	Ⅰ类主要适用于源头水、国家自然保护区
7	Ⅱ类主要适用于集中式生活饮用水地表水源地一级保护区、珍稀水生生物栖息地、鱼虾类产卵场、仔稚幼鱼的索饵场等
5	Ⅲ类主要适用于集中式生活饮用水地表水源地二级保护区、鱼虾类越冬场、洄游通道、水产养殖区等渔业水域及游泳区
3	Ⅳ类主要适用于一般工业用水区及人体非直接接触的娱乐用水区
0	Ⅴ类主要适用于农业用水区及一般景观要求水域

（4）土壤质量。土壤环境质量根据土壤应用功能和保护目标，划分为三类：

分值	描述
10	Ⅰ类主要适用于国家规定的自然保护区（原有背景重金属含量高的除外）、集中式生活饮用水源地、茶园、牧场和其他保护地区的土壤，质量基本上保持自然背景水平
5	Ⅱ类主要适用于一般农田、蔬菜地、茶园、果园、牧场等土壤，土壤质量基本上对植物和环境不造成危害和污染
2.5	Ⅲ类主要适用于林地土壤及污染物容量较大的高背景值土壤和矿产附近等地的农田土壤（蔬菜地除外）。土壤质量基本上对植物和环境不造成危害和污染

（5）生态系统多样性。

分值	描述
10	生态系统组成成分与结构很复杂，有多种类型存在
6	生态系统组成成分与结构复杂，类型较多
3	态系统组成成分与结构较简单，类型较少
1	生态系统组成成分与结构简单，类型单一

（6）植物丰富度。以湿地区域植物种类占全国湿地植物种类百分比计算。湿地植物（高等植物 1380 种、被子植物 1200 种、裸子植物 7 种、蕨类植物 34 种、苔藓植物 140 种）共 2761 种。

分值	描述
10	植物物种总数占所在比例大于 30%
7.5	植物物种总数所占比例在 20%~29.9% 之间
5	植物物种总数所占比例在 10%~19.9% 之间
2.5	植物物种所占比例小于 10%

（7）动物丰富度。以湿地区域动物种类占全国湿地动物种类百分比计算。我国湿地动物（包括哺乳动物 65 种、水禽 300 种、爬行类 50 种、两栖类 45 种、鱼类 1040 种）共 1500 种。

分值	描述
10	动物种数占所在比例大于 30%
7.5	动物种数所占比例在 20%~29.9% 之间
5	动物种数所占比例在 10%~19.9% 之间
2.5	动物种数所占比例小于 10%

（8）外来物种入侵。据统计，国家环保总局公布的首批入侵我国的 16 种外来入侵种分别是：紫茎泽兰（解放草、破坏草）*Eupatorium adenophorum*，薇甘菊 *Mikania micrantha*，空心莲子草（水花生、喜旱莲子草）*Alternanthera philoxeroides*，豚草 *Ambrosia artemisiifolia*，毒麦 *Lolium temulentum*，互花米草 *Spartina alterniflora*，飞机草（香泽兰）*Eupatorium odoratum*，凤眼莲（水葫芦）*Eichhornia crassipes*，假高粱（石茅、阿拉伯高粱）*Sorghum halepense*，蔗扁蛾（香蕉蛾）*Opogona sacchari*，强大小蠹（红脂大小蠹）*Dendroctonus valens*，非洲大蜗牛（褐云玛瑙螺）*Achatina fulica*，湿地松粉蚧 *Oracella acuta*，福寿螺（大瓶螺）*Pomacea canaliculata*，牛蛙（美国青蛙）*Rana catesbeiana*，美国白鹅（秋幕毛虫、秋幕蛾）*Hyphantria cunea*。

分值	描述
10	无外来物种入侵
7.5	只有 1~3 种外来入侵物种存在
5	有 3~5 种外来入侵物种存在
2.5	有 5 种以上外来入侵物种存在

（9）调节气候。水圈循环不仅能调节地球表面的干、温变化，而且还调节气温的变化。大气圈中的水蒸气能够阻留地球的热辐射的 60%，起到一种"温室效应"。地球表层气候的最大"调节器"是海洋，如果海水的气温降低 1℃，那么将释放出 5.53×10^{24}J 热能，这足以使大气温度不发生大幅度的变化。例如，我国处于同一纬度的西北地区和东部地区，气温及湿度差别很大，东部地区受海洋气候的调节而显得湿润，而西部地区远离海洋而变得非常的干燥。

分值	描述
10	对气候有相当强的调节作用
7	对气候有较强的调节作用
5	对气候有一定的调节作用
1	对气候有几乎没有调节作用

（10）调蓄洪水。

分值	描述
10	调控能力强，基本无附加工程费用
8	在筑堤后，有较强的调控能力
5	须有筑堤、水库和滞洪区配合，才具有较强的调控能力
2	没有明显的调控能力，工程附加费大
0	不能调控洪水

（11）固 C 造 O₂。氧和二氧化碳的循环变化是地球生物圈存在的基础。动物的呼吸过程以及人类进行的各种燃烧过程，消耗大量的氧气，同时释放出 数量相当可观的二氧化碳。如果没有绿色植物吸收二氧化碳和造氧的作用，地球大气圈的性质会发生根本性的变化，生物也难以生存下去。据研究，1hm² 阔叶林每天吸收 1t 二氧化碳，放出 0.73t 氧气。全球的森林每年大约能使 550 亿 t 二氧化碳转变成木材，同时放出 400 多亿 t 氧气。

分值	描述
10	绿色植物相当丰富，固碳造氧量相当可观
7	绿色植物较丰富，固碳造氧量也较丰富
3	绿色植物数量一般，固碳造氧量也一般
1	绿色植物很少，固碳造氧量也很少

（12）降解污染物。造成水体污染的污染物类型很多，有无机物，也有有机物；既有有毒有 害物质，也有无毒无害物质。污染物的不同，其危害差别程度很大。有的污 染物只要有很少量就造成水体的严重污染，乃至造成水体生物的大量死亡。 污染物按其成分、性质、造成的危害大致可分为需氧污染物、植物营养 物、油类污染物、重金属及放射性污染物、生物污染物、酚类化合物等，这些污染物造成的危害是不同的。

天然水体具有一定的自净作用。其自净作用 是指进入天然水体中的污水，通过物理的、化学的和生物的作用使污染物沉淀、扩散、稀释、吸收、分解、氧化、还原等而变成无害物质或沉淀下来，使水体净化的过程。

分值	描述
10	无污染物来源，水体自净能力强
7	有很少量污染物来源，水体自净能力较强
3	有少量污染物来源，水体自净能力一般
0	有大量污染物来源，水体自净不起作用

（13）滞留营养物。某些湿地具有减缓水流，促进沉积物沉降的自然特性。通常营养物与沉积物结合在一起，因此与沉积物同时沉降。营养物来源广泛，通常是由径流带来的农用肥、人类废弃物和工业排放物。

分值	描述
10	能滞留大量营养物
7	能滞留一定量的营养物
3	能滞留少量营养物
1	不能滞留营养物

（14）控制侵蚀。

分值	描述
10	没有水土流失现象，侵蚀变化率为≤0
7	水土流失不明显，或个别地段有微弱侵蚀，侵蚀变化率为<2%
5	有部分水土流失现象，侵蚀变化率为2%~2.5%
3	水土流失显现较严重，侵蚀变化率为5%~10%
1	侵蚀控制能力很差，下降趋势明显，变化率为>10%

（15）受威胁指数。

分值	描述
10	湿地内没有人类活动，对湿地资源没有威胁
8	湿地内很少有人类活动，对湿地资源只有少量的开发利用，对资源不构成威胁
6	湿地内有合理人类的侵扰活动，对湿地资源有一定合理的开发利用，湿地资源受到威胁，但有效保护措施
4	湿地内有人类的侵扰活动，对湿地资源有一定开发利用，对资源构成威胁
2	湿地内有大量人类的侵扰活动，对湿地进行大量开发利用，对资源构成较大威胁

（16）灾害发生指数。据统计，湿地灾害主要体现在洪涝灾害、风暴潮灾害、旱灾、火灾、病虫害。

分值	描述
10	几乎无自然灾害发生
7	主要灾害平均间隔10年以上发生一次
5	主要灾害平均5~10发生一次
3	主要灾害平均3~5年发生一次
1	主要灾害每年发生一次

（17）年运行费用。

分值	描述
10	<500元
8	500~1000元
6	1000~5000元
4	5000~20 000元
2	>20 000元

（18）年均收入。

分值	描述
10	>50 000 元
7	25 000~50 000 元
5	10 000~25 000 元
3	5000~10 000 元
1	<5000 元

（19）投资回报年限。

分值	描述
10	半年以内
7	半年至一年
5	一年至三年
2	三年以上

（20）投入产出比。总收入与总成本之比。

分值	描述
10	>5
7	3~5
5	1.5~3
3	1.2~1.5
1	<1.2

（21）风险系数。"投资风险系数"则利用非自筹资金占总投资资金来源的比例，反映开发商开发资金运作的风险大小，也反映筹资结构的健康合理性与否。风险系数的取值区间为（0，1），该值越大，说明投资风险越高。

分值	描述
10	<0.1
7	0.1~0.3
5	0.3~0.5
3	0.5~0.8
0	>0.8

（22）农产品商品率。农产品商品率农产品商品量在农产品总量中所占的百分比。计算公式为：

农产品商品率 = 农产品商品量 / 农产品总产量 ×100%

分值	描述
10	100%
7	80%~99%
5	50%~79%
3	20%~49%
0	20% 以下

　　农产品商品率是表征农业从自给性生产向商品经济转化的重要指标。影响农产品商品率的根本因素是单位面积的土地生产率和劳动生产率。与农业人口、农业生产专业化程度、产品价格、农业规模经营等也有密切关系。

（23）劳动力利用率。劳动力资源的利用量与拥有量的比率。

分值	描述
10	>90%
7	40%~90%
3	10%~40%
1	<10%

（24）农药、化肥利用率。肥料利用率（%）=（全肥区作物吸收的养分量（kg/ 亩）－无氮区作物吸收的养分量）/ 所施肥料中含该元素总量（kg/ 亩）×100%

分值	描述
10	>50%
7	30%~50%
3	10%~30%
1	<10%

（25）政府管理程度。

分值	描述
10	政府给予高度重视，参与管理程度高
5	政府给予一定的鼓励、支持，参与管理
1	政府不参与管理

（26）管理者素质及机构合理性。

分值	描述
10	管理机构合理，人员素质高，人员配置科学
7	管理机构较合理，人员素质较高
5	有相应的管理机构，但管理人员缺乏必要的培训
3	人员素质不高，管理不善
0	管理落后，水平低下或没有完整的管理机构

（27）科研教育。

分值	描述
10	吸引大批国内外专家科研考察。有丰富多彩的宣传教育活动
7	吸引国内外专家科研考察，有一定宣传教育活动
3	吸引少量国内外专家科研考察。宣传教育活动少
1	科考价值小，未开展宣传教育活动

（28）休闲旅游。

分值	描述
10	年接待游客数量少，活动区域小，且跟湿地一定距离
7	年接待游客数量较少，活动区域小，且跟核心区有一定距离
5	年接待游客数量适中，供游客活动区域面积适中
3	年接待游客数量较大，活动区域面积较大，对湿地造成较大威胁
1	年接待游客数量大，活动区域面积大，对湿地造成很大威胁

（29）地方病发病率。

分值	描述
10	无血吸虫病例
7.5	血吸虫病例 <1%
5	血吸虫病例 1%~10%
1	血吸虫病例 >10%

12.9 洞庭湖湿地生态恢复模式综合效益评价结果

根据指标量化标准，对湿地各项生态恢复模式指标具体数值进行归一化处理，使指标数值越大，指标对湿地生态恢复贡献程度越大。最终得到各实验区终极指标量化数据见表 12-18~ 表 12-29。

表 12-18　湖泊湿地终极指标原始分值

指标	各模式类型分值		
	有机渔业	保护区	生态旅游
D_1 湿地退化面积	10	10	10
D_2 原生态维持度	10	10	7
D_3 水质	7	10	7
D_4 土壤质量	10	10	10
D_5 生态系统多样性	3	10	6
D_6 植物丰富度	5	10	7.5
D_7 动物丰富度	5	10	7.5
D_8 外来物种入侵	5	2.5	5
D_9 调节气候	10	7	5
D_{10} 调蓄洪水	10	2	2
D_{11} 固 C 造 O_2	1	7	3
D_{12} 降解污染物	10	7	3
D_{13} 滞留营养物	3	10	7
D_{14} 控制侵蚀	3	5	1
D_{15} 受威胁指数	2	8	4
D_{16} 灾害发生指数	5	1	3
D_{17} 年运行费用	2	6	8
D_{18} 年均收入	10	5	1
D_{19} 投资回报年限	7	10	10
D_{20} 投入产出比	5	1	3
D_{21} 风险系数	5	10	7
D_{22} 农产品商品率	10	0	3
D_{23} 劳动力利用率	7	1	3
D_{24} 农药、化肥利用率	1	1	1
D_{25} 管理者素质及机构合理性	5	10	1
D_{26} 管理者的素质	5	10	7
D_{27} 教育科研基地	1	10	3
D_{28} 休闲旅游	7	5	10
D_{29} 地方病发病率	10	10	10

表 12-19　洲滩湿地终极指标原始分值

指标	各模式类型分值		
	杨树	芦苇	柳树
D_1 湿地退化面积	7	7	7
D_2 原生态维持度	5	5	7
D_3 水质	1	1	1
D_4 土壤质量	2.5	2.5	2.5
D_5 生态系统多样性	6	3	1
D_6 植物丰富度	7.5	5	2.5
D_7 动物丰富度	2.5	2.5	2.5
D_8 外来物种入侵	5	7.5	7.5
D_9 调节气候	7	5	1
D_{10} 调蓄洪水	0	0	0
D_{11} 固 C 造 O_2	10	7	3
D_{12} 降解污染物	3	3	3
D_{13} 滞留营养物	7	7	7
D_{14} 控制侵蚀	7	5	7
D_{15} 受威胁指数	8	6	8
D_{16} 灾害发生指数	5	5	5
D_{17} 年运行费用	4	2	8
D_{18} 年均收入	10	7	3
D_{19} 投资回报年限	2	7	2
D_{20} 投入产出比	10	7	5
D_{21} 风险系数	7	7	7
D_{22} 农产品商品率	10	10	7
D_{23} 劳动力利用率	3	7	1
D_{24} 农药、化肥利用率	3	7	1
D_{25} 管理者素质及机构合理性	5	1	1
D_{26} 管理者的素质	10	7	5
D_{27} 教育科研基地	3	1	1
D_{28} 休闲旅游	1	1	1
D_{29} 地方病发病率	10	5	7.5

表 12-20　河流湿地终极指标原始分值

指标	各模式类型分值	
	活水养蚌	网箱鱼养殖
D_1 湿地退化面积	10	10
D_2 原生态维持度	5	5
D_3 水质	7	5
D_4 土壤质量	0	0
D_5 生态系统多样性	3	3
D_6 植物丰富度	2.5	2.5
D_7 动物丰富度	2.5	2.5
D_8 外来物种入侵	7.5	7.5
D_9 调节气候	10	10
D_{10} 调蓄洪水	0	0
D_{11} 固 C 造 O_2	1	1
D_{12} 降解污染物	7	7
D_{13} 滞留营养物	1	1
D_{14} 控制侵蚀	1	1
D_{15} 受威胁指数	6	6
D_{16} 灾害发生指数	7	7
D_{17} 年运行费用	8	4
D_{18} 年均收入	10	7
D_{19} 投资回报年限	5	7
D_{20} 投入产出比	7	5
D_{21} 风险系数	7	5
D_{22} 农产品商品率	10	10
D_{23} 劳动力利用率	3	3
D_{24} 农药、化肥利用率	1	1
D_{25} 管理者素质及机构合理性	5	5
D_{26} 管理者的素质	3	3
D_{27} 教育科研基地	1	1
D_{28} 休闲旅游	1	1
D_{29} 地方病发病率	10	10

表 12-21　沼泽湿地终极指标原始分值

指标	各模式类型分值		
	自然保护区	荒地	苔草放牧
D_1 湿地退化面积	10	10	10
D_2 原生态维持度	10	5	3
D_3 水质	10	10	10
D_4 土壤质量	10	5	5
D_5 生态系统多样性	10	6	3
D_6 植物丰富度	10	5	2.5
D_7 动物丰富度	10	7.5	7.5
D_8 外来物种入侵	2.5	5	2.5
D_9 调节气候	7	1	1
D_{10} 调蓄洪水	2	2	2
D_{11} 固 C 造 O_2	7	3	7
D_{12} 降解污染物	7	3	3
D_{13} 滞留营养物	10	10	10
D_{14} 控制侵蚀	5	3	7
D_{15} 受威胁指数	8	6	4
D_{16} 灾害发生指数	10	3	5
D_{17} 年运行费用	6	10	10
D_{18} 年均收入	1	1	1
D_{19} 投资回报年限	10	10	10
D_{20} 投入产出比	1	1	1
D_{21} 风险系数	10	10	10
D_{22} 农产品商品率	1	1	1
D_{23} 劳动力利用率	1	1	1
D_{24} 农药、化肥利用率	1	1	1
D_{25} 管理者素质及机构合理性	10	1	1
D_{26} 管理者的素质	10	1	1
D_{27} 教育科研基地	10	1	1
D_{28} 休闲旅游	5	1	1
D_{29} 地方病发病率	10	7.5	2.5

表 12-22　水田人工湿地终极指标原始分值

指标	各模式类型分值							
	①	②	③	④	⑤	⑥	⑦	⑧
D_1 湿地退化面积	3	3	3	3	3	3	3	3
D_2 原生态维持度	3	3	3	3	3	3	3	3
D_3 水质	3	3	3	3	3	3	3	3
D_4 土壤质量	5	5	5	5	5	5	5	5
D_5 生态系统多样性	1	3	3	1	1	3	3	3
D_6 植物丰富度	2.5	2.5	2.5	2.5	2.5	2.5	2.5	2.5
D_7 动物丰富度	2.5	2.5	2.5	2.5	2.5	2.5	2.5	2.5
D_8 外来物种入侵	10	10	10	10	10	10	10	10
D_9 调节气候	5	5	1	1	1	1	1	1
D_{10} 调蓄洪水	2	2	2	2	2	2	2	2
D_{11} 固 C 造 O_2	1	1	1	3	3	3	3	3
D_{12} 降解污染物	3	3	0	0	0	0	0	0
D_{13} 滞留营养物	1	1	3	3	3	3	3	3
D_{14} 控制侵蚀	1	1	1	1	1	1	1	1
D_{15} 受威胁指数	2	2	2	2	2	2	2	2
D_{16} 灾害发生指数	3	3	3	3	3	3	3	3
D_{17} 年运行费用	10	10	6	8	8	6	6	6
D_{18} 年均收入	1	3	3	5	5	3	3	3
D_{19} 投资回报年限	5	7	7	10	5	7	7	7
D_{20} 投入产出比	1	3	3	5	5	3	3	3
D_{21} 风险系数	10	10	7	7	7	7	7	7
D_{22} 农产品商品率	5	5	7	10	10	7	5	7
D_{23} 劳动力利用率	7	7	7	10	7	7	7	7
D_{24} 农药、化肥利用率	10	10	10	7	7	10	10	10
D_{25} 管理者素质及机构合理性	5	5	5	5	5	5	5	5
D_{26} 管理者的素质	5	5	5	7	7	5	5	5
D_{27} 教育科研基地	1	1	1	3	1	1	1	1
D_{28} 休闲旅游	0	0	0	0	0	0	0	0
D_{29} 地方病发病率	7.5	7.5	7.5	10	10	10	10	10

注：（1）水田：①一季稻；②两季稻（早稻、晚稻）；③一季稻套油菜；④苎麻；⑤棉花；⑥棉花套西瓜；⑦棉花套蔬菜；⑧棉花套油菜。

　　（2）鱼塘：养鳖；养蛙；精养鱼塘；蛙和鱼立体养殖；种藕采莲。

表 12-23　鱼塘人工湿地终极指标原始分值

指标	各模式类型分值				
	养鳖	养蚌	种藕采莲	精养鱼塘	蚌和鱼立体养殖
D_1 湿地退化面积	5	5	5	3	5
D_2 原生态维持度	3	3	3	3	3
D_3 水质	3	5	3	5	5
D_4 土壤质量	5	5	5	5	5
D_5 生态系统多样性	1	1	1	1	3
D_6 植物丰富度	2.5	2.5	5	2.5	2.5
D_7 动物丰富度	2.5	2.5	2.5	5	7.5
D_8 外来物种入侵	10	10	10	10	10
D_9 调节气候	7	7	5	7	7
D_{10} 调蓄洪水	2	2	2	2	2
D_{11} 固 C 造 O_2	1	1	3	1	1
D_{12} 降解污染物	3	7	3	7	7
D_{13} 滞留营养物	1	1	1	1	1
D_{14} 控制侵蚀	10	10	10	10	10
D_{15} 受威胁指数	4	4	4	4	4
D_{16} 灾害发生指数	5	5	5	5	5
D_{17} 年运行费用	2	4	8	6	4
D_{18} 年均收入	7	5	1	3	7
D_{19} 投资回报年限	2	2	10	7	5
D_{20} 投入产出比	7	5	1	3	7
D_{21} 风险系数	3	5	10	7	5
D_{22} 农产品商品率	10	10	5	5	7
D_{23} 劳动力利用率	1	3	3	7	7
D_{24} 农药、化肥利用率	1	1	1	1	1
D_{25} 管理者素质及机构合理性	5	5	5	5	5
D_{26} 管理者的素质	7	7	3	5	7
D_{27} 教育科研基地	1	1	1	1	1
D_{28} 休闲旅游	1	1	1	1	1
D_{29} 地方病发病率	10	10	10	10	10

根据指标权重，计算公式如下：

$$R_{Di}=M_{Di}\cdot W_{Di}\cdot W_{Ci}\cdot W_{Bi}（i=1，2，3\cdots29）$$

式中：R_{Di} 表示第 i 个终极指标分值；M_{Di} 表示第 i 个终极指标原始分值；W_{Bi}、W_{Ci}、W_{Di} 分别代表示第 i 个指标对应的各级权重。根据上式，各生态恢复模式加权计算后得各项终极指标分值见表 12-24～表 12-29。

表 12-24　湖泊湿地终极指标分值

终极指标	各模式类型分值		
	有机渔业	保护区	生态旅游
D_1 湿地退化面积	0.5578	0.5578	0.5578
D_2 原生态维持度	0.5578	0.5578	0.3904
D_3 水质	0.5466	0.7809	0.5466
D_4 土壤质量	0.5578	0.5578	0.5578
D_5 生态系统多样性	0.1227	0.4090	0.2454
D_6 植物丰富度	0.1116	0.2231	0.1673
D_7 动物丰富度	0.1116	0.2231	0.1673
D_8 外来物种入侵	0.2045	0.1023	0.2045
D_9 调节气候	0.3920	0.2744	0.1960
D_{10} 调蓄洪水	0.7839	0.1568	0.1568
D_{11} 固 C 造 O_2	0.0261	0.1829	0.0784
D_{12} 降解污染物	0.3920	0.2744	0.1176
D_{13} 滞留营养物	0.1176	0.3920	0.2744
D_{14} 控制侵蚀	0.1176	0.1960	0.0392
D_{15} 受威胁指数	0.0214	0.0855	0.0427
D_{16} 灾害发生指数	0.1308	0.0262	0.0785
D_{17} 年运行费用	0.0779	0.2336	0.3115
D_{18} 年均收入	0.7906	0.3953	0.0791
D_{19} 投资回报年限	0.2030	0.2900	0.2900
D_{20} 投入产出比	0.1450	0.0290	0.0870
D_{21} 风险系数	0.1200	0.2400	0.1680
D_{22} 农产品商品率	0.1690	0.0000	0.0507
D_{23} 劳动力利用率	0.0710	0.0101	0.0304
D_{24} 农药、化肥利用率	0.0068	0.0068	0.0068
D_{25} 管理者素质及机构合理性	0.0130	0.0260	0.0026
D_{26} 管理者的素质	0.0195	0.0390	0.0273
D_{27} 教育科研基地	0.0087	0.0874	0.0262
D_{28} 休闲旅游	0.0844	0.0603	0.1206
D_{29} 地方病发病率	0.6890	0.6890	0.6890

表 12-25　洲滩湿地终极指标分值

终极分值	各模式类型分值		
	杨树	芦苇	柳树
D_1 湿地退化面积	0.3904	0.3904	0.3904
D_2 原生态维持度	0.2789	0.2789	0.3904
D_3 水质	0.0781	0.0781	0.0781
D_4 土壤质量	0.1394	0.1394	0.1394
D_5 生态系统多样性	0.2454	0.1227	0.0409
D_6 植物丰富度	0.1673	0.1116	0.0558
D_7 动物丰富度	0.0558	0.0558	0.0558
D_8 外来物种入侵	0.2045	0.3068	0.3068
D_9 调节气候	0.2744	0.1960	0.0392
D_{10} 调蓄洪水	0.0000	0.0000	0.0000
D_{11} 固 C 造 O_2	0.2613	0.1829	0.0784
D_{12} 降解污染物	0.1176	0.1176	0.1176
D_{13} 滞留营养物	0.2744	0.2744	0.2744
D_{14} 控制侵蚀	0.2744	0.1960	0.2744
D_{15} 受威胁指数	0.0855	0.0641	0.0855
D_{16} 灾害发生指数	0.1308	0.1308	0.1308
D_{17} 年运行费用	0.1558	0.0779	0.3115
D_{18} 年均收入	0.7906	0.5534	0.2372
D_{19} 投资回报年限	0.0580	0.2030	0.0580
D_{20} 投入产出比	0.2900	0.2030	0.1450
D_{21} 风险系数	0.1680	0.1680	0.1680
D_{22} 农产品商品率	0.1690	0.1690	0.1183
D_{23} 劳动力利用率	0.0304	0.0710	0.0101
D_{24} 农药、化肥利用率	0.0203	0.0473	0.0068
D_{25} 管理者素质及机构合理性	0.0130	0.0026	0.0026
D_{26} 管理者的素质	0.0390	0.0273	0.0195
D_{27} 教育科研基地	0.0262	0.0087	0.0087
D_{28} 休闲旅游	0.0121	0.0121	0.0121
D_{29} 地方病发病率	0.6890	0.3445	0.5168

表 12-26　河流湿地终极指标分值

终极指标	各模式类型分值	
	活水养蚌	网箱鱼养殖
D_1 湿地退化面积	0.5578	0.5578
D_2 原生态维持度	0.2789	0.2789
D_3 水质	0.5466	0.3904
D_4 土壤质量	0.0000	0.0000
D_5 生态系统多样性	0.1227	0.1227
D_6 植物丰富度	0.0558	0.0558
D_7 动物丰富度	0.0558	0.0558
D_8 外来物种入侵	0.3068	0.3068
D_9 调节气候	0.3920	0.3920
D_{10} 调蓄洪水	0.0000	0.0000
D_{11} 固 C 造 O_2	0.0261	0.0261
D_{12} 降解污染物	0.2744	0.2744
D_{13} 滞留营养物	0.0392	0.0392
D_{14} 控制侵蚀	0.0392	0.0392
D_{15} 受威胁指数	0.0641	0.0641
D_{16} 灾害发生指数	0.1831	0.1831
D_{17} 年运行费用	0.3115	0.1558
D_{18} 年均收入	0.7906	0.5534
D_{19} 投资回报年限	0.1450	0.2030
D_{20} 投入产出比	0.2030	0.1450
D_{21} 风险系数	0.1680	0.1200
D_{22} 农产品商品率	0.1690	0.1690
D_{23} 劳动力利用率	0.0304	0.0304
D_{24} 农药、化肥利用率	0.0068	0.0068
D_{25} 管理者素质及机构合理性	0.0130	0.0130
D_{26} 管理者的素质	0.0117	0.0117
D_{27} 教育科研基地	0.0087	0.0087
D_{28} 休闲旅游	0.0121	0.0121
D_{29} 地方病发病率	0.6890	0.6890

表 12-27 沼泽湿地终极指标分值

终极指标	各模式类型分值		
	自然保护区	荒地	苔草放牧
D_1 湿地退化面积	0.2231	0.1116	0.0558
D_2 原生态维持度	0.2231	0.1673	0.1673
D_3 水质	0.1023	0.2045	0.1023
D_4 土壤质量	0.2744	0.0392	0.0392
D_5 生态系统多样性	0.1568	0.1568	0.1568
D_6 植物丰富度	0.1829	0.0784	0.1829
D_7 动物丰富度	0.2744	0.1176	0.1176
D_8 外来物种入侵	0.3920	0.3920	0.3920
D_9 调节气候	0.1960	0.1176	0.2744
D_{10} 调蓄洪水	0.0855	0.0641	0.0427
D_{11} 固 C 造 O_2	0.2616	0.0785	0.1308
D_{12} 降解污染物	0.2336	0.3894	0.3894
D_{13} 滞留营养物	0.0791	0.0791	0.0791
D_{14} 控制侵蚀	0.2900	0.2900	0.2900
D_{15} 受威胁指数	0.0290	0.0290	0.0290
D_{16} 灾害发生指数	0.2400	0.2400	0.2400
D_{17} 年运行费用	0.0169	0.0169	0.0169
D_{18} 年均收入	0.0101	0.0101	0.0101
D_{19} 投资回报年限	0.0068	0.0068	0.0068
D_{20} 投入产出比	0.0260	0.0026	0.0026
D_{21} 风险系数	0.0390	0.0039	0.0039
D_{22} 农产品商品率	0.0874	0.0087	0.0087
D_{23} 劳动力利用率	0.0603	0.0121	0.0121
D_{24} 农药、化肥利用率	0.6890	0.5168	0.1723
D_{25} 管理者素质及机构合理性	0.2231	0.1116	0.0558
D_{26} 管理者的素质	0.2231	0.1673	0.1673
D_{27} 教育科研基地	0.1023	0.2045	0.1023
D_{28} 休闲旅游	0.2744	0.0392	0.0392
D_{29} 地方病发病率	0.1568	0.1568	0.1568

表 12-28 水田人工湿地终极指标分值

终极指标	各模式类型分值							
	①	②	③	④	⑤	⑥	⑦	⑧
D_1 湿地退化面积	0.1673	0.1673	0.1673	0.1673	0.1673	0.1673	0.1673	0.1673
D_2 原生态维持度	0.1673	0.1673	0.1673	0.1673	0.1673	0.1673	0.1673	0.1673
D_3 水质	0.2343	0.2343	0.2343	0.2343	0.2343	0.2343	0.2343	0.2343
D_4 土壤质量	0.2789	0.2789	0.2789	0.2789	0.2789	0.2789	0.2789	0.2789
D_5 生态系统多样性	0.0409	0.1227	0.1227	0.0409	0.0409	0.1227	0.1227	0.1227
D_6 植物丰富度	0.0558	0.0558	0.0558	0.0558	0.0558	0.0558	0.0558	0.0558
D_7 动物丰富度	0.0558	0.0558	0.0558	0.0558	0.0558	0.0558	0.0558	0.0558
D_8 外来物种入侵	0.4090	0.4090	0.4090	0.4090	0.4090	0.4090	0.4090	0.4090
D_9 调节气候	0.1960	0.1960	0.0392	0.0392	0.0392	0.0392	0.0392	0.0392
D_{10} 调蓄洪水	0.1568	0.1568	0.1568	0.1568	0.1568	0.1568	0.1568	0.1568
D_{11} 固 C 造 O_2	0.0261	0.0261	0.0261	0.0784	0.0784	0.0784	0.0784	0.0784
D_{12} 降解污染物	0.1176	0.1176	0.0000	0.0000	0.0000	0.0000	0.0000	0.0000
D_{13} 滞留营养物	0.0392	0.0392	0.1176	0.1176	0.1176	0.1176	0.1176	0.1176
D_{14} 控制侵蚀	0.0392	0.0392	0.0392	0.0392	0.0392	0.0392	0.0392	0.0392
D_{15} 受威胁指数	0.0214	0.0214	0.0214	0.0214	0.0214	0.0214	0.0214	0.0214
D_{16} 灾害发生指数	0.0785	0.0785	0.0785	0.0785	0.0785	0.0785	0.0785	0.0785
D_{17} 年运行费用	0.3894	0.3894	0.2336	0.3115	0.3115	0.2336	0.2336	0.2336
D_{18} 年均收入	0.0791	0.2372	0.2372	0.3953	0.3953	0.2372	0.2372	0.2372
D_{19} 投资回报年限	0.1450	0.2030	0.2030	0.2900	0.1450	0.2030	0.2030	0.2030
D_{20} 投入产出比	0.0290	0.0870	0.0870	0.1450	0.1450	0.0870	0.0870	0.0870
D_{21} 风险系数	0.2400	0.2400	0.1680	0.1680	0.1680	0.1680	0.1680	0.1680
D_{22} 农产品商品率	0.0845	0.0845	0.1183	0.1690	0.1690	0.1183	0.0845	0.1183
D_{23} 劳动力利用率	0.0710	0.0710	0.0710	0.1014	0.0710	0.0710	0.0710	0.0710
D_{24} 农药、化肥利用率	0.0676	0.0676	0.0676	0.0473	0.0473	0.0676	0.0676	0.0676
D_{25} 管理者素质及机构合理性	0.0130	0.0130	0.0130	0.0130	0.0130	0.0130	0.0130	0.0130
D_{26} 管理者的素质	0.0195	0.0195	0.0195	0.0273	0.0273	0.0195	0.0195	0.0195
D_{27} 教育科研基地	0.0087	0.0087	0.0087	0.0262	0.0087	0.0087	0.0087	0.0087
D_{28} 休闲旅游	0.0000	0.0000	0.0000	0.0000	0.0000	0.0000	0.0000	0.0000
D_{29} 地方病发病率	0.5168	0.5168	0.5168	0.6890	0.6890	0.6890	0.6890	0.6890

注：（1）水田：①一季稻；②两季稻（早稻、晚稻）；③一季稻套油菜；④苎麻；⑤棉花；⑥棉花套西瓜；⑦棉花套蔬菜；⑧棉花套油菜。
（2）鱼塘：养鳖；养蛙；精养鱼塘；蛙和鱼立体养殖；种藕采莲。

表 12-29　鱼塘人工湿地终极指标分值

终极指标	各模式类型分值				
	养鳖	养蚌	种藕采莲	精养鱼塘	蚌和鱼立体养殖
D_1 湿地退化面积	0.2789	0.2789	0.2789	0.1673	0.2789
D_2 原生态维持度	0.1673	0.1673	0.1673	0.1673	0.1673
D_3 水质	0.2343	0.3904	0.2343	0.3904	0.3904
D_4 土壤质量	0.2789	0.2789	0.2789	0.2789	0.2789
D_5 生态系统多样性	0.0409	0.0409	0.0409	0.0409	0.1227
D_6 植物丰富度	0.0558	0.0558	0.1116	0.0558	0.0558
D_7 动物丰富度	0.0558	0.0558	0.0558	0.1116	0.1673
D_8 外来物种入侵	0.4090	0.4090	0.4090	0.4090	0.4090
D_9 调节气候	0.2744	0.2744	0.1960	0.2744	0.2744
D_{10} 调蓄洪水	0.1568	0.1568	0.1568	0.1568	0.1568
D_{11} 固 C 造 O_2	0.0261	0.0261	0.0784	0.0261	0.0261
D_{12} 降解污染物	0.1176	0.2744	0.1176	0.2744	0.2744
D_{13} 滞留营养物	0.0392	0.0392	0.0392	0.0392	0.0392
D_{14} 控制侵蚀	0.3920	0.3920	0.3920	0.3920	0.3920
D_{15} 受威胁指数	0.0427	0.0427	0.0427	0.0427	0.0427
D_{16} 灾害发生指数	0.1308	0.1308	0.1308	0.1308	0.1308
D_{17} 年运行费用	0.0779	0.1558	0.3115	0.2336	0.1558
D_{18} 年均收入	0.5534	0.3953	0.0791	0.2372	0.5534
D_{19} 投资回报年限	0.0580	0.0580	0.2900	0.2030	0.1450
D_{20} 投入产出比	0.2030	0.1450	0.0290	0.0870	0.2030
D_{21} 风险系数	0.0720	0.1200	0.2400	0.1680	0.1200
D_{22} 农产品商品率	0.1690	0.1690	0.0845	0.0845	0.1183
D_{23} 劳动力利用率	0.0101	0.0304	0.0304	0.0710	0.0710
D_{24} 农药、化肥利用率	0.0068	0.0068	0.0068	0.0068	0.0068
D_{25} 管理者素质及机构合理性	0.0130	0.0130	0.0130	0.0130	0.0130
D_{26} 管理者的素质	0.0273	0.0273	0.0117	0.0195	0.0273
D_{27} 教育科研基地	0.0087	0.0087	0.0087	0.0087	0.0087
D_{28} 休闲旅游	0.0121	0.0121	0.0121	0.0121	0.0121
D_{29} 地方病发病率	0.6890	0.6890	0.6890	0.6890	0.6890

根据公式：

$$S = \sum_{i=1}^{29} R_{Di}$$

其中：S 表示实验区可持续度；R_{Di} 表示改实验区第 i 个终极指标分值。

根据上式，将表中同一湿地类型下的不同生态恢复模式各项终极指标求和，即得实验区湿地生态恢复综合效益。得分见表 12-30～表 12-35。

表 12-30　湖泊湿地生态恢复综合效益

模式类型	有机渔业	保护区	生态旅游
综合效益	7.1497	7.1062	5.7100

表 12-31　洲滩湿地生态恢复综合效益

模式类型	杨树	芦苇	柳树
综合效益	5.4396	4.5333	4.0725

表 12-32　河流湿地生态恢复综合效益

模式类型	活水养蚌	网箱鱼养殖
综合效益	5.5012	4.9041

表 12-33　沼泽湿地生态恢复综合效益

模式类型	自然保护区	荒地	苔草放牧
综合效益	7.0424	5.2747	4.8301

表 12-34　水田人工湿地生态恢复综合效益

模式类型	一季稻	两季稻（早稻、晚稻）	一季稻套油菜	苎麻	棉花	棉花套西瓜	棉花套蔬菜	棉花套油菜
综合效益	3.7476	4.1035	3.7136	4.3234	4.1305	3.9381	3.9043	3.9381

表 12-35　鱼塘人工湿地生态恢复综合效益

模式类型	养鳖	养蚌	种藕采莲	精养鱼塘	蚌和鱼立体养殖
综合效益	4.6007	4.8437	4.5358	4.7910	5.3301

12.10　洞庭湖湿地生态恢复模式探讨

将洞庭湖湿地生态恢复模式综合效益评价指标 D 层原始值用图表表示，如图 12-2。

通过图 12-2 可以看出，在生态效益指标中，水质所占比重最大，其次是湿地退化面积和原生态维持度；在经济效益评价指标中，年均收入所占比重最大，年运行费用其次，然后是投资回报年；社会效益评价指标中，地方病发病率所占比重最大，指标数值越大，指标对湿地综合效益的贡献程度就越大。

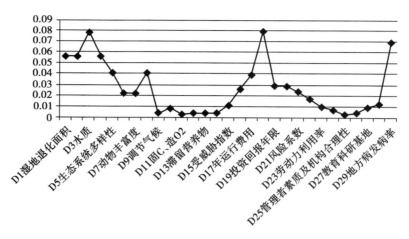

图 12-2　终极指标原始分值

各湿地类型下的生态恢复模式综合效益指标用图表表示，如图 12-3。

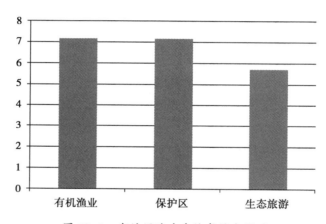

图 12-3　湖泊湿地生态恢复综合效益

从上图可以看出，在洞庭湖的湖泊湿地中，有机渔业生态恢复模式的综合效益略大于自然保护区，大于生态旅游。

青山垸位于国际重要湿地——湖南省汉寿西洞庭湖省级自然保护区境内，是洞庭湖中退田还湖的一个典型代表，总积雨面积 778.7hm²。1998 年，汉寿县人民政府将退田还湖后青山垸，行政划拨给汉寿西洞庭湖区自然保护区管理。

青山垸退田还湖后，西洞庭湖自然保护区与国际环保组织——世界自然基金会（WWF）合作，在青山垸开展了"退田还湖、恢复湿地"的示范项目。自 2000 年 3 月开始，保护区对青山垸实行封闭式管理，依法取缔了青山垸内及周边地区的"迷魂阵"、拦江网等不良捕鱼方式，并严禁在湖中毒鱼、电击鱼。2004 年，保护区又与原青山湖垸的渔民对青山垸的渔业资源进行了共管，渔民在西洞庭湖自然保护区和WWF 的指导下，开始按有机渔业生产方式，在青山垸进行有机渔业生产，并由 WWF 组织社区渔民和保护区工作人员到浙江省千岛湖进行了有机鱼生产培训，渔民借鉴千岛湖有机鱼生产经验，积极清除青山垸的污染源。为了保证优良的有机渔业生产用水，渔民不在青山垸投放任何饵料，不施任何化肥肥水，不施任何渔药，完全让青山垸的鱼在自然状态下生长繁育，且不投放任何转基因鱼苗。经过 3 年的努力，青山垸的渔业生产水平，已达到了国际有机鱼的生产标准，并于 2006 年 11 月，顺利通过了南京国环有机认中心的检查验收，现已有鲤、鲫、鳊、鲢、鳙、青、草、鲶等 20 个鱼类品种获得了南京国环有机认中心的有机认证。

目前，社区渔民已成立了青山垸有机渔业养殖场，已有长沙湘村公司、家乐福超市介入，销售青山垸的有机鱼。青山垸的渔业生产按有机渔业生产方式生产后，野生鱼类资源迅速恢复，据调查青山垸目前有野生鱼类有 13 科 58 种，以理科鱼类为主，分为湖泊定居型和半洄游型二种生态类型。青山垸必将成为整个洞庭湖区重要的有机鱼（AA 级绿色食品）生产基地。

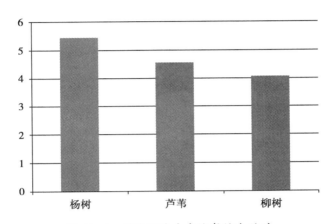

图 12-4　洲滩湿地生态恢复综合效益

由图 12-4 可以看出，在洞庭湖洲滩湿地中，杨树的综合效益大于芦苇，芦苇大于柳树。

在外滩建立杨树用材林基地，尤其在大堤外的易感地带造林，大大地抑制杂草生长，降低地下水位和土壤含水量，形成不利于钉螺孳生的滩地森林生态环境。据试验观测，其钉螺密度降低 90% 以上，由于造林后的护林管理，人、畜活动大为减少，使野粪对滩地的污染也大为降低，因而林带内的阳性螺密度也大为降低或为零。从而使湖水、湖草的感染性大大降低，可使疫区群众避免或减少感染血吸虫病的几率。

在防洪大堤外一定距离的滩地上营造杨树林，在汛期，林带的林冠可将风浪破碎在林带内，使风浪对大堤的破坏力减小。据水文站记载，在 5~6 级风时，林外的波浪高为 0.8m，而林内只有 0.2m。林带还可以降低大堤沿线洪水的流速，当林带外的流速为 0.5m/s，林带内一般为 0.1~0.2m/s。流速的降低，有利于减缓水流对堤岸的冲击。

林木具有净化空气、减少水土流失及蓄水等功能。有关资料显示，每亩有林地每年可除尘 1.5078t，吸收二氧化碳 675.6kg，吸收二氧化硫 10.5kg，吸收氮氧化物 0.5kg，释放氧气 490kg。

外滩易感地带营造抑螺防病林，能有效地降低钉螺密度，尤其是降低阳性螺密度，可使垸内居民的血吸虫感染率降低 55.6%，预计可减少血吸虫病人 5487 人，可减少牲畜感染数量 1200 头。在外滩大面积营造抑螺防病林，同时可增加农民收入，并带动与木材相关的产业，如木材加工业、运输业等，增加社会就业机会 0.2 万人，农民每年增收 1012.5 万元，人均增收 150 元，有利于减少湖区农民接触疫水的机会。

由图 12-5 可以看出，河流湿地中蚌的养殖效益大于网箱鱼的养殖，主要是体现在经济效益方面，两种模式的生态效益大致相同。

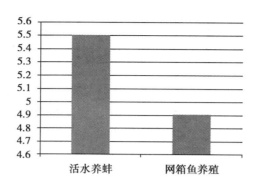

图 12-5 河流湿地生态恢复综合效益

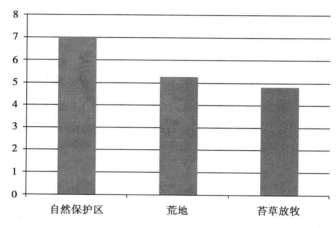

图 12-6 沼泽湿地生态恢复综合效益

从图 12-6 可以看出，洞庭湖的沼泽湿地中，综合效益由大到小分别为自然保护区、荒地、苔草放牧。

在加强对洞庭湖湿地自然保护区的保护管理后，可有效地保护重要的碳库不被破坏和大量的国家重点保护野生动物，能够在此安全生存，永续繁衍。物种得到了有效保护，便可提高生物多样性，湿地的动植物群落、生态系统就更趋稳定，抗逆性更强。湿地质量及功能也就随之增加。由于水的比热大，恢复湿地，可加强其气候调节能力，特别是气温调节能力，给城乡人民群众带来更加舒适的生活环境，减少极端气温对农业生产等的影响。湿地还有极强的环境净化能力，可吸收有害、有毒物质，如重金属离子，湿地质量恢复后，便可吸收更多的有害及有毒物质，减少环境污染。还可减少湿地陆地化导致甲烷的排放，则可减少其对大气臭氧层的破坏。

洞庭湖自然保护区内的自然资源和自然环境将能够得到很好的保护，人为的干扰因素进一步减少或完全无人为干扰，有效地保护和维持湿地生态系统的完整性、稳定性和连续性，成为大量的国家重点保护的鸟类等越冬、自然繁衍的栖息地和极佳避难所。同时，通过积极开展科学研究，有目的地培育和发展野生动植物资源，届时湖南洞庭湖自然保护区的野生动植物物种资源将更加丰富。

该保护区内的东、南、西洞庭湖水域每年承载了来自长江和湘、资、沅、澧四水上游的上亿吨的泥沙和 300 多亿 m^3 的过湖水量，对整个长江流域的防洪局势和中下游地区的可持续发展其到了巨大而不可磨灭的贡献。

　　长江和四水进入水面宽阔的西、南、东洞庭湖后，水量顶托，水流速度明显减慢，沉积物质的沉积速率明显增大，并大量的沉积。有毒物质经湖中各种生物的处理，变成无毒物质或各种营养物质，进入生态系统的物质循环。净化了入江湖水的水质，减少长江河道的淤塞，有利于长江水运的畅通。

　　洞庭湖湿地的泥土和植物可以贮藏养分，避免下游受过氮和磷化合物的污染而出现富氧化现象。湿地为候鸟、鱼类和牲畜等提供了丰富的水草和饵料，保证了鸟类、植被、鱼类和其他水生生物的物质循环的稳定。

　　洞庭湖水体的水文、养分、物质循环和能量流动对湖区乃至整个两湖地区和长江中下游地区的气候有着重要的稳定作用。

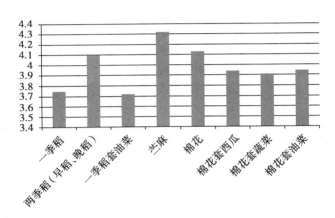

图 12-7　水田人工湿地生态恢复综合效益

　　由图 12-7 可以看出，在洞庭湖水田人工湿地中，苎麻的综合效益最好，其次是棉花，然后是两季稻，再是棉花的各种套种模式。苎麻经济效益好，而且一年打三季，投资回报相当快，是当地的重要经济支柱之一。

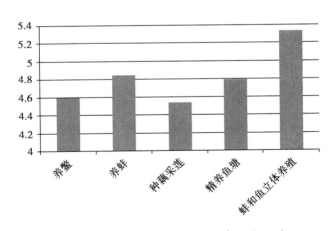

图 12-8　鱼塘人工湿地生态恢复综合效益

　　从图 12-8 得出，鱼塘人工湿地中，各种生态恢复模式的综合效益由大到小分别是：蚌和鱼立体养殖、养蚌、精养鱼塘、鳖的养殖，种藕采莲。在洞庭湖周边随处都能看到蚌与鱼立体养殖模式的存在，可见这是由实践证明了的。珍珠的经济效益很好，而将蚌与鱼结合起来立体养殖，既充分地发挥了空间优势，又增强了生态系统的多样性。鳖虽然经济效益高，但投资回报时间较长，且对技术要求等方面比较高，销路也不是很理想，所以综合效益并不好。

湿地恢复理论主要有自我设计和设计理论、演替理论、入侵理论、河流理论、洪水脉冲理论、边缘效应理论和中度干扰假说等。湿地退化的主要原因是人类活动的干扰，其内在实质是系统结构的紊乱和功能的减弱与破坏，而在外在表现上则是生物多样性的下降或丧失以及自然景观的衰退。湿地恢复和重建最重要的理论基础是生态演替。由于演替的作用，只要消除干扰压力，并且在适宜的管理方式下，湿地是可以恢复的。恢复的最终目的就是再现一个自然的、自我持续的生态系统，使其与环境背景保持完整的统一性，不同的湿地类型，恢复的指标体系及相应策略亦不同。

具体情况根据湿地破坏程度和破坏类型不同，应制定合理的恢复策略。对于已经被破坏的湿地资源，除了自然恢复以外，应适当介入人为力量。植被是湿地生态系统能流的入口，管理好植被能控制湿地生态系统能流物流的强度，对于生态环境已经受到干扰的湿地，应尽量恢复破坏前原始的植被类型。

生态恢复的最终目标是要恢复生态系统自身的可持续性。当然，生态恢复并不单纯是自然生态系统的次生演替，而是人们有目的地对生态系统进行改建，强调人类在生态恢复的主动作用；生态恢复也并不是物种的简单恢复，最关键的是系统功能的恢复和合理结构的构建。从实质上看，生态恢复就是根据生态学原理，通过一定的生物、生态以及工程的技术和方法，人为地改变和切断生态系统退化的主导因子或过程，调整、配置和优化系统内部及其外界的物质、能量和信息的流动过程和时空次序，使生态系统的结构、功能和生态学潜力尽快成功地恢复到一定的或原有乃至更高的水平。

参 考 文 献

[1] 周启星，魏树和，张倩茹.生态修复[M]（2006）.北京：中国环境科学出版社，2006.

[2] 陈声明，吴伟祥，王永维等.生态保护与生物修复[M]（2008）.北京：科学出版社，2008.

[3] 李洪远，鞠美庭.生态恢复的原理与实践[M]（2005）.北京：化学工业出版社，2005.

[4] 焦居仁.生态修复的探索与实践[J].中国水土保持，2003，1：10~12.

[5] 张锋，李世泉，王宝桐.关于水土保持生态修复的几点看法[J].中国水利，2008，22：43~44.

[6] 杜凤林，满守耀.基于水土保持生态修复措施和存在问题的分析[J].黑龙江水利科技，2007，1：99~100.

[7] 崔爽，周启星.生态修复研究评述[J].草业科学，2008，25（1）：87~90.

[8] 张雯煜.垃圾堆场的生态修复方法探讨[J].广西轻工业，2009，8：110~111.

[9] 胡静波.城市河道生态修复方法初探[J].南水北调与水利科技，2009，7（2）：128~133.

[10] 杨平荣.河流生态修复[J].科技信息，2009，1：754~755.

[11] 朱丽.关于生态恢复与生态修复的几点思考[J].阴山学刊，2007，21（1）：71~73.

[12] 李永祥，杨海军.河流生态修复的新理念和目标[J].人民珠江，2007，3：1~4.

[13] 姜正实，麻俊仁.河流生态修复技术研究进展[J].吉林水利，2008，12：19~21.

[14] 胡小冬，刘威.浅谈云南高原湖泊的生态修复和保护[J].人民珠江，2009，3：33~34.

[15] 李明传.水环境生态修复国内外研究进展[J].中国水利，2007，11：25~27.

[16] 邓国春，朱建新.谈煤矿矿区生态修复规划[J].资源环境与工程，2008，22（2）：254~256.

[17] 魏英林，李淑芬，鲁建功.镁矿矿山生态修复技术研究初探[J].中国科技信息，2008，3：19~19.

[18] 刘建忠，韩德军，顾再柯.煤矿采空区的灾害预防与生态修复措施[J].中国矿业，2008，17（8）：46~48.

[19] 祝怡斌，周连碧，林海.矿山生态修复及考核指标[J].金属矿山，2008，8：109~112.

[20] 曹永康.治理沙漠开发沙漠建材[A].新型建材文集[C].北京，2004.

[21] 唐业清，崔江余，杨桂芹等.沙漠治理新思路新途径新方法[A].特种工程新技术[C].2006.

[22] 朱俊凤.中国沙漠化发展趋势与防治技术研究[A].中国生态经济学会年会暨中国西部生态建设研讨会会议论文集[C].兰州，2002.

[23] 陈志辉.云南石漠化及生态修复研究—以文山州西畴县为例[D].昆明：云南大学，2008.

[24] 赵淑云.生态产业：淮北市采煤塌陷地生态修复发展的战略选择[J].资源开发与市场，2009，25（2）：175~178.

[25] 郝常伟，邢铁牛，卓卫华，等.大自然不能没有健全的肾[N].大河报，[1999~11~16（16）].

[26] 李景保，钟赛香，杨燕，等.泥沙沉积与围垦对洞庭湖生态系统服务功能的影响[J].中国生态农业学报，2005.13（2）：179~182.

[27] 李景保，邓铬金.庭湖滩地围垦及其对生态环境的影响[J].长江流域资源与环境，1993，（4）：340~346.

[28] 彭佩钦，蔡长安，赵青春.洞庭湖区的湖垸农业、洪涝灾害与退田还湖[J].国土与自然资源研究，2004（2）：23~25.

[29] 李景保，朱翔，蔡炳华.洞庭湖退田还湖区避灾生态农业模式研究[J].自然灾害学报，2001，10（4）：108~112.

[30] 陈建.洞庭湖退垸还湖防洪效应研究[D].武汉大学硕士学位论文，2004：10~11.

[31] 国家林业局野生动植物保护司.湿地管理与研究方法[M].北京 中国林业出版社，2001.

[32] 韩敏，赵松龄.基于特征－版本的时空数据模型在湿地管理中的应用研究[J].测绘科学，2007，32（6）：140~142.

[33] 黄金国.洞庭湖区湿地退化现状及保护对策[J].水土保持研究，2005，14（2）：261~263.

[34] 党安荣，王晓栋，陈晓峰，等 ERDAS IMAGINE 遥感图像处理方法[M]，清华大学出版社，2000.

[35] 宫兆宁，赵文吉，宫辉力等.基于遥感技术北京湿地资源变化研究[J].中国科学技术科学，2006，36（增刊）：94~103.

［36］杜红艳，张洪岩，张正祥.GIS 支持下的湿地遥感信息高精度分类方法研究［J］.遥感技术与应用，2004.19（4）：244~248.

［37］邬建国.景观生态学 – 格局、过程、尺度与等级［M］.北京：高等教育出版社，2000，99~101.

［38］史培军，潘耀忠，陈敬等深圳市土地利用／覆盖变化与生态环境安全分析［J］,自然资源学报，1999 14（4）293~299.

［39］黄进良.洞庭湖湿地的面积变化与演替［J］.地理研究，1999，18（3）：297~304.

［40］杜森尧，胡圣国.洞庭湖湖州资源演变及开发探讨［J］.湖泊科学，1993，5（4）.

［41］瞿茂生，龚玉子，杨骏等.浅论洞庭湖区发展杨树和林纸业［J］,湖南林业科技，2003，30（4）：49~50.

［42］姜加虎，张琛，黄群等.洞庭湖退田还湖及其生态恢复过程分析［J］.湖泊学，2004，16（4）：325~330.

［43］卞鸿翔，龚循礼.洞庭湖区围垦问题的初步研究［J］.地理学报，1985，40（2）：7~14.

［44］崔保山，杨志峰.湿地学［M］.北京：北京师范大学出版社，2006.

［45］黄进良，洞庭湖湿地的面积变化与演替［J］.地理研究，1999，（3）：297~304.

［46］来红州，莫多闻，苏成.洞庭湖演变趋势探讨［J］.地理研究，2004，1（1）：75~86.

［47］李景保，邓铭金.洞庭湖滩地围垦及其对生态环境的影响［J］.长江流域资源与环境，1993，2（4）.

［48］彭德纯，袁正科，彭光裕等.洞庭湖区常绿阔叶林的特征与分析［J］.生态学杂志，1985，17（3）：16~21.

［49］王灵艳，郑景明，罗菊春等.洞庭湖区湿地植被演替规律研究［J］.环境保护，2009，4：47~49.

［50］尹树斌.论洞庭湖区泥沙淤积灾害与泥沙灾害链［J］.湖南师范大学自然科学学报，2004，27（2）：80~93.

［51］袁正科，李星照.洞庭湖湿地景观破碎与生物多样性保护［J］.中南林学院学报，2006，6（1）：109~116.

［52］袁正科.低湿地林木与生态环境.见拟生造林［M］.长沙：湖南科学技术出版社，1994.

［53］袁正科.洞庭湖湿地资源与环境［M］.长沙：湖南师范大学出版社，2008.

［54］中国湿地植被编辑委员会.中国湿地植被［M］.北京：科学出版社，1999.

［55］刘景双，杨继松，于君宝，等.三江平原沼泽湿地土壤有机碳的垂直特征研究［J］.水土保持学报，2003，17（3）：5~8.

［56］马学慧，吕宪国，杨青，等.三江平原沼泽湿地碳循环初探［J］.地理科学，1996，16（4）：323~330.

［57］石福臣，李瑞利，王绍强，等.三江平原典型湿地土壤剖面有机碳及全氮分布与积累特征［J］.应用生态学报，2007，18（7）：1425~1431.

［58］殷书柏，杨青，吕宪国.三江平原典型环型湿地土壤有机碳剖面分布及碳储量［J］.土壤通报，2006，37（4）：659~661.

［59］张文菊，彭佩钦，童成立，等.洞庭湖湿地有机碳垂直分布与组成特征［J］.环境科学，2005，26（3）：56~60.

［60］彭佩钦，张文菊，童成立，等.洞庭湖湿地土壤碳、氮、磷及其与土壤物理形状的关系［J］.应用生态学报 2005，16（10）：1872~1878.

［61］黄进良.洞庭湖湿地的面积变化与演替［J］.地理研究，1999，18（3）：297~304.

［62］李秦晋，赵运林，庹瑞锐.洞庭湖湿地保护现状及对策［J］,湖南城市学院学报，2009，30（1）：5~8.

［63］白军红，邓伟，张玉霞，等.泛洪区天然湿地土壤有机质及氮素空间分布特征［J］.环境科学，2002，23（2）：77~81.

［64］白军红，邓伟，张玉霞.内蒙古乌兰泡湿地环带状植被区土壤有机质及全氮空间分布规律［J］.湖泊科学，2002，14（2）：145~151.

［65］黄瑞农.环境土壤学［M］.北京：高等教育出版社，1994.145~146.

［66］蔡凯平，贺宏斌，彭国忠，等.集成、青山湖垸平垸行洪，退田还湖后血吸虫病疫情及干预措施研究［J］.中国血吸虫病防治杂志，2006，18（4）：261~264.

［67］蔡凯平，侯循亚，李以义，等.洞庭湖区 41 个平垸行洪退田还湖堤垸钉螺扩散调查［J］.中国血吸虫病防治杂志，2005，17（2）：86~88.

［68］邓学建，王斌，米小其，等.退田还湖对洞庭湖鸟类群落结构的影响［J］.长江流域资源与环境，2006，15（5）：588~592.

［69］姜加虎，黄群.2004.洞庭湖区生态环境退化状况及其原因分析［J］.生态环境，13（2）：277~28.

［70］姜加虎，张琛，黄群，等.2004.洞庭湖退田还湖及其生态恢复过程分析［J］.湖泊科学，16（4）：325~330.

［71］李景保，朱翔，李敏.2000.论洞庭湖区钉螺孳生环境与生态灭螺防病［J］.湖泊科学，12（2）：140~146.

［72］李志民，彭光裕，林建新，等.2004.季节性水淹湖洲造林技术研究［J］.湖南林业科技，31（4）：46~47.

［73］赛晓勇，蔡凯平，徐德忠，等.洞庭湖区退田还湖试点1990~2002血吸虫病情与螺情分析［J］.第四军医大学学报，2003，24（20）：1878~1880.

［74］赛晓勇，张治英，闫永平，等.Landsat-5 TM图像分析洞庭湖区集成垸退田还湖前后植被量的变化［J］.第四军医大学学报，2004，25（24）：2219~2221.

［75］童潜明.洞庭湖近现代的演化与湿地生态系统演替［J］.国土资源导刊，2004，1：38~44.

［76］吴立勋，汤玉喜，程政红，等.洞庭湖湿地南方型黑杨产量与水因子关系研究［J］.林业科技通讯，2000，11：14~16.

［77］谢春花，王克林，陈洪松，等.湿地功能变化与生态系统管理—以洞庭湖区双退垸为例［J］.农村生态环境，2005，21（3）：6~10.

［78］杨美霞，谭红专，周艺彪.洞庭湖区溃垸前后居民血吸虫病病情变化分析［J］.中华流行病学杂志，2002，23（4）：324~325.

［79］袁正科.洞庭湖湿地资源与环境［M］.长沙：湖南师范大学出版社，2009.

［80］张旭东，彭镇华，周金星.抑螺防病林生态系统抑螺机理的研究进展［J］.世界林业研究，2006，19（3）：38~43.

［81］赵淑清，方精云.围湖造田和退田还湖活动对洞庭湖区近70年土地覆盖变化的影响［J］.AMBIO，2004，30（6）：289~293.

［82］郑景明，王灵艳，孙启祥，等.洞庭湖集成垸退田还湖前后景观格局变化和生态安全格局［J］.湿地科学与管理，2009，5（1）：40~43.

［83］叶笃正.中国的全球变化预研究［M］.北京：气象出版社.1992.

［84］崔骁勇，陈佐忠，陈四清.草地土壤呼吸研究进展［J］.生态学报，2001，21（2）：315~325.

［85］郑兴波.长白山阔叶红松林土壤呼吸变化规律及驱动机制的研究［D］.硕士论文，2006，22~27.

［86］刘绍辉，方精云.土壤呼吸的影响因素及全球尺度下温度的影响［J］.生态学报，1997，17（5）：469~475.

［87］黄承才，葛滢，常杰.中亚热带东部三种主要木本群落土壤呼吸的研究［J］.生态学报，1999，19（3）：324~328.

［88］崔骁勇，王艳芬，杜占池.内蒙古典型草原主要植物群落土壤呼吸的初步研究［J］.草地学报，1999，7（3）：245~250.

［89］李凌浩，王其兵，白永飞，等.锡林河流域羊草草原群落土壤呼吸及其影响因子的研究［J］.植物生态学报，2000，24：680~686.

［90］陈全胜.内蒙古锡林河流域草原群落土壤呼吸的时空变异及其影响因子研究［D］.硕士论文，2002，38~44.

［91］李景保，朱翔，蔡炳华，洞庭湖退田还湖区避灾生态农业模式研究［J］，自然灾害学报，2001，10（4）：108~112.

［92］彭佩钦，蔡长安，赵青春，洞庭湖区的湖垸农业、洪涝灾害与退田还湖［J］，国土与自然资源研究，2004（2）：23~25.

［93］庄大昌，丁登山，董明辉等.洞庭湖平原退田还湖区湿地生态功能建设初探［J］，世界地理研究，2002，11（2）：107~112.

［94］安树青，湿地生态工程［M］，北京：化学工业出版社，2002.

［95］湿地国际 – 中国项目办事处主编，湿地经济评价［M］，北京：中国林业出版社，1999：82~105.

［96］李利强，强建波，洞庭湖区的湿地资源及保护对策［J］，江苏环境科技，2000，13（1）：43~46.

［97］黄进良，洞庭湖湿地面积的变化与演替［J］，地理研究，1999，（4）：297~283.

［98］庄大昌，洞庭湖湿地生态系统服务功能价值评估［J］，经济地理，2004，24（3）：391~394.

［99］汤玉喜，吴立勋，程政红，等，洞庭湖区滩地林农复合生态系统生产力及综合效益研究，IN:湖南省林业厅编，十年播绿，兴林抑螺［M］，长沙：湖南科学技术出版社，2002：52~58.

［100］贺建林，洞庭湖湿地现状与农业开发［J］，地理学与国土研究，2000，15（2）：118~126.

［101］刘小燕，刘大志，陈艳芬等，稻 – 鸭 – 鱼共栖生态系统中水稻根系特性及经济效益［J］，湖南农业大学学报（自然科学版），2005，31（3）：314~316.

［102］李长安.流域环境系统演化概念模型：山—河—湖—海互动及对全球变化的敏感响应［J］.长江流域资源与环境，2000，9（3）：358~362.

［103］郭唯.洞庭湖的演变与水土保持问题的思考［J］.中国水土保持，2005，（1）：38.

［104］卞鸿翔，王万川，龚循礼.洞庭湖的变迁［M］.长沙：湖南科技出版社，1992.

［105］王月容，周金星，周志翔，等.洞庭湖滩地主导水分因子与钉螺分布密度的时空变化［J］.华中农业大学学报，2007a，26（6）：859~864.

［106］黄璟，雷海章，黄智敏．洞庭湖治理：退田还湖及其对策［J］．生态经济，2000，（5）：21~26.

［107］彭佩钦，蔡长安，赵青春．洞庭湖区的湖垸农业、洪涝灾害与退田还湖［J］．国土与自然资源研究，2004，（2）：23~25.

［108］熊鹰，王克林，汪朝辉．洞庭湖区退田还湖生态补偿机制［J］．农村生态环境，2003，19（4）：10~13.

［109］张光贵．退田还湖对洞庭湖区生态环境的影响［J］．人民长江，2002，33（5）：39~41.

［110］肖笃宁，李秀琴．当代景观生态学的进展和展望［J］．地理科学，1997，17（4）：356~364.

［111］肖笃宁．景观生态学——理论、方法及应用［M］．北京：中国林业出版社，1991.

［112］肖笃宁，赵界，孙中伟，等．沈阳西郊景观结构变化的研究［J］．应用生态学报，1990，1（1）：75~84.

［113］傅伯杰．黄土农业景观空间分析［J］．生态学报，1995，15（2）：113~120.

［114］王仰麟．景观生态分类的理论方法［J］．应用生态学报，1996，7（增刊）：121~126.

［115］王月容，周志翔，徐永荣，等．景观生态学在中国的研究与应用［J］．湖北林业科技，2007b，（5）：35~39.

［116］郭晋平，阳含熙，张芸香．关帝山林区景观要素空间分布及其动态研究［J］．生态学报，1999，19（4）：468~473.

［117］曾辉，郭庆华，刘晓东．景观格局空间分辨率效应的试验研究［J］．北京大学学报，1998，34（6）：820~826.

［118］吴波．沙质荒漠化土地景观分类与制图——以毛乌素沙地为例［J］．植物生态学报，2000，24（1）：52~77.

［119］岳天祥．生态系统的稳定性．青年生态学论丛（一）［M］．北京：中国科学家技术出版社，1991.

［120］傅伯杰，陈利顶，马克明，等．景观生态学原理及应用［J］．北京：科学出版社，2001.

［121］赵玉涛，余新晓，关文彬．景观异质性研究评述［J］．应用生态学报，2002，13（4）：495~500.

［122］张德干，郝先臣，高光来，等．小波变换用于沙漠化土地景观格局的分析［J］．东北大学学报，2001，22（1）：25~28.

［123］祖元刚，马克明．分形理论与生态学．见：李博．现代生态学讲座［M］．北京：科学出版社，1995.

［124］孙会国，徐建华．城市边缘区景观生态规划的人工神经网络模型［J］．生态科学，2002，21（2）：97~103.

［125］郭旭东，陈利顶，傅伯杰．土地利用／土地覆被变化对区域生态环境的影响［J］．环境科学进展，1999，7（6）：66~75.

［126］李德成，徐彬彬，石晓日．利用马式过程模拟和预测土壤侵蚀的动态演变［J］．环境遥感，1995，10（2）：89~96.

［127］姚洪林，杨文斌，刘永军．奈漫旗沙漠化土地景观动态过程研究［J］．内蒙古林业科技，2002，3：28~31.

［128］曾辉，喻红，郭庆华．深圳市龙华地区城镇用地动态模型建设及模拟研究［J］．生态学报，2000，20（4）：545~551.

［129］陈利顶，傅伯杰．黄河三角洲地区人类活动对景观结构的影响分析［J］．生态学报，1996，16（4）：337~344.

［130］仝川，郝敦元，高霞，等．利用马尔科夫过程预测锡林河流域草原退化格局的变化［J］．自然资源学报，2002，17（4）：488~493.

［131］王斌．火地塘林区景观格局动态及其生态效益研究．［博士学位论文］［D］．杨凌：西北农林科学大学，2006.

［132］马克明，张洁瑜，郭旭东，等．农业景观中山体的植物多样性分布：地形和土地利用的综合影响［J］．植物生态学报，2002，26（5）：575~588.

［133］陈百明．国外土地资源承载力评述［J］．自然资源译丛，1987，（2）：12~17.

［134］封志明．土地承载力研究的过去、现在与未来［J］．中国土地科学，1994，8（3）：6.

［135］李银鹏，季劲钧．内蒙古草地生产力资源和载畜量的区域尺度模式评估［J］．自然资源学报，2004，19（5）：610~615.

［136］黄万常，周兴．土地承载力研究的理论与方法综述［J］．江西农业学报，2008，20（10）：100~103.

［137］黄劲松，吴薇，周寅康．温州市粮食生产潜力及土地人口承载力研究［J］．农村生态环境，1998，14（3）：30~34.

［138］陈国先，徐邓耀，李明东．土地资源承载力的概念和计算［J］．四川师范学院学报（自然科学版），1996，17（2）：66~70.

［139］袁嘉祖．灰色系统理论及其应用［J］．北京：科学出版社，1991.

［140］姜忠军．GM（1，1）模型及其残差修正技术在土地承载力研究中的应用［J］．系统工程理论与实践，1995，（5）：72~78.

［141］程丽莉，吕成文，胥国麟．安徽省土地资源人口承载力的动态研究［J］．资源开发与市场，2006，22（4）：318~320.

［142］郭秀锐，毛显强．中国土地承载力计算方法研究综述［J］．地球科学进展，2000，15（6）：705~711.

［143］张志良．人口承载力与人口迁移［M］．兰州：甘肃科学技术出版社，1993.

［144］王学全，卢琦，李彬.水资源承载力综合评价的 RBF 神经网络模型［J］.水资源与水工程学报，2007，18（3）：1~5.

［145］崔侠，姚艳敏，何江华.广州市东部地区土地资源承载力研究［J］.生态环境，2003，12（1）：42~45.

［146］王星，李蜀庆.土地承载力研究及思考［J］.环境科学与管理，2007，32（11）：50~52.

［147］张君，刘丽.基于马尔可夫模型的绿洲土地利用变化预测研究［J］.统计与信息论坛，2006，21（4）：73~76.

［148］曹霄琪.我国土地资源可持续利用对策研究［J］.生产力研究，2009，（14）：110~112.

［149］李景保，朱翔，蔡炳华.洞庭湖退田还湖区避灾生态农业模式研究［J］.自然灾害学报，2001，10（4）：108~112.

［150］魏香玲.保护性耕作技术要点［J］.现代农业，2009，（12）：32.

［151］赵其国.21 世纪土壤科学展望［J］.地球科学进展，2001，16（5）：704.

［152］赵其国，孙波，张桃林.土壤质量与持续环境，Ⅰ.土壤质量的定义及评价方法［J］.土壤，1997，（3）：113~120.

［153］刘晓冰，邢宝山.土壤质量及其评价指标［J］.农业系统科学与综合研究，2002，18（2）：109~112.

［154］张华，张甘霖.土壤质量指标和评价方法［J］.土壤，2001，（6）：326~330，333.

［155］孙波，赵其国，张桃林.土壤质量与持续环境，Ⅱ.土壤质量评价的碳氮指标［J］.土壤，1997，（4）：169~175，184.

［156］郑昭佩，刘作新.土壤质量及其评价［J］.应用生态学报，2003，14（1）：131~134.

［157］张华，张甘霖.土壤质量指标和评价方法［J］.土壤，2001，（6）：326~330，333.

［158］曹志洪.解释土壤质量演变规律 确保土壤资源持续利用［J］.世界科技研究与发展，2001，23（3）：28~32.

［159］张玉兰，陈利军，张丽莉.土壤质量的酶学指标研究［J］.土壤通报，2005，36（4）：598~604.

［160］易志军，吴晓芙，胡曰利.人工林地土壤质量指标及评价［J］.林业资源管理，2002，（4）：31~34.

［161］孙波，赵其国，张桃林.土壤质量与持续环境，Ⅱ.土壤质量评价的碳氮指标［J］.土壤，1997，（4）：169~175，184.

［162］卢铁光，杨广林，王立坤.基于相对土壤质量指数法的土壤质量变化评价与分析［J］.东北农业大学学报，2003，34（1）：56~59.

［163］苏永中，赵哈林.科尔沁沙地不同土地利用和管理方式对土壤质量性状的影响［J］.应用生态学报，2003，14（10）：1681~1686.

［164］漆良华，张旭东，周金星，等.湘西北小流域不同植被恢复区土壤微生物数量、生物量碳氮及其分形特征［J］.林业科学，2009，45（8）：14~20.

［165］傅伯杰.土地评价的理论与实践［J］.北京：中国科学技术出版社，1991.

［166］孙波，赵其国.红壤退化中的土壤质量评价指标及评价方法［J］.地理科学进展，1999，18（2）：118~128.

［167］赵其国，孙波，张桃林.土壤质量与持续环境，Ⅰ.土壤质量的定义及评价方法［J］.土壤，1997，（3）：113~120.

［168］杜栋，庞庆华，吴炎编著.现代综合评价方法与案例精选.（第2版）［M］.北京：清华大学出版社，2008.

［169］卢铁光，杨广林，王立坤.基于相对土壤质量指数法的土壤质量变化评价与分析［J］.东北农业大学学报，2003，34（1）：56~59.

［170］巩杰，陈利项，傅伯杰，等.黄土丘陵区小流域土地利用和植被恢复对土壤质量的影响［J］.应用生态学报，2004，15（12）：2292~2296.

［171］郑昭佩，刘作新.土壤质量及其评价［J］.应用生态学报，2003，14（1）：131~134.

［172］陶在朴（奥地利）.生态包袱与生态足迹［M］.北京：经济科学出版社，2003.

［173］Kay BP，Angers DA. Handbook of Soil Science［M］. New York：CRC Press，1999.

［174］Chorley RJ，Harggett P. Trend surface mapping in geographical research. In：Berry BJL and Marble DF，eds. Spatial Analysis：A Reader in Statistical Geography［J］. Englewood Cliffs：Prentice Hall Inc，1968，195~217.

［175］Forman RTT，Godron M. Landscape Ecology［M］. New York：John Wiley，1986.

［176］Thapa GB，Paudel GS. Evaluation of the livestock carrying of land resources in the Hills of Nepal based on total digestive nutrient analysis［J］. Agriculture，Ecosystems and Environment，2000，78：223~235.

［177］Warkentin BP. The changing concept of soil quality［J］. Journal of Soil Water Conservation，1995，50：226~228.

［178］Sojka RE，Upchurch DR. Reservations regarding the soil quality concept［J］. Journal of Soil Science in Society America，1999，63：1039~1054.

［179］Parr J F，Papendick R I，Homick S B，et al. Soil quality：Attributes and relationship to alternative and sustainable agriculture［J］. Am. J. Altern. Agric.，1992，（7）：5~11.

［180］Doran JW，Parkin TB. Defining and assessing soil quality. In：Doran J W，Coleman D C，Bezdicek D F（ed.）. Defining soil quality for a Sustainable Environment［J］. Soil Society of America Spetial Publication, 1994, 3~21.

［181］Pankhurst CE,Hawke BG,McDonald HJ,et al. Evaluation of soil biological properties as potential bioindicators of soil health［J］. Australian Journal of Experimental Agriculture, 1995, 35（7）: 1015~1028.

［182］Miller FP, Wali MK. Land use issues and sustainability of agriculture［M］. In: Trans of 15th WCSS. Mexicao, 1994.

［183］Islam KR, Weil RR. Soil quality indicator properties in mid-Atlantic soils as inflenced by conservation management［J］. Journal Soil Water Conseration, 2000, 50: 226~228.

［184］Acton DF, Gregorich LJ. The Health of Our Soils: towards sustainable agriculture in Canada. Central for Land and Biological Resources Research, Research Branch, Agriculture and Agri-Food Canada［M］, 1995.

［185］Karlen DL, Diane ES. A framework for evaluating physical and chemical indicator of soil quality. Soil Science Society of America［J］, Inc, Madison, Wisconsin, USA, 1994, 53~72.

［186］Doran JW, Jones AJ.（ed.）. Methods for Assessing Soil Quality. Madison, WI: SSSA Special Publication, 1996.

［187］Roming DE, Garlynd MJ, Harris RF, et al. How farmers assess soil health and quality［J］. Soil Water Conser., 1995, 50: 229~236.

［188］USDA-NSRC. Soil Quality Institute［J］. Soil quality card design guide, 1999.

［189］Burger JA, Kelting DL. Using soil quality indicators to assess forest stand management［J］. Forest Ecology and Management, 1999, 122: 155~156.

［190］Howard PJA. Problems in the estimation of biological activity in soil［J］. Oikos, 1972, 23: 235~240.

［191］Veratraete W, Voets JP. Soil microbial and biochemical characteristics in relation to soil management and fertility［J］. Soil Biol. Biochem., 1977, 9: 253~258.

［192］Meyer WB, Tuner IIBL. Changes in Land Use and Land Cover: A Global Perspectives［J］. Cambridge: Cambridge University Press, 1991.

［193］Sims J T, Cunningham S D, Sumner M E. Assessing soil quality for environmental purposes: Roles and challenges for soil scientists［J］. Environ. Qual., 1995, 11: 29~30.

［194］Belotti E. Assessment of a soil quality criterion by means of a field survey［J］. Applied Soil Ecology, 1998, 10（1-2）: 51~56.

［195］Carter MR, Gregorich E G. Concept of soil quality and their significance. In: Soil quality for crop production and ecosystem health［J］. Elsevier Science Publishers, Amsterdam, Netherland, 1997, 124~137.

［196］Papendick RJ, Parr JF. Soil quality: new perspective for a sustainable agriculture［J］. In: Proc. International Soil Conservation Organixation. New Delhi, Ihdia, 1994, 18~24.

［197］Karlen DL,Mausbach MJ,Doran JW,et al. Soil quality:a concept,definition,and framework for valuation（a guest editorial）［J］. Journal of Soil Science in Society America, 1997, 61: 4~10.

［198］Pennock DJ, Anderson DW. Landscape-scale changes in indicators of soil quality due to cultivation in Saskatchewan［J］, Canada. Geoderma, 1994, 64: 1~19.

［199］Smith JL, Halvorson JJ. Using multiple-variable indicator kriging for evaluating soil quality［J］. Journal of Soil Science in Society America. 1993, 57: 743~749.

［200］FAO. A framework for land evaluation. FAO Soils Bulletin 32［J］. FAO, Rome, Italy, 1976.

［201］Coleman DC, Hendrix PF, Odum EP. Ecosystem health: An overview［J］. SSSA Special Publication, 1998, 52: 1~20.

［202］Kinako PDS. Assessment of relative soil quality by ecological bioassay［J］. Africian Journal of Ecology, 1996, 21（4）: 291~295.

［203］Sanborn P. Jnfluence of broadleaf trees on soil chemical properties: A retrospective study in the Sub-Boreal Spruce Zone［J］, British, Columbia, Canada. Plant Soil, 2001, 236: 75~82.

［204］Doran JW, Parkin TB. Defining and assessing soil quality［J］. In: Doran J W, Coleman D C, Bezdicek D F（ed.）. Defining soil quality for a Sustainable Environment［J］. Soil Society of America Spetial Publication, 1994, 3~21.

［205］Rosenzweig C, Hillel D. Soils and global climate change: Challenges and opportunities［J］. Soil Science, 2000, 165（1）: 47~56.

［206］Alan W. The African Husbandman［J］. Edinburgh: Oliver and Boyd, 1965.

［207］Gewin VL, Kennedy AC, Veseth R, et al. Soil quality changes in eastern Washington with conservation reserve program（CRP）take-out［J］. Soil Water Conser., 1999, 54（1）: 432~438.

［208］Islam KR. Weil RR. Land use effects on soil quality in a tropical forest ecosystem of Banladesh［J］. Agriculture, Ecosystems and Environment, 2000, 79: 9~16.

［209］Burger JA, Kelting DL. Using soil quality indicators to assess forest stand management［J］. Forest Ecology and Management, 1999, 122: 155~156.

［210］Rundgren S, Anderson R, Bringmark L. Integrated soil analysis: a research program in Sweden. Ambio［J］, 1995, 27（1）: 2~3.

［211］Park RE, Burgess EW. Introduction to the Science of Sociology［J］. Chicago: University of Chicago Press, 1970.

［212］Vogt W. Road to Survival［M］. New York: Wiliam Sloan, 1948.

［213］Alan W. The African Husbandma［J］n. Edinburgh: Oliver and Boyd, 1965.

［214］Millington R, Gifford R. Energy and How we live. Australian UNESO Seminar［J］. Committee to Man and Biosphere, 1973.

［215］FAO. Potential Population Supporting Capacities of Lands in the Developing World. Rome: FAO, 1982.

［216］Zheng Jing-ming, Wang Ling-yan, Li Su-yan et al. Relationship between community type of wetland plants and site elevation on sandbars of the East Dongting Lake, China［J］, Forestry Studies in China, 2009, 11（1）: 44~48.

［217］Xu M, Ye Q. Spatial and seasonal variations of Q_{10} determinedby soil respiration measurements at a Sierra Nevadan forest［J］. Global Biogeochemical Cycles, 2001, 15（3）: 687~696.

［218］Davidson E A, E Belt&R D Boone. Soil water content and temperature as independent or confounded factors controlling soil respiration in a temperate mixed hardwood forest［J］. Global Change Biology, 1998, 4: 217~227.

［219］Kutsch W L, Kappen L. Aspects of carbon and nitrogen cycling in soils of the temperature increase on soil respiration and organic carbon content in arable soil under different managements［J］. Biogeochemisty, 1997, 39: 207~224.

［220］Siegenthaler, U. & J. L. Sarmiento. Atmospheric carbon dioxide and the ocean［J］. Nature, 1993, 365: 119~125.

［221］hierron, V&H. Laudelout. Contribution of root respiration to total CO_2 efflux from the soil of a deciduous forest［J］. Canadian Joural of Forest Research, 1996, 26: 1142~1148.

［222］Liebig, M. A., J. W. Doran&J. C. Gardener. Evaluation of a field test kit for measuring selected soil quality indicators［J］. Agronomy Journal, 1996, 88（4）: 683~686.

［223］Knoepp,J.D.,D.C.Colman,D.A.Croosley Jr.&J. S. Clark. Biological indices of soil quality:an ecosystem case study of their use［J］. Forest Ecology and Management, 2000, 138: 357~368.

［224］Anderson, T. H., Physiological analysis of microbial communities in soil: application and limitations. In: Ritz, K., J., Dighton&K. E. Giller. eds. Beyond the Biomass［J］. Wiley- Sayce, Chichester, U.K.1994: 67~76.

［225］Rice, P B&F. O. Garcia. Biologically active pools of carbon and nitrogen in tallgrass prairie soil［J］. Defining Society of America, Inc., Madison, WI. 1994, 201~208.

［226］Sparling, G. P. Soil microbial biomass, activity and nutrient cycling as indicators. Biological indicators of soil health［J］. CAB International, New York.1997, 97~120.

［227］Van Straalen,N. M. Community structure of soil arthropods as a bioindicator of soil health. Biological indicators of soil health［J］. CAB International, New York. 1997, 235~264.

［228］Zhang Yan, Li Ling-hao, Wang Yan-feng et al. Comparison of soil respiration in two grass-dominated communities in the Xilin river basin: correlation and controls［J］. Acta Botanica Sinica, 2003, 45（9）: 1024~1029.

［229］Goulden, M. L., J. W. Munger, S-M. Fan et al. Measurements of carbon sequestration by long- term eddy covariance: methods and critical evaluation of accuracy［J］. Global Change Biology, 1996, 2: 169~182.

［230］Gardenas, A. I. Soil respiration fluxes measured along a hydrological gradient in a Norway spruce atand in south Sweden（Skogaby）［J］. Plant and Soil, 2000, 221: 273~280.

［231］Kucera C L, Kirkham D R. Soil respiration studies in tallgrass prairie in Missouri［J］. Ecology, 1971, 52: 912~915.

［232］Turner MG. Spatial and temporal analysis of landscape patterns［J］. Landscape ecology, 1990, 4（1）: 21~30.

［233］Ripple, W.J., G.A.Bradshaw, and T.A.Spies. Measuring landscape pattern in the Cascade Range of Oregon［J］, USA. Biological Conservation, 1991, 57: 73~88.

[234] Millers J R. Changes in the landscape structure of a sourthern Wyoming riparian zone following shifts in stream dynamics [J]. Biological Conservation, 1995, 72 (3): 371~379.

[235] Jobbagy E G, Jackson R B.The vertical distribution of soil organic carbon and it's relation to climate and vegetation [J]. Ecological Applications, 2002, 10 (2): 423~436.

[236] Avnimelech Y, Ritvo G, MeijerLE, etal .Water content, organic carbon and dry bulk density in flooded sediments [J], Agricultural Engineering, 2001, 25: 25~33.

[237] O' Neill RV, Krummel JR, Gardner RV, et al. Indices of landscape pattern [J]. Landscape Ecology, 1988, 1 (3): 153~162.

[238] Riitters KH, O' Neill RV, Hunsaker CT, et al. A factor analysis of landscape pattern and structure metries [J]. Landscape Ecology, 1995, 10 (1): 23~39.

[239] Gustafson S, Bjorkman T, Westlin JE. Labelling of high molecular weight hyaluronan with tyrosine: Studies in vitro and in vivo in the rat [J], Glycoconjugate Journal, 1994, 11 (6): 608~613.

[240] Huslshoff RM. Landscape indices describing a Dutch landscape [J]. Landscape Ecology, 1995, 10 (2): 101~111.

[241] Turner MG, Ruseher CL. Changes in landscape Patterns in Georgia [J]. Landscape Ecology, 1988, 1 (4): 241~251.

[242] Riitters KH. A note on contagion indices for landscape analysis [J]. Landscape Ecology, 1996, 11: 197~202.

[243] Forman RTT, Godron M. Landscape Ecology [M]. New York: John Wiley, 1986.

[244] Turner MG, Gardner RH. Predieting across scales: Theory development and testing [J]. Landscape Ecology, 1989, 3: 245~252.

[245] Wiens JA, Crawford CS, Gosz JR. Boundary dynamic: A conceptual framework for studying landscape ecosystems [M]. Oikos, 1985, 45: 421~427.

[246] Forman RTT. The etics of isolation, the spread of disturbance and landscape ecology [M]. ln: Turner MG eds. Landscape Heterogeneity and Disturbance. New York: Springer–Verlag, 1987, 213~219.

[247] Remilard MM, Fruendling GK, Bogucki KJ. Disturbance by beaver (Castor canadensis Kuhl) and increased landscape heterogeneity. In: Rosewall TR, Woodmansee RG, Risser PG eds. Landscape Heterogeneity and Disturbanee [M]. New York: Springer–Verlag, 1987, 103~122.

[248] White PS, Pickett STA. Natural disturbance and patch dynamics: An introduction. In: Pickett STA, White PS eds. The Ecological of Natural Disturbance and Patch Dynamic [J]. New York: Academic Press, 1985, 3~13.

[249] Nikora VI, Pearson CP, Shankar U. Scaling properties in landscape parterns: New Zealand experience [J]. Landscape Ecology, 1999, 14: 17~33.

[250] Rosswall T, Woodmanses RG, RisserPG. Scale and Global Changes: Spatial and Temporal Variability in Biospheric and GeosPheric Proeess [J]. Landscape Ecology, 1999, 2: 10~16.

[251] Zhou Jinxing, Wei Yuan, Yang Jun, et al. Carbon budget and its response to environmental factors in young and mature poplar plantations along the middle and lower reaches of the Yangtze River, China, Journal of Food, Agriculture & Environment, 2011, 9 (3&4): 818–825.

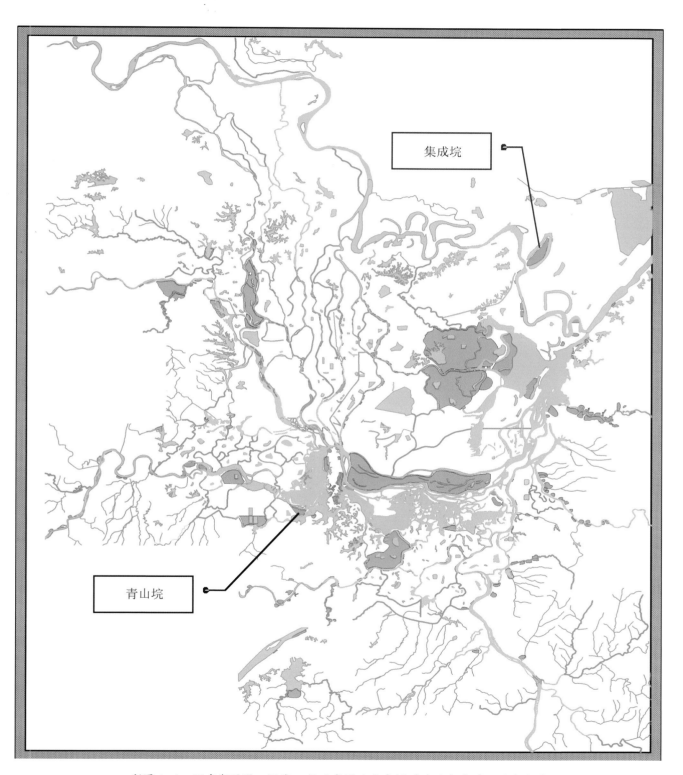

集成垸

青山垸

彩图 4-1　洞庭湖区退田还湖工程示意图及文中提到的两个典型双退垸位置
注：棕黄色为单退垸，绿色为双退垸，因比例尺较大，有些小垸无法显示。

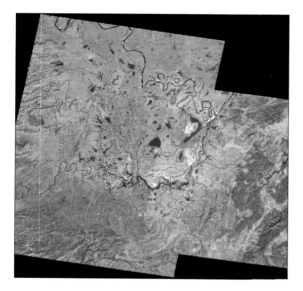

彩图 6-1　2004 年洞庭湖地区 TM 影像

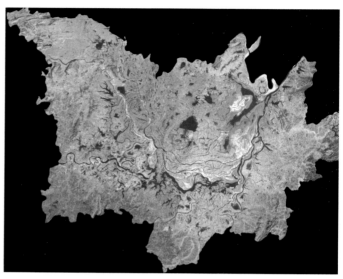

彩图 6-2　裁减后的 2004 年研究区 TM 影像

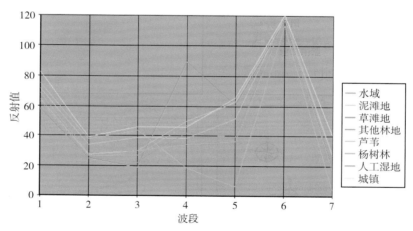

彩图 6-3　典型地物的波谱曲线

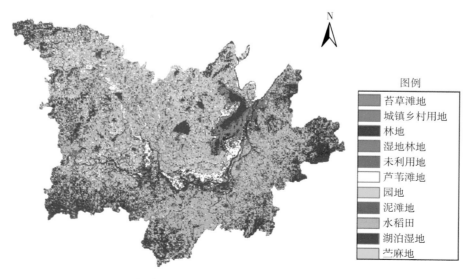

彩图 6-4　洞庭湖区土地利用现状图

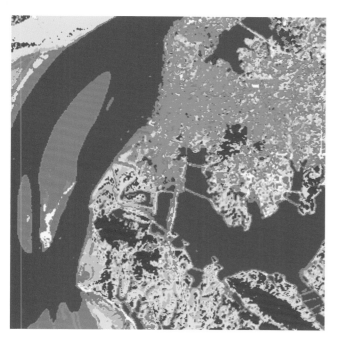

彩图 6-5　人工解译前岳阳市区图

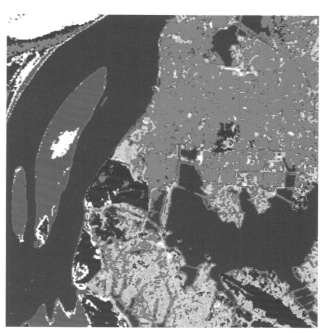

彩图 6-6　人工解译后岳阳市区图

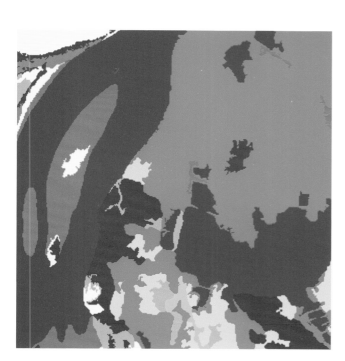

彩图 6-7　聚类后岳阳市区图

彩图 6-8　西洞庭湖湿地分布图

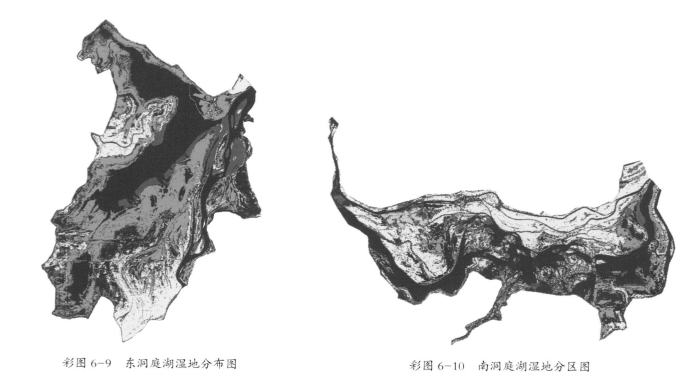

彩图 6-9 东洞庭湖湿地分布图   彩图 6-10 南洞庭湖湿地分区图

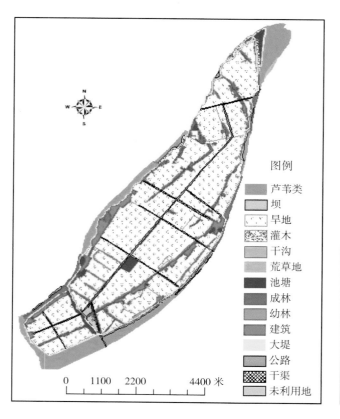

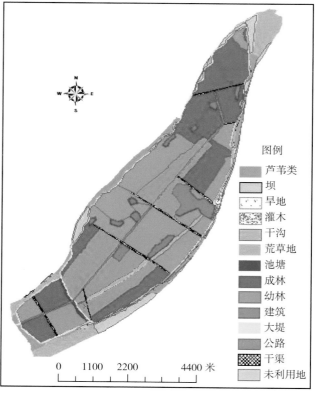

图例

芦苇类
坝
旱地
灌木
干沟
荒草地
池塘
成林
幼林
建筑
大堤
公路
干渠
未利用地

0   1100   2200   4400 米

彩图 7-1 集成垸退田还湖前（左）后（右）土地利用图

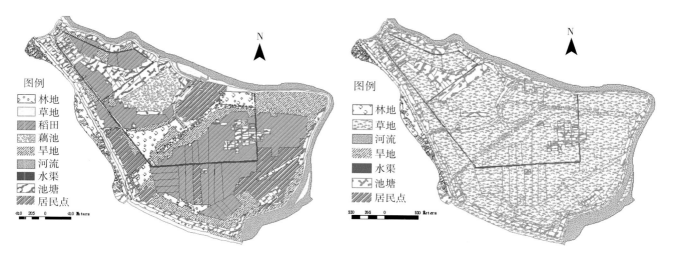

彩图 7-2　青山垸退垸前（左）后（右）土地利用变化示意图

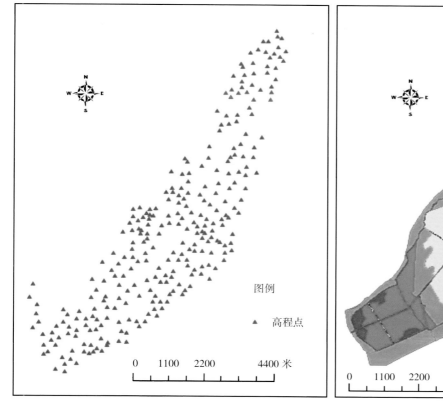
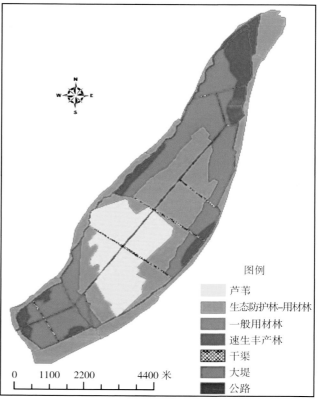

彩图 7-3　集成垸高程点分布图和土地利用设计图

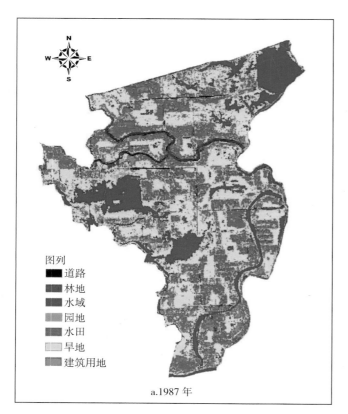

图列
- 道路
- 林地
- 水域
- 园地
- 水田
- 旱地
- 建筑用地

a.1987 年

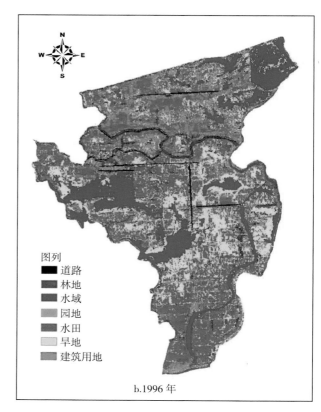

图列
- 道路
- 林地
- 水域
- 园地
- 水田
- 旱地
- 建筑用地

b.1996 年

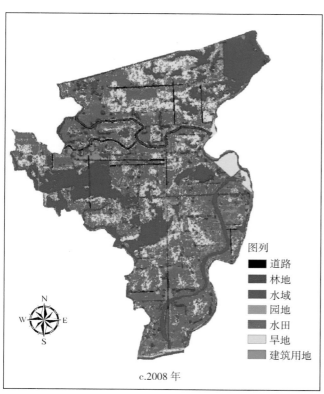

图列
- 道路
- 林地
- 水域
- 园地
- 水田
- 旱地
- 建筑用地

c.2008 年

彩图 7-5　不同时期钱粮湖垸景观格局图

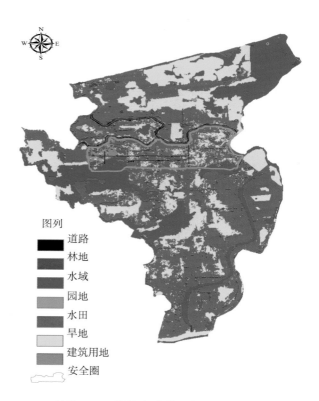

图列
- 道路
- 林地
- 水域
- 园地
- 水田
- 旱地
- 建筑用地
- 安全圈

彩图 7-6　钱粮湖垸景观格局优化图